C. MOREAU-BERILLON

AU PAYS
DU CHAMPAGNE

LE VIGNOBLE — LE VIN

Préface de Léon BOURGEOIS

REIMS
LIBRAIRIE L. MICHAUD
19, RUE DU CADRAN-SAINT-PIERRE, 19
1925

AU· PAYS

DU CHAMPAGNE

Il a été tiré de cet ouvrage :

*125 exemplaires sur papier à la cuve du Marais
numérotés de 1 à 125,*

1500 exemplaires sur papier Lafuma.

C. MOREAU-BÉRILLON

Ingénieur agronome,
Professeur d'agriculture à Reims.

AU PAYS DU CHAMPAGNE

LE VIGNOBLE — LE VIN

Préface de Léon **BOURGEOIS**

Sénateur de la Marne

LIBRAIRIE L. MICHAUD

19, RUE DU CADRAN-SAINT-PIERRE, 19

REIMS

Paris, 1er juillet 1922.

MON CHER PROFESSEUR,

Vous me demandez d'écrire quelques lignes d'introduction à votre ouvrage **Au Pays du Champagne**, et vous faites appel aux nombreux liens de profonde amitié qui me rattachent à notre beau pays.

Je n'ai pas besoin de vous dire combien j'approuve votre essai de monographie de la vigne et du vin de Champagne. Une telle étude est d'un profond intérêt pour l'avenir de notre département et nous devons vous être reconnaissants de lui avoir consacré tant de recherches et de travail.

« Le lecteur, dites-vous, assistera au début de la renommée du vin de la Champagne, à ses progrès incessants, à ses perfectionnements successifs. » Vous lui montrez, en effet, comment le vin mousseux, nouveau venu au XVIIe siècle, conquit rapidement les suffrages et prit sa place au premier rang des vins français.

Vous avez aussi heureusement pensé à dégager en quelques traits, dans la seconde partie de votre ouvrage, le caractère du vigneron champenois. La génération actuelle trouvera dans les documents que vous citez de beaux exemples, qui lui montreront que ses pères ont, eux aussi, supporté de très pénibles épreuves, mais qu'ils en sont toujours sortis victorieux ; elle y puisera courage et réconfort.

Avec la quatrième partie, vous abordez l'étude technique du vignoble, de la vigne et du vin. Ce ne sera pas la moins intéres-

sante, car c'est un plaidoyer documenté aux sources les plus autorisées, appuyé sur les meilleurs arguments de la science.

Vous avez raison mille fois de défendre ce vin merveilleux, qui, grâce à l'excellence de notre sol, à la perfection de notre travail et de notre goût, contribue grandement au développement de notre commerce extérieur, et assure l'existence d'une population de plus de 20 000 viticulteurs, parmi lesquels on ne compte pas moins de 14 000 petits propriétaires, ayant en moyenne un hectare de vignes à cultiver. En le laissant déprécier, on porterait à l'ensemble de la prospérité générale de notre pays une atteinte dont (comme nous l'avons déjà déclaré) nous n'accepterions jamais la responsabilité.

Je vous remercie donc, mon cher Professeur, d'avoir, dans cette excellente étude, apporté une utile contribution à l'histoire de notre belle Champagne, et par là même à la défense de droits qui nous sont également chers.

Veuillez agréer, mon cher Professeur, l'assurance de mes sentiments bien dévoués.

Léon BOURGEOIS.

Président du Sénat.
Ancien Président du Conseil des Ministres.

INTRODUCTION

La vigne et le mouton, telles furent aux temps passés, les deux sources principales de la richesse agricole de la Champagne ; le vin et la laine, telles furent, telles sont encore les sources principales de sa richesse industrielle.

En 1909, nous avions déjà fait une étude historique et zootechnique sur *le Mouton en Champagne* ; nous présentons aujourd'hui à nos lecteurs une sorte de monographie à la fois historique, agricole et scientifique de la vigne et du vin en Champagne.

Alors que la plupart des régions viticoles de la France, le Bordelais, les Charentes, la Bourgogne, la Franche-Comté et d'autres encore, possèdent leurs historiographes et leurs monographies, aucun travail d'ensemble n'avait encore été fait sur la Champagne.

Et cependant, aucune région viticole ne présente de caractères plus particuliers, aucun vin ne jouit d'une réputation mondiale aussi considérable et aussi justifiée par un ensemble de qualités plus complètes que le vin de Champagne. Si le vignoble producteur du vrai Champagne ne possède qu'une superficie relativement restreinte, il n'en est que plus important par la valeur des produits exquis qu'il dissémine jusque dans les parties du monde les plus reculées.

Nous avons essayé de combler cette lacune en esquissant l'étude historique et scientifique de ce magnifique vignoble et de son inimitable vin.

Nous avons suivi l'ordre qui nous a semblé le plus logique : étudier l'histoire du vin, celle du vigneron, qui féconde la vigne de son travail, puis le vignoble, les cépages, la culture et enfin la manutention.

L'histoire du vin à travers les siècles permettra au lecteur d'assister aux débuts de sa renommée, à ses progrès incessants, à ses transformations et à ses perfectionnements successifs. Il verra comment le vin mousseux, nouveau venu au XVIIᵉ siècle, excitant la défiance, voire le mépris, conquit lentement d'abord, puis rapidement les suffrages et affirma sa prépondérance sur les anciens vins non mousseux qu'il supplanta malgré leurs mérites incontestés : tel un soleil radieux effaçant de ses rayons brillants la pâle lumière de l'astre des nuits. Divers auteurs, Louis Périer, Sutaine, Vizetelly, etc., avaient déjà tenté d'écrire l'histoire du vin, ils nous ont laissé bien peu à glaner.

Mais jusqu'alors, on avait négligé celle du vigneron producteur de ce vin. Aussi nous a-t-il paru utile, sinon nécessaire, de l'aborder dans la seconde partie de ce travail et de montrer quel fut au travers des siècles le sort de cet humble travailleur dont le labeur incessant, l'opiniâtreté inlassable, la sereine philosophie assurent la production du plus brillant de nos vins et la conservation du plus réputé de nos vignobles. Nous avons essayé de montrer quelles furent sur la vie du vigneron champenois les répercussions des événements de l'histoire locale, de rappeler les charges de toutes sortes qui l'accablaient et celles qui frappaient plus spécialement le vin, les innombrables règlements du commerce des vins, les aides, les droits des courtiers en vins et jaugeurs de tonneaux, les entraves résultant de la diversité des mesures, les mesures de protection du vignoble, les édits et ordonnances restreignant la culture de la vigne, les résistances des vignerons sous l'ancien régime aux impôts exorbitants qui les frappaient injustement et enfin leurs revendications modérées, mais résolues dans les cahiers de doléances de 1789.

En même temps, nous avons consacré un chapitre spécial à la vie rurale, aux anciens usages, coutumes et légendes, aux réjouissances qui reposaient les populations vigneronnes de leur rude labeur quotidien, leur apportaient la consolation dans les périodes difficiles et entretenaient dans leur cœur l'espérance en des jours meilleurs.

Nous avons pensé que les tragiques événements qui se sont déroulés depuis 1914 et dont la Champagne a été le théâtre, méritaient qu'une place leur soit réservée dans cet ouvrage ; aussi envisagerons-nous, dans un chapitre spécial formant la troisième partie, les répercussions subies par le vignoble, par le commerce du vin de Champagne, pendant la guerre et depuis l'armistice.

La quatrième partie est consacrée à l'étude du vignoble ; la question de la délimitation de la Champagne viticole, l'étude de sa situation géographique, celle du climat et de l'influence de ses divers facteurs sur la vigne et ses produits, les moyens d'en atténuer les rigueurs, sont successivement passés en revue.

Puis vient l'étude géologique de la région, suivie d'une étude agrologique des sols du vignoble, de leur influence sur la qualité des produits, des moyens usités pour en modifier la composition physique et chimique.

Prenant ensuite le troisième terme de la formule d'Olivier de Serres : « *L'air, le sol et le complant sont le fondement du vignoble* », nous avons fait une étude succincte des principaux cépages cultivés dans la région et montré la part considérable qui revient aux plants nobles, pinots et chardonnay dans les qualités du vin de Champagne.

La culture de la vigne, surtout de la vigne en foule, fait l'objet d'une cinquième partie, ainsi que l'exposé des moyens spéciaux utilisés en Champagne pour lutter contre les parasites animaux et végétaux de la vigne. Nous avons passé rapidement sur les questions que soulèvent dès maintenant la crise phylloxérique et la reconstitution du vignoble, problèmes que le temps, l'initiative et la persévérance du vigneron, aidés par le sol et le climat, par la science et par l'expérience, parviendront à résoudre.

Enfin nous avons abordé la vinification et la manutention. Les soins minutieux apportés dans les diverses opérations que comporte la préparation du Champagne, contribuent puissamment à conserver et accroître même les qualités naturelles et fondamentales du vin de nos coteaux champenois, depuis la cueillette du raisin, jusqu'à la présentation sur la table du festin, de ces bouteilles si joliment casquées dont l'arrivée provoque l'admiration des convives, évoque en eux des sensations si agréables.

*
* *

Pour établir ce travail nous avons voulu remonter à des sources authentiques, aux archives départementales, à celles de la Ville de Reims, à des documents conservés par des chercheurs. Nous avons consulté les auteurs qui, dans ces derniers siècles, ont consacré à la vigne et au vin de Champagne leur plume autorisée, fait appel à diverses compétences viticoles et vinicoles, recueilli nombre d'observations personnelles depuis plus de vingt années de séjour dans la région.

Certes, un ouvrage aussi vaste ne peut être présenté sans quelques imperfections, sans quelques lacunes ; bien des points intéressants ont dû être mis à l'écart ; quelque tendresse que l'auteur puisse avoir pour ses travaux, les limites d'un livre l'obligent parfois, en effet, à des coupes sombres, à des sacrifices nécessaires et souvent pénibles : mais si imparfait soit-il dans la forme et dans le fond, nous espérons néanmoins que vignerons et négociants nous sauront gré de l'avoir entrepris.

Nous avons cherché, en effet, à démontrer à l'aide d'arguments puisés dans l'histoire, dans l'opinion d'auteurs autorisés et de savants à compétence indiscutable, d'un ensemble de faits scientifiques irréfutables tirés de l'étude du climat, du sol, du cépage, d'un mode de culture plus que séculaire, d'une vinification soignée, d'une manutention minutieuse, l'indiscutable et éclatante supériorité du vin de Champagne sur les produits similaires français et étrangers.

Nous répondrons, en même temps, aux détracteurs intéressés d'un des plus beaux fleurons de la couronne viticole de la France et puissions-nous ainsi contribuer à ramener, à raffermir et à maintenir la confiance des admirateurs du vrai Champagne !

*
* *

Nous adresserons à tous ceux qui ont bien voulu nous encourager, nous aider de leurs conseils ou mettre à notre disposition des documents, l'expression de notre vive gratitude. Nous l'exprimerons, tout d'abord, à l'éminent homme d'État, au représentant le plus autorisé de la Marne, M. Léon Bourgeois, qui nous a fait le très grand honneur de présenter au lecteur notre travail et donné ainsi à la Champagne, sa petite patrie adoptive à laquelle il est si profondément attaché, une preuve nouvelle d'un amour sans bornes; à M. Alfred Gérard, aujourd'hui disparu, qui nous a ouvert sans réserve les trésors inestimables de sa bibliothèque agricole et scientifique, malheureusement incendiée pendant la guerre; à M. Bosteaux-Pàris, ancien maire de Cernay-les-Reims, président de la Société archéologique champenoise; à M. Raymond de la Morinerie, qui a bien voulu nous aider de ses vastes connaissances œnologiques et nous conseiller en ce qui concerne la manutention; à M. Viala, l'éminent inspecteur général de la viticulture, auquel nous devons l'autorisation de puiser dans son œuvre magistrale, l'*Ampelographie*, pour l'étude des cépages.

Nous vouons aussi un tribut de reconnaissance à M. le Dr Manceau, le savant œnologue champenois, auteur de recherches remarquables sur le vin de Champagne; aux nombreuses maisons de Champagne pour leur contribution à l'illustration de ce travail; à MM. Jadart, conservateur du musée de Reims, et Charlier, bibliothécaire, qui nous ont si obligeamment aidé dans la recherche des documents destinés à illustrer ce travail. A tous, nous adressons nos bien sincères remerciements.

Reims, 1er août 1922.

C. Moreau-Bérillon.

NOTE DE L'AUTEUR

La première partie d' « Au Pays du Champagne » était composée et prête à sortir de l'imprimerie lorsque la guerre fut déclarée. Huit années se sont écoulées depuis, pendant lesquelles se sont déroulés d'angoissants et tragiques événements qui ont eu sur le vignoble champenois et le commerce du vin de Champagne de graves répercussions. Plus que jamais, le « Champagne » a besoin d'être défendu. Le but que nous nous proposions d'atteindre reste entier. Notre livre conserve donc toute sa valeur d'actualité.

Il s'y attachera également une valeur de souvenir, car une partie des sources auxquelles nous avions puisé ont disparu pendant la tourmente. Les originaux de certaines de nos illustrations que nous avions empruntées au Musée d'Ethnographie champenoise, au Musée de Reims, à la collection Bosteaux-Pâris n'existent plus : les Vandales ont passé là.

Nous sommes, à notre grand regret, dans l'obligation de réduire notre ouvrage et de réunir en un seul volume ce que nous pensions offrir en deux tomes au lecteur. Néanmoins, nous espérons qu'il recevra du public le même bienveillant accueil.

Reims, 1ᵉʳ août 1922.

MOREAU-BÉRILLON.

PREMIÈRE PARTIE

HISTORIQUE DE LA VIGNE ET DU VIN EN CHAMPAGNE

CHAPITRE PREMIER

Avant le xve siècle

Dans une étude sur la vigne et le vin de Champagne, il nous a paru intéressant de retracer, au moins dans ses grandes lignes, leur histoire. Loin de nous la prétention de faire œuvre d'historien; nous voulons simplement montrer par quelles phases successives a passé, au cours des siècles antérieurs, le renom du vin de nos coteaux champenois. Nul n'a, en effet, d'histoire aussi brillante. Très prisé déjà au moyen âge, il arrive à son apogée vers le xviie siècle: à la fin du xviie siècle, on commence à tirer parti de la propriété naturelle qu'il possède de prendre la mousse, et après de longs tâtonnements l'industrie du Champagne mousseux prend bientôt une extension considérable. Loin de déchoir, le Champagne acquiert, au contraire, une renommée universelle.

Période préhistorique. — La vigne semble avoir existé, en Champagne, dès l'époque tertiaire. MM. les Drs Lemoine et Balbiani ont, en effet, trouvé dans le calcaire de Sézanne des feuilles fossiles qu'ils rapprochent de celles des vignes américaines et particulièrement du Vitis Rotundifolia. Les types trouvés furent dénommés : Vitis Sézannensis et Vitis Balbianii. M. le Dr Lemoine constata même la présence, à la partie inférieure des feuilles, de

1

galles qu'il assimila à celles que produit la piqûre du phylloxera. Il semble
bien difficile, d'après ces quelques échantillons fossiles, de pouvoir établir avec
certitude, la cause déterminante des galles présentées par les vignes du calcaire
de Sézanne; elles pourraient être aussi bien attribuées à une Cécidomie qu'au

Vitis balbiani, provenant de Sézanne (Marne). Collections du Laboratoire de géologie de la Sorbonne. (*La vigne dans l'Antiquité*, R. Billiard.)

phylloxera. Néanmoins, cette découverte montre que
la vigne faisait déjà partie de la flore tertiaire, con-
temporaine de la faune des premiers mammifères.

Sous les Gaulois et les Romains. — Au IIIe siècle
avant notre ère, la vigne était déjà connue en Gaule,
et le vin fort prisé. La Gaule n'en produisait pas
suffisamment pour sa consommation, le surplus
venait de l'Italie ou de la Grèce, pays où la culture
de la vigne était alors très perfectionnée, si l'on en
croit les témoignages des agronomes latins : Caton
et Varron. Nos ancêtres, que le goût des aventures
attirait vers la riche Italie, y auraient appris à aimer
le vin; quelques-uns même s'y seraient fixés momentanément et devenus colons, se seraient perfectionnés dans la culture de la vigne et dans l'art de
faire le vin. Rentrés au pays natal, ils auraient
profité des connaissances acquises et amélioré la production des vignobles
gaulois. Selon Delille :

> Les Romains auraient vu nos pères
> En bataillons armés, sous des cieux plus prospères
> Aller chercher la vigne et vouer à Bacchus
> Leurs étendards rougis du nectar des vaincus
> Du fruit de leurs exploits, leur troupes échauffées
> Rapportaient en chantant ces précieux trophées.

Vers l'an 60, d'après Celsus, il existait en Gaule, parmi les variétés de vignes
remarquables par leur fertilité, trois « Helveniacées » dont « les deux plus
grandes sont regardées comme semblables entre elles, parce que leur vin n'est
ni de moindre qualité, ni moins abondant chez l'une que chez l'autre. » La troisième variété, qui donnait un vin excellent, possédait des caractères permettant
de la rapprocher de notre Pinot. Elle avait une feuille ronde et supportait bien
la sécheresse et le froid non accompagné de pluie.

Une autre espèce grimpait sur les arbres....

Les Gaulois cultivèrent la vigne en ceps et non sous des formes arbores-

centes comme en Italie. Ils pratiquèrent même la sélection des plants et
auraient obtenu une variété à floraison hâtive qui se serait répandue dans la
Gaule Narbonnaise sous le nom de Narbonnique.

Ils se servaient alors, pour tailler, d'une serpe
appelée *vinitoria*, décrite ainsi par Columelle : « La
partie la plus rapprochée du manche et dont le tranchant est droit s'appelle le *couteau*, à cause de sa ressemblance avec cet instrument; on appelle *courbure* la
partie concave, *scalpel*, le tranchant qui descend de
la courbure ; *bec*, la pointe recourbée du tranchant;
hache l'espèce de croissant qui est placé au-dessus du
bec et *glaive* la pointe horizontale qui se trouve à
l'extrémité. Pour le vigneron tant soit peu expérimenté, chacune de ces parties a sa destination particulière. En effet, quand il doit couper en avant des branches qu'il maintient de la main, il emploie le couteau;
quand il attire à lui, il se sert de la courbure ; pour
polir une plaie, il utilise le scalpel; le bec lui sert
pour creuser; la hache, pour couper en frappant; et le

FRAGMENTS DE SARMENTS ET
DE VRILLES de *V. Dutaillyi*
(moulage). Collection du
Laboratoire de géologie de
la Sorbonne. (*La vigne dans
l'Antiquité*, R. BILLIARD.)

glaive pour nettoyer les endroits qui présentent une certaine profondeur. ».

Son outillage était complété par une
petite hache appelée *dolabella*, qui servait
à couper le bois mort et la vigne, par des
houes, des plantoirs ou bêches, par une
tarière, appelée *gallica*, destinée à greffer
les vignes.

La greffe, en effet, était connue; grâce
à elle, les vignerons de cette époque conservaient et multipliaient les bonnes espèces.

Didyme donnait, à ce sujet, les conseils
suivants : « Pour greffer la vigne, faites un
trou dans la souche avec une vrille dite
gallique et du cep voisin le plus beau, atti-
rez une branche que vous introduirez dans
le trou. »

VITIS DUTAILLYI, provenant de Sézanne
(Marne). Collection du Laboratoire de la
Sorbonne. (*La vigne dans l'Antiquité*,
R. BILLIARD.)

Selon Caton, « on entait la vigne au printemps ou quand elle était en fleur;
on coupait le cep que l'on voulait greffer, puis on le fendait au milieu à travers

la moelle et on y insérait la greffe après l'avoir aiguisée par le bout de façon à ce que les moelles se joignent. »

Cependant d'autres auteurs font remonter l'introduction de la vigne en Gaule beaucoup plus tard. Certains vont même jusqu'à nier son existence avant l'invasion romaine.

Jules César lui-même, dans ses *Commentaires*, ne fait pas mention des vignes de Reims. Néanmoins il parle du vin pour en indiquer l'usage et l'abus. Il est très vraisemblable que les coteaux riverains de la Marne étaient déjà couverts de vignes et que les légions romaines contribuèrent au développement des plantations.

L'extension de cette culture fut telle, que l'empereur Domitien, vers l'an 92, en ordonna l'arrachage : « Soit par ignorance, soit par faiblesse comme le dit Montesquieu, il ordonna, à la suite d'une année où la récolte des vignes avait été aussi abondante que celle des blés chétive et misérable, d'arracher impitoyablement toutes les vignes qui croissaient dans les Gaules. Comme s'il y avait quelque chose de commun entre la manière d'être et de croître de ces végétaux ! Comme si les produits de l'une pouvaient jamais être un obstacle à la récolte de l'autre ! Comme si enfin, les terres à vignes n'étaient pas, alors comme aujourd'hui, au moins dans le sol qu'habitaient les Gaulois, des terres entièrement impropres à la reproduction des céréales [1]. »

L'empereur Domitien craignait que les soins nécessaires aux vignes ne détournassent les habitants de la culture des terres et que les soldats qui avaient tendance à s'enivrer ne pussent garder les frontières de l'empire avec la vigilance nécessaire. Comme on le voit, la guerre contre l'ivrognerie était déjà née. En l'an 92, le vin était abondant et bon marché mais il y avait pénurie de grain, ce qui pouvait justifier, dans une certaine mesure, la décision de Domitien. Mais le véritable mobile, selon Duruy, aurait été tout autre [2]. « Le peu d'agriculture qu'il y avait alors en Italie était surtout viticole ; Domitien défendit de planter de nouvelles vignes en Italie afin de laisser de la place au blé ; en même temps, pour augmenter le prix des vins de la péninsule il commanda qu'on arrachât, dans les provinces, la moitié des anciens plants, mauvaise mesure qui, d'ailleurs, ne fut pas exécutée. » L'empereur romain se montrait ainsi le précurseur des protectionnistes à outrance. Cette mesure ne fut pas appliquée en Italie, mais il semble qu'elle le fut en Gaule ; on croit même que les vignes furent arrachées en Champagne vers cette époque.

Ce ne fut que deux siècles après, vers l'an 280 de notre ère, que l'empereur

1. Abbé Rozier, *Cours d'agriculture*, article *Vignes*, t. X.
2. Duruy, *Histoire des Romains*, t. IV.

Probus rendit aux Gaulois la liberté de replanter la vigne. Il y occupa même ses troupes aux environs de Reims et de Châlons.

« Ce fut un spectacle ravissant, écrit Dunod (*Histoire des Séquanais*), de voir la foule des hommes, des femmes et des enfants, s'empresser, se livrer à l'envi et presque spontanément à cette grande et belle restauration. Tous, en

effet, pouvaient y prendre part, car la culture de la vigne a cela de particulier et d'intéressant qu'elle offre dans ses détails des occupations proportionnelles à la force des deux sexes, à celles de tout âge. Tandis que les uns brisaient les rochers, ouvraient le sol, extirpaient d'antiques et inutiles souches, creusaient des fosses, les autres apportaient, dressaient et assujettissaient les plants. Les vieillards répandus dans les campagnes désignaient, d'après les renseignements reçus dans leur jeunesse, les coteaux les plus propres à la vigne; ivres d'une joie fondée sur l'espoir de partager encore avec leurs enfants la jouissance de ses produits, ils les consacraient religieusement au dieu

LA VIGNE
plantée dans les Gaules.

du vin, élevaient même sur leur cime des temples agrestes en son honneur. »

Probus semble donc avoir joué un rôle important dans la restauration du vignoble des Gaules, si l'on en croit l'unique témoignage de son historiographe Vopiscus. Il utilisa ses légions à la culture et à la plantation des vignes en Gaule, en Pannonie, en Grande-Bretagne même, bien qu'il semble y avoir confusion pour ce pays, pour éviter l'indiscipline et la rébellion que l'oisiveté des camps n'eût pas manqué de développer. La Bourgogne, d'après Châteaubriand, lui devrait aussi ses premières richesses.

Nos ancêtres se montrèrent d'ailleurs dignes des efforts tentés pour relever la culture de la vigne, puisque c'est aux Gaulois que revient l'honneur de l'invention des tonneaux de bois pour conserver le vin, qui, jusqu'alors, l'était par les Romains dans des amphores, dans des outres ou dans des jarres de terre (¹). Ils avaient conservé le souvenir des anciennes méthodes de culture, les détails les plus essentiels de l'art des vignerons. Les plants importés de la Sicile, de la Grèce, de l'Archipel, sélectionnés par eux, devinrent les nombreuses variétés de cépages encore cultivés en France sur nos coteaux vignobles.

Certains auteurs prétendent que les Rémois voulurent témoigner leur reconnaissance à Probus en élevant l'arc de triomphe de la porte Mars, en l'honneur du pacificateur et de l'introducteur de la vigne en Gaule. D'après Bergier et Dom Marlot, l'arc de triomphe de la porte Mars aurait été élevé en

Cliché Rothier.

VASES A BOIRE ET BOUTEILLES EN POTERIE GALLO-ROMAINE TROUVÉS A REIMS.
(Musée de Reims.)

l'honneur de César, probablement vers la fin des guerres gauloises, lorsqu'à son retour d'Italie, allant visiter son armée à Beauvais et à Trèves, il fut reçu avec pompe par la cité rémoise.

D'après certains auteurs dont l'opinion semble plus vraisemblable, ce monument élevé probablement vers le milieu du iiiᵉ siècle aurait été une des manifestations de l'amitié des Rémois, fidèles alliés de l'Empire romain.

Quoi qu'il en soit, il est bien nettement établi que la vigne existait dans notre pays, bien avant Probus et que celui-ci n'a été que le propagateur et non l'introducteur de cette plante. D'autres documents viennent à l'appui de cette assertion :

D'après une légende qui attribue aux soldats de Romulus la fondation de Reims, et qui a été transmise par Hugues de Toul, puis, au xvᵉ siècle, par

1. DURUY, t. III, p. 135.

VASES A BOIRE ET BOUTEILLES EN POTERIE GALLO-ROMAINE TROUVÉS A REIMS.
(Musée de Reims.)

Jacques de Guise, une reine des Belges aurait fait construire dans cette ville deux temples : l'un à Mars et l'autre à Bacchus, ce qui semblerait indiquer que le culte du vin remonte en Gaule à une époque très lointaine.

Les Druides qui, avant l'invasion romaine, exerçaient sur le peuple leur autorité spirituelle, lors de l'accomplissement de leurs cérémonies religieuses, au fond des forêts, dans le but de célébrer le culte de la nature, offraient du pain et du vin.

On trouve aussi dans la région, datant de l'époque gallo-romaine, des vases, des monnaies et des objets divers rappelant l'existence de la vigne et du vin, et qui disséminés avant la guerre dans les musées des villes ou dans des collections particulières, ont été détruits par l'incendie ou le bombardement. Toutes les richesses archéologiques du musée d'ethnographie champenoise installé à l'Archevêché, et nombre de collections particulières ont disparu pendant la tourmente.

M. Bosteaux-Paris, ancien maire de Cernay-les-Reims et archéologue distingué qui attribue l'apparition de la vigne sur les coteaux de Cernay, puis sur tout le mont de Berru aux premiers siècles de notre ère, a trouvé, sur le territoire

VASES A BOIRE ET BOUTEILLES EN POTERIE GALLO-ROMAINE TROUVÉ A REIMS.
(Musée de Reims.)

de cette commune, en fouillant le cimetière gallo-romain du Terras, des fragments d'amphore et des petits barillets en verre servant à mettre du vin aux
morts pour leur voyage d'outre-tombe. Sur un fragment de coupe en verre
gallo-romain, trouvée dans les tranchées d'extraction de terre de la briqueterie
de Berru, se trouve représenté un centurion romain coiffé de son casque, et
levant son verre en l'honneur de Bacchus. D'autres fragments d'amphores ont
été retrouvés dans certains lieux dits du territoire de Cernay. Une partie
d'amphore portant inscription a été retirée d'un puits gallo-romain du clan du
Mont Épié, tout près du lieu dit les Cernivoises, exposé en plein midi.

Cliché Rothier.

VERRES A BOIRE ET BOUTEILLES EN VERRERIE GALLO-ROMAINE ET MÉROVINGIENNE.

M. Brisset-Fossier avait trouvé également un vase bachique dont malheureusement il n'existe plus que des fragments disséminés.

Citons encore parmi les objets exhumés, lors des fouilles, un vase en argent
datant du Ier siècle d'avant notre ère, des gobelets et des bouteilles de verre
trouvées à Reims et accompagnés de médailles et de monnaies à l'effigie de
Trajan, une coupe à vin en terre rouge portant les mots « Reims Féliciter » et
datant du IIe ou IIIe siècle; des verres appelés « cyathes » à Scrupt, une cruche
en terre trouvée à Reims, dont la partie inférieure de l'anse porte une grappe
de raisin, des gobelets et vases découverts dans différents pays, dans des cime-
tières ou dans des tombes isolées. On pouvait aussi voir au Musée Théophile
Habert, à l'Archevêché de Reims, des vases de verre, ayant une forme
allongée se rapprochant de celles des flûtes actuelles et qui auraient servi de
vases à fleurs, mais peut-être aussi à boire le vin. Cette forme semblerait alors
indiquer que le vin de cette époque moussait déjà.

Parmi les causes de la propagation du vin et de l'extension prise par la
viticulture, il faut citer aussi le développement de la foi chrétienne. Le vin

était indispensable pour célébrer la cérémonie de l'Eucharistie; on ne se servait à la messe que de pur jus de raisin. Ce furent les premiers prêtres qui importèrent le vin en Grande-Bretagne. ces missionnaires gardèrent des rapports avec les églises puissantes des Gaules qui leur envoyaient les vêtements et le vin nécessaires. Les prêtres et les moines furent donc les plus ardents propagateurs de la vigne et du vin en Grande-Bretagne.

Les Gallo-Romains de cette époque, dont un portrait nous a été tracé en 334, par l'auteur Romain Amnien Marcellin. avaient un amour passionné pour le vin et les boissons; l'ivrognerie était même coutumière chez certains individus de la bonne classe. Mais rien ne prouve que le vin seul dût être incriminé et rendu seul coupable comme certains ont voulu le faire croire. de l'abrutissement d'une partie de la population : les Belges et les Allemands s'enivraient très facilement et cependant ils n'avaient pas de vin à leur disposition. L'ivrognerie se généralisait à tel point que le concile de Carthage en 390. crut devoir défendre aux prêtres catholiques eux-mêmes de faire excès de vin.

La vigne avait vraisemblablement été plantée partout où elle pouvait croître et mûrir ses fruits, et l'usage du vin s'était ainsi généralisé.

Le vignoble d'Ay était déjà connu. Vers cette époque, si nous en croyons Louis Pàris qui écrivit. en 1843. la légende de saint Trésain, cinq frères venus d'Ecosse, pour accomplir un pèlerinage en France, séduits par la beauté et la richesse du pays s'établirent sur les rives de la Marne. L'un d'eux. Trésain. devint porcher à Ay, après avoir donné ses biens aux pauvres. Un jour. livré à ses méditations. il laissa ses porcs ravager les vignes d'Ay. d'où grand mécontentement des propriétaires qui se plaignirent à l'Évêque saint Remy alors en tournée à Ville-en-Selve. Celui-ci, après avoir entendu le délinquant. le renvoya absous.

La vigne, sans doute favorisée par un climat propice. mieux cultivée, prit une rapide extension. Elle avait gagné par les vallées du Rhône et de la Saône. les cités de la Bourgogne et les rives de la Marne et de la Moselle. En 200 ans, elle avait fait de tels progrès que les barbares. vraisemblablement attirés par l'appât du vin de nos coteaux, se ruèrent sur l'Empire.

La loi *ad Barbaricum*, qui défendait à toute personne d'envoyer du vin ou de l'huile aux Barbares. même pour en goûter, tomba vite en désuétude car ceux-ci vinrent eux-mêmes chercher ces produits.

Les uns se fixèrent en Gaule, dans les régions où l'on cultivait la vigne. d'autres cherchèrent à l'introduire dans les cantons où elle n'existait pas jusqu'alors. Ils furent secondés dans leurs efforts, par les lois salique et visigothe qui défendaient sous peine d'amende d'arracher un cep de vigne ou de voler le raisin; cette protection légale accordée à la propriété des vignes, les fit regarder comme un objet sacré. « Le roi Chilpéric ayant imposé à chaque possesseur de vignes l'obligation de lui fournir annuellement une amphore de vin pour sa table, il se produisit une révolte dans le Limousin. L'officier chargé de percevoir ce tribut odieux y fut même massacré » (Dunod).

C'est à cette époque de restauration que l'on essaya de planter la vigne partout en Gaule, dans le Pas-de-Calais, en Normandie, en Bretagne, sur les bords de la Moselle et du Rhin. Les documents relatifs à ces plantations sont assez nombreux et intéressants, ils montrent que ces tentatives ne furent pas suivies partout d'un égal succès. Les causes des échecs sont nombreuses : la rigueur du climat influe d'une manière prépondérante, mais l'avidité des propriétaires, la négligence dans la culture, le mauvais choix des cépages, une fabrication défectueuse des vins, etc., suffisent pour discréditer à jamais un vignoble.

Au Moyen Age. — A partir du vi[e] siècle, les documents historiques deviennent plus nombreux. En 470, saint Remy fut appelé au siège épiscopal de Reims. Un religieux sparnacien, Flodoard, né en 894, nous a retracé dans son *Histoire de l'Église de Reims*, la vie de ce prélat et relaté les miracles qu'il aurait accomplis.

Un jour qu'il se trouvait en tournée pastorale au pays de Sault, chez sa cousine Celsa, vierge consacrée à Dieu, l'intendant de celle-ci vint l'informer que le vin manquait. Saint Remy la consola, et après avoir parcouru à dessein les diverses pièces de l'habitation, il se rendit au cellier, et, au bout de quelques instants de prières, le vin jaillit à flots par la bonde d'un tonneau qui, auparavant, était presque vide. Le miracle parvint aux oreilles de Celsa, qui donna en récompense à perpétuité et par acte authentique, la terre de Sault à saint Remy et à son Eglise.

D'après M. Bosteaux-Paris il n'y aurait rien d'étonnant que la terre de Saltus dont il s'agit et sur laquelle Celsa avait son cellier ait été le clan gallo-romain des Cernivoises, alors si important, et dont les habitants auraient été expulsés vers le ive siècle pour des malversations que la légende attribue, à à tort, aux habitants de Cernay.

Le vin de Champagne ne fut peut-être pas étranger aux victoires que Clovis remporta contre Gondebaud en 501 et Alaric, roi des Visigoths en 507, bien que la légende soit muette à ce sujet. Saint Remy en donnant sa bénédiction à Clovis qui marchait contre Alaric, et en l'assurant de la victoire, lui remit en même temps « un vase rempli de vin bénit en lui recommandant de poursuivre la guerre tant que le flacon fournirait du vin à lui et à ceux des siens à qui il voudrait en donner. Le roi donc en but ainsi que plusieurs de ses officiers sans que le vase se désemplît »

Saint Remy faisant jaillir du vin d'un tonneau, dans le cellier de sa cousine Celsa.
Sculpture de la Cathédrale de Reims.

Le Testament de saint Remy. — L'un des plus anciens documents que l'on possède sur la vigne en Champagne, est le testament de saint Remy dont l'authenticité a souvent été contestée. Par cet acte qui daterait de la fin du vᵉ siècle, l'illustre évêque de Reims, règle non seulement l'emploi qui serait fait après sa mort des biens de son Église, et des siens propres, mais il donne des détails très intéressants sur les coutumes, les mœurs, l'état politique et surtout géographique de notre région. On y trouve la désignation d'un grand nombre de villages existant encore de nos jours, ainsi que des renseignements sur la situation de ces divers lieux, la nature de leur sol ou de leurs productions. Deux rédactions de ce document ont été conservées par Flodoard et l'archevêque Hincmar, et la première partie commune à ces deux rédactions, malgré quelques lacunes, quelques interpositions, est considérée par les historiens comme absolument authentique. On y retrouve, en effet, les mêmes noms de personnages historiques, les mêmes formules de droit romain, les mêmes allusions aux événements historiques du vıᵉ siècle. Le pape Sylvestre II qui, sous le nom de Gerbert, fut archevêque de Reims, ne voulait pas qu'on portât atteinte au Testament du grand apôtre des Francs. La seconde partie semble avoir été ajoutée.

« C'est certainement un des monuments les plus remarquables de l'Histoire de notre pays. Quand même il serait apocryphe, il présenterait un grand intérêt, il ne serait pas postérieur à Flodoard et Hincmar, et il demeure un témoin irrécusable de l'état de choses de notre pays à l'époque même où se posaient les premiers fondements de la monarchie française »[1].

Saint Remy institue l'Eglise catholique de Reims, sa légataire universelle. Puis il dit : « Les deux villages que Clovis m'a donnés après avoir reçu de moi le baptême, c'est-à-dire Cosle (prieuré du Mont Saint Remy près de Mayence) et Glen, qu'on appelait dans sa langue Picofesheim,'avec les bois, les prés, les pâturages que j'y ai acquis par l'entremise de diverses personnes dans les Vosges et aux environs... fourniront chaque année aux clercs de Reims..... la poix qui sera nécessaire, suivant les lieux, pour enduire les tonneaux à mettre le vin ».

Saint Remy léguait en outre un certain nombre de pièces de vignes. Voici quelques-unes de ses dispositions testamentaires que nous empruntons à Dom Marlot.

« Je laisse vingt-cinq sols aux prêtres mes confrères et aux diacres qui sont à Reims pour être distribués également entre eux en commun, ensemble une plante sise au-dessus de ma vigne qui est au faubourg, au lieu dit d'Albovichus, laquelle ils auront en commun avec le vigneron Melanius, serf ecclésiastique qui jouira par ce moyen d'une pleine liberté ».

.   .   .   .

« Tu retiendras néanmoins en ta disposition (ô Loup, évesque, fils de mon frère) Nifaste et sa mère qui est muette, avec la vigne que cultive le vigneron Enias, lequel jouira de toute franchise avec son jeune fils Moaulfus.

.   .   .   .

« Je lègue à ma benoiste fille Hilaire, diaconesse, la servante nommée Noca, les échalassements de vignes qui sont près de la sienne que cultive Catusio avec la part que j'ay à Talpusciæ pour les bons services qu'elle me rend tous les jours.

.   .   .   .

« Je veux que le Censier Vital soit affranchi et que sa famille appartienne à mon neveu Agathinierus auquel je donne encore une vigne que j'ay fait planter à Vindemisse et entretenue par mon travail...

.   .   .   .

« Je recommande à sa sainteté, ô Loup, évesque fils de mon père, les

1. Mémoire de M. Bouché. *Congrès archéologique de Reims*, 13ᵉ session.

personnes des villages susnommés que je désire estre libres, savoir : Catusion et sa femme, Tutiatena Nonnio qui cultive ma vigne ».

L'existence de la vigne à cette époque est donc indiscutable. Saint Remy tout en exerçant sa puissance spirituelle ne négligeait pas non plus sa puissance temporelle qui se constituait déjà et s'accrut dans les siècles suivants. Il savait faire connaître et apprécier les vins de notre région.

Il eut des imitateurs. Vers l'an 600, d'après Flodoard, un de ses successeurs, l'évêque Sonnace lègue à l'abbaye de Saint-Remy une métairie avec ses serfs et ses vignes; à l'abbaye de Saint-Thierry une portion de son domaine de Germigny, dans lequel se trouvaient des vignes.

Plus tard en 743, saint Rigobert lègue aux clercs de Reims, les domaines qu'il avait achetés de ses deniers et les propriétés qui lui avaient été léguées; parmi elles se trouvaient des vignes situées à Chambrecy.

Les écrivains commencèrent à recueillir quelques données relatives à la culture de la vigne et aux conditions climatériques. D'après Grégoire de Tours dans son *Histoire des Francs*, l'année 587 fut désastreuse, toute la récolte fut détruite par des gelées tardives; par contre, elle fut abondante l'année suivante.

Cliché Rothier

A Clovis comme il fut notoire
Ung baril de vin prépara
Et lui dist tu auras victoire
Autant que le vin durera

TAPISSERIE DU XIV⁰ SIÈCLE. VIE DE SAINT REMY.
(Reims. Basilique de Saint-Remy.)

Il y eut de même dans les siècles suivants des années calamiteuses. En 603, un hiver très rigoureux fit périr la plus grande partie des vignes. Au VIII⁰ siècle, les vignes eurent également à souffrir des intempéries.

Le Polyptyque de l'abbaye de Saint-Remy. — Les documents deviennent plus précis vers le IX⁰ siècle. Entre les années 850 et 860 fut rédigé le

Cliché Rothier.

CHAPITEAU DU XIII⁰ SIÈCLE.
Cathédrale de Reims.

Polyptyque de l'abbaye de Saint-Remy que l'archevêque Hincmar présenta au roi Charles le Chauve lors de sa revendication des biens pris à l'église de Reims. Une copie de ce document, l'original ayant été détruit, a fait en 1850 l'objet d'études de la part de M. B. Guérard, membre de l'Institut. On y trouve des données intéressantes sur la culture de la vigne, l'étendue du vignoble, l'organisation des domaines. Le vigneron s'appelait alors *vinitor*, il était astreint à de nombreuses redevances vis-à-vis de l'abbaye. Les vignes de la Marne étaient en rangs serrés, soutenues par des échalas et tenues basses ; le vin était une source de bien-être dans le pays et la culture de la vigne permettait aux colons et aux serfs de s'affranchir lorsqu'ils arrivaient à être propriétaires. La vendange durait environ quinze jours et les propriétaires payaient deux deniers pour la quinzaine.

Or le denier de cette époque valait environ 2 fr. 35 de notre monnaie ; la journée de vendangeur revenait donc à 0 fr. 35, l'ouvrier étant nourri. Le prix d'une voiture ou d'un charroi pour le vin était marqué 20 deniers. Les 26 manses domaniales que possédait l'archimonastère et abbaye devaient produire 2033 grands muids de vin et les autres manses, au nombre de 667, devaient donner 702 grands muids. Il y avait aussi, comme mesure, le petit muid ; un grand muid valait 8/5 de petit muid. L'état général du cens, accuse comme produit de cet impôt 454 muids de vin. Certaines manses étaient astreintes aux charrois des moûts ou *mustus*, et à ceux des vins faits : *vitus* ; on employait des bœufs pour ces charrois ; chaque manse devait en fournir de trois à quatre, mais elle pouvait s'en exempter en payant quatre deniers par bœuf. D'autres manses devaient charrier la vendange avec une voiture à deux bœufs, ou payaient de 6 à 12 deniers. Les serfs devaient faire quinze jours de vendange ou donner 2 deniers.

L'Église de Reims expédiait des vins à des distances considérables, jusqu'à Aix-la-Chapelle. Ces vins étaient destinés aux membres du clergé, aux conseillers et confidents des rois.

Parmi les localités citées dans le Polyptyque, où des vignes existaient, se trouvent Aigny, Muizon, Fleury-la-Rivière, Treslon, Taissy, Villers, Montcez, Gueux, Pouillon, Ormes, Hermonville, Sacy, Rilly, Clairizet, Cuchery, Crugny, Aubilly, Sermiers, ainsi que Chézy-l'Abbaye, Roucy dans l'Aisne.

Il semble donc que la vigne était répandue un peu partout et qu'elle existait dans des crus d'où elle est aujourd'hui disparue.

Documents divers. — Vers la même époque, en 850, d'après Flodoard, dans des lettres que Pardulle, évêque de Laon, adressait à Hincmar, archevêque de Reims, qui relevait de maladie, il lui recommandait d'éviter l'excès du jeûne, le maigre et les petits poissons et d'user de certains vins de la Champagne[1].

« Prenez, écrivait-il, des vins de qualité moyenne qui ne soient ni trop forts, ni trop faibles, qui proviennent du flanc des coteaux et non du sommet des montagnes ou des profondeurs des vallées. Tels sont ceux du mont Ebon (Monthelon), à Épernay, de Chaumussy (Chaumuzy), de Milly (Mailly) et de Cormicy dans le Rémois. »

Les troubadours chantèrent aussi les produits de la Champagne. D'après les chansons de Gestes, Ogier le Danois aurait été interné dans le château de la Porte Mars, à Reims vers l'an 801 ; il y recevait journellement un setier de vin, mesure de Reims, un pain formé d'un demi-setier de froment, un demi-porc et la douzième partie d'un bœuf.

L'influence du clergé devenait alors considérable ; son pouvoir temporel s'augmentait sans cesse, ses propriétés territoriales étaient très nombreuses et très étendues. Ayant su gagner la faveur des rois, il s'était fait confier l'administration et la juridiction sur toute la région. Malgré tout, il restait impuissant devant les maladies, les insectes et les accidents atmosphériques qui sévissaient alors fréquemment sur le vignoble. Les prières, l'eau bénite, les pèlerinages, les exorcisations n'avaient, malgré les miracles relatés par les auteurs ecclésiastiques, d'autres résultats que de ranimer au cœur des vignerons un peu d'espérance en des jours meilleurs et de leur donner un peu de courage pour les attendre.

L'usage du vin se généralisait, les libations étaient fréquentes et souvent accompagnées de prières. Les repas de funérailles notamment étaient l'objet de beuveries interminables, auxquelles les membres du clergé ne dédaignaient point de participer. Depuis longtemps auparavant, certains grands dignitaires de l'Église s'étaient signalés par leur intempérance. Hincmar en 852, fut obligé de rappeler aux prêtres qu'il leur avait été défendu de boire en l'honneur des anges, des saints, et pour le repos de l'âme des défunts. Il menaça même les clercs et les simples prêtres de les priver de leur grade, s'ils ne cessaient leurs agapes fraternelles.

1. Hincmar. *Opera omnia.* Paris 1645. t. II, p. 836.

La procession du dimanche de la Passion. qui se faisait à Châlons-sur-Marne, depuis l'an 756, et qui se terminait par un grand repas, où l'on faisait excès de boisson, fut abolie en 1564 à cause des abus qu'elle entraînait. L'évêque de Châlons, le comte Roger Ier, réunissait les membres de son clergé. les jours de grande fête, et leur faisait servir de grandissimes repas. En 1041,

Cliché Loth.
ARCADE DES SAISONS.
(Porte Mars, à Reims.)

il ordonna même qu'à « chaque collation d'autel dépendant de son évêché, le titulaire serait tenu de livrer un muid de vin aux chanoines du même chapitre[1] ».

Déjà Charlemagne, ayant remarqué que les Francs s'adonnaient aux plaisirs de la table, les menaça par son capitulaire de l'année 812 de les excommunier et de les condamner à boire de l'eau. Néanmoins, s'il luttait contre l'intempérance, il sut donner à la viticulture une vigoureuse impulsion puisqu'il fit planter des vignes dans tous ses domaines. Son nom. attaché à certains crus du Rheingau et de la Bourgogne en est un témoignage[2]. Ses capitulaires fournissent la preuve que chacun de ses palais était pourvu d'un vignoble, d'un pressoir et d'un cellier ainsi que de tous les instruments nécessaires à la fabrication des vins.

La lutte contre le vin n'est donc pas nouvelle, mais ces mesures restrictives n'empêchèrent pas l'usage de cette boisson si appréciée. La consommation devint plus régulière et fut réglementée dans les couvents et les milieux ecclésiastiques. Dès le milieu du VIIIe siècle, le chapitre de Châlons-sur-Marne accepta les dispositions suivantes : « Pour la boisson, les jours à deux repas donnent droit aux chanoines, prêtres et diacres à trois verres de vin à dîner et deux verres à souper ; les sous-diacres ont deux verres de vin à dîner, autant à souper ; les enfants ou adolescents élevés dans le cloître ont deux verres à dîner, un verre à souper[3]. » Parfois on le considérait même comme une friandise. Il était dit dans le règlement des sœurs de l'Hôtel-Dieu de Reims, où l'usage du vin était autorisé : « si aulcune des sœurs dit parole injurieuse à l'autre ou jure vilainement, ce jour ne boira pas de vin[4].

1. *Bulletin du laboratoire Chandon*, mai 1902. Tiré de l'*Histoire du diocese ancien de Châlons de dom François*.
2. ROY-CHEVRIER. *Ampélographie rétrospective*. p. 101.
3. *Archives du Chapitre de la Cathédrale de Châlons-sur-Marne*, liasse 1. 13e pièce.
4. VARIN. *Archives administratives*, statuts, t. I, p. 134.

L'usage du vin persista malgré ces défenses diverses. Dans les romanceros de l'époque, les vins de notre région furent chantés.

Bon nombre de seigneurs voulaient déjà posséder des vignes en Champagne. Lorsqu'ils ne pouvaient y parvenir par des transactions, achats ou échanges, — les documents de l'époque ont conservé le souvenir de divers contrats, — ils avaient recours à la violence. Les seigneurs laïques s'emparèrent ainsi maintes fois des biens de l'Église. Pépin le Bref et Charlemagne craignant de se les aliéner, leur laissèrent la libre possession de ces biens mal acquis, à condition qu'ils en paieraient la dîme à l'Église. Mais peu à peu, la dîme étant excessivement lourde, ces biens furent abandonnés et l'Église parvint à rentrer en leur possession.

Sous Charles le Chauve, les seigneurs laïques recommencèrent leurs incursions, ils causèrent des déprédations aux propriétés, aux vignes notamment, et malgré la protection accordée par les rois et leurs successeurs, ils restèrent souvent en possession des propriétés usurpées.

Néanmoins le clergé et les couvents surtout ne cessaient d'agrandir leurs domaines. Les abbayes de Saint-Rémy, d'Hautvilliers, de Saint-Thierry acquirent des manses avec leurs bâtiments, des jardins, des terres, des pressoirs et des vignes; leurs récoltes de vin trouvaient, en effet, un écoulement facile; ils pouvaient donc sans crainte agrandir leurs vignobles. De nombreux dons sont alors faits au clergé; or, depuis Clovis toutes les donations étaient irrévocables.

Le chroniqueur Flodoard, dans son *Histoire de l'église de Reims*, donne sur la vigne au x° siècle d'intéressants renseignements. D'après lui, la récolte de vin avait été nulle en 919, la vendange était terminée au mois d'août en l'année 929, et en 976 le vin valait 7 deniers le muid, soit 9 fr. 30 l'hectolitre. Les vendanges étaient donc parfois très précoces.

Les Normands faisaient alors de fréquentes incursions dans le pays; ils ravagèrent la Picardie, l'Artois, la Champagne et, malgré la cession de la Normandie à leur chef Rollon, en 912, ils n'en continuèrent pas moins leurs déprédations. En 947, ils assiégèrent Reims, sous le commandement de Louis IV. Celui-ci, après avoir obtenu soumission de l'archevêque Hugues et des promesses de Hugues le Grand, défenseurs de la ville, fut fait prisonnier par surprise. Othon de Germanie vint à son secours, s'empara de Reims, et en chassa les deux Hugues. Ceux-ci revinrent avec des alliés, au moment des vendanges, saisirent presque tout le vin et l'emportèrent.

Un peu plus tard, en 988, au siège de Laon, le vin expédié par les moines de l'abbaye de Saint-Rémy fut intercepté par les troupes royales qui, « appesanties par le vin et par le sommeil, furent surprises et battues ».

Cliché Rothier.

DÉTAIL DE L'ARCHIVOLTE
DU PETIT PORTAIL
DE L'ÉGLISE SAINT-RÉMY
DE REIMS, XVe SIÈCLE.
(Partie gauche).

Au xe siècle des documents révèlent l'existence des vignes à Blaise, près de Châlons. L'abbaye de Saint-Rémy s'enrichit de vignobles à Taissy, Villers-Allerand; celle d'Hautvillers reçoit en 1095, de Renaud, archevêque de Reims, Sainte-Marie-à-Py, Ardigny, Aigny, Ay, Chouilly, Plivos, Cuis, Saint-Julien-de-Pierry et Cumières.

Dès le xie siècle les registres de l'abbaye d'Épernay désignent le vin de la région, que l'on considérait depuis 840 comme vin de malade, comme un vin de qualité *purum, clarum, fromentarum*, ce dernier terme étant synonyme de fruité et ne désignant pas, comme on pourrait le croire, le vin du fromenteau ou pineau gris.

A cette époque de notre histoire, l'anarchie régnait partout. Les seigneurs et les évêques dominaient dans le pays, et rétablissaient le servage; malgré les révoltes partielles des affranchis qui, depuis Charlemagne, jouissaient d'une liberté relative et voulaient la conserver ou la reconquérir, — révoltes qui furent réprimées dans le sang, — ils n'en restaient pas moins les maîtres absolus du pays et les rois de France étaient impuissants contre eux. Des impôts et des droits multiples autant qu'écrasants frappaient les bourgeois, les propriétaires ruraux, cultivateurs ou vignerons.

Les seigneurs se faisaient construire des châteaux forts sur des hauteurs ou dans des marais, dans des endroits pour ainsi dire inaccessibles et, à l'abri de ces forteresses, ils jouissaient de la plus parfaite indépendance. Le clergé, qui eut à souffrir également de leurs exactions, ne tarda cependant pas à prendre la prédominance. Sa puissance temporelle, dont les évêques et les papes étaient loin de se désintéresser, s'accroissait constamment par des dons et par le prélèvement des dîmes devenues obligatoires.

Vers cette époque s'organisèrent les croisades, qui apportèrent un adoucissement à l'état d'anarchie dans lequel se trouvait le pays. Les nobles, pour la plupart, vendirent ou donnèrent leurs biens aux églises, avant de partir pour la Terre sainte, dont bon nombre ne revinrent jamais. Les rois firent rendre gorge aux usurpateurs et donnèrent

leurs biens au clergé. Les princes de l'Église suivirent
l'exemple des nobles. De nombreux obits ou services anniver-
saires pour le repos des âmes furent institués, accompagnés
de donations, de confirmations de titres de propriétés.
Aussi voit-on apparaître, dans les documents historiques
de l'époque, de nouveaux noms de vignobles : Courcelles,
Pévy, Bézannes, Pontfaverger.

Dans son *Histoire de Cernay-les-Reims*, et dans celle
de Berru et du Mont-de-Berru, M. Bosteaux-Pâris relate
des obits, ventes, fondations diverses, faits au profit du
chapitre de Notre-Dame de Reims et d'autres puissances
ecclésiastiques, aux x111ᵉ, x1vᵉ et xvᵉ siècles.

Les pèlerins se rendant à Rome étaient alors bien reçus
par le pape. Ils emportaient, dans une bouteille de cuir, du
vin de nos coteaux, et contribuaient ainsi à en faire connaître
les mérites.

Les archives des villes et du département renferment
également de nombreux documents qu'il serait trop long et
peut-être fastidieux d'énumérer.

Sur les monuments de l'époque les sculpteurs ont
souvent pris la vigne et ses fruits comme modèles. On
voit, en effet, sur l'un des chapiteaux de la cathédrale de
Reims, un garde-vignes poursuivant un maraudeur qui venait de dérober des raisins. Le feuillage et les grappes de
cette plante entrent fréquemment dans le décor des chapiteaux.

C'était l'époque où florissaient les foires dites de
Champagne, à Troyes, Lagny, Bar-sur-Aube, Provins, qui
exercèrent sur l'industrie et le commerce de la province
une influence considérable. A ces foires vinrent peu à peu
s'en ajouter d'autres, à Reims, Châlons-sur-Marne, Hautvillers, Château-Thierry, Le Châtellier, Les Essarts, Ervy,
La Ferté-Gaucher, etc. Nous reviendrons ultérieurement
sur leur organisation et leur influence sur le commerce des
vins. Ceux-ci y tenaient, en effet, un rang très important

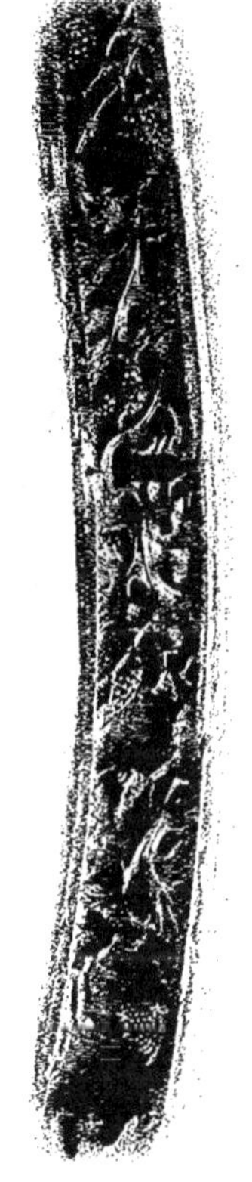

DÉTAIL DE L'ARCHIVOLTE
DU PETIT PORTAIL
DE L'ÉGLISE SAINT-RÉMY
DE REIMS. XVᵉ SIÈCLE.
(Partie droite).

parmi les marchandises que l'on y vendait; ces foires contribuèrent à les faire
connaître et apprécier par les consommateurs de tous pays qui s'y rendaient.
Elles furent à leur apogée aux x11ᵉ et x111ᵉ siècles; mais au x1vᵉ siècle, elles

entrèrent dans une période de décadence, dont on ne parvint pas à les relever. malgré tous les efforts tentés dans ce but.

Il existait déjà à cette époque, chez les grands seigneurs et les prélats, qui prisaient fort les plaisirs de la table, des officiers de bouche portant le nom de *bouteillers*. La charge de bouteiller était très importante et très lucrative; elle

Cliché Rothier

LE CHAPITEAU DIT DES VENDANGES. GARDE-VIGNES SAISISSANT UN MARAUDEUR.
Chapiteau de la cathédrale de Reims (grande nef). (XIIIᵉ SIÈCLE).

était confiée à des nobliaux, et héréditaire. Le bouteiller avait les clefs de la cave, et la charge des soins à donner aux vins; il transmettait à ses descendants les secrets de ses achats, de la conservation des vins et de toutes les pratiques qu'une longue expérience lui avait fait reconnaître comme les meilleures. Il jouissait de certains avantages attachés à sa charge. Le vin des pièces entamées les jours de banquets, car on tirait alors le vin directement à la pièce, lui appartenait de droit; il pouvait le vendre ou le boire. On conçoit aisément que cet abandon fût une source de bons profits, car dans ces banquets on buvait ferme, et souvent plusieurs crus étaient dégustés. Un Champenois devint bouteiller du roi Henri Iᵉʳ et un autre fut bouteiller de Romanie, nouvel empire latin qui se fonda à Constantinople. Nul doute que ces officiers dussent leur fortune à l'excellence des produits champenois et à l'expérience qu'ils avaient acquise dans leur pays natal.

Le vin restait cependant un objet de luxe, accessible seulement aux puissants de la terre. Le peuple buvait ordinairement de la bière, ou cervoise. Néanmoins, la production ne suffisait pas aux besoins de la consommation. La renommée du vin de Champagne ne cessait de s'accroître; les foires de Champagne surtout contribuaient à le faire connaître et apprécier, la prospérité régnait dans cette province, aussi se mit-on à planter la vigne sur de grandes superficies vers la fin du xivᵉ siècle.

Les souverains aussi appréciaient le vin de nos coteaux.

Urbain II, né en Champagne, dont la statue élevée sur la colline qui porte Châtillon-sur-Marne, domine toute la vallée de la Marne et qui, après avoir été le chanoine Eudes de Reims, occupa le siège pontifical de 1088 à 1099, resta fidèle au vin de son pays d'origine.

Il préférait le vin d'Ay à tous les vins du monde.

Cliché Rothier.

STATUE DE URBAIN II
A CHATILLON-SUR-MARNE.

L'empereur d'Allemagne et roi de Bavière, Wenceslas, qui méritait amplement le surnom d'Ivrogne, eut, vers 1398, une entrevue à Reims avec Charles VI, roi de France, dans le but de faire cesser le schisme qui existait alors dans l'Église catholique. A peine arrivé, il dégusta les vins de Reims et fut trouvé par les envoyés du Roi « ivre et cuvant son vin, dispositions peu convenables pour traiter d'affaires d'État et surtout de celles de l'Église », écrit Dallier dans son *Histoire manuscrite de Reims*. Quelques jours après, un dîner fut offert à l'empereur, où il se livra à de telles libations que, dans les fumées de l'ivresse, il signa tout ce que l'on voulut. Et cependant Wenceslas, comme les empereurs teutons, n'avait été couronné par le pape qu'après avoir prêté préalablement serment de sobriété : *Via sobrietatem cum Dei auxilio custodire!* Qu'eût-ce été s'il n'eût point juré? Le vin de Champagne ajoutait donc à ses exploits antérieurs une victoire importante sur la diplomatie.

L'empereur Sigismond, venant en France en 1410, voulut passer par Ay, pour y goûter, dans la ville même, le vin de ce cru si renommé.

La puissance temporelle des moines et du clergé s'accroissait sans cesse.

Les monastères possédaient des vignobles établis généralement dans les meilleurs lieux, aux expositions les plus favorables. Ils les entretenaient à peu de frais, car les corvées leur fournissaient gratuitement la main-d'œuvre nécessaire. Ils pouvaient obtenir du vin à bon marché en exerçant un peu de pression sur la conscience des vignerons du voisinage et en jouissant des droits qu'ils s'étaient arrogés. C'est ainsi que les Templiers, dont un adage disait :

> Boire en Templier, c'est boire à plein gosier,
> Boire en Cordelier, c'est vuider le cellier,

possédaient à Reims une commanderie, des vignobles et droits de vinage à Épernay, Ludes, Verzy.

Les moines rouges avaient des vignes à Ay, Damery, Mareuil et Moussy. Le trésor du chapitre de la cathédrale de Reims récoltait, en 1215, le vin d'une vigne plantée en 1206, à la Porte-Mars, par un chanoine qui la lui avait léguée.

FRAGMENT DE LA PORTE ROMANE
DE LA CATHÉDRALE DE REIMS.
TRANSEPT NORD. (Partie gauche).

Une bulle du pape interdit même de prélever les droits de vinage sur les vignobles des communautés, et le pape Innocent IV dut menacer les seigneurs s'ils persistaient à percevoir ces droits.

Les ecclésiastiques avaient alors souci de la qualité des vins et ne négligeaient pas de les améliorer. En 1218, six moines de l'abbaye de Saint-Rémy allèrent trouver l'abbé Pierre pour lui demander d'améliorer le vin par addition des deux tiers du produit du clos de Marigny. Une dizaine d'années plus tard, ce même abbé fit venir du vin de ce clos pour assouvir la soif de ses adeptes, et même consentit, si ce vin était insuffisant, à en faire venir de Sacy, Villers-Allerand, Chigny et Hermonville.

THIBAUT VI.
Comte de Champagne, 1201-1253.

Les monastères étaient assez hos-
pitaliers; ils ouvraient leurs portes à
tout venant et faisaient volontiers goûter leur vin. Mais à la suite d'abus et
de scandales, il leur fut interdit de le
faire.

Déjà une distinction était faite pour les vins de
la rivière de Marne. Ils trouvaient faveur à Troyes,
à la Cour des Comtes de Champagne.

Dans la chanson du comte de Brie, l'auteur
disait :

> Champagne est la forme de tous biens,
> De blé, de vin, de foin et de litière.

Et le clerc de Troyes affirmait :

> En Picardie sont li bourdeur
> Et en Champagne li buveur,
> Telz n'a vaillant un Angevin
> Qui chascun par viaut boire vin.

Les Poètes chantent le vin de la Champagne. —
Bientôt les poètes chantèrent les mérites du vin de
Champagne, bien propice pour les inspirer. Les
fabliaux du moyen âge y font fréquemment allusion.

FRAGMENT DE LA PORTE ROMANE
DE LA CATHÉDRALE DE REIMS.
TRANSEPT NORD. (Partie droite).

Le premier poète champenois, Colin Musset, qui vécut de 1190 à 1220,
disait :

> « Bien met l'argent qui en bon vin l'emploie. »
> « Chanter me fait bon vin et réjouir, » écrivait-il.

D'autres poètes, Guillaume de Machault, Eustache le Noble, Joinville,
chantèrent également le bon vin. Ce dernier buvait son vin pur et scandalisait
saint Louis, qui mettait de l'eau dans le sien.

Le comte Thibaut de Champagne, auquel la tradition attribue l'introduction des raisins de Chypre, aima, lui aussi, à chanter les vins de la rivière de
Marne.

La légende raconte que Thibaut, étant très lié avec la reine de Chypre, lui
rendait fréquemment visite dans son île. Un esclave qui lui avait sauvé la vie
ayant été condamné pour s'être introduit nuitamment auprès d'une des femmes
de la reine, Thibaut obtint sa grâce et le ramena avec lui. Mais l'esclave ne

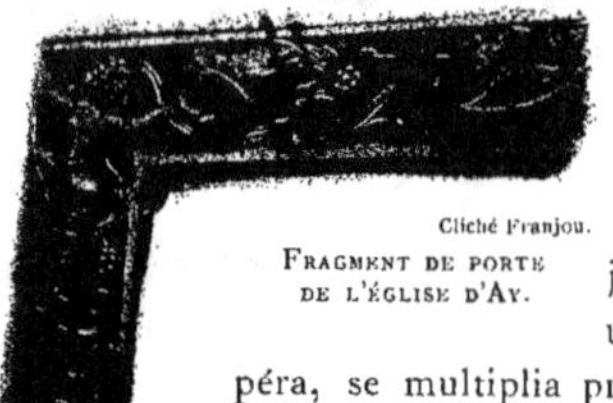

FRAGMENT DE PORTE
DE L'ÉGLISE D'AY.

pouvant oublier « le soleil de son île et les yeux de sa belle »; le comte, touché par son amour, lui permit d'aller revoir l'objet de sa passion.

L'esclave revint bientôt accompagné d'une jeune Cypriote et de présents, parmi lesquels un pied de vigne. Celui-ci fut planté; « il prospéra, se multiplia prodigieusement grâce à une culture habile et d'augustes encouragements ». Cette légende attribuerait donc une origine beaucoup plus récente au vignoble de Champagne [1].

Henri d'Andelys, dans sa *Bataille des Vins*, chante ceux d'Hautvillers et de Reims. Le roi Philippe Auguste aimait le bon vin blanc. Pour choisir le meilleur, il envoya des invitations aux crus français et étrangers les plus fameux. Quarante-six vignobles répondirent à l'appel, parmi lesquels ceux « d'Auviler et d'Espernai, le Bachelet ».

Le chapelain du roi, prêtre anglais, fit un examen préliminaire et rejeta beaucoup de compétiteurs. Argenteuil et Pierrefite discutèrent de leurs mérites relatifs. Epernay et Auviler sautèrent en l'air tous les deux ensemble.

> Espernay dit à Auviler
> Argenteuil trop veus aviler
> Tres tôt les vins de ceste table
> Par Dieu trop t'es fait connétable
> Nous passons Châlons et Reims
> Nous ostons la goute des reins
> Nous estaignons totes les rois [2].

Vin d'Auxois, Alsace leur répond :

> Espernay trop es déloiaux
> Tu n'as droit de parler en cour.

La Rochelle à son tour intervint, et ainsi défilèrent les principaux vins. Le chapelain but de tous, la dispute devint générale, les vins s'échauffèrent, exhalèrent un parfum de baume et d'ambre, la salle devint un paradis.

Le chapelain excommunia formellement avec le livre, la cloche et la chandelle toute la bière brassée en Angleterre et en Flandre et s'en alla au lit, où il dormit pendant trois jours et trois nuits. Le roi fit l'examen lui-même, nomma le vin de Chypre pape, celui d'Agnela cardinal, et créa, avec les autres, trois rois, cinq comtes et douze pairs; mais la liste de ces promus est restée inconnue.

1. ASSIER, *Légendes, curiosités, traditions de la Champagne et de la Brie*, 1860.
2. Nous supportons tous les rois.

Eustache Deschamps. — Puis vient Eustache Deschamps, dit Morel. à cause de son teint basané. Né en Champagne, à Vertus, vers 1340, il fit ses humanités à Orléans, et se fit remarquer pour ses succès dans l'étude de la philosophie, du droit et de l'astronomie, ce qui lui valut la protection du duc d'Orléans, assassiné plus tard par Jean sans Peur, duc de Bourgogne. Il devint huissier d'armes des rois de France Charles V et Charles VI. obtint la châtellenie de Fismes. puis le bailliage de Senlis, et enfin la charge de trésorier de France,

Cliché Charlier.

VERTUS AU XVI⁰ SIÈCLE.
D'après une gravure de Chastillon.

qu'il occupa jusqu'à sa mort, vers 1410. Il guerroya contre les Flamands et les Anglais et voyagea en Europe. Son œuvre comme poète est considérable. Une édition de ses œuvres. due à l'imprimeur Crapelet, parue en 1832, sous le nom de *Poésies morales et historiques*, contient plus d'un millier de ballades et de nombreux rondeaux, lais, virelais. fabliaux. poésies alors à la mode et dans lesquelles il excelle. ainsi que deux poèmes inachevés: en tout, plus de 80 000 vers. Il contribua avec d'autres Champenois. Chrétien de Troyes, Thibault, Villehardouin, Joinville, à la formation de la langue française. Dans ses récits, il tient au courant de maints faits d'histoire. et nous y trouvons des indications précieuses sur la vigne dans notre région.

4

Dans une de ses plus agréables pièces, *La Charte des Bons Enfants de Vertus*, parlant du vin, il écrit ces vers :

> Si vous allez au bénéfice,
> Mieulx vous vouldra que ung cristère,
> Et n'i fault pas si grant mistère
> A recevoir tel médecine ;
> Quand vient de si noble racine
> Come du droit plan de Béaune,
> Qui ne porte pas couleur jaune,
> Mais vermeille, franche, plaisant,
> Qui fait toute autre odour taisant,
> Quand elle est aportée en place.
> Tant a de valeur et de grâce,
> Et tant est par tout renommée.
> Que de chascun doit estre aimée.
> Puisqu'elle est de si noble afaire,
> Je tien qu'elle ne peut mal faire.

Le sac de la ville de Vertus et la ruine de son domaine, que les Anglais pillèrent et brûlèrent, lui inspirent une touchante ballade, dans laquelle il indique le lieu de sa naissance, et chante les vins de la région :

> Je fus jadis de terre vertueuse,
> Nez de Vertus, le païz renommé ;
> Où il avoit ville très gracieuse,
> Dont li bon vin tout en maint lieu nommé ;
>
> . . . .

Il conserva toujours pour la ville de Vertus une très vive affection qu'il manifeste dans une autre ballade :

> Vertus est ville vertueuse
> Où Dieux fit vertueusement
> Mainte fontaine merveilleuse
> En lieu sec merveilleusement
> Pour arrousez le terrement
> *Bons vins a*, fromens, seille, avoine,
> Moulins, jardins, rivière saine
> Et qui court contre le souleil
> Sans tarir vient de vive vaine
> Chascun le puet veoir à l'ueil.

Rentré de la guerre de Flandre qui ne lui laissa pas un bon souvenir, il put se livrer à ses penchants pour la bonne chère et le bon vin.

> Jamais à table ne seray
> Si je ne voy le vin tout prest
> Pour boire et verser sanz arrest
> Au premier morsel, tel soif ay
> Que mort suy se boire n'y est
> Jamais à table ne seray, etc.
> Comme il m'en va, bien le scay.
> Rolant en mourut, si me plest
> Boire tôt puisque vin me pest
> Jamais à table ne seray.
>
> . . . .

Mais ses ressources s'épuisèrent, et il dut adresser au roi supplique sur supplique pour obtenir des secours.

Dans une autre de ses œuvres, il énumère les vins que doit posséder dans sa cave une bonne maîtresse de maison :

> Vin d'Auxerre et de Bourgogne
> Vin de Beaune et de Gascogne
> Vin de Chablis, vin de Givry
> Vin de Vertus, vin d'Irancy.
>
> . . . .
>
> Vin grec et du vin muscadé,
> Malvoisie elle a demandé.
> Verjus veult avoir, vin gouais.

Dans la ballade de la verdure des vins, il dit avec regret :

> . . . .
>
> Hélas ! où sont vins especiaulx
> Vins de Biaune qui ont tel renommée
> Vins de Poitou, de Rin aux grands tonneaux,
> Vins de Tournus, de *Pynos* cette année,
> Vins d'Irancy, d'Aussonne et la boutrié
> Qui estoient de mon corps médecin.
>
> . . . .

Il rappelle aussi au sujet de « aucuns privilèges que les clercs d'aucuns baillis et prévosts ont sur aucuns dons de vin, volailles, faits à leurs maistres », de nombreux crus de vin dont quelques-uns sont presque oubliés maintenant.

> Et qui n'a vin de Portugal
> Si présente vin de Tournus

Vin de Beaune et vin de Vertus
De Cumières, de Damery,
Vin d'Auxarrois, vin d'Irancy,
De Germoles, de Saint-Poursain
Qui est à boire en esté sain,
Vins d'Ay, de Broy, de Mante
Ou de tout le meilleur l'on vende
Quelque prix qu'il doit couster!
En possession d'emporter
Deux ou trois des pots dessus dis
En leur escriptoire,
Quand bon leur semble pour eux poistre(¹)

. . . .

Ailleurs, il cite parmi les plants de son pays le pinot et le gouais. « Le bon plant ne fait que changier, gouais devient le morillon. »

Nos lecteurs nous pardonneront, nous l'espérons, cette longue digression; l'origine champenoise, le caractère d'originalité d'Eustache Deschamps méritaient que nous lui consacrions quelques instants et que nous fassions de ses œuvres quelques citations.

1. Se repaître, se nourrir.

CHAPITRE II

Le Vin de la Champagne
du xvᵉ au xviiᵉ siècle

Bientôt les vins du pays de Reims prirent faveur. Ils furent appelés à l'honneur d'être servis au sacre de nos rois; leurs prix s'élevèrent rapidement.

Ces cérémonies somptueuses attiraient les grands à Reims, elles étaient suivies de banquets dans une salle établie temporairement près de la cathédrale.

En 816, l'archevêque Ebbon officia au sacre de Louis le Débonnaire; il possédait au mont Ebbon, près de Mardeuil, un important vignoble; Pardulle, évêque de Laon, en recommande le vin à l'archevêque Hincmar.

Au couronnement de saint Louis, en 1226, on consomma pour 991 livres de vin. En 1286, les bourgeois de Reims firent remontrance au roi Philippe le Bel et demandèrent à être exemptés de fournir du vin, car il en restait 140 tonneaux non bus.

Au sacre de Charles IV, le vin coula dans les ruisseaux, une grande partie des provisions ne furent pas consommées. Les vins de Beaune et de rivière figurent dans la dépense pour une somme de 84 l. 5 s. 2 d. Le prix de la cérémonie atteignit 21 000 livres, tandis qu'autrefois, il ne dépassait pas 7000 livres. Le ministre des Finances du roi, qui s'était approprié toute la vaisselle, le linge et 1500 litres de vin, fut pendu sur un gibet qu'il avait lui-même fait élever.

D'après le mémoire de Jean Rogier, au sacre de Philippe de Valois, en 1328, les habitants de Reims consommèrent, pendant le banquet qu'ils offrirent au roi et à toute la cour, 300 poinçons de vin, provenant partie de Beaune et de Saint-Pourçain, partie de Reims. Ceux-ci furent payés depuis 6 livres jusqu'à 10 livres la queue, ou les deux pièces de 200 litres. Le vin de Saint-Pourçain revenait à 12 livres la queue, et celui de Beaune à 28 livres la pièce, soit 56 livres la queue. Les 300 poinçons représentèrent une dépense totale de 1675 l. 2 s. 3 d. Une partie de ce vin coulait à travers la bouche d'un grand cerf de bronze, placé devant la cathédrale.

Il n'y eut pas de fêtes au couronnement de Jean le Bon. Au sacre de Charles V, la dépense s'éleva à 7712 l. 15 s. 5 den. parisis, mais les Rémois ne se soumirent pas de bonne grâce à ces charges.

En 1461, Louis XI se fit sacrer à Reims en grande pompe; douze pairs de France s'assirent à sa table. Un mois après, il mit des droits sur le vin, au grand étonnement des habitants de Reims. Les vignerons attaquèrent les collecteurs d'impôts avec furie; une révolte générale s'en suivit, qui fut réprimée dans le sang; nombre de gens, dont la moitié étaient innocents, furent bannis, pendus, mutilés.

Cliché Loth.

LA VIERGE AUX RAISINS.

Au sacre de François II, le 18 septembre 1559, alors que le Bourgogne valait 20 livres la queue rendu à Reims, celui de Reims se vendait sur place 14, 17 et 19 livres, c'est-à-dire un prix supérieur à celui de son concurrent. Le 15 mai 1561, au sacre de Charles IX, il valait 28 à 34 livres la queue; il est alors servi conjointement avec celui de Laon qui valait alors beaucoup plus cher avec moins de qualité, et dont on a perdu presque complètement le souvenir.

C'est au sacre de Henri III, en 1575, que le vin du pays rémois fut pour la première fois présenté seul; il valait alors de 54 à 75 livres la queue (Dom Chatelain, *Remarques tirées du Cartulaire de la Ville*).

Les prix continuèrent à s'élever : en 1610, lors du couronnement de Louis XIII, on ne but pas d'autre vin; il valait 175 livres la queue. On trouva le vin de Reims si parfait, au sacre de Louis XIV, que tous les seigneurs en voulurent avoir. Désormais le Champagne fut couronné en même temps que nos rois.

Sa renommée s'accroît; en 1694, le vin de l'abbaye d'Hautvillers, atteint sous dom Pérignon le prix extraordinaire de 1000 livres la queue, soit 500 livres la pièce.

Les vins d'Ay jouissaient, au xvie siècle, d'une réputation aussi brillante que méritée. J. Liébault, dans sa *Maison Rustique*, éditée en 1565, écrit, à propos des vins de France (Livre VI, Chap. xxii) :

« Entre les vins de Bourgogne, les vins de Beaune tiennent le premier rang, lesquels j'oserais bien préférer aux vins d'Orléans et de Ay, desquels l'on fait si grand cas à Paris; d'autant qu'ils sont de ténue substance, d'une couleur d'œil de perdrix non fumeux, ni tant vaporeux, et par ce, moins donnant en teste et offensant le cerveau que ceux d'Orléans. Aussi, en tous temps, l'on a tenu pour véritable ce carme vulgaire des vins de Beaune :

Vinum Belnense super omnia vina recense. »

Dans les archives ecclésiastiques de Reims, il est souvent question aussi des vins blancs et clairets à des époques bien antérieures au xvıᵉ siècle. Châlons en offrait, en 1541, à la duchesse de Guise.

Ils sont déjà cités, mais en très médiocre compagnie, dans l'*Églogue sur le retour de Bacchus*, qui date probablement du xvᵉ siècle, et fut réimprimée par les soins de M. Anatole de Montaiglon dans le *Recueil de Poésies françaises des xvᵉ et xvıᵉ siècles* (collection elzévirienne de P. Jannet). Bacchus après avoir visité Beaune, la Rochelle, Grave et Bordeaux :

> Enfin il vint au païs Senonois
> Anjou, Aï, Auxerrois, Irancé,
> Noisi, Montreuil, Meudon en Meudonnois
> Suresnes, Sèvres, Auteuil, Saint-Cloud, Issy
> Bref il n'i eut (lieu) en ce monde icy
> Où les bons vins se recueillent espuis
> Qu'il n'abordast....

LA VIGNE.
Figurine décorant un des piedroits du portail occidental de la cathédrale de Reims.
(xıııᵉ siècle).

Guy Patin faisait aussi grand cas du vin d'Ay. « C'est, dit-il, celui que Dominicus Beaudoin appelait, chez M. de Thou, *Vinum Dei* »; faisant ainsi une sorte de jeu de mots entre *Dei* et d'Ay.

Paulmier, médecin normand, écrivait dans un *Traité des Vins* :

« Les rois et les princes en faisaient leur breuvage ordinaire. »

On trouve encore le nom d'Ay à côté de ceux d'Avenay, d'Épernay, puis de Chablis, Tonnerre, dans les commentaires d'une traduction d'un passage de Martial, faite par l'abbé de Marolles; celui-ci donne à cette occasion la liste des vins dont Martial n'avait pas parlé, et qu'il estimait les meilleurs de France.

Plus loin, l'auteur de la *Maison Rustique* écrit encore :

« Toutesfois, au nombre et censure d'iceux, les vins d'Ay et d'Izancy plus souvent tiennent le premier rang en bonté et perfection sur tous les autres vins, et sont toutes les années bonnes ou mauvaises trouvez meilleurs que tous les autres soyent François ou de Bourgogne ou d'Anjou. Les vins d'Ay sont clerets et fauvelets, subtils, délicats et d'un goût fort agréable au palais, pour ces causes souhaitez pour la bouche des rois, princes et grands seigneurs, et cependant oligophores, c'est-à-dire si délicats qu'ils ne portent l'eau qu'en petite quantité. »

Les souverains, en effet, voulurent posséder des vignes à Ay afin de s'assurer de la qualité et de l'authenticité des vins qu'ils buvaient, ainsi qu'il résulte d'une lettre adressée, en 1671, par le marquis de Saint-Évremond à son ami, le comte d'Olonne, alors relégué à Orléans.

« N'épargnez, écrit-il, aucune dépense pour avoir des vins de Champagne, fussiez-vous à deux cents lieues de Paris. Ceux de Bourgogne ont perdu leur crédit avec les gens de bon goût; à peine conservent-ils un reste de vieille réputation chez les marchands. Il n'y a point de province qui fournisse d'excellents vins pour toutes les saisons que la Champagne. Elle nous fournit les vins d'Ay, d'Avenet, d'Auvillé jusqu'au printemps; Tessy, Sillery, Verzenay pour le reste de l'année. Si vous me demandez lequel je préfère de tous les vins, sans me laisser aller à des modes de goût qu'introduisent de faux délicats, je vous dirai que le bon vin d'Ay est le plus naturel de tous les vins, le plus sain, le plus épuré de toute senteur de terroir, d'un agrément le plus exquis par le goût de pêche qui lui est particulier, et le premier, à mon avis, de tous les goûts. »

« Léon X, Charles-Quint, François Ier et Henri VIII avaient tous leur propre maison dans Ay ou proche d'Ay, pour y faire plus curieusement leurs provisions. Parmi les plus grandes affaires du monde qu'eurent ces grands princes à démêler, avoir du vin d'Ay ne fut pas un des moindres de leurs soucis. »

Le marquis de Saint-Évremond, le comte d'Olonne et le marquis de Bois-Dauphin étaient alors réputés les plus fins gourmets du xviie siècle; ils n'admettaient sur leur table que les vins d'Ay, d'Hautvillers, d'Avenay, de Verzenay, de Sillery et de Taissy, rendant ainsi un bel hommage au vin de la Champagne.

Lavardin, évêque du Mans, un gourmet, dînant un jour avec Saint-Évremond, le raillait de sa délicatesse, lui et ses amis, le marquis de Bois-Dauphin et le comte d'Olonne : « Ces messieurs, disait le prélat, poussent le raffinement à l'extrême; ils ne peuvent manger que du veau de Normandie, des perdrix d'Auvergne, des lapins de la Roche-Guyon ou de Verdun, et, quant au vin, ils ne peuvent boire que celui des bons coteaux d'Ay, Hautvillers et Avenay ». Saint-Évremond ayant répété l'histoire, lui, le marquis et le comte ses amis, furent surnommés « les trois coteaux ».

C'est à ces personnages que Boileau fait allusion dans une de ses *Satires*,

lorsqu'il écrit, à propos de l'*Ordre des Coteaux*, « Société de fins débauchez »,
d'après le Père Bouhours :

> « Surtout certain hâbleur à la mine affamée
> « Qui vient à ce festin conduit par la fumée,
> « Et qui s'est dit profés dans l'Ordre des Coteaux
> « A fait, en bien mangeant, l'éloge des morceaux. »

Les souverains, propriétaires de vignes, entretenaient à Ay des commissionnaires chargés de veiller tout spécialement à la confection de leur vin, car ils

avaient « en suspicion déshon-
nête la bonne foi de MM. les
vignerons d'Ay ». La fraude,
comme on le voit, n'est pas
chose nouvelle.

Charles IX possédait
dans cette ville un vendangeoir. Léon X, de la maison
de Médicis, qui occupa le
siège pontifical de 1513 à
1521, le plus magnifique
prince de son temps, dit
l'histoire, grand protecteur
des arts, des lettrés et des

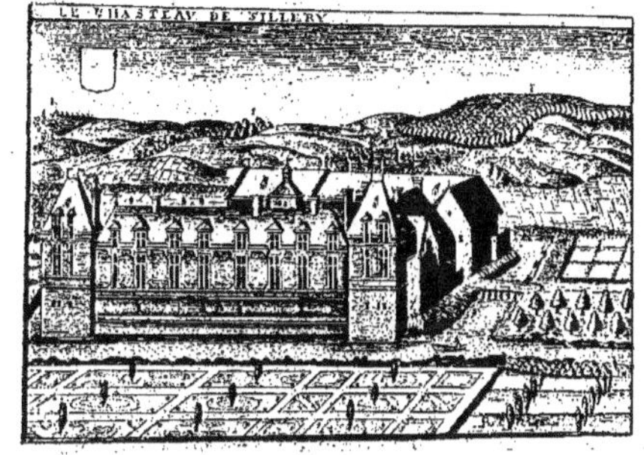

Cliché Charlier.
LE CHATEAU DE SILLERY.
D'après une gravure de Chastillon (XVIᵉ siècle).

sciences, avait acheté également un pressoir. Il existe même à Ay, à droite de
la route de Dizy, une contrée dont le nom, le Léon, rappelle le souvenir du
souverain pontife, propriétaire de vignes et de pressoir à Ay.

Charles-Quint, en 1544, avait établi son camp en vue d'Épernay, dans
l'abbaye d'Avenay ; il fit construire, dans un bocage au-dessus d'Ay, le prieuré
de Charles-Fontaine où il installa son vendangeoir. D'après Bertin du
Rocheret, ce prieuré existait encore en 1726, mais il a disparu depuis.

Henri IV, avait pu apprécier les vins de la région lors du siège d'Épernay,
en 1592. De son quartier général, établi non pas à Chouilly, mais à Damery,
d'après la correspondance de Henri IV [Lettres des 24 et 25 juillet 1592,
documents inédits de l'*Histoire de France*], il allait très souvent rendre visite à
« sa belle hôtesse », la présidente du Puy, Anna Dudley, femme du président
de l'Élection d'Épernay. C'est même en revenant d'une de ces visites que fut
tué le maréchal Biron. Le vent avait emporté le chapeau au panache blanc du
roi, et le maréchal de Biron, l'ayant ramassé, l'avait mis en badinant sur sa
tête. Un maître d'artillerie de la ville, le prenant pour le roi, pointe son canon

et tire, disant : « au Béarnais ! » Le coup porta si bien que le maréchal eut la tête emportée par le boulet.

On montre encore actuellement à Ay la maison où Henri IV avait son vendangeoir. Il aimait à prendre le nom de sire d'Ay. Recevant un jour l'ambassadeur d'Espagne qui, à chaque instant, énumérait les nombreux titres de son auguste maître, Henri IV, impatienté, répondit : « Vous direz à sa majesté le roi d'Espagne, de Castille, d'Aragon, etc., etc., qu'Henri, sire d'Ay et de Gonesse, c'est-à-dire maître des meilleures vignes et des plus fertiles guérets, en d'autres termes, seigneur de l'abondance, etc., etc. »

Dom Chatelain, dans ses remarques tirées du Cartulaire de la ville, raconte l'anecdote suivante : « Henri IV fut un jour chez Sully, son ministre, lui demander à déjeuner. Après avoir bu quelques verres de vin, il s'écria :

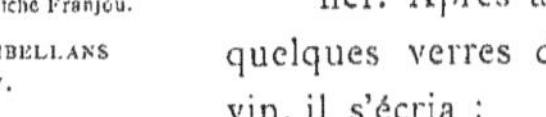

Cliché Franjou.

ANCIENNE MAISON DES CHAMBELLANS
DE HENRI IV, A AY.

« Ventre Saint-Gris ! voilà du grand vin, il l'emporte sur le mien d'Ay et sur les autres endroits. Je veux savoir d'où il vient. — C'est, lui répondit Sully, mon ami Taissy qui me l'a envoyé. — Je veux le connaître aussi, dit Henri IV. » Ce qui fut bientôt fait.

Ce sont là précieux témoignages en faveur des vins de la Champagne ; mais on peut, à juste titre, être étonné de la célébrité dont jouissait alors le vin de Taissy ; il est vrai que trois siècles ont passé depuis, et qu'il s'agit probablement de vins récoltés sur les coteaux avoisinant Taissy.

Le vin de Sillery, si renommé, porta longtemps le nom de « Vin de la Maréchale », en souvenir de la maréchale d'Estrées qui sut, par des perfectionnements apportés à la confection

Cliché Franjou.

ANCIEN VENDANGEOIR DE HENRI IV
A AY.

Cliché Charlier.

LE CHATEAU DE VERZENAY.
D'après une gravure de Chastillon (xvıᵉ siècle).

de son vin, en rehausser la qualité, et par ses nombreuses relations lui assurer une grande renommée. Ce vin était récolté, non pas à Sillery même, qui est en plaine, mais sur la côte de Verzenay, contiguë à Sillery, et sur les coteaux de Verzy, Verzenay, Mailly et Ludes. Le marquis de Sillery sut conserver et accroître la renommée acquise.

Saint-Évremond fut l'un des pionniers du vin de Champagne en Angleterre. Charles II, à son retour de France en 1660, où il avait pu, pendant son exil, apprécier le vin de nos coteaux, l'importa; avant lui, le vin de Champagne était presque inconnu dans ce pays. On commença à boire, et une période de prospérité s'ouvrit pour le commerce du Champagne en Angleterre. On buvait alors surtout des bordeaux ou clarets et des vins cuits : Alicante, Malaga, Madère, etc. Le Champagne, nouvellement introduit, fut bientôt à la mode; en 1662, il jouissait déjà d'une très grande popularité.

Saint-Évremond, philosophe et poète, soldat et courtisan, avait accompagné le comte de Soissons, envoyé en ambassade pour féliciter le roi Charles II de sa restauration sur le trône d'Angleterre. Après avoir encouru la disgrâce du roi de France, il se réfugia en Angleterre en 1661, se fixa à Londres et se mêla à la Cour où il compta bientôt de nombreux amis. Il devint favori de Charles II, qui lui accorda une commission régulière de gouverneur des Duck Islands (Iles des Canards), petites îles où l'on gardait des canards, avec 300 livres de rente (7500 fr.) d'appointements. Saint-Évremond plut tellement à Guillaume III qu'il était invité partout où le roi allait dîner. Gourmet et connaisseur,

Cliché Charlier.

BRULART DE SILLERY, CHANCELIER.

il introduisit à la Cour de bonnes manières de boire et manger, mit le vin de Champagne à la mode, ce qui n'est pas le moindre de ses titres à la reconnaissance de l'Angleterre, et — disons-le aussi — de la Champagne.

Il considérait le champagne comme le meilleur des vins et n'en voulait boire d'autre que s'il était impossible d'avoir du champagne. Une de ses amies, Mme Mazarin, lui écrivait à ce sujet de gracieuses remontrances :

> Pour vivre sans affliction,
> A dîner, pour un goût de France,
> La poularde aux œufs rejeter;
> Brauwn et venaison détester,
> Vin de Portugal, de Florence,
> Pour nous parler toujours des vins
> D'Ay, d'Avenet et de Reims,
> Croire que tout vous est permis
> C'est trop, c'est trop de confiance(¹).

Nous avons vu déjà, par le passage de sa lettre à son ami le comte d'Olonne, en quelle grande estime il tenait les vins de la Champagne. Ses amis de la Cour partagèrent bientôt son enthousiasme. Mais il était difficile alors de s'en procurer. Les gens riches l'achetaient à des amis de France et le faisaient venir soit directement, soit par des intermédiaires pour éviter les droits. Les envois étaient irréguliers et causaient parfois des désappointements à Saint-Évremond. Une année, alors que sa provision de champagne était épuisée et qu'il avait perdu tout espoir de pouvoir s'en procurer, il apprit qu'un ami venait de débarquer avec une provision de son vin favori; dans sa joie, il célébra cette arrivée par les vers suivants :

> Perdre le goût de l'huître et du vin de Champagne
> Pour revoir la lueur d'un débile soleil,
> Et l'humide beauté d'une vaste campagne
> N'est pas, à mon avis, un bonheur sans pareil.
> La faveur de la Marne, hélas, est terminée.
>   Et notre montagne de Reims,
>   Qui fournit tant d'excellents vins, .
> A peu favorisé notre goût cette année.
>   O triste et pitoyable sort!
> Faut-il avoir recours aux rives de la Loire,
>   Ou pour le mieux au fameux Port
>   Dont Chapelle nous fait l'histoire!
>   Faut-il se contenter de boire
>   Comme tous les peuples du Nord?

1. *Œuvres de Saint-Évremond*, 1706, t. IV, p. 217.

Non, non, quelle heureuse nouvelle !
Monsieur de Bonrepas arrive, il est icy.
Le Champagne pour luy toujours se renouvelle,
Fuyez Loire, Bordeaux ! fuyez Cahors aussy !

On buvait alors rarement le champagne pendant le jour et même aux diners ; mais c'était le vin favori des petits soupers. Le chevalier de Grammont avait contribué à les mettre à la mode ; les soupers qu'il offrait étaient toujours servis avec la plus grande élégance : ceux de Lady Gerrard's n'étaient pas

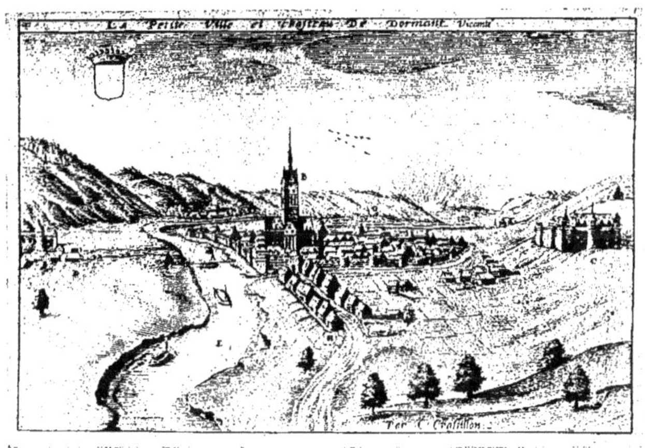

Cliché Charlier.

VILLE ET CHATEAU DE DORMANS, d'après une gravure de Chastillon (xvie siècle).

les moins brillants, ni les moins distingués de son temps. La duchesse de Mazarin, chez qui se réunissait la plus polie et la plus brillante société, était aidée dans l'organisation de ces réunions par Saint-Evremond lui-même. Quelques-uns de ses amis, le duc de Buckingham entre autres, furent parmi ceux qui supportaient le mieux les excès de champagne ; lord Rochester se confessait à l'évêque Burnett qu'il n'avait pu être sobre pendant cinq années.

Le vin que l'on buvait alors n'était pas le vin blanc très léger, ni le vin rouge. Le champagne, introduit pour la première fois en Angleterre, était un vin gris ou jaune, au moins effervescent, s'il n'était pas mousseux. Pendant la première partie du xviie siècle, on fit du vin rouge ou noir en Champagne et, vers 1640, la mode vint de faire des vins aussi légers que possible en couleur, rosés, jaunes, gris ou blancs, qui furent très appréciés pour leur nouveauté et considérés comme très sains. On laissait fermenter le moût séparé des marcs.

Le vin de la Champagne avait une tendance à l'effervescence, que l'on cherchait à éviter. Les vins faits dans la rivière de Marne étaient envoyés peu après la vendange et bus presque aussitôt. Mis en bouteilles après la vendange, ils étaient effervescents quand on les consommait. Les vins de la montagne étaient envoyés plus tard et bus après les premiers. Les vins rouges augmentèrent rapidement de prix : en 1630, on les vendait 123 livres la queue, et en 1685, 500 livres.

Les poètes de la Restauration d'Angleterre parlent du champagne pétillant, étincelant; tous le considéraient comme donnant de la gaité, comme un « exhilarant » breuvage. C'était un vin léger, délicat et vif. Plus tard, vers 1697, il pétillait davantage.

Dans un dialogue écrit par l'auteur anglais Farquhar, l'un des interlocuteurs demande de la « Liqueur qui donne de l'esprit », et le laquais apporte du champagne. Le champagne mousseux était donc déjà connu en Angleterre en 1697.

Dans une de ses nombreuses poésies, Bertin du Rocheret[1], Président et Grand Voyer de l'Election d'Epernay, sur la biographie duquel nous reviendrons ultérieurement, fait de nombreuses allusions aux souverains dont nous venons de parler. Voici à quel propos.

En 1727, le *Mercure* avait imprimé au mois d'août une lettre de Dreux, au sujet de quelques pièces de vers publiées antérieurement dont une, « la Table », était prise à partie. On déclarait que les crus d'Aï, Chassagne et Riets étaient peut-être connus dans leur province et à Paris même, mais qu'ils étaient ignorés des bons gourmets. Un poète bourguignon, M. de Senecé, vengea l'honneur de la Champagne par des triolets badins dont voici un extrait

> Nuits et Ay versent leur sang.
> Par de profondes ouvertures,
> Sans nul égard à l'âge, au rang,
> Nuits et Ay versent leur sang;
> Paquette enrage et, dans son flanc,
> Croit souffrir les mêmes blessures;
> Nuits et Ay versent leur sang.

Bertin du Rocheret, dans le *Mercure* de janvier 1728, le remercia par

---

1. *Recueil de poésies latines et françaises sur les vins de Champagne et de Bourgogne.* 1722.

d'autres triolets qui accompagnaient une lettre supposée écrite par M. le Maire
d'Ay, et dont nous donnons les derniers :

Ay produit les meilleurs vins,
J'en prends à témoin tout le monde.
Mais vous préférez ceux de Reims.
Ay produit les meilleurs vins,
Ce sont les premiers, les plus fins,
Et Saint-Evremond me seconde.
Ay produit les meilleurs vins,
J'en prends à témoin tout le monde.

Vous en parleriez autrement
Si vous en aviez deux bouteilles.
Je vous les offre. Assurément,
Vous en parleriez autrement.
Pour porter votre jugement,
Confrontez le jus des deux treilles.
Vous en parleriez autrement,
Si vous en aviez deux bouteilles.

Charles-Quint s'y connaissait bien,
Il en faisait la différence
Et mieux que son maître Adrien [1].
Charles-Quint s'y connaissait bien.
Pour en boire il ne tint à rien
Qu'il ne vint demeurer en France.
Charles-Quint s'y connaissait bien,
Il en savait la différence.

Pour qu'on ne pût le mélanger
Et que sa table fût complète,
Lui-même faisait vendanger,
Pour qu'on ne le pût mélanger.
Léon craignant même danger,
D'un pressoir d'Ay fit emplète.
Pour qu'on ne le put mélanger,
Et que sa table fût complète.

Notre bon roi le grand Henri
En régalait sa belle hôtesse,
Quand il couchait à Damery.

1. Son précepteur. qui fut élu pape en 1621 à la mort de Léon X, et laissa une réputation de
grossièreté et de lésinerie.

> Notre bon roi le grand Henri,
> C'était là son vin favori,
> Et son pain, celui de Gonesse.
> Notre bon roi le grand Henri
> En régalait sa belle hôtesse.

Les poètes ne furent pas étrangers, au xviie siècle, à la célébrité des vins de la Champagne. La Fontaine, notre fabuliste champenois, né à Château-Thierry, écrit dans ses *Contes des Rémois* :

> Il n'est cité que je préfère à Reims,
> C'est l'ornement et l'honneur de la France ;
> Car, sans compter l'ampoule et les bons vins,
> Charmants objets y furent en abondance.

Nous en rapprocherons ceux que le comte de Chevigné, un imitateur de La Fontaine, au xixe siècle, place au début de l'un de ses « Contes Rémois », si joliment rimés :

> L'heureux pays que celui de Champagne,
> Des vins exquis parfument la Montagne,
> Le peuple est bon, les maris point jaloux,
> Et les femmes ont le cœur aussi doux
> Que les moutons qui peuplent la campagne.

Le bonhomme La Fontaine, qui aimait bien le vin de Joigny, prisait aussi fort ceux de sa province natale, qu'il buvait volontiers dans le chalet de Boileau, à Auteuil, en compagnie de Racine, de Molière et d'autres, non moins spirituels.

Il craignait pour nos vins de Champagne lorsqu'il écrivait :

> J'aime mieux voir les Turcs en campagne
> Que de voir nos vins de Champagne
> Profanés par les Allemands.

Le grave Boileau fait dire à l'un de ses personnages du *Lutrin*, Evrard, au Chant IV :

> . . . . Non, non, songeons à vivre
> Va maigrir, si tu veux, et sécher sur un livre,
> Pour moi je lis la Bible autant que l'Alcoran.
> Je sais ce qu'un fermier doit nous rendre par an,
> Sur quelle vigne à Reims nous avons hypothèque.
> Vingt muids rangés, chez moi, font ma bibliothèque.
>
> . . . .

Nous avons vu plus haut que le vin de la Champagne, au fur et à mesure que sa renommée s'accroît, augmente de prix. Boileau, dans le 107e vers de la

3ᵉ satire dit que ce vin devait sa réputation à MM. les Ministres d'Etat Colbert et Letellier, qui possédaient, dit-il, de grands vignobles dans la province de Champagne. Mais il ne semble pas que ces ministres aient jamais possédé un cep de vigne dans la vallée de la Marne, et il est plus que probable qu'ils n'étaient pas gros propriétaires dans la montagne de Reims. Un des oncles de Colbert, Henry Pussort, seigneur de Cernay, possédait au xviiᵉ siècle des propriétés importantes comprenant plus de vingt hectares de vignes et terres, dans cette localité. En 1662, il prit un régisseur pour prendre soin de sa résidence à Cernay. Ses biens passèrent, vers 1700, entre les mains des Dames de Sainte-Marthe, couvent fondé en 1634 par l'épouse d'un Colbert, seigneur de

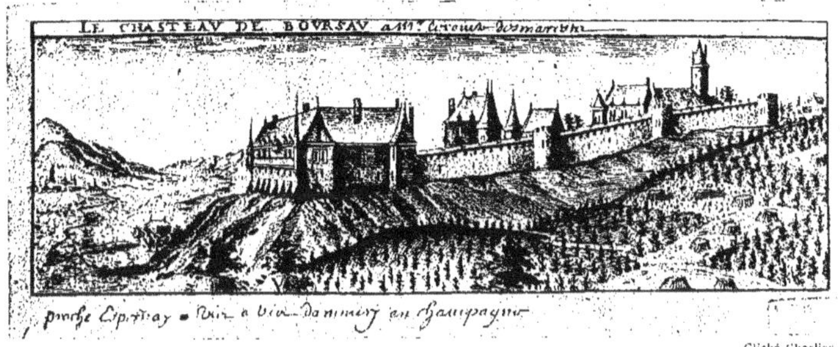

Cliché Charlier

LE CHATEAU DE BOURSAULT, d'après une gravure de Chastillon (xviᵉ siècle).

Magneux (Bosteaux-Pâris, *Histoire de Cernay*). Il n'est pas douteux que Colbert, originaire de Reims, n'ait contribué à favoriser le commerce de sa province et en particulier celui des vins. On sait que ses efforts portèrent sur l'amélioration du sort des populations des campagnes et sur le développement du commerce et de l'industrie. Mais il est acquis que la réputation du vin de Champagne lui était bien antérieure.

Dans ses Mémoires si curieux, le duc de Saint-Simon donne le compte rendu d'une Assemblée du Clergé tenue en 1700 et présidée par les archevêques de Reims et d'Auch. « Cette assemblée, dit-il, se tint à Saint-Germain, quoique le roi d'Angleterre occupât le château. Monsieur de Reims y tenoit une grande table et avoit du vin de Champagne qu'on vanta fort. Le roi d'Angleterre, qui n'en buvait guère d'autres, en entendit parler, et en envoya demander à l'archevêque qui lui en envoya six bouteilles. Quelque temps après, le roi d'Angleterre, qui l'en avait remercié et qui avoit trouvé ce vin fort bon, l'envoya prier de lui en envoyer encore.

6

« L'archevêque, plus avare encore de son vin que de son argent, lui manda tout net que son vin n'était point fou et ne couroit point les rues, et .ne lui en envoya point. Quelque accoutumé qu'on fût aux brusqueries de l'archevêque, celle-ci parut si étrange qu'il en fut beaucoup parlé ; mais il n'en fut autre chose. »

D'après Saint-Simon, le Roi Soleil n'avait jamais bu d'autre vin de sa vie avant 1692, quand son médecin, l'austère Fagon, condamna son estomac débilité à ne boire que du bourgogne, du romanée-conti, mais aussi vieux que possible et étendu d'eau ; le roi s'en consolait en regardant les grimaces des nobles étrangers qui sollicitaient et obtenaient l'honneur de goûter le royal breuvage.

Du Chesne, qui succéda au célèbre Payen comme médecin du Dauphin de France et mourut en 1707, à l'âge de 71 ans, prétendait qu'il devait sa brillante santé et sa longévité à l'habitude de manger une salade à chaque souper et de boire du champagne ; il recommandait ce régime à tout le monde.

Dans un livre intitulé : *L'art de bien traiter...*, ouvrage nouveau, curieux et fort galant, exactement recherché et mis en lumière, par L. S. R., Paris (Frédéric Léonard, 1674, in-12), on peut lire ce passage fort intéressant sur les vins de Champagne, reproduit par L. Périer dans son Mémoire sur le vin de Champagne, édition de 1886 :

« Pour les délicats et les raffinés, on s'attache aux vins de Chably, de Tonnerre et de Coulange : quand le pays Beaunois donne, on prend du Volnay, qui est le plus exquis du canton et l'un des plus renommés vignobles de France ; mais souvent, de dix années, on n'en voit pas une raisonnable, quoique la quantité y soit.

« Si la Champagne réussit, c'est là que les fins et les friands courent avec empressement : il n'est point au monde une boisson et plus noble et plus délicieuse, et c'est maintenant le vin si fort à la mode qu'à l'exception de ceux que l'on tire de cette fertile et agréable contrée que nous appelons généralement parlant de Rheims et en particulier de Saint-Thierry, de Versenay, d'Ay et d'autres lieux de la montagne, tous les autres ne passent presque, chez les curieux, que pour des vinasses et des rebuts, dont on ne veut même pas entendre parler. Aussi est-il constant qu'il a une sève admirable, que son goût charme et que ce montant dont il embaume l'odorat est capable de ressusciter un mort. L'un et l'autre (le Bourgogne et le Champagne) sont bons, quand les années sont bonnes, et principalement le .Champenois, quand il n'a point ce grand vert dont quelques débauchés font tant d'estime ; quand il s'éclaircit promptement, qu'il ne travaille qu'autant que la force de son vin le permet naturellement; car il ne faut pas tant se fier à cette manière de vin qui est toujours en furie et qui bouillonne sans cesse dans son vaisseau. Pasques passé, c'en est fait; si plus, il s'en faut donner de garde; souvent, après tant d'orages et d'émotions réitérées, il se résout à quoi? à rien et ne retient de tout son feu qu'un vert cru fort déplaisant et fort indigeste qui incommode la poitrine d'une estrange façon. Si j'avois à parler à des gens de la profession, je m'étendrois plus amplement sur ce fait et je découvrirois peut-être le pot aux roses; mais espargnons le mistère....

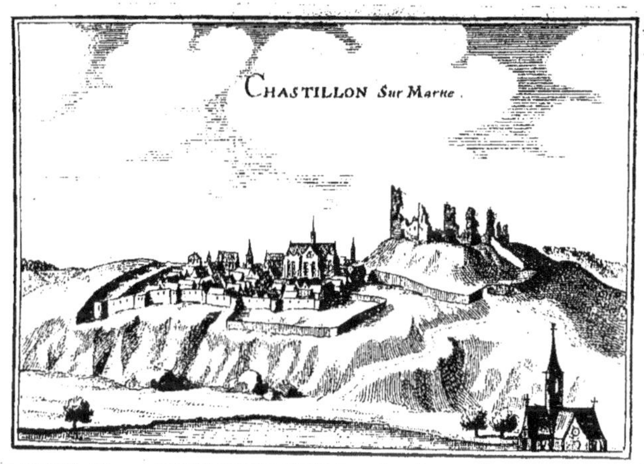

Cliché Charlier.

Chastillon sur Marne, d'après une gravure de Marien (xviiᵉ siècle).

« Voilà donc la boisson que j'ordonnerois volontiers aux illustres friands, et je les solliciterois de tout mon cœur de faire en sorte qu'ils en eussent au moins six mois après l'échéance de l'année, et toujours des plus gris, comme estant les plus coulant et les moins chargeant l'estomac. Car quelque bon que soit le vin rouge comme plus matériel à cause qu'il a cuvé plus longtemps, il n'est jamais si délicieux et ne digère pas si promptement que les autres. Il faut donc conclure qu'il est nécessaire pour la santé de boire du vin vieil tout le plus longtemps que faire se peut, pour ne point se voir obligé d'aller si promptement aux nouveaux qui sont de véritables casse-testes et qui par leur violence sont capables de déranger les plus fortes constitutions. Surtout, buvez votre vin au sortir de la cave et ne le gastez point par ces artificieuses mômeries qui font toute la joie de nos débauchés. Il suffit que l'eau soit naturellement fraîche sans recourir à la glace qui est la plus pernicieuse de toutes les inventions : outre qu'elle est la capitale ennemie des liqueurs et principalement du vin. Il faut assurément demeurer d'accord qu'elle l'affoiblit au moins de moitié, et sans s'attacher aux sentiments de quelques incommodes voluptueux qui soustiennent que le vin de Rheims n'est jamais plus délicieux que quand on le boit à la glace et qui veulent que cette admirable boisson puise dans une si mortelle nouveauté des charmes tout particuliers, pour moi je ne vois rien de plus éloigné du bon sens et plus contraire à la vérité que cette folle proposition ; car il est constant que la glace fait non seulement évaporer tous les esprits, qu'elle en diminue le goust, la sève et la couleur, mais encore il est vrai de dire que son usage est pernicieux, mortifère, et cause d'étranges accidents au corps humain : elle y fait naistre des coliques, des tremblements, des convulsions horribles et des faiblesses si soudaines que bien souvent la mort a couronné les plus magnifiques débauches, et fait d'un lieu de triomphe et de joies des sépulcres vivants.....

« Je vous fais le portrait de cette grande, mais trop ordinaire catastrophe, pour imprimer en vostre esprit une très sensible aversion de cette abominable et mortelle galanterie qui passe aujourd'hui non seulement en coutume, mais encore qui s'érige presque en loi et qui veut devenir une mode nécessaire, tout inutile qu'elle est, pour surprendre les sens avec artifice et empoisonner agréablement. »

Il est donc avéré par ces divers documents que le vin de la Champagne jouissait déjà d'une réputation justement méritée et se classait en tête des vins les plus fins et les plus délicats.

Les Vins de Présent. — A Reims et dans la région, l'usage d'offrir les meilleurs produits du pays, le vin surtout, aux personnages que l'on voulait honorer, semble s'être établi depuis très longtemps. Peut-être remonte-t-il aux premiers sacres des rois de France dans la cathédrale de Reims? Cette cérémonie était, en effet, accompagnée de libations et l'on devait offrir au roi le meilleur vin, comme le dictaient tout naturellement les lois de l'hospitalité. En 1340, les échevins de Reims dînèrent avec l'archevêque et firent apporter pour leur part de repas 32 pots de vins. En 1335, des présents furent faits de vins à 16 et 20 deniers le pot.

L'archevêque de Narbonne, en 1340, reçut en présent un poinçon de vin. En mars 1419, ordre fut donné de payer à Jacques, le Vigneron, 78 livres 12 sols pour six queues de vin blanc données à Jean sans Peur, et lorsque le duc

Philippe, son fils, se rendit à Troyes, en 1420, pour venger son père assassiné sur le pont de Montereau, la ville de Reims lui offrit, lors de son passage, onze poinçons de vin clairet.

La ville de Reims offrit aussi l'hospitalité à l'Hôtellerie de l'Ane Rayé, plus tard, la Maison Rouge, aujourd'hui disparue, aux parents de Jehanne la pucelle. Dame Alice, veuve de Raulin Marien, hôtesse de l'Ane Rayé, servit un pot du meilleur vin au père de Jeanne d'Arc et compta 24 livres pour prix de la dépense faite par les parents de Jeanne pendant leur séjour dans la ville. Lahire reçut aussi de l'argent et du vin, vers 1436, pour avoir protégé le pays contre les Grandes Compagnies. Il était prudent, en ces temps troublés, de s'attirer la bienveillance et la protection des puissants. La veuve de Henri V, Catherine de France, le chancelier de France, le Connétable de Richemont, Lahire, bailli de Vermandois, le bâtard Dunois, l'archevêque de Narbonne, le comte de Vendôme et d'autres dignitaires reçurent ainsi des présents consistant en argent, en fines étoffes et en vins. La visite du roi Charles le Victorieux, en 1440, fut célébrée par une distribution de semblables présents.

Si nous en croyons Géruzez, en 1453, un M. d'Orgeval étant entré à Reims, en qualité de lieutenant général de la Champagne, reçut en présent 13 pièces de toile, 2 douzaines de serviettes qui coûtaient trente écus, avec six poinçons de vin et deux muids d'avoine.

L'usage d'offrir des vins en présent aux personnages de marque, aux souverains de passage, semble donc devenu désormais une tradition à laquelle on ne saurait déroger. Les villes de Reims et d'Epernay s'imposent, pour les offrir, des dépenses annuelles assez importantes. Tout en honorant ceux auxquels ces présents étaient destinés, nos édiles avaient sans doute l'arrière-pensée très louable de les disposer favorablement, de faire connaître les vins de la région et de leur créer ainsi des débouchés. Ces sacrifices consentis sous forme de vins de présent, n'ont pas été étrangers à la brillante renommée dont ils ont joui et dont ils jouissent encore. Ils ont souvent, en attirant à la ville des sympathies puissantes, détourné d'elle certains périls et certaines charges.

En 1470, des subsides et du vin sont envoyés à l'armée du Roy et un chariot de vin au général Gaillard « parce qu'il était bien disposé et qu'il fallait le ménager ».

A chaque sacre de roi, ce sont de nouveaux présents. En 1515, 20 poinçons sont offerts à François Ier et 60 à sa suite, l'année suivante. Marie Stuart, en 1550, reçoit 4 poinçons de bon vin, 12 paons et beaucoup de dindons. En 1561, devenue veuve de François II, elle visita Reims à nouveau, mais la ville n'offrit pas de présents à la reine déchue, elle fut reçue par le couvent de Saint-Pierre-les-Dames et le cardinal Charles de Lorraine au palais archiépiscopal.

Châlons-sur-Marne fait aussi de semblables présents. Le 30 septembre 1530, le Conseil décide d'offrir 8 poinçons de bons vins au gouverneur pour qu'il ne loge pas « sa compagnie de gens de guerre en Champagne ». Le duc et la duchesse de Vendôme reçoivent à leur passage en Champagne, en 1535, deux poinçons « du meilleur vin ». Puis, en 1541, deux poinçons, « l'un blanc et l'autre clairet », sont offerts à Mme de Guise et au prince de Chimay son gendre (Archives municipales de Châlons-sur-Marne).

Dès lors, chaque fois qu'un gouverneur arrive, pour ses étrennes ou pour obtenir une faveur, le chef-lieu de la Généralité s'impose de semblables sacrifices.

Dans une Assemblée générale tenue par le Conseil de ville d'Epernay, le 24 mai 1540, il « a été conclud et advisé que l'on s'efforcera de repcevoir mon dit Claude I Seigneur de Guise, le plus honorablement que faire se pourra et que l'on paiera les despens de luy et son train et lui baillera ou pour présent la quantité de 20 poinssons de vin des meilleurs que l'on pourra trouver en vins qui sont à présent ès caves, qui seront menez aux dépens de la dite ville où il lui plaira commander et sy lui sera menez incontinent après les vendanges prochaines pareille quantité de 20 poinçons de vin desdites vendanges. Et pour fournir aux frais de ce, sera prins, par forme d'emprunt dessus le Receveur des deniers communaux de la Ville, la somme de 200 Livres tournois jusqu'à ce qu'il en soit remboursé, laquelle somme sera mise en mains de Pierre Thomas, l'un des Eschevins qui fournira à la dite dépense et en rendra compte » (Histoire d'Epernay).

Le 20 novembre 1553, il est voté 60 écus soleil prix de dix pièces de vin de présent pour aider les habitants à recevoir l'exemption des tailles de la ville d'Epernay.

En 1653, le 18 juin, à l'approche de l'armée du duc de Lorraine, « sur l'advis donné par M. le Gouverneur de Chasteau-Thierry que S. A. Monseigneur Turaine doibt arriver demain en ceste ville, a esté arresté que six des principaux habitans yront au-devant jusqu'à Dormans pour le complimenter et accompagner, et que les capitaines des postes mettront ordre que 100 ou 120 hommes aillent au-devant jusqu'à Mardeuil et que sera faict provision par les scindicq et eschevins de ce qu'il se trouvera de gibier et vollaille pour être présenté à mon dit seigneur avec le vin (Archives départementales, folio 116).

Lorsque Louis XIV fut couronné à Reims, en 1654, un panier de 100 bouteilles du meilleur vin fut offert à Turenne par la ville d'Epernay.

Guy Patin raconte que Louis XIV lui-même fit don à Charles II d'Angleterre de 200 pièces de vins provenant de Champagne, de Bourgogne et de l'Ermitage : on sait que le goût du souverain anglais, soigneusement entretenu par Saint-Evremond, le porta toujours vers les vins de notre région : le présent du Roi de France ne fut pas étranger à la vogue qu'obtinrent les vins de Champagne en Angleterre. Quelques années plus tard, en 1641, Louis XIV

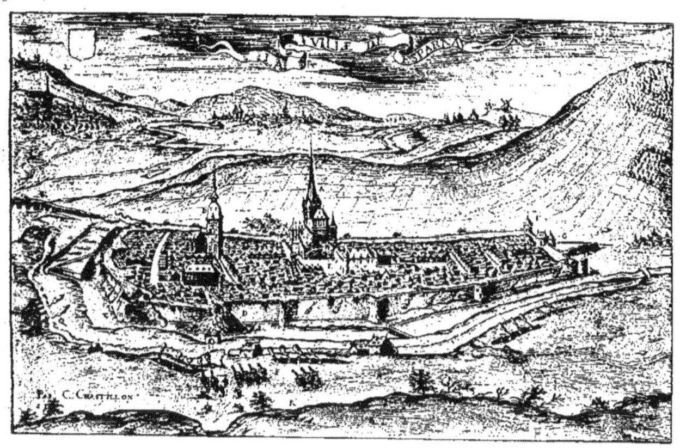

Cliché Charlier.

ÉPERNAY AU XVIᵉ SIÈCLE, d'après une gravure de Chastillon.

s'écriait : « Vive le pain de Gonesse, vive le bon vin de Paris, de Bourgogne, de Champagne ».

D'après Pluche, Tavernier le Voyageur offrait à tous les souverains qu'il saluait des spécimens de nos vins et contribuait ainsi de son mieux à en étendre la renommée.

En 1666, le monarque, visitant la cité de Reims, fut accueilli par le discours du Président de la députation qui lui apportait des produits variés de la contrée : « Sire, nous vous offrons nos vins, nos poires, notre pain d'épices, nos biscuits et nos cœurs ». Ce à quoi Louis XIV, se tournant vers sa suite, répondit : « Voilà, gentilshommes, le genre de discours que je préfère ».

Au fur et à mesure que le prix du vin augmente (en 60 ans, de 1640 à 1700, il passe de 30 à 300 livres la queue), les présents diminuent en quantité. Epernay offrait au xviᵉ siècle des tonneaux à un lieutenant général, et plus tard, 24 bouteilles seulement au roi de Pologne, beau-père de Louis XV.

D'après Bertin du Rocheret, le 11 mars 1668, le conseil de Ville d'Epernay offrait 2 caques de vin blanc en bouteilles à MM. de Bouillon et de Turenne.

Le 10 février 1703, il expédie à l'intendant de Champagne, M. de Harouys, 4 douzaines de bouteilles et une douzaine à son secrétaire.

M. le maréchal de Boufflers reçut à son passage à Epernay, le 15 juin 1704, une douzaine de bouteilles avec biscuits et macarons.

L'archevêque de Reims, M. de Mailly, reçut à son avènement, 50 bouteilles.

A un autre intendant de Champagne, M. Lescalopier, en 1711, trois délégués d'Epernay offrirent 50 bouteilles du meilleur et 25 à son secrétaire. Une délégation alla saluer, le 4 août 1735, M. Louis Philogène Brûlart, marquis de Puisieulx, gouverneur d'Epernay, brigadier des armées du roi et son ambassadeur auprès de don Carlos, roi des Deux Siciles, au château de Sillery et lui présenta 100 bouteilles de mousseux.

Reims récompensait Coffin, l'auteur de la *Champagne vengée*, en lui envoyant tous les ans, quatre douzaines de bouteilles de vins rouge et gris.

En 1733 et 1734, Châlons n'offre plus à l'intendant et à l'évêque pour leurs étrennes que 24 flacons, et 12 seulement aux maréchaux de Noailles en 1734, de Broglie en 1739, de Belle-Isle en 1743, au cardinal de Rohan en 1746, et même à l'intendant Caze de la Bove en 1749, lors de la visite de ces personnages.

Reims se montre plus généreuse car, de 1774 à 1784, elle offrit tous les ans à Monseigneur l'Archevêque de Reims 2 poinçons de vin blanc, à Monseigneur le Gouverneur de la Province 2 poinçons également, et un panier de 75 bouteilles au secrétaire de Monseigneur le Gouverneur.

Cette habitude s'est conservée encore de nos jours, mais modifiée. Lorsque la Ville de Reims reçoit un personnage important, souverain, président de la République, ministre, il est de tradition chez les négociants de fournir gracieusement aux banquets offerts aux hôtes de la ville, le meilleur champagne de leurs marques. Il n'y a point de grande fête à Reims, de Congrès, de banquets officiels sans que le champagne n'y figure. Malgré la guerre cette tradition s'est précieusement conservée.

Les étrangers emportent ainsi un souvenir agréable et durable de l'hospitalité rémoise, et bien souvent restent, par reconnaissance, les fidèles clients du commerce de Champagne.

CHAPITRE III

Les Foires en Champagne

Parmi les institutions qui contribuèrent le plus à la prospérité de la Champagne ainsi qu'à la célébrité de ses vins, figurent au premier rang. les grandes foires qui, au moyen âge, furent si florissantes. Elles répondaient alors à de véritables besoins. Les moyens de communication étant très restreints, il était nécessaire de rassembler toutes sortes de marchandises, sur certains points du territoire, dans des centres commerciaux déterminés, à des périodes fixes, où les acheteurs pouvaient s'approvisionner sans être astreints à de nombreux déplacements.

Les marchands y étaient d'ailleurs attirés par les privilèges dont ces foires étaient l'objet et qui assuraient à celles-ci une situation exceptionnelle en supprimant nombre d'entraves au commerce ordinaire. Au fur et à mesure que les facilités de communication se multiplièrent, l'importance de ces grands rassemblements alla en diminuant, et si certaines foires subsistent encore de nos jours, elles ne répondent plus à des besoins économiques, mais elles ont conservé leur caractère de fêtes populaires.

Il nous paraît cependant utile de leur consacrer quelques pages pour bien montrer le rôle important qu'elles ont joué à certaines époques de notre histoire et l'influence heureuse qu'elles ont exercé sur le commerce de la région. sur celui des vins, en particulier, ainsi que sur la civilisation en général.

Félix Bourquelot, dans son *Étude sur les Foires de Champagne*, sur la nature, l'étendue et les règles du commerce qui s'y faisait aux xii", xiii" et xiv⁴ siècles, nous donne sur leur organisation des détails très intéressants. Selon lui. l'origine des foires était très ancienne : il existait en Gaule, au dire de Strabon, des foires appelées *emporia* où se faisait un commerce considérable. Elles disparurent jusqu'en 627, date à laquelle Dagobert Iᵉʳ fonda la foire de Saint-Denis près de Paris. Bientôt, à l'occasion des fêtes religieuses s'établirent de nombreuses foires ; on y vendit d'abord des comestibles, puis toutes sortes de marchandises, et l'habitude contractée devint si forte qu'il fut impossible de les supprimer. Le clergé, hostile au début, les toléra, puis leur devint favorable.

A l'origine, le droit de créer des foires appartenait au souverain; mais les grands possesseurs de fiefs s'arrogèrent bientôt le droit d'en instituer.

Plus tard, ce fut l'apanage exclusif des rois, qui n'accordaient l'autorisation de créer de nouvelles foires qu'après enquête motivée et engagement pris par les intéressés de payer certaines redevances.

Les rois, les seigneurs, l'Église, les municipalités y trouvaient une source importante de revenus, mais ils contractaient, en échange, certaines obligations.

Les seigneurs et les villes devaient aide et protection aux marchands et à leurs marchandises; celles-ci jouissaient d'exemptions de droits qui attiraient les marchands. Non seulement le commerce était la principale attraction pour les marchands et les visiteurs, manants, bourgeois et gentilshommes, mais ceux-ci y trouvaient des plaisirs divers, jeux et spectacles, variant suivant les temps et suivant les localités.

La tenue des foires était régie par des règlements spéciaux. Certaines d'entre elles avaient une administration particulière; la police était assurée par les agents du roi, des seigneurs, des municipalités.

Une protection spéciale, appelée *conduit des foires*, était assurée aux marchands depuis le départ de leur résidence habituelle jusqu'à la foire, à l'aller et au retour, sous certaines conditions; ils ne devaient pas s'éloigner des itinéraires déterminés à l'avance.

Tous ces avantages contribuèrent à assurer le succès des grandes foires. Elles furent très florissantes aux xiie et xiiie siècles; elles se multiplièrent, puis tombèrent peu à peu en décadence. Aux xviie et xviiie siècles, des épidémies obligèrent à les suspendre. La Révolution, en faisant passer aux mains des municipalités les avantages que possédaient les seigneurs, provoqua une nouvelle réglementation des foires. La création des chemins de fer, facilitant les communications et le transport des marchandises, acheva leur décadence.

Les Foires de Champagne. — Parmi les foires du moyen âge, celles de Champagne sont particulièrement intéressantes. Il en existait à Troyes de temps immémorial; nous passerons sous silence les documents qui entourent leur origine et leur histoire, pour les retrouver très florissantes au xiie siècle, époque de grande prospérité agricole et commerciale dans notre pays.

Il y en avait six, deux à Troyes, deux à Provins, une à Lagny et une à Bar-sur-Aube, alternant entre elles de manière à constituer pendant le cours de l'année un marché continu.

Nous ne pouvons entrer dans des détails sur leur organisation, les chartes qui plus tard régirent les actes de commerce consacrés par l'usage, la manière dont la sécurité était donnée aux marchands pendant qu'ils se rendaient à la foire, pendant leur séjour et lors de leur retour, l'organisation de la surveillance, les exemptions de droits accordées aux marchandises. Tout contribuait à attirer les marchands et les visiteurs et assurait la prospérité des foires. Ainsi, en se reportant à cette époque de notre histoire, on ne peut qu'admirer la sagesse et la loyauté qui ont présidé à l'organisation et au fonctionnement de ces grandes réunions commerciales.

Les foires de Champagne exercèrent une influence considérable sur le développement du commerce tant en France qu'à l'étranger. On y vendait des marchandises venant de tous les pays connus. Les vins étrangers et indigènes étaient l'objet d'un trafic considérable et la vente du vin, marchandise frappée d'impôts divers, constituait une source importante de revenus pour les seigneurs laïques et ecclésiastiques. Cependant le commerce du vin n'occupait qu'une place secondaire, bien après celui de la draperie.

D'après le « *dit des marcheanz* », il y avait à Lagny, Provins et Bar-sur-Aube, de nombreux marchands de vin; on y vendait des vins de Beaune, d'Auxerre, de Joigny, d'Auvergne, sans compter ceux de la Champagne.

Dans le poème d'Henri d'Andelys, *la Bataille des Vins*, figurent seulement parmi les vins champenois ceux d'Épernay comme inférieurs, et ceux de Châlons qui sont fort maltraités. Les vins de Provins, tombés dans l'oubli, semblent avoir joui d'une certaine réputation parmi nos ancêtres. L'auteur de la *Chronique de Saint Magloire*, écrit, en effet :

> L'an mil deuxième et vingt et quatre
> Fit Thibaut, sa monnoie abattre
> La vieze monnoie de Provins
> Où l'on boit souvent de bons vins.

Un plaisant ajouta :

> Quand on les fait venir de loin.

La fraude existait déjà à cette époque ; elle se pratiquait ouvertement dès le ixe siècle, dans les hôtels et les cabarets. Les cabaretiers étaient assimilés, par les gens d'Église, aux hérétiques. Un poète écrit plus tard :

> Nous prirons pour ces taverniers
> Qui sont souvent sy coustumiers
> A brasser le goût du ressin
> Qu'ils puissent estre en leurs seliers
> Noyés avec leur brazin.

Les vins de la Champagne, d'après une coutume de 1289, étaient exempts de droits à l'entrée des foires. Cependant, dans certaines villes, ils devaient acquitter des droits à la sortie ; à Bar-sur-Aube, la redevance était de deux deniers par tonneau ; à Provins, elle frappait seulement les vins de Bourgogne et les vins étrangers.

Il était perçu, aux foires, sur le vin :

1° Un droit de circulation appelé *rouage*, sur le vin vendu en gros et transporté sur des charrettes, ou bien *péage* ou *portage* lorsqu'il était porté par l'homme ou par des bêtes de somme ;

2" Un droit d'*entrée*, parfois supprimé ;

3° Un droit de *forage* ou d'afforage pour la mise en perce des tonneaux ou la vente au détail ;

4° Un droit de *pertuisage*, qui semble se confondre avec le précédent, bien qu'il soit souvent désigné séparément ;

5° Un droit de *tonlieu* sur la vente et l'achat ;

6° Un droit de *criage* ;

Après avoir traversé, aux XII° et XIII° siècles, une période de prospérité, les foires de Champagne entrèrent en décadence. L'abandon des usages qui avaient fait leur force, l'établissement de droits onéreux, perçus avec âpreté, les changements de souverains, la création de foires rivales à Nimes, Montpellier, Lyon, en furent les principales causes. Et, malgré les efforts tentés pour les relever, malgré les privilèges nouveaux accordés, les guerres religieuses et civiles, les épidémies contribuèrent à en achever la décadence.

Autres foires. — D'autres foires existèrent aussi à Épernay dès le XI° siècle, à Château-Thierry, Bar-sur-Seine et dans nombre d'autres villes de la région champenoise. Sézanne en eut deux à partir de 1633, d'une durée de huit jours chacune, qui s'ouvraient le 3 novembre et le lendemain de la Saint-Jean-Baptiste. Cormicy eut un marché franc. Les vins exposés au champ de foire jouissaient de l'exemption du gros et de l'augmentation.

Châlons-sur-Marne eut aussi les siennes.

La plus ancienne remonterait, d'après Bourquelot, à 1136, mais tomba sans doute dans l'oubli, car celle que l'on considérait comme la première fut créée par lettres patentes de Charles VI en août 1389. Elle durait huit jours.

Louis XI, par lettres patentes du 5 avril 1473, lui accorda exemption du droit de 12 deniers pour livre. Louis XII, en 1498, divisa la durée de la foire en quatre périodes de deux jours seulement chacune ; elle devait se tenir les vendredis et samedis avant les Brandons, la Pentecôte, après la Saint-Martin

d'hiver et la Saint-Denis. Plus tard, en avril 1547, François Ier porta leur
durée à huit jours. A chaque avènement, les franchises furent renouvelées; mais
néanmoins, les fermiers des Aides se refusèrent à maintes reprises à les reconnaître et suscitèrent des difficultés, malgré les nombreux arrêts du Conseil et de
la Cour des Aides.

Une autre foire, celle du ban de Saint-Pierre, très ancienne aussi, s'ouvrait le 31 juillet et durait jusqu'au 3 août: elle présentait une moins grande
importance.

Une sixième, celle des Sannes, établie par l'usage, se tenait quinze jours
après Pàques. Les marchands, en 1788, protestèrent contre son institution.

Ces foires étaient loin d'avoir l'importance de celles de Reims, cependant le marché aux vins y était très fréquenté; on y vendait des vins de la
vallée de la Marne, de Vertus, de la Haute-Marne et de l'Aube. Il se tenait
pendant la durée des foires de Saint-Martin d'hiver et des Brandons une fois
par semaine, et prenait une importance exceptionnelle, surtout après la vendange. Il se tint d'abord dans la rue de l'Étape, puis, plus tard, à partir de
1531, dans la rue de la Grande-Étape. On y faisait non seulement la vente
des vins, mais aussi l'échange des crus. Le vin payait des droits au profit de
l'évêque dont le fermier avait le droit de jauger les tonneaux. Si ceux-ci étaient
trop petits, il les confisquait. Les vins étaient exempts des droits de gros et
d'augmentation. Ce marché tomba rapidement en décadence au xive siècle.

Les foires de Reims. — Les foires de Reims étaient au nombre de quatre,
deux d'origine féodale et deux autres, celles de l'Épiphanie et de la Magdeleine,
plus récentes, d'origine royale. La foire de Pàques fut accordée par Henry de
France, archevêque de Reims, en 1170. Elle fut tranférée en 1183, au lieudit
La Couture, où se tenait l'Étape ou marché aux vins. Celle de Saint-Remy
remonte au xe siècle; elle avait été créée pour permettre aux pèlerins de subsister, et se tenait les 30 septembre, 1er et 2 octobre.

Des privilèges d'exemptions d'impôts furent accordés ultérieurement au
xve siècle seulement. Des lettres patentes de juin 1455 exemptaient de l'impôt
royal certaines villes, parmi lesquelles ne figurait pas Reims. Mais néanmoins,
le Corps de ville en réclama le bénéfice, sous prétexte que ces lettres étaient
adressées aux « esleuz sur le faict des aides ordonnées pour la guerre ès-villes
et eslections de Paris, Rouen, Troyes, Chalons, Reims, etc., et à tous les
esleuz sur le faict desdites aides et en toutes autres villes et eslections du
royaulme ». Tout d'abord, le Conseil demanda et obtint, pour une période de
quatre ans, de 1457 à 1462, pour l'entretien des fortifications, « l'adjonction

LE MARCHAND DE LÉGUMES.
Dessin de Pierre Poisson (XVIIᵉ siècle).
École de Reims.

aux deniers communs des deniers provenant de l'impôt levé sur la foire de la Couture ».

Le sacre de Louis XI, qui fut suivi d'une émeute réprimée dans le sang, ayant eu lieu avant l'expiration des quatre années, le Corps de ville crut devoir laisser s'écouler une période de dix années avant de demander la franchise des foires.

Les lettres patentes du 3 septembre 1471, qui l'accordèrent, constituèrent la charte du commerce rémois : celle-ci fut dès lors réclamée de tout nouveau roi et confirmée à chaque avènement. Les transactions devinrent si importantes que la création de deux nouvelles foires franches fut demandée. François Iᵉʳ l'accorda par lettres patentes d'avril 1521, en considération des dépenses faites par la ville pour la protéger contre les Anglais, dépenses s'élevant à 52 000 livres.

Ces franchises ne furent pas respectées par les fermiers des Aides, et malgré une intervention du roi par lettre du 22 août 1535, elles ne devinrent effectives qu'en août 1547, époque à laquelle Henri II les renouvela sur la demande du cardinal de Lorraine « à cause des sacres, et pour rendre Reims peuplée et recommandable ».

Néanmoins les fermiers des Aides continuèrent leur opposition, malgré les nombreux arrêts qui les condamnèrent à la restitution des droits indûment perçus.

La Cour des Aydes, par un arrêt du 8 juillet 1620, voulut restreindre les privilèges renouvelés précédemment par Louis XIII en 1617. Les franchises et privilèges des quatre foires, disait-elle, n'auront lieu « que pour les vins seulement qui seront vendus en gros par les bourgeois, manans et habitants dudit Reims, à la charge toutefois que ceux qui auront vendu leursdits vins pendant lesdites foires seront tenus de rapporter au bureau dans le prochain jour après chacune d'icelles expirée, acte ou contrat authentique passé durant lesdites foires comme lesdits vins y ont été acheptés, troqués, vendus, échangés et laissés en garde pour les faire enlever et transporter par les achepteurs, serviteurs, négociateurs ou entremetteurs quinze jours pour toutes préfixions et délais après chacune desdictes foires expirées, le tout à peine d'estre déclarés décheus de la grâce à eux accordée par les dites lettres ;...... seuls les vins amenés seront exempts, restreint le privilège au seul lieu de la tenue des foires. »

Un second arrêt de 1622 limita la foire de Saint-Remy au ban de Saint-Remy, et les trois autres à la place de la Couture. Ces arrêts furent infirmés en 1623, parce que la ville de Reims avait joui de ces franchises de temps immémorial, qu'elle est digne de grâce et faveur particulière, une des plus anciennes et renommées du royaume, siège d'Église métropolitaine, de la première pairie de France, lieu du sacre, frontière vaste et spacieuse, mal peuplée, peu habitée, éloignée des grands chemins, mers et rivières navigables, et qu'elle demeurerait sans commerce et trafic, désertée et dépeuplée ». Cependant les fermiers des aides continuèrent à soulever des difficultés, malgré toutes les confirmations successives de franchises. Dans les archives de la ville sont conservées des pièces relatives aux procès intentés par les aides, au cours des xviiᵉ et xviiiᵉ siècles, à la réglementation des foires de Reims, aux réclamations des habitants de Reims et des marchands forains.

Vers la fin du xviiiᵉ siècle, le chiffre des affaires qui se faisaient aux foires de Reims était encore élevé puisqu'il atteignait, en 1777, d'après Rouillé d'Orfeuil, intendant de la Champagne, 6 000 000 de livres dont la moitié pendant la foire de Pâques.

Les foires de Reims subirent le même sort que celles de Champagne. Leur décadence, commencée au xivᵉ siècle, s'accroît irrémédiablement dans les siècles suivants. Pendant la Révolution, elles furent à peu près réduites à néant, sans toutefois être supprimées totalement. Leur tenue se maintenait par la force de l'habitude, du besoin irrésistible que la population rémoise et surtout la population rurale environnante avaient de venir se distraire à certaines périodes de l'année. Le côté attraction l'emporta sur le côté commercial. Déjà, à la Restauration, la foire de Pâques était transformée en une véritable kermesse, caractère qu'elle possède encore de nos jours, mais avec quelques modifications. On n'y vend plus que de rares objets fabriqués, mais surtout des pains d'épices, des bonbons, des jouets d'enfants, etc. L'antique baraque a presque disparu, remplacée par des installations plus modernes, plus luxueuses; la vapeur, l'électricité, la science moderne y trouvent maintes applications.

Phot. Loth.

LE VENDANGEUR.
Dessin de Pierre Poisson
(xviiᵉ siècle). École de Reims.

Malgré la guerre, dès 1920, les foires de Pâques et du Jour de l'An ont subsisté et c'est un signe de la volonté de Reims de revivre que le maintien de ces antiques fêtes et leur tenue au milieu des ruines.

Les modernes Foires aux vins. — Avec la décadence et la transformation des anciennes foires disparut également, en partie, l'importance du commerce des vins. Cependant, pour ces produits, les foires avaient encore leur raison d'être; elles répondaient à un besoin. La Chambre de commerce de Reims. en 1832, réclamait la création d'un marché ou foire aux vins de la Champagne. « La Halle aux vins, d'après elle, serait très utile pour les habitants de la Champagne qui, en venant à Reims pour leurs affaires ou pour y amener leurs redevances, y trouveraient les vins qu'ils sont obligés d'aller chercher dans les pays vignobles, au risque souvent de ne pas acheter ce qui leur convient. » Cette proposition n'aboutit point.

Ce n'est qu'en 1905 que fut tentée la création d'un marché-exposition des vins en Champagne, sous l'initiative du Syndicat agricole et viticole d'Épernay. Plus de 1500 échantillons de vins furent réunis la première fois, et les expositions des années suivantes montrèrent la vitalité de l'œuvre. Une société se forma pour en assurer la continuité, mais à partir de 1910, à la suite de mauvaises récoltes, le fonctionnement en fut interrompu. Chacune de ces expositions donne lieu à une dégustation qui permet au jury de classer les vins, d'attribuer des récompenses et de donner une appréciation générale sur la récolte de l'année. De nombreux échantillons sont ainsi réunis, et les acheteurs peuvent venir se renseigner sur la qualité et le prix des vins. Les transactions sont ainsi facilitées. Les fondateurs de la foire aux vins d'Épernay, qui rééditent avec des modifications dictées par d'autres temps et d'autres mœurs les anciennes foires du moyen âge, espéraient qu'elle serait aussi vivante et rendrait autant de services que celles-ci au commerce et aux vignerons. Les mauvaises récoltes, qui ont précédé la guerre et la longue durée de celle-ci, avaient presque fait tomber dans l'oubli les tentatives intéressantes faites pour l'établissement du marché-exposition des vins à Épernay.

Après une interruption de plus de dix années. un nouvel essai fut tenté en février 1922, par le Comité de la Foire aux Vins d'Épernay, dans le but de lutter contre la mévente, conséquence de la crise économique que traverse le commerce du Champagne.

CHAPITRE IV

La Querelle des Champenois
et des Bourguignons

Vers la fin du xviie siècle, un véritable tournoi s'engagea entre les deux provinces de Bourgogne et de Champagne au sujet des mérites respectifs de leurs vins. La lutte resta pendant très longtemps sourde, à l'état latent. D'abord humble et modeste, le vin des coteaux champenois s'efface timidement devant son rival, le vin de Beaune. Peu à peu il se perfectionne, se hasarde à ses côtés, soutient avantageusement la comparaison avec lui, et bientôt le supplante. Nous avons vu comment, au sacre de nos rois, admis avec le vin de Beaune, il finit par l'être seul. Nous avons rappelé l'opinion de J. Liébault, qui attribue aux vins d'Ay et d'Irancy le premier rang en bonté et en perfection, l'avis de Saint-Evremond qui n'admettait à sa table que des vins de la Champagne. « Ceux de Bourgogne, écrivait-il, ont perdu leur crédit, avec les gens de goût, et à peine conservent-ils un reste de réputation chez les marchands.... »

Les vins de Champagne étaient alors rouges ou gris dans la vallée de la Marne, à Ay et dans la montagne de Reims, blancs dans la montagne d'Avize. A Verzenay, Bouzy, Avenay, Hautvillers, ils étaient faits avec des raisins noirs provenant de très fins pinots; ils avaient plus de corps, de bouquet et de finesse que les vins de Bourgogne. Il n'en fallait pas tant pour provoquer un conflit. La lutte éclata d'abord entre les médecins, puis le bruit de leur querelle était à peine apaisé qu'une nouvelle joûte se produisit entre les poètes partisans, les uns du vin de Reims ou de la Champagne, les autres du vin de Beaune ou de la Bourgogne.

Querelle des médecins. -- Les Bourguignons, voyant grandir la renommée du vin de Champagne au détriment de leurs produits, commencèrent l'attaque.

L'historien bourguignon Béguillet, grand défenseur du Bourgogne qu'il aime d'un chauvinisme mal dissimulé, dit que l'origine de cette lutte homérique est dans un arrêt du Conseil d'État du roi Louis XIV, qui, en 1662. avait fait l'éloge du vin de Beaune, nom sous lequel on désignait alors tous les vins de Bourgogne. En 1680, son médecin Fagon lui avait ordonné, pendant le cours de sa convalescence, de boire du vin de Bourgogne de préférence au Champagne. Mais l'ouverture des hostilités est antérieure à l'arrêt de 1662.

En 1652, en effet, Daniel Arbinet avait soutenu devant la Faculté de Paris une thèse intitulée :

« *Ergo vinum Belzence posuum est Suavissimum so Saluberrimum.* » (Donc le vin de Beaune est le plus suave à boire et le plus salubre.)

La Champagne répondit à cette attaque indirecte. M. de Révelois soutint en 1677, devant la même Faculté, sa thèse : « *Ergo vinum Remense omnium Saluberrimum* ». (Donc le vin de Reims est le plus salubre de tous.)

Ce n'était pas le premier docteur qui ait émis une opinion nettement favorable au vin de Champagne. Le célèbre physicien de Paris, Péna, raconte Tallement des Réaux (*Historiettes*), qui vivait au XVIIᵉ siècle, fut un jour consulté par un étranger :

« .. D'où venez-vous ?

— Je suis natif de Saumur.

— Natif de Saumur ! Quel pain mangez-vous ?

— Du pain de la Belle Cave.

— Natif de Saumur et vous mangez du pain de la Belle Cave. Que mangez-vous encore ?

— Du mouton nourri à Chardonnet.

— Natif de Saumur, mangeant du pain de la Belle Cave et du mouton nourri à Chardonnet ! Quel vin buvez-vous ?

— Du vin des Coteaux.

— Quoi. Vous êtes natif de Saumur, vous mangez du pain de la Belle Cave, du mouton nourri à Chardonnet, vous buvez du vin des Coteaux et vous venez me consulter ? Allez-vous-en, vous ne pouvez pas être malade dans ces conditions-là. »

D'anciens documents sur le vin de Champagne remontant à 840-850 montrent qu'on le considérait alors comme un vin de malade facile à supporter. Les médecins, M. de Revelois en tête, ne faisaient donc que confirmer cette réputation.

Une période de calme s'écoula ; la lutte jusqu'alors restait courtoise, sans animosité réciproque.

En 1696, nouvelle attaque des Bourguignons, plus directe et plus violente cette fois. Mathieu Fournier soutint dans une thèse devant la Faculté de

Paris, « que le vin de Reims pince, picotte les parties nerveuses et rend sujet aux débordements, aux fluxions d'humeur et à la goutte ».

Puis, le 5 mai 1700, Gilles Culotteau, dans sa thèse de médecine devant la Faculté de Reims, répond affirmativement à la question de savoir si « *le vin de Reims est plus agréable et plus sain que celui de Bourgogne.* » Parmi ses arguments, il cite la longévité d'un vigneron d'Hautvillers nommé Piéton, qui se maria à l'âge de 110 ans et mourut à 118. La thèse de Culotteau accueillie avec enthousiasme en Champagne, fut traduite en français.

La réponse des Bourguignons ne se fit guère attendre. Hugues de Salins, l'aîné, docteur de la Faculté de Beaune, écrivit, au sujet de la thèse de Culotteau, un factum de vingt-trois pages où il y avait « plus de mauvaise humeur que de bonnes raisons », pour démontrer que le vin de Champagne n'était que le cadet du Bourguignon. La discussion s'envenima. « Ecrire contre le vin de Bourgogne, dit-il, tâcher de diminuer la réputation que cet excellent vin s'est acquise depuis tant d'années et vouloir en place élever le vin de Champagne, c'est une hardiesse indigne, c'est une arrogance contre laquelle je n'ai pu tenir, il faut être pour cela d'une témérité plus que forcenée. »

M. Le Pescheur, médecin à Reims, répondit le 1er avril 1706 à M. de Salins, qui ayant déjà fait 5 éditions de sa lettre, riposta par une nouvelle édition. Puis surgit un autre champion champenois, P. Lempereur, antiquaire d'Epernay, qui fit une réponse énergique et triomphante. Il disait que les gens de bon goût, de tout temps avaient aimé le vin de Champagne; que Louis IX, François Ier, Charles-Quint, Henri VIII, Léon X et Henri IV avaient une maison à Ay et un pourvoyeur pour y faire leur provision de vin. On accourt de tous les endroits de l'Europe pour boire du Champagne; la meilleure cuvée de vin de Bourgogne ne se vend pas si cher qu'une queue de vin d'Hautvillers et pour faire hausser les prix de leurs vins, les Bourguignons n'ont pas trouvé de meilleur moyen que de le façonner à la Champenoise.

M. de Salins l'aîné voulut répondre à nouveau, mais son frère de Dijon, auquel il avait envoyé sa réplique, s'appropria celle-ci et la fit publier sous son nom. Il s'ensuivit une querelle entre les deux frères, querelle dont les échos parvinrent jusqu'à Reims. Les Champenois s'amusèrent fort de cette lutte des frères ennemis, et ils allèrent même jusqu'à parodier, à ce sujet, l'épigramme de Racine contre Leclerc et son ami Coras.

> Faites cesser le débat des Salins
> Sur le propos de leur lettre imprimée
> Plus d'une fois, contre le vin de Reims
> Dont ils voudraient ternir la renommée.

> Certes, dit l'un, l'ouvrage est de mon cru.
> Non pas, dit l'autre, il est mien et non vôtre ;
> Mais aussitôt qu'on leur eût répondu,
> Point ne voulut l'avoir fait l'un ni l'autre.

La lutte resta sans résultat, Beaune répéta que son vin était supérieur à celui de Reims et Reims continua à soutenir le contraire.

Vers la même époque, un auteur inconnu rapportait, dans une lettre qu'il écrivait à un médecin de ses amis, à propos de la traduction de Culotteau, l'argument suivant fourni, en faveur du vin de Champagne, par un musicien et littérateur : « Le vin de Reims étant constamment celui qui inspire la meilleure musique et qui la fait mieux exécuter, on ne devrait pas oublier une si bonne chose dans son éloge ».

Au cours du XVIIIe siècle, la Champagne revint à plusieurs reprises à la charge.

En 1739, Jean François soutint dans une thèse que le vin de Bourgogne donne la goutte.

En 1777, Navier, docteur en médecine de l'Université de Reims, proclama que le vin mousseux peut, avec succès, guérir les fièvres putrides.

Puis Robert Linguet présenta, le 4 mai 1781, devant la Faculté de Paris, cette thèse : « *Le vin de Reims est aussi agréable que salutaire* », et proclama sa préférence pour le Champagne sur le Bourgogne.

En 1783, Champagne Dufresnay voulut prouver que les vins de Reims l'emportent sur tous les autres vins soit indigènes, soit étrangers.

La Faculté de Paris avait essayé de trancher le différend : par son arrêt de 1778, elle donna formellement l'avantage au vin de Champagne qui avait des vertus diurétiques. « Ce n'est plus une concurrence au bon vin, dit malicieusement à ce propos Roy-Chevrier, dans les notes qu'il consacre à Béguillet dans son *Ampélographie rétrospective*, mais seulement à l'eau de Contrexéville ou au cidre. »

En dehors des thèses soutenues, il est bon de rappeler l'opinion de certains médecins renommés qui, au XVIIIe siècle, eurent à se prononcer sur le vin récolté en Champagne.

A cette époque, il avait déjà ses détracteurs ; l'opinion tendant à considérer le vin comme une boisson pernicieuse, et l'eau comme étant la seule boisson salubre, commençait à s'accréditer. Jacques de Reims, médecin du Roy à Épernay, dans une lettre adressée à M. Helvétius, conseiller d'État, médecin ordinaire du roi et premier médecin de la reine, lettre insérée au *Mercure* en mars 1730, s'élevait contre cette tendance :

« Cette opinion, disait-il, n'a d'autre titre que la prévention ; et ces maladies ne sont connues en Champagne que par le désordre qu'elles causent chez nos voisins : on n'y sçait de la goutte que le nom et à peine sçait-on ce que c'est que la pierre. Cette espèce de paradoxe n'a rien qui doive surprendre Votre Grandeur, puisqu'il est de fait qu'on ne trouve pas à dix lieues, en remontant ou en descendant la rivière, dix personnes qui en soient même atteintes ; j'ose même ajouter que la chaleur tempérée de ce vin blanc ou gris non mousseux, et sa grande légèreté, sont les deux moyens les plus spécifiques pour conserver la fluidité des vertus et la vertu motrice des fibres dont nos corps sont composés ; au lieu que le vin rouge ne peut faire qu'un effet tout contraire puisque c'est une liqueur pesante dépouillée et désarmée de ses parties les plus volatiles et chargée d'une trop grande quantité de tartre et de soufre grossiers exaltés seulement par la fermentation qui s'est faite dans la cuve avec les pépins et la grappe du raisin. »

Pendant l'hiver 1729, nombre de personnes dans toute la France et même en Champagne avaient été atteintes de rhumes, catarrhes suffocants, enrouements, etc. Dans la même lettre, le médecin d'Épernay affirme « qu'il n'est mort personne, dans sa région, de ces affections, car les malades n'ont eu recours à d'autres remèdes que de se tenir chaudement, buvant à l'ordinaire leur vin blanc non mousseux, qui, par sa chaleur tempérée et sa grande légèreté, rend à leur sang et à leurs humeurs leur première fluidité ».

Ceux qui ne buvaient exclusivement que du vin rouge avaient été beaucoup plus maltraités.

Il concluait ainsi : « Il est certain que le bon vin de Champagne non mousseux, bu avec modération dans sa maturité, et trempé avec plus ou moins d'eau, est la liqueur la plus propre pour conserver la santé et le seul vin qui puisse être toléré et même conseillé dans plusieurs maladies. »

Le Dr Falconnet, médecin de la Faculté de Paris, dînant un jour chez l'abbé Bignon avec Bertin du Rocheret, donna la préférence au vin blanc de Champagne et ajouta : « qu'il décidait hardiment que ce vin ayant acquis une parfaite maturité dans le tonneau, toutefois pris modérément et plus ou moins trempé d'eau, relativement au tempérament et à l'âge, était la boisson la mieux faite pour entretenir et perpétuer la santé de l'homme. »

Tous étaient d'accord sur les qualités du vin non mousseux et reconnaissaient « qu'il porte avec lui des principes propres à faciliter la digestion. »

Querelle des poètes. — Les Muses n'avaient pas attendu la décision de la Faculté pour entrer en lice. En 1711, Bénigne Grenan, de Noyers en Bourgogne, professeur à l'Université de Paris, composa une ode latine sur le vin de Bourgogne, et dans les dernières strophes lui donne la prééminence sur le vin de Champagne. La Monnoye nous a laissé de cette ode une traduction, que nous reproduisons ici en partie :

> Chère feuillette bourguignonne
> Qui loges dans ton sein la vermeille santé,
> Les plaisirs innocents, la douce liberté
> Et que d'amours badins une troupe environne
>
> Je veux te consacrer ces vers.
>
> . . . .
>
> Jusqu'aux cieux, la Champagne élève
> De son vin pétillant la riante liqueur.
> On sait qu'il brille aux yeux, qu'il chatouille le cœur,
> Qu'il pique l'odorat d'une agréable sève.
>
> Mais craignons un poison couvert.
> L'aspic est sous les fleurs. Que seulement par grâce,
> Quand Beaune aura primé, Reims occupant la place
> Vienne légèrement amuser le dessert.

Les Champenois bondirent à ces attaques. Ce fut Charles Coffin, natif des environs de Reims (Buzancy), également professeur à l'Université de Paris, qui, en 1712, répondit au poète bourguignon par son ode pleine d'esprit et de verve intitulée « *La Champagne vengée ou Éloge du vin de Champagne,* » dont voici quelques strophes empruntées également à la traduction de La Monnoye :

> Chère hôtesse d'un vin qu'on ne peut trop priser.
> D'un vin qui doit à Reims, comme moi sa naissance.
> Bouteille ! à mon secours ! J'entreprens ta défense :
> Pour ton propre intérêt viens me favoriser.
>
> Autant que, sans porter sa tête dans les cieux,
> La vigne par son fruit est au-dessus du chêne ;
> Autant, sans affecter une gloire trop vaine
> Reims surpasse les vins les plus délicieux.
>
> Qu'Horace du Falerne, entonne les louanges
> Que de son vieux Massique il vante les attraits :
> Tous ces vins fameux n'égaleront jamais
> Du charmant Sillery les heureuses vendanges.
>
> Aussi pur que le verre où la main l'a versé,
> Les yeux les plus perçans l'en distinguent à peine
> Qu'il est doux de sentir l'ambre de son haleine
> Et de prévoir le goût par l'odeur annoncé !

D'abord, à petits bonds, une mousse argentine
Étincelle, pétille et bout de toutes parts ;
Un éclat plus tranquille offre ensuite aux regards
D'un liquide miroir la glace crystalline.

Taisez-vous, envieux, dont la langue cruelle
Veut qu'ici sous les fleurs se cache le venin ;
Connaissez la Champagne, et respectez un vin
Qui des mœurs du climat est l'image fidèle.

Non, ce jus qu'à grand tort vous osez outrager
Des images fâcheux ne trouble point la tête,
Jamais dans l'estomac n'excite de tempête
Il est tendre, il est net, délicat et léger.

Ciel ! fais que désormais puni de sa folie
Quiconque insultera l'honneur du Silleri
N'abreuve son gosier d'autre vin que d'Ivri
Ou d'un cidre éventé ne suce que la lie.

Vers la fin du repas, à l'approche du fruit
(Car on doit ménager une liqueur si fine)
Aussitôt que paraît la bouteille divine
Des Grâces à l'instant l'aimable chœur la suit,
Parmi les conviés, s'élève un doux murmure,
Le plus stoïque alors se déride le front.

La ville de Reims le récompensa en lui envoyant un présent annuel de
quatre douzaines de bouteilles de vin rouge et gris, ce qui inspira à Coffin
le quatrain suivant :

Par un si beau présent on vide la querelle
Mettez les armes bas, Bourguignons envieux,
Et confessez que l'ode la plus belle
Est celle que l'on paye le mieux.

Les Bourguignons ne désarmèrent point ; Grenan adressa au célèbre médecin Fagon une pièce en vers sous forme de requête, ne tendant rien moins
qu'à faire proscrire par la Faculté, le vin de Champagne comme contraire à
la santé. Les Champenois répondirent par l'épigramme suivante, d'un auteur
anonyme :

A ce que je me persuade
Sur la qualité des bons vins
Grenan, ta cause est bien malade !
Tu consultes les médecins !

> Quand on s'adresse au médecin
> C'est qu'on éprouve une souffrance.
> Bourgogne vous n'êtes pas sain
> Puisqu'il vous faut une ordonnance.

C'est alors que fut lancé le fameux décret en vers, supposé rendu par la Faculté de l'*Ile de Cos*, et attribué à Coffin. La Faculté semble se prononcer en faveur du vin de Bourgogne, bien qu'au fond le Champagne gagne sa cause.

Un autre rimeur proposa aux deux champions, en février 1782, de se battre, le verre en main.

> Ainsi puisqu'à nous humecter
> Ce jour semble nous inviter
> Ne différons pas davantage
> Ou de Beaune ou de l'Hermitage
> Vous nous fourniriez le plus fin,
> Puis nous en boirons de Coffin,
> Si mieux n'aimez par complaisance,
> Fournir vous seul à la dépense :
> Mais, avec nous, point de Normands ;
> Sur ce fait, ils sont ignorants.
> Un franc Bourguignon se fait gloire
> D'être avec un Rémois à boire
> Ils sont tous deux bons connaisseurs,
> Et ne sont pas moins bons buveurs.

Le cidre, provoqué par Coffin, trouva plusieurs poètes normands pour le défendre. L'un de ses avocats, Charles Yvert, débuta par cette apostrophe :

> Ami, modère un peu ta bile ;
> Que t'a fait le climat normand ?
> Et pourquoi du venin que ta bouche distille
> Souilles-tu, dans tes vers, un breuvage charmant ?
> Quelle malheureuse berlue
> D'un beau cidre doré, fait, je ne sais comment
> Un limon bourbeux à ta vue ?

Faisant allusion aux hommes illustres nés en Normandie, Duperron Sarrazin, Huet, Malherbe, et les deux Corneille, il ajoute :

> A ces illustres nourrissons
> La judicieuse Pomone
> Offrit-elle pour leurs boissons,
> Les liqueurs de Reims ou de Beaune ?
> Rien moins. Le sang de Beaune et l'écume de Reims

N'auraient fait, breuvages malsains
Qu'allumer un double incendie;
Au lieu que le cidre bénin
Par un effet contraire au vin,
Ou prévient le désordre ou bien y remédie.

Philippe Bertin du Rocheret, qui succéda en 1730 à son père, comme Président de l'Élection d'Épernay, avait été très lié avec le chanoine Maucroix, alors octogénaire, qui vivait retiré après toute une vie d'épicurien. Il nous relate en ces termes l'opinion du savant chanoine sur les vins de Champagne et de Bourgogne : « Devinez à quoi je compare Démosthène et Cicéron, disait Maucroix au père"'? Le premier, à vos bons vins de Bourgogne, et le second, aux nôtres de Champagne. Dans le vin de Bourgogne il y a plus de force et de vigueur ; il ne ménage pas tant son homme, il le renverse plus brusquement : voilà Démosthène.

« Le vin de Champagne est plus fin, plus délicat, il amuse davantage et plus longtemps; mais enfin il ne fait pas moins d'effet : voilà Cicéron.

« Et comme tous les buveurs sont partagés sur l'excellence de ces deux vins, et qu'à une même table, où l'on se sert de l'un et de l'autre, chacun se déclare pour son goût particulier, donnons aux lecteurs une semblable liberté sur ce qui concerne Cicéron et Démosthène.

« Je finis sans façon, à l'antique. Portez-vous bien et m'aimez toujours. »
Cette querelle passionnait tout le monde, littérateurs, médecins et savants.

Fontenelle prit le Champagne sous sa protection spéciale contre les partisans du Bourgogne. Selon lui, dit le *Journal des Savants*, un verre de Champagne vaut mieux qu'une bouteille de Bourgogne, et Panard, plus impartial, écrivait, en 1742 (*La Critique*, opéra de Panard) :

Vieux Bourgogne et jeune Champagne
Font l'agrément de nos festins.

La lutte resta courtoise, spirituelle et amusa fort le public.

Un peu plus tard, en 1712, deux rhétoriciens du collège des Bons-Enfants firent une imitation de l'ode latine de Coffin, et en 1830, parut une ode anacréontique sur la Champagne vengée. Ce furent les derniers échos de cette querelle des poètes.

« Tous ces débats, dit un de nos historiens, ne prouvaient qu'une chose, à savoir : que les vins de Bourgogne et de Champagne étaient excellents tous les deux, car s'ils n'avaient pas été aussi bons, on ne s'en serait pas autrement occupé. »

La lutte se termina grâce à de puissantes interventions par cette déclaration, acceptée par les deux partis : « que si le vin de Beaune inspirait plus de couplets d'amour, celui de Reims, faisait chanter en meilleure musique, que pour se porter d'ore et demeurer joyeux, il fallait à un homme ces deux vins-là, comme il lui faut ses deux jambes. »

« Après ce duel homérique, écrit Roy-Chevrier, Champagne, Bourgogne et Normandie, n'en restèrent pas moins bonnes amies, et provinces bien françaises, fières de contribuer, pour une large part, à la richesse et à la gloire du pays. » (*Ampélographie rétrospective*, page 350).

La lutte se fût quand même terminée par la force des choses. La renommée des vins rouges et gris de Champagne devait aller sans cesse en diminuant jusque vers le milieu du xixe siècle.

Déjà, au xviie siècle, on vendait les vins rouges de Champagne sous le nom de Bourgogne, indice de l'infériorité des premiers. Cette fraude était courante, elle constituait une source importante et permanente de revenus pour les négociants qui s'y livraient. Il est vrai que souvent aussi, surtout dans les années de disette, on faisait passer sous le nom de vins de Reims, des vins de Bourgogne, de l'Auxerrois et même de Laon et de Beauvais. Une ordonnance du lieutenant général de Reims, de 1630, défendit de faire venir « aucuns vins de Bourgogne, Beaune, Auxerrois et autres étrangers ». Certain marchand de Châlons acheta même, en 1747 et 1748, de grandes quantités de vins de Lorraine et du Barrois, qu'il destinait sans aucun doute au commerce. Ces négociants ont trouvé depuis des imitateurs, contre lesquels il a paru nécessaire de prendre des mesures et de sévir.

La vente des vins rouges de Champagne sous le nom de Bourgogne se pratiqua, ainsi qu'il résulte des documents conservés aux archives départementales, dès le xvie siècle, en 1562, jusque vers 1750, époque où s'établit la suprématie du vin blanc mousseux. C'était un moyen pour les négociants de conserver leur clientèle et d'écouler ainsi les vins de crus secondaires, car les raisins des grands crus servaient à faire des vins blancs mousseux ou non. L'engouement pour les vins blancs ou rosés suivi d'une période de réaction, permit aux vins de Bourgogne si décriés auparavant de reprendre leur prépondérance, si tant est que les vins de Bourgogne aient jamais beaucoup souffert de la concurrence que leur firent les vins rouges de Champagne, au moment de leur plus grande faveur.

Les fraudeurs ne se contentèrent pas d'usurper le nom : ils remplacèrent même la jauge de Champagne par la jauge de Bourgogne, qui est plus grande. Cette substitution se pratiqua surtout dans la vallée de la Marne. Mais elle souleva des protestations de la part des commissionnaires et marchands qui adressèrent des plaintes à l'Intendant. Celui-ci établit, en 1733, un projet d'ordonnance qu'il adressa pour avis à ses subdélégués, et par lequel il interdisait « la fabrication et l'usage des vaisseaux jauge de Bourgogne. »

L'un d'eux, Daubigny, adressa en réponse un véritable plaidoyer en faveur de la fraude, et malgré l'avis favorable à l'ordonnance émise par le

Cliché Charlier.

CHARLES COFFIN, gravé par Daullé, d'après le tableau de Fontaine, 1742.

Conseil de ville de Reims, la question resta en suspens et la fraude au Bourgogne ne fut pas réprimée.

A la fin du xviiie siècle et au commencement du xixe siècle, les vins de Bourgogne n'auront plus en eux que des concurrents peu redoutables. C'est que, pendant ce temps, le vin mousseux, né vers le milieu du xviie siècle, prendra en Champagne la prépondérance, héritant des droits séculaires et de la réputation des anciens vins champenois.

CHAPITRE V

Le Vin de Champagne mousseux

Ses origines. — L'origine des vins mousseux ne semble remonter que vers le milieu du xviie siècle. Nous avons vu que, d'après Ch. Estienne et Jean Liébault, les vins faits en Champagne n'étaient pas tous rouges, ceux d'Ay étaient « clairets ou fauvelets », et tenus en très grande estime. Nous avons vu aussi qu'à partir de 1640, on chercha à faire des vins peu chargés en couleur qui furent très prisés en Angleterre.

Mémoire attribué à l'abbé Godinot. — En 1718, fut publié un mémoire intitulé : *Manière de cultiver la vigne et de faire le vin en Champagne* ; réédité en 1722, il est actuellement très rare. On l'attribua, mais à tort, à Bidet, officier du roi et possesseur d'un vendangeoir à Ay. D'autres l'ont attribué à dom Pérignon, mais la première édition de ce mémoire date seulement de 1718, or dom Pérignon était mort en 1715. On s'accorde généralement à en reconnaître comme l'auteur, l'abbé Godinot, né à Reims en 1661, devenu, en 1692, chanoine de la cathédrale. Il était âgé de 57 ans au moment de la publication de la première édition de ce mémoire et il avait acquis par ses études toute l'autorité voulue pour l'écrire. Les Bibliographies le présentent comme l'auteur d'un ouvrage sur les procédés de culture de la vigne et la manière de faire le vin en Champagne. Pluche, qui s'est inspiré de ce mémoire dans son *Spectacle de la nature*, à tel point que les phrases et les gravures se ressemblent, l'attribue, dans une note insérée en marge du livre, à l'abbé Godinot (t. II, p. 145, édition de 1763).

La publication de ce mémoire n'avait, d'après son auteur, d'autre but que d'être utile et de faire connaître, aux provinces autres que la Champagne, la méthode employée dans ce pays pour faire de bons vins. Cette louable intention confirmerait donc l'opinion qui l'attribue au philanthrope Godinot.

Persécuté par les jésuites et par le cardinal de Rohan pour ses opinions religieuses, l'abbé Godinot s'occupa de faire valoir ses biens et d'en tirer des profits qui lui permirent de satisfaire ses aspirations philanthropiques, de soulager les pauvres et de se rendre utile à ses concitoyens, parmi lesquels il a laissé le souvenir d'un véritable homme de bien.

Il consacra une partie de ses loisirs forcés à l'étude approfondie de la culture de la vigne et au perfectionnement des méthodes jusqu'alors employées. Il étudia notamment la fumure de la vigne, les plants qui convenaient aux différents terroirs de la Montagne de Reims; il réalisa une véritable révolution dans le travail de la vigne et et contribua dans une large des vins de Verzenay et de possédait des vignes. Il s'oc- vins mousseux et dirigea la pitre de la Cathédrale. Il des vins une immense for- membres de sa famille, puis établir à Reims des fontaines dans le pressurage des raisins mesure à établir la réputation Bouzy, pays dans lesquels il cupa aussi de la vente des culture des vignobles du Cha- avait acquis dans le commerce tune, dont il fit bénéficier les ses concitoyens, en faisant publiques.

ANCIENNE FONTAINE GODINOT.

En 1749, il mourut sans avait soutenues guant son im- à la ville de avoir rétracté les idées qu'il autrefois, lé- mense fortune Reims. Le clergé, tent de le tra- vivant, insulta mortelle, et déçu, non con- casser de son sa dépouille poussa la haine jusqu'à le calomnier après sa mort. Les Rémois conservèrent longtemps le souvenir de ce bienfaiteur; en signe de reconnaissance, ils lui élevèrent en 1843, sur la place Saint-Pierre des-Dames, depuis place Godinot, une fontaine monumentale qui fut remplacée il y a quelques années.

Nous avons cru devoir consacrer ces lignes à l'un des hommes qui contribuèrent le plus à la prospérité de la culture et du commerce du vin de Champagne.

Dans le mémoire de 1718, nous trouvons des renseignements assez précis sur l'époque de l'apparition du vin gris, presque blanc, et du vin mousseux.

« Le vin est une liqueur si gracieuse, dit l'auteur, et un aliment si propre pour donner de la force et pour entretenir la santé, quand on en use modérément, qu'il y a lieu de s'étonner que dans la plupart des provinces du royaume on le fasse avec tant de négligence, dans les lieux surtout où il pourrait être excellent.

L'ABBÉ GODINOT.

« Les Champenois sont à couvert de ce reproche; et soit délicatesse de goût, soit envie de profiter davantage sur les vins, soit facilité à les rendre meilleurs, ils ont été dans tous les temps fort industrieux à les faire plus exquis que dans les autres provinces du royaume. *Il est vrai qu'il n'y a guère que cinquante ans qu'ils se sont étudiés à faire du vin gris et presque blanc*; mais auparavant leur vin, quoique rouge, était fait avec plus de soin et de propreté que tous les autres vins du royaume. »

On appelait vin gris le vin fait avec des raisins noirs peu ou pas cuvés.

Pluche dans son *XIIIe Entretien du Spectacle de la Nature* vient corroborer aussi cette opinion : « Je n'ai rien vu nulle part, écrit-il, qui approchât des soins et des précautions que prennent les Champenois depuis *environ cinquante ans*. Leur vin était dès auparavant très fin et très estimé; mais il se soutenait peu et ne se transportait pas loin. Par la manière qu'*une longue expérience* leur a suggérée, ils sont parvenus à le rendre à volonté couleur de cerise, œil de perdrix de la dernière blancheur ou parfaitement rouge, et de l'affermir au point que, sans rien perdre de son agrément, il se soutient souvent beaucoup plus.

« Cette méthode, exactement observée à Cuissy, à Pargnan et dans d'autres cantons du païs laonnois, y produit des vins que toute la Flandre estime presque autant que ceux de Bourgogne et de Champagne. La même méthode portée en différents endroits de Bourgogne tire de tems en tems de

Phot. Charlier.

l'obscurité et met en vogue des vins qu'on ne connaissait pas auparavant. »

Il est donc avéré, d'après ces auteurs, que l'apparition du vin gris, presque blanc, date des environs de 1668 et qu'à partir de cette époque, les Champenois ont apporté beaucoup de soins et des précautions minutieuses pour faire leurs vins: ils en ont ainsi amélioré la qualité et augmenté la longévité.

Les origines du vin mousseux. — Plus loin l'auteur du mémoire de 1718 ajoute : « Depuis plus de vingt ans, le goût des Français s'est déterminé au vin mousseux, et on l'a aimé pour ainsi dire jusqu'à la fureur. On a commencé

ANCIENNES FLUTES A CHAMPAGNE. — Musée champenois d'ethnographie.

seulement d'en revenir un peu depuis sept ou huit ans. Les sentiments ont été fort partagés sur les principes de cette espèce de vin : les uns ont cru que c'était la force des drogues qu'on y mettait qui le faisait mousser si fortement, d'autres ont attribué la mousse à la verdeur des vins, parce que la plupart de ceux qui moussent sont extrêmement verts; d'autres enfin ont attribué cet effet à la lune, suivant les temps que l'on met les vins en flacons.

« Il est vrai qu'il y a eu des marchands de vins qui, voyant la fureur qu'on avait pour ces vins mousseux, y ont mis souvent de l'alun, de l'esprit-de-vin, de la fiente de pigeons, et bien d'autres drogues, pour le faire mousser extraordinairement; mais on a une expérience certaine que le vin mousse lorsqu'il est mis en flacons depuis la récolte jusqu'au mois de mai. Il y en a qui prétendent que plus on est près de la récolte qui a produit le vin, quand on le met en flacons, plus il mousse: plusieurs ne conviennent pas de ce principe.... »

Ce serait donc, d'après Godinot, vers 1695, que l'on commença à faire le vin blanc mousseux qui, plus tard, fut appelé vin *pétillant, saute-bouchon, vin diable*, et déjà vers 1714-1715, — car, si la première édition du mémoire dit trois ans, la seconde, de 1722, en compte sept ou huit, — on était revenu un peu du goût passionné qu'on avait pour le vin mousseux.

Il a été établi qu'en 1697, le champagne pétillant était connu en Angleterre. Mais, si l'on en croit Saint-Evremond, le champagne mousseux aurait été connu bien antérieurement à l'époque assignée par le mémoire de l'abbé Godinot. Ayant appris dans sa vieillesse qu'on faisait des vins blancs mousseux dans les vignobles de la Montagne de Reims, il écrit à lord Galloway, le 29 août 1701, qu'il regrettait « que de telles gens s'efforcent de suivre la mode des vins mousseux datant de quarante ans », c'est-à-dire de 1661 environ.

Il avait introduit en Angleterre et même inventé un verre mince et grand, que montrent les dessins contemporains, ayant cette forme, pour que l'on voie mieux les perles qui montent. On ne se servait de ces verres, ou flûtes, que pour servir le champagne mousseux ou pétillant, et jamais pour un vin « still », c'est-à-dire ne moussant pas, ni pour un vin rouge.

Si le champagne mousseux était connu dès 1661, la légende qui tend à en attribuer la découverte au moine cellérier de l'abbaye d'Hautvillers, dom Pérignon, tombe d'elle-même ; ce moine n'entra qu'en 1668 dans les fonctions de cellérier.

Mais alors à qui en attribuer la découverte ?

Il est infiniment probable qu'elle est due au hasard. Elle repose sur la prédisposition naturelle des vins blancs des contrées septentrionales à conserver, après la première fermentation, une certaine partie de leur sucre. Ce vin fermente de nouveau et prend la mousse, lors du retour des premières chaleurs du printemps, si on le met en bouteilles à la fin de l'hiver. Ce caractère dut exister de tout temps.

Un sybarite, un jour, disait que la vie des anciens Grecs eût approché de la perfection s'ils eussent connu les vins mousseux. Si l'on en croit Virgile, qui parle de la « coupe écumante », les Romains devaient être familiarisés avec les vins mousseux ; les verres en forme de flûte que l'on a retrouvés en fouillant le sol rémois confirmeraient-ils cette opinion ?

N'est-ce pas simplement par la disposition naturelle du vin du pays rémois, à faire effervescence, que l'on pourrait expliquer le prétendu miracle attribué à saint Remy, lorsque jaillit en sa présence la mousse d'un tonneau, dans le cellier de sa cousine Celsa ?

Allemane, dans la description de l'abbaye d'Hautvillers, ne fait-il pas allusion à la mousse, lorsqu'il parle « des raisins dont le jus fait briller la coupe de l'éclat des perles » ?

Dans sa *Bataille des vins* Henri d'Andelys ne dit-il pas aussi « que les vins d'Auviller et d'Espernay sautent ensemble » ? Certains crus semblent posséder

cette propriété à un plus haut degré. Le même poète, Henry d'Andelys, nous
cite ainsi le :

Pétars de Chaalons
Qui le ventre enfle et les talons.

On sait que les vins rouges, qui furent fort en honneur et se vendaient au
dehors, étaient l'objet de toute la sollicitude du vigneron champenois qui les

Cliché Rothier.

Ung tonneau vide à sa parente
Il bénit, puis fut plein de vin....
TAPISSERIE DE LA BASILIQUE SAINT-RÉMY DE REIMS. — VIE DE SAINT RÉMY (XVIᵉ SIÈCLE).

soignait aussi bien que les Bourguignons soignaient les leurs. Les vins blancs,
plus spécialement réservés à la consommation locale, étaient quelque peu
délaissés. Peut-être est-ce à ce manque de soins qu'est due la découverte de la
mousse? Peut-être celle-ci est-elle apparue pour la première fois chez un propriétaire, dans une année chaude? Le même phénomène, ayant pu se reproduire chez d'autres, a dû exciter la curiosité et provoquer des essais et des
expériences.

A. Maizières, dans son travail sur les origines et développement du commerce des vins de Champagne, publié en 1842, émet cette même plausible opi-

nion. D'après lui, il y a cinq ou six siècles, la propriété du vin de mousser au printemps qui suit la vendange était déjà connue, et attribuée à la sève. De temps en temps on observait certains faits résultant de cette disposition : le vin tiré d'un tonneau dans une tasse, sans donner de l'air à la pièce, écumait et pétillait; ce fait ne se produisait pas si le fût était mal bouché, trop plein ou fréquemment ouvert. Enfermé dans une bouteille, le vin faisait sauter le bouchon; cette expérience amusante fut sans doute souvent répétée. Il n'en fallait pas davantage pour exciter la curiosité des vignerons. Mais alors la vogue était aux vins non mousseux, on ne songea que beaucoup plus tard à tirer parti de cette prédisposition à la mousse. Quelques vignerons de la vallée de la Marne, frappés des faits surprenants dont la tradition leur était parvenue, refirent les anciennes expériences et reconnurent que, dans une tasse, la mousse ne dure qu'un instant; elle reste pendant un temps plus long dans la bouteille ouverte et peut se prolonger pendant plusieurs semaines dans un tonneau en vidange; mais alors la mousse se perd spontanément et la qualité du vin diminue; celui-ci perd de sa vinosité, devient plat et désagréable. Ils remarquèrent aussi que l'on peut éviter la rupture des cercles d'un tonneau où le vin mousse, en faisant avec un foret un simple trou que l'on recouvre d'un tuileau.

Toutes ces hypothèses sont très vraisemblables.

Néanmoins, l'art de faire du vin mousseux resta longtemps dans l'enfance.

Dom Pérignon. — Vers le milieu du viie siècle, si l'on en croit la tradition, saint Nivard, évêque de Reims et son neveu saint Berchier conçurent le projet d'ériger un monastère sur les rives de la Marne. Le chemin était long, le jour chaud et les saints fatigués. Ils s'assirent et bientôt saint Nivard s'endormit. Il vit en rêvant, et saint Berchier tout éveillé la vit également, une colombe s'échapper et se fixer sur un arbre. Voyant là un présage, ils choisirent à cet endroit l'emplacement de l'abbaye et firent construire celle qui devait devenir célèbre sous le nom d'abbaye d'Hautvillers. De nombreuses donations enrichirent le domaine. Deux fois, en 1098 et en 1440, l'abbaye fut détruite par le feu. Elle eut aussi à souffrir des incursions des Normands, des guerres religieuses; les huguenots la saccagèrent, mais de généreux donateurs, parmi lesquels Marie de Médicis, aidèrent à effacer toutes traces de leur passage. L'abbaye détenait des reliques, entre autres, depuis 844, celles de sainte Hélène, mère de Constantin le Grand.

Il possédait de nombreux vignobles acquis au cours des siècles; en 1636, les moines en cultivaient eux-mêmes 100 arpents, ses abbés étaient seigneurs d'Hautvillers, Cumières, Cormoyeux, Romery, Dizy. et jouissaient de nombreux droits seigneuriaux : droits de fournage, de méchage, de vinage, de pressoir banal, etc. Ces droits et les revenus des vignobles leur assuraient des richesses considérables. En 1781. l'abbaye possédait 21 arpents de vignes qui produisirent 129 pièces. mais les dîmes et autres droits portèrent la recette en vins à 1274 pièces. Le vin provenant des vignobles des moines. le *vinum theologicum*, était considéré comme supérieur à celui de tous les autres crus. Ils se

CLOÎTRE DE L'ANCIENNE ABBAYE D'HAUTVILLERS.
Propriété du comte Chandon-Moët.

préoccupaient plutôt de la qualité que de la quantité: leurs vignes étaient cultivées avec un soin jaloux, et les moines savaient appliquer les meilleures méthodes de vinification: aussi obtenaient-ils des produits excellents.

Aux moines de Bèze nous devons le Chambertin. vin préféré de Napoléon I\ :er: aux Cisterciens de Citeaux. le cru renommé du Clos Vougeot. auquel les régiments présentaient les armes en défilant tambour battant: aux Bénédictins d'Hautvillers. aux moines de Saint-Basle. à ceux de Saint-Thierry. nous devons également des vins exquis qui ont contribué à créer la réputation si méritée des vins de Champagne.

Or. vers l'époque attribuée dans le mémoire de 1718. à l'apparition du vin mousseux, en 1670. un de ces bénédictins. dom Pérignon. était appelé au poste de « cellerier » de l'abbaye d'Hautvillers. Né en 1638, à Sainte-Mene-

DOM PÉRIGNON
Œuvre du sculpteur Chavaillaud.
(Propriété Moët et Chandon.)

hould, dom Pérignon entra chez les bénédictins ; il y fit de sérieuses études et se signala par sa haute intelligence, son caractère charitable et conciliant, une délicatesse de sensitive. A partir de 1668, en qualité de cellerier, il fut chargé de l'administration financière de l'abbaye sous la direction de l'abbé. Ses attributions consistaient à recevoir et à vérifier les comptes des chefs d'exploitations agricoles, à surveiller et faire entretenir les bâtiments, acheter les denrées alimentaires, régler la vente et la coupe des bois, autoriser les aumônes, diminuer ou augmenter les baux. Sous ses ordres, il avait un moine chargé du réfectoire, un grangier, un rentier ou percepteur des dîmes, un boursier, un chambrier, un pitancier. Il était tout particulièrement chargé de l'administration de la cave, et comme tel, il fit de la vinification un art véritable.

Le mémoire de l'abbé Godinot lui rend hommage en ces termes : « Jamais homme n'a été plus habile à faire le vin ; c'est lui qui a mis en si grande réputation le vin de cette abbaye. »

Le vin de l'abbaye d'Hautvillers, en effet, était alors très renommé. Le maréchal de Montesquiou et le comte d'Artagnan l'apprécient hautement. En 1694, il se vendit jusqu'à 1000 francs la queue, ainsi que l'attestait l'inscription suivante qui existait encore sur un pressoir au moment de la Révolution :

« M. de Fourilles, abbé de cet abbaye, m'a fait faire en l'an 1694, et cette même année a vendu son vin 1000 livres la queue, sans accident étranger. »

Nos lecteurs pourraient également en juger par les extraits de la correspondance échangée avec les Bertin du Rocheret. Le poète Regnard, dans une de ses Épîtres, imitée de celles où Horace invite Torquatus à dîner, fait en ces termes la description de la maison qu'il habitait, rue de Richelieu :

> Je te garde avec soin, mieux que mon patrimoine
> D'un vin exquis, sorti des pressoirs de ce moine
> Fameux dans Auvilé plus que ne fut jamais
> Le Défenseur du Clos vanté par Rabelais.

Dom Grossard, dernier procureur de l'abbaye d'Hautvillers, retiré dans sa famille à Montier-en-Der au moment de la Révolution, écrivait le 25 octobre 1821 à M. d'Herbès, alors adjoint au maire d'Ay, dans une lettre communiquée à M. L. Périer, par M. Nitot, maire d'Ay :

« C'est dom Pérignon qui a trouvé le secret de faire du *vin blanc mous-*

seux, car, avant lui, on ne savait faire que du vin paillé ou gris. » On a voulu voir dans cette phrase l'affirmation de l'invention du vin mousseux par dom Pérignon; mais il est permis de douter de l'exactitude de cette assertion. Jusqu'en 1821, aucun nom n'avait été prononcé; or la Champagne, reconnaissante à l'auteur de cette découverte qui fit sa fortune, n'eût certainement pas laissé tomber son nom dans l'oubli. Le poète Gonzalle, dans son poème du vin de Champagne, n'hésite cependant pas à attribuer à dom Pérignon la découverte du vin mousseux lorsqu'il écrit :

> Mais dix siècles plus tard, le moine Pérignon
> Inventait le Champagne et lui donnait son nom.

On ne saurait attacher trop d'importance à cette affirmation du poète.

Nous avons établi, en effet, d'après la lettre de Saint-Évremond à lord Galloway, que le Champagne mousseux était connu avant dom Pérignon, et par suite, l'opinion qui tend à présenter ce dernier comme l'inventeur du vin mousseux, opinion appuyée uniquement sur les documents tirés du mémoire de l'abbé Godinot, sur de simples présomptions, n'est nullement fondée.

De même l'invention de la flûte ne saurait lui être attribuée davantage : cependant on sait qu'il l'adopta pour pouvoir examiner à loisir l'émission des bulles gazeuzes par le vin. Mais cela ne saurait diminuer les mérites du moine d'Hautvillers.

Il est certain qu'à l'époque où il vivait, la mousse était connue; son amour de l'œnologie, sa connaissance approfondie du vin, son esprit développé d'observation et de recherche, et, il faut le dire aussi, la gourmandise monacale, l'incitèrent à étudier ce phénomène naturel et à en tirer parti. Il est indéniable, en effet, qu'il a poussé à un très haut degré l'art de faire et de soigner le vin. Il sut obtenir ce qu'on n'avait pu faire auparavant, des vins blancs destinés à devenir mousseux; la lettre de dom Grossard est précise sur ce point. Son mérite en est d'autant plus grand qu'à cette époque la science était à peine née: on ignorait presque com-

DOM HENRI-THIERRY RUINART.

Bénédictin né à Reims en 1657, mort à l'abbaye d'Hautvillers en 1709, où il fut un condisciple de Dom Pérignon. (Archives de la maison Ruinart père et fils.)

plètement la nature physique et chimique du vin ; on n'avait que des idées
erronées sur la fermentation.

Les Champenois lui sont redevables de bien des perfectionnements dans
la manière de soigner les vins.

Cliché Loth.
ANCIENNE BOUTEILLE
DU XVII⁰ SIÈCLE.
Musée champenois
d'ethnographie.

Il avait compris que la cave fraîche ou plutôt froide,
construite dans la craie, était ce qu'il pouvait y avoir de plus
avantageux pour la conservation de ses vins. Aussi. dès 1673.
fit-il creuser une cave nouvelle à l'abbaye, qui në possédait
jusqu'alors que la cave Thomas, construite en 1506. sous le
gouvernement de l'abbé Thomas Rogier.

Dans la lettre de dom Grossard à M. d'Herbès d'Ay.
on lit aussi ce passage : « C'est encore à dom Pérignon qu'on
doit le bouchage actuel. Pour fermer le vin en bouteilles, on
ne se servait que de chanvre et on imbibait dans l'huile cette
espèce de bouchon. »

Dans un document de la première moitié du xviii⁰ siècle.
le père Jean, directeur du vignoble du clos Saint-Pierre, à Pierry, propriété
de l'abbaye de Saint-Pierre-aux-Monts, de Châlons, clos réputé presque à l'égal
d'Hautvillers, demandait des bouchons à l'abbaye d'Hautvillers, et, en 1717,
le maréchal d'Artagnan envoyait « des bouchons d'Espaigne » à Bertin du
Rocheret.

Il est difficile de dire à quel moment le liège fut introduit en France; il
était, à l'origine, considéré comme un objet de luxe, qui
n'était utilisé que sur commande et qu'on facturait à part.
Si dom Pérignon ne fut pas l'inventeur du nouveau mode
de bouchage, du moins, fut-il l'un des premiers à l'utiliser.
Cette fermeture hermétique ne laissant plus échapper le
gaz provenant de la fermentation dans la bouteille, accentua
la prise de mousse, et provoquant sans doute une augmentation de la casse, attira l'attention toujours en éveil de
dom Pérignon, l'incita à étudier ce phénomène, puis à en
tirer parti.

Cliché Loth.
ANCIENNE BOUTEILLE
DU XVII⁰ SIÈCLE.
Musée champenois
d'ethnographie.

A cette époque et pendant longtemps encore, on lia le
bouchon avec de la ficelle; l'usage du fil de fer est beaucoup
plus récent.

Dom Pérignon avait en outre trouvé le moyen d'éclair-
cir le vin sans être obligé de dépoter les bouteilles comme on le faisait jusqu'alors. Il avait un procédé spécial de collage qui préservait du dépôt.

Il fit, paraît-il, de nombreux essais sur la qualité des sucres à introduire dans les tirages pour obtenir une mousse légère, un vin crémant.

Cependant dom Grossard affirme, dans sa lettre à d'Herbès, que jamais il n'entra de sucre dans les vins de l'abbaye.

Dom Pérignon aurait confié, en mourant, ses secrets sur le travail du vin à son successeur dom Philippe qui, après avoir exercé ses fonctions pendant cinquante ans, les aurait transmis à son tour, en 1765, à dom Lemaire. Celui-ci, quarante ans après, croyant mourir, aurait confié à dom Grossard le secret de clarifier les vins qui, depuis lors, serait tombé dans l'oubli. Jamais prieur, procureur ni religieux n'aurait connu ce secret. En 1821, dom Grossard disait : « On commence déjà dans nos environs (Montier-en-Der) à faire des vins à la manière de Champagne, on se trouve très bien de la recette que j'en donne. » Sans doute, il s'agit du collage des vins. Mais dom Grossard ne pou-

vait ignorer que dom Pérignon ait trouvé le moyen suivant de rendre le breuvage plus délicat et plus friand, car ce moyen, rapporté dans la 2e édition de 1722 du mémoire de l'abbé Godinot, était employé à cette époque depuis longtemps déjà : « Dans une chopine de vin, mettre une livre de sucre candi, cinq à six pêches dépourvues de leur noyau, quatre sous de cannelle pulvérisée, une noix muscade en poudre, un demi-setier (soit o l. 23) d'eau-de-vie brûlée, passer au travers d'un linge fin et net, et jeter la liqueur, non le marc dans la pièce de vin. »

Peut-être craignait-il que l'on considérât cette recette comme une sophistication ?

L'emploi de cette « collature », ainsi que l'appelle le mémoire de 1718, présente une certaine analogie avec le vinage, mais on hésitait alors à mettre une trop grande quantité d'eau-de-vie, par crainte d'altérer le vin ou de lui enlever ses propriétés naturelles. Chaptal, qui recommande d'ajouter du sucre, prescrit d'en faire l'addition au moût avant la fermentation, tandis que celle de la collature se fait dans le vin lui-même. Cette méthode, que l'on a attribuée à dom Pérignon, était peut-être alors d'un usage assez général dans le pays; applicable aux vins blancs comme aux vins rouges, la collature dans laquelle on exprimait le jus de cinq ou six pêches contribuait sans doute à donner au vin d'Ay ce goût de pêche, « le meilleur de tous », selon Saint-Évremond. Le vin ainsi traité, mis en bouteilles, attira peut-être l'attention par une casse exceptionnelle ou par une belle prise de mousse.

Il est encore d'usage de nos jours de mettre à la vendange une certaine quantité de feuilles de pêcher avec l'eau chaude destinée à rincer les tonneaux; on prétend que le goût de ces feuilles se communique au fût et par suite au vin. Le mémoire de 1722 le conseille en ces termes : « On peut mettre dans l'eau quelques poignées de fleurs ou de feuilles de pêcher; on prétend que cela fait bien pour le vin. »

Mais on attribue surtout à dom Pérignon l'idée géniale, origine de la fortune des vins mousseux de Champagne, de faire des mélanges de différents crus. Le mémoire de 1718 est très affirmatif sur ce point. « Le père Pérignon, lit-on dans Pluche, qui s'est inspiré de ce mémoire, religieux bénédictin d'Hautvillers-sur-Marne, est le premier qui se soit appliqué avec succès à assortir ainsi les raisins de différentes vignes. Avant que sa méthode se fût répandue, on ne parloit que du vin de Pérignon ou d'Hautvillers. »

Dans un factum publié par les habitants de Pierry, qui étaient en procès avec l'abbaye d'Hautvillers, il est reproché aux religieux d'entraver la manutention des décimables, « quand ils y trouveraient l'avantage inestimable dont on est redevable au P. Pérignon, leur auteur, de pouvoir mêler sur le pressoir les raisins de Pierry avec ceux d'Hautvillers, et de donner par ce moyen, d'après ce même P. Pérignon, encore un degré d'excellence de plus à leur vin. »

En 1783, dom Lelong, un autre bénédictin d'Hautvillers écrivait : « Les vins blancs d'Hautvillers doivent leur renom à dom Pérignon, mort septuagénaire en 1715. Ce religieux, par la finesse de son goût, a fait connaître aux Champenois la façon de mêler les vins et de leur donner une délicatesse qu'on ne leur connaissait point avant lui. »

Dom Grossard raconte que, devenu vieux, dom Pérignon, atteint de cécité, avait une telle finesse de palais que, se faisant apporter les raisins des diverses vignes de l'abbaye, il en reconnaissait la provenance à la simple dégustation, et conseillait de « marier le vin de telle vigne avec celui de telle autre ».

Il mourut le 14 septembre 1715 et fut inhumé dans l'église abbatiale.

La renommée qu'il avait acquise était telle que son nom était souvent confondu avec celui d'un grand cru. En 1716, un commentateur de Boileau, énumérant les grands crus, écrivait : « Les plus fameux coteaux qui produisent les vins de Champagne sont Reims, Pérignon, Sillery, Hautvillers, Ay, Verzy, Verzenay et Saint-Thierry. » — « Cet annotateur, dit Pluche, a pris un homme pour une montagne : c'est une bagatelle[1]. »

Contrairement à l'affirmation de la *Nouvelle Biographie générale*[2], dom Pérignon n'écrivit pas de mémoires. Cependant cet ouvrage dit qu'il divulgua ses secrets dans les « *Mémoires sur la manière de choisir les plants de vignes convenables au sol, sur la façon de les provigner, de les tailler, de mélanger les raisins, d'en faire la cueillette et de gouverner les vins?* »

D'après les Biographies modernes, dom Pérignon « étendit le commerce et accrut la richesse d'une grande province, il fit pour l'amélioration des produits ce que les premiers moines avaient fait pour le défrichement et les plantations. » Cette réputation faite au moine d'Hautvillers est donc considérablement exagérée.

Il est regrettable que dom Pérignon n'ait pas fait profiter, par des écrits, ses contemporains et les générations suivantes du fruit de ses observations et de sa longue expérience. Il eût, sans nul doute, fait avancer bien plus rapidement l'industrie du Champagne et se serait acquis ainsi des droits incontestables à la reconnaissance des vignerons et négociants en vin de la Champagne. Son œuvre a profité surtout à son

Dom Pérignon.
Cellerier de l'Abbaye, quoique aveugle dans les dernières années de sa vie, savait, par la finesse de son goût, opérer un mélange de raisins de différents crus, qui donnait à ses vins une délicatesse qu'on ne connaissait point avant lui.

abbaye; les détails de ses découvertes sont tombés dans l'oubli et ont été perdus pour la Champagne. Que de travaux faits par les moines au cours des siècles qui se sont écoulés sont restés ainsi stériles, inutiles pour le reste de l'humanité!

Dom Oudart. — Un autre religieux, le frère Oudart, bénédictin de l'abbaye de Saint-Pierre-de-Châlons, qui résida à Pierry, s'était acquis également une grande réputation dans l'art de faire le vin et de le bien vendre; les cuvées de cette abbaye avaient une très grande renommée. La cuvée tirée d'une vigne

1. *Pluche*, p. 360.
2. T. XXXIX. Didot 1862.

11

appelée le clos Saint-Pierre, qui existe encore de nos jours, était particulièrement recherchée. Philippe Bertin du Rocheret attribue à ce bénédictin une
réputation presque égale à celle de dom Pérignon. Armand Bourgeois suppose
que c'est à l'intention du frère Oudart que fut fait le couplet suivant, d'une
chanson du temps, qui se chantait volontiers à table :

> Le bon vin, le matin
> Sortant de la tonne
> Vaut bien mieux que le latin
> Qu'on dit en Sorbonne.

Dans une réponse du 13 novembre 1700, à M. d'Artagnan, lieutenant général des armées du roi, en son hôtel à Vaugirard, Bertin du Rocheret écrit :
« Les bons vins et plus excellents se vendent 400, 450, 500, 550 livres la
queue, c'est-à-dire 4 caques ou quarteaux de Champagne. Les médiocrement
bons, qui sont pourtant bons, se vendent 300 livres, ceux d'après se vendent
150 livres jusqu'à 200 livres. » Puis plus loin :
« J'omettais de vous dire qu'après ces grands prix de vins, ceux des religieux d'Hautvillers et de Saint-Pierre sont de 800 à 980 aussi bien que les
premières cuvées de l'abbé de Fourille. »
La comparaison de ces chiffres est très instructive, elle montre à quel haut
degré de perfection et de faveur étaient parvenus les vins des abbayes d'Hautvillers et de Saint-Pierre, puisqu'ils se vendaient presque le double des meilleurs vins de la région.
Elle montre aussi que si dom Pérignon et ses successeurs ont su faire le
vin et le conserver, ils savaient admirablement le vendre et tirer parti du
« vinum theologicum ».

Bertin du Rocheret. — Nous avons à plusieurs reprises, dans les pages
qui précèdent, écrit ce nom. Nous devons lui consacrer quelques pages de
biographie, car c'est un des auteurs qui ont laissé le plus de documents sur
le vin de Champagne.
La famille des Bertin, originaire de l'Artois, comptait parmi l'élite de la
société bourgeoise. Elle fut anoblie par Henri III, en 1588, puis Henri IV,
en 1600, lui confirma ses titres de noblesse. Une des branches vint se fixer en
Champagne.
Nicolas Bertin, fut commissionnaire en vins à Reims. Son fils, Adam
Bertin, sieur de Rocheret, y naquit, et fut baptisé dans l'église de Saint-
Jacques le 1er février 1662. Il se fixa à Épernay et y fonda une maison de com-

merce, importante pour l'époque, car il expédiait non seulement en France,
mais encore en Hollande, en Russie et en Angleterre qui, depuis 1748, était
ouverte sans restriction aux vins français. Il en expédiait même en Allemagne,
dans tous les endroits occupés par l'armée française, dans laquelle certains de
ses amis exerçaient d'importants commandements.

La prospérité de ses affaires lui permit d'acheter, en 1705, de François
Macquart, seigneur de Festigny, les charges de président de l'Élection d'Épernay, subdélégué de l'intendant de Champagne.

Vers 1692, il voulut usurper une charge de courtier en vins, et cette infraction aux règlements lui coûta plus de 4000 livres pour l'acquisition d'une charge
et l'entretien de garnisaires.

Son fils, Philippe-Valentin, né à Épernay en 1693, fit de bonnes études
au collège des Jésuites de Reims, qu'il quitta en 1709, et se fit recevoir avocat
au Parlement en 1712. Il plaida jusqu'en 1717, puis revint dans son pays
natal, aider son père dans son commerce. Il fut nommé premier échevin en 1722
et député en 1723, au sacre de Louis XV, à Reims.

Il reçut en dot, de son père, le brevet de président de l'Élection d'Épernay
et, quelques années plus tard, il acheta la charge de grand-voyer. En 1732,
son cousin, Nicolas Bertin, abandonna en sa faveur les fonctions de lieutenant criminel au bailliage. Il devint alors, par ses magistratures et ses alliances,
un des premiers personnages du pays. Il possédait une très grande instruction qu'il cherchait sans cesse à compléter. Pendant son séjour comme avocat
à Paris, ainsi que plus tard, il occupait tous les loisirs que lui laissaient son
commerce et ses charges, à l'étude « de l'histoire et de la politique, de la chro-
nologie, de la géographie et de la généalogie ». Son rêve était de quitter la
province, où il s'ennuyait, pour aller vivre à Paris. Il y passait tous les étés,
faisant des recherches historiques, écrivant, recherchant vainement des places
d'historiographe de France, d'attaché d'ambassade, et ne revenait à Épernay
que pour les vendanges, souvent découragé. Il espérait, par les hautes relations
qu'il s'était créées, par ses écrits, par son négoce, dans les nombreuses soirées,
dîners ou soupers fins où l'on sablait le Champagne, pouvoir être appelé à
Paris. Mais, tour à tour, les personnages sur la protection desquels il fondait
de grandes espérances, la duchesse d'Orléans, l'abbé Bignon disparurent.

En 1737, il se fit même affilier à la franc-maçonnerie, et il y contracta de
nombreuses relations qui lui furent utiles pour son commerce.

Parmi ses nombreux amis se trouvait Voltaire, auquel Bertin offrit l'hospitalité en 1735, alors qu'il passait en Champagne en compagnie du duc de
Choiseul. En 1744, Bertin du Rocheret fut délégué aux États provinciaux

réunis à Vitry-le-François pour réformer la Coutume écrite, et, à cette occasion, il défendit chaleureusement les droits d'Épernay et d'Ay. En même temps, il assista à tous les banquets qui clôturèrent les États, « fit une chère très fine, assaisonnée d'excellent vin de Verzenay ». Il a laissé une relation très intéressante des réunions de ces États.

Sa malchance constante lui enleva peut-être la gloire et la célébrité, car il eût pu faire valoir, s'il eût vécu à Paris, ses brillantes qualités de chercheur et de lettré, mais elle conserva à la Champagne une de ses premières notabilités et un de ses meilleurs chroniqueurs, dont les travaux profiteront aux chercheurs et aux érudits.

L'histoire locale lui est, en effet, redevable d'une foule de documents et de travaux qui enrichissent actuellement la bibliothèque d'Épernay. On lui attribue entre autres une *Histoire manuscrite d'Épernay*.

La correspondance commerciale de sa maison, correspondance qui dura de 1684 à 1753, est particulièrement intéressante. Elle fournit de très précieuses et curieuses indications sur la valeur des vins et le commerce au xviiie siècle, sur les prix d'achat et d'expédition, le prix de revient du travail, les procédés de mélange des vins, etc. Son père, Adam Bertin, et lui-même, tirèrent leurs principales ressources du commerce des vins, car les charges, quoique nombreuses, qu'ils possédaient, étaient plutôt honorifiques que vraiment productives. Philippe Bertin du Rocheret possédait avec sa femme des vignobles importants à Ay, dans la côte de Bernon et surtout à Pierry. Son vin, qu'il faisait un des meilleurs, passait pour le plus renommé de la Champagne après celui d'Hautvillers. Il acquit même, en mai 1738, une maison et un pressoir à Ay, moyennant 1000 livres comptant et 200 livres de rente viagère, d'un sieur de Loizy, Antoine le Gentil, capitaine d'infanterie. Sur une vieille vue d'Ay, qui se trouvait dans le cabinet du maire d'Épernay, il marqua d'une croix à l'encre l'emplacement de son pressoir, et il écrivit au bas qu'il en était propriétaire. Au début, il fit le commerce à peu près ouvertement sous le couvert de son père. Sa charge de président de l'Élection d'Épernay lui valait, entre autres privilèges, l'exemption des droits sur les vins et lui permettait de vendre sa récolte, voire même celle des autres, car il en abusa sans scrupule, à des conditions très avantageuses, à sa clientèle composée de souverains, de grands seigneurs, de riches étrangers, qui ne marchandaient point sur le prix.

Il savait mettre à profit pour son commerce ses nombreuses relations. C'est ainsi qu'il dut au maréchal d'Artagnan d'en contracter de nouvelles en Angleterre. Ce personnage, en effet, lui fit connaître sir Richard Balstrode, envoyé anglais à Bruxelles, le colonel Parker et ses fils. Le chevalier de

Besvres, mieux connu sous le nom de M. de Chavigny, envoyé en Angleterre.
introduisit à la Cour, vers 1727. le vin de Bertin du Rocheret. Bertin eut à
Londres un agent, Jacques Chabannes, auquel il envoyait du vin pour le roi.
surtout du vin d'Ay, peu de temps après la vendange. recommandant de le
mettre en bouteilles de bonne heure. En 1729, il envoie du vin à mettre en
bouteilles en novembre. pour être bu jeune: ce vin était incomplètement fermenté et légèrement effervescent. Dans les bonnes années, on le rendait mousseux par addition de sucre ou de liqueur quand le vin pouvait se conserver.

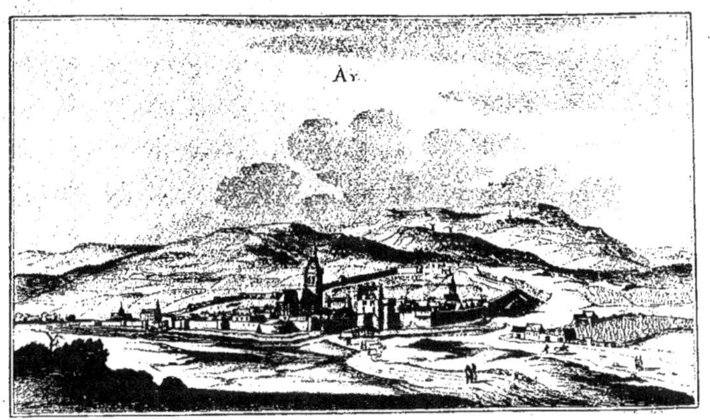

Ay en 1610, d'après Johan Peeters.

Cliché Charlier.

En octobre 1725, Bertin du Rocheret adresse à Jacques Chabannes les prix de
la vendange : « Les flacons blancs mousseux liqueur. 30. 40. 50 sols: les ambrés
non mousseux sablant, 25 sols »: les vins plus foncés couleur d'ambre. pétillants, sont recommandés comme les meilleurs. il les offre à 1 schilling la bouteille au lieu de 2 pour les mousseux. à cause des pertes subies par ceux-ci.
A cette époque. l'addition de liqueur était faite lorsque les vins étaient encore
en tonneaux.

En 1728. l'introduction des vins en bouteilles. en Angleterre. était interdite. Bertin du Rocheret ne pouvait en envoyer que de petites quantités à
Dunkerque. d'où ils pénétraient en contrebande. La contrebande était alors
élevée à la hauteur d'une véritable institution. Le dernier envoi de vins liquoreux en tonneaux fut de 11 poinçons en 1744.

Le vin que recevait Jacques Chabannes, en tonneaux, était obtenu difficilement clair. Il le mettait aussi clair que possible en bouteilles, car il ne connaissait pas le moyen de le dégorger. Bertin du Rocheret possédait différents procédés pour combattre les maladies du vin; il avait une méthode spéciale pour éviter la graisse, il recommandait l'addition de crème de tartre et, à partir de 1731, à chaque envoi de vin qu'il faisait, il joignait ce produit. Il recommandait de ne pas laisser le vin en tonneau plus tard que mai, juin ou août. Pour les vins d'Hautvillers et de Sillery, il demandait à son agent de l'avertir au moins un an à l'avance.

Lorsque la paix d'Aix-la-Chapelle, en 1748, vint mettre fin à la guerre de la Succession d'Autriche, le commerce des vins en Angleterre prit un nouvel essor, et Bertin du Rocheret put écrire, en 1749, au marquis de Calvières : « Les Champenois font payer les frais de la guerre aux Anglais. » Joli mot, répété plus tard, en 1814, sous une autre forme et dans des circonstances bien différentes, par Mme veuve Cliquot.

En 1754, il se retira des affaires, après la belle vendange de 1753; il écrivit alors à Chabannes : « Les vins embaument aussi bien qu'en 1743. » Il partage sa cuvée entre le roi Georges et le roi de Pologne Stanislas.

Chaque année, après la vendange, il envoyait des circulaires à ses clients et à des marchands de vins en gros de Paris, à des intermédiaires attitrés qu'il avait tant en France qu'à l'étranger. Ses collègues, « Messieurs de l'Élection, achetaient et revendaient, comme lui, en gros et en détail, sans payer de droits », bien que les règlements sur les aides le leur défendissent. Ils ne devaient, en effet, bénéficier des exemptions de droits que pour les vins provenant de leur cru et non pour ceux qu'ils achetaient. Mais à cette époque de semi-anarchie, les puissants se croyaient trop souvent tout permis.

Ces abus provoquèrent de la part des fermiers des Aides, à l'instigation de commissionnaires puissants, des mesures répressives. Les pauvres commis, chargés de la répression, furent même victimes de leur zèle. En 1727, trois d'entre eux furent assommés par Nicolas Bertin, chevalier de Bertincourt, oncle de Philippe Bertin du Rocheret, et par ses gens. Le lendemain, les mêmes commis s'étant présentés à nouveau pour l'exercice de leurs fonctions chez un nommé Carré, vendeur au détail pour le compte de Bertin père, furent maltraités à coups de pied et de canne par les sieurs Bertin, lieutenant criminel, Bertin du Rocheret, président de l'Élection, Bertin de la Bertinière, son greffier, et Bertin de Bertincourt, qui survint armé d'une fourche. Le président écrasa lui-même d'un coup de poing le nez de l'un des commis. Quelques jours plus tard, celui-ci fut poursuivi et incarcéré. Secondé par ses chefs, il

demanda et obtint le renvoi du procès devant les tribunaux étrangers à la cause,
car ceux d'Épernay étaient manifestement placés sous l'influence du président
de l'Élection, et ouvertement déclarés contre les
droits du roi. Sur l'avis de l'intendant de la Champagne, le Conseil d'État renvoya les parties devant
l'Élection de Reims. La famille Bertin apprit ce que
coûtaient les menaces et voies de fait contre les
commis de la Régie.

En 1728, Bertin du Rocheret demanda la tête
du directeur d'Épernay, mais n'obtint que la restitution des droits perçus.

Les commissionnaires riches et influents s'oppo-
sèrent, à plusieurs reprises, aux prétentions de
MM. les officiers de l'Élection. En 1725, un conflit
survint entre ceux-ci et les échevins d'Épernay.
Claude Moët fit conserver à la ville le droit d'élire
les jurés vignerons et de recevoir leurs évaluations,
bien que l'Élection eût cassé les opérations de ces

BOUTEILLES DU XVIIIe SIÈCLE.
Collection Moët et Chandon.

jurés, et voulût les remplacer par d'autres pour pouvoir imposer à ceux-ci
une estimation du produit des vignes favorable à leurs propres intérêts.

Bertin du Rocheret voulut aussi lutter contre les commissionnaires en vin,
les « mercadants », et pour cela associer
les propriétaires-vignerons, organiser la
grève des vendeurs de vin. A partir de
1735, le chiffre de ses affaires s'abaissa
considérablement, et, partant, celui de
ses bénéfices. La prospérité de son commerce, la notoriété qu'il s'était acquise
par ses magistratures et ses écrits, sa
qualité de franc maçon, ses hautes relations ne furent peut-être pas non plus
étrangères aux inimitiés et aux tracasse-
ries dont il fut l'objet de son vivant et
que ses abus de pouvoir semblaient légitimer, ainsi qu'aux jugements sévères
portés contre lui. Quoi qu'il en soit, nous

BOUTEILLES DU XVIIIe SIÈCLE.
Collection Moët et Chandon.

ne voulons voir en lui que le chroniqueur local, aux travaux duquel nous pouvons
recourir en ce qui concerne la vigne et le vin au XVIIIe siècle. Il mourut en 1762.

Nous regrettons de ne pouvoir donner ici des extraits de la correspondance de Bertin du Rocheret; nos lecteurs se seraient fait une idée bien plus exacte du commerce du vin à cette époque, des soins dont il était l'objet, des prix qu'il acquérait dans certains crus et chez certains propriétaires, que par les sèches et incomplètes descriptions que nous pourrons faire.

Les débuts du vin mousseux. — Il apparaît donc certain que l'origine commerciale du vin mousseux remonte vers le milieu du xviie siècle. Auparavant, on faisait non seulement du vin rouge, mais du vin clairet et fauvelet; à partir de cette époque, d'après le mémoire de 1718, on le faisait presque blanc. Voici la méthode employée pour l'obtenir ainsi :

« On commence à vendanger une demi-heure après le lever du soleil, et si le soleil est sans nuage et qu'il soit un peu ardent, sur les neuf ou dix heures on cesse de vendanger et on fait *son sac* qui est une cuvée, parce que, passé cette heure, le raisin étant échauffé, le vin serait coloré, teint de rouge et demeurerait trop foncé; dans ces occasions on prend un plus grand nombre de vendangeurs, afin de cueillir son sac dans deux ou trois heures: si le temps se couvre, on peut vendanger toute la journée, parce que, tout ce jour, le raisin se conserve dans sa fraîcheur sur la souche; la grande attention doit être de presser les vendangeurs et les pressureurs afin que le raisin ne soit ni foulé, ni échauffé quand on le pressure. Il faut faire en sorte que le raisin ait encore sa fleur sous le pressoir, etc....

« C'est un principe certain que quand les raisins sont coupés, plus tôt ils sont pressurés et plus le vin est blanc et délicat. »

Ces dernières précautions sont encore observées en Champagne lorsqu'on veut faire du vin blanc avec du raisin rouge. Déjà, à cette époque, elles furent un des principaux facteurs de la qualité des vins, des vins gris en particulier. Pluche écrit à ce sujet :

« Le raisin blanc, qui n'a communément ni force ni qualité, jaunit promptement et tombe dès avant l'été. Ces vins blancs ne sont presque plus d'usage. La médecine seulement les conseille quelquefois. Mais le vin gris, qui a l'œil vif, et qui est d'une blancheur et d'un éclat qui imitent le cristal, provient des raisins les plus noirs et sa blancheur ne se soutient jamais mieux que quand on a pris soin d'arracher tous les ceps des raisins blancs. Autrefois le vin d'Aï duroit à peine un an. La liqueur des raisins blancs, dont la quantité étoit grande en ce vignoble, venant à jaunir, prenoit le dessus et altéroit toute la masse du vin. Mais depuis que les raisins blancs n'entrent plus dans le vin de Champagne bien fait, celui de la Montagne de

Reims dure huit et dix ans, et celui de la Marne va aisément à cinq et six... »

La blancheur devint bientôt une des principales qualités du vin. Dans un mémoire présenté en 1734 à M. l'Intendant de Champagne, à l'occasion d'une imposition fixée au dixième du revenu, il est dit :

« Je suppose une abondante récolte : si je ne réussis pas à faire du vin d'élite, si mon vin est rouge, ne fût-il que taché, ma ruine n'en est que plus accélérée par cette malheureuse abondance. »

On fit également des vins rosés. En 1747, ceux d'Aÿ se vendirent 300 livres la pièce : en 1749, ils atteignirent 500 livres. Bertin du Rocheret en envoyait, le 9 janvier 1739, 2 pièces à M. de Jubécourt au prix de 150 à 200 livres (¹).

A cette époque on faisait à Aÿ un vin très léger, appelé *tocanne*, dont Bertin du Rocheret parle dans sa lettre du 15 février 1712 au maréchal de Montesquiou. On l'obtenait en foulant les raisins dans le baril avant de les laisser fermenter ou de les jeter sur le pressoir. Ce vin était très violent et possédait une verdeur qui le faisait estimer. La tocanne n'est plus connue de nos jours.

Au commencement du xviiie siècle, vers 1825, on consommait aussi le vin en

Nicolas Ruinart (1694-1769).
Neveu de dom Ruinart, fondateur de la première maison de vins de Champagne. (Cabinet du vicomte André Ruinart de Brimont.)

bourru, avant qu'il ait fermenté, ou comme vin nouveau dans le courant de l'année.

La correspondance de Bertin du Rocheret et les citations empruntées à divers auteurs nous ont montré que le vin non mousseux était encore fort estimé. Cependant la réputation du champagne mousseux commençait à se répandre. Sa belle couleur, son goût et son bouquet et surtout l'effet réjouissant de sa mousse le firent rapidement adopter.

Le roi Louis XIV, auquel une ordonnance du grand médecin Fagon l'avait ordonné, le mit à la mode. Il estimait fort le vin couleur de paille de l'abbaye d'Hautvillers : chaque année, jusqu'à sa mort, en 1715, il faisait retenir une certaine quantité de vin d'Aÿ chez un commissionnaire, Remy Bertault,

---

1. Louis Périer. *Mémoires sur le vin de Champagne*. 1865.

Les rhétoriciens du Collège des Bons-Enfants attribuent au champagne la longévité de Louis XIV, lorsqu'ils écrivent ces vers :

> Mon cœur plein de reconnaissance
> Lui doit le salut de la France
> Avec la beauté de son roi,
> Puisse Beaune, d'autant d'années
> Qu'à Louis, Reims en a données,
> Remplir son glorieux emploi.

Le marquis de Sillery, un des plus fins gourmets, contribua fort à sa vogue

Phot Rothier.

UN SOUPER SOUS LA RÉGENCE.
Bas-relief sculpté dans la craie (caves Pommery).

en le faisant connaître dans un des célèbres soupers offerts par le duc de Vendôme au château d'Anet, ancienne demeure de Diane de Poitiers. Sillery, au milieu du repas, fit son entrée dans la salle, suivi de douze jeunes filles en costume de prêtresses de Bacchus, portant des couronnes de feuilles de vigne et tenant dans leurs mains des paniers pleins de fleurs qui cachaient une bouteille de vin de Champagne.

« Qu'est cela ? fit le duc de Vendôme. Au diable les fleurs !...

— Monseigneur, dit l'un des convives, Sillery est ivre, il croit vous offrir des lauriers. »

Le marquis de Sillery se hâta de découvrir les bouteilles, à la grande surprise et à l'amusement des convives, en leur promettant une merveille

inconnue, un trésor où se cachaient le rire, la gaîté et l'amour. Le liquide fut, en effet, trouvé des plus délicieux et le succès dépassa toute espérance. Les échos de la fête parvinrent à la Cour et, dès lors, le vin de Champagne, devenu le vin favori, fut la joie et l'ornement de toutes les fêtes.

Il tint la place d'honneur dans les fameux soupers de la Régence, où se réunissaient, autour du Régent de France, Philippe d'Orléans, ses roués et ses belles amies. Le Régent, homme aimable, et ardent au plaisir comme au combat, à la fois chimiste, artiste, chansonnier, etc., adorait le champagne et ne s'enivrait qu'avec lui. Afin de s'assurer sans doute les meilleures cuvées de nos coteaux, il donna même à son fils légitimé, le chevalier d'Orléans, l'abbaye d'Hautvillers. D'intrépides buveurs, La Fare, Nocé, Simiane, pour ne nommer que les plus solides, tenaient tête, aux fins soupers du Régent, aux belles buveuses, Mmes de Sabran, de Phalaris, et surtout Mme de Parabère qui, d'après les Mémoires de la mère du Régent, buvait « comme un lansquenet ». Joyeuses orgies égayées de couplets épicés et où Philippe d'Orléans n'était pas le dernier à entonner une de ses chansons :

> Pour bien vivre et sans regret
> Amis je sais un secret
> Toujours d'envie en envie
> Je vais égayant ma vie
> Je ris, je bois,
> Les plaisirs sont faits pour moi !

Avec Louis XV, la vogue du champagne ne fait encore que grandir. Mme de Pompadour, le comte de Richelieu, Mme du Châtelet y contribuèrent dans une large mesure. Mme de Mailly, reine de Choisy, maîtresse en titre de Louis XV. qui aimait passionnément le vin et pouvait donner la réplique aux plus solides buveurs, communiqua au jeune roi sa passion pour le champagne.

Ces hautes protections ne furent sans doute pas étrangères aux mesures prises pour faciliter le commerce du vin de Champagne.

En 1728, un décret fut rendu, sans doute pour permettre aux gens s'en allant à leur château de campagne d'emporter une certaine quantité de vin de la Champagne sans acquitter de droits. Un décret du Conseil d'Etat du 25 mai 1728 défendit d'apporter du vin en bouteilles en Normandie. Le maire et les échevins de Reims adressèrent une pétition pour protester. Un nouveau décret permit alors d'expédier du vin blanc de Champagne en paniers de 100 bouteilles.

Bertin du Rocheret, dans sa relation d'une fête donnée par la ville de Paris, le 30 août 1739, un des bals les plus brillants que l'on ait jamais vus

et auquel le roi assistait incognito en habit de masque, dit qu'il s'est consommé
« 1800 bouteilles de vin de Champagne, 4000 de vin de Bourgogne, 15 000 pêches,
3o muids tant de limonade que de vin, sans compter une quantité considérable
de victuailles et friandises diverses ».

Tout le monde voulut, au début, avoir de ce vin qui, selon les expressions
de l'abbé Manceau, donne l'illusion « du cratère ouvert par la foudre », de ce
« nectar échappé de sa prison », de ces bouteilles « d'où s'échappent des torrents
d'une lave blanche et immense » et rappelant « Minerve fulminante sortant de
la tête de Jupiter ».

Non seulement le champagne était le vin de l'amour, il fut aussi celui de
la poésie. Il inspire les poètes et fait merveille dans les soupers littéraires et

FLUTES DU XVIIIᵉ SIÈCLE. — Collection Moët et Chandon.

bachiques où le duc de Nevers, Chapelle et Chaulieu étaient les boute-en train.

L'abbé de Chaulieu, poète favori du duc de Vendôme, le premier des
poètes délaissés, selon Voltaire, fut un de ses fervents admirateurs.

Atteint de la goutte avant que le vin mousseux ne soit bien connu, Chaulieu menait une misérable existence, condamné par la Faculté à ne boire que de
l'eau rougie de vin, lorsqu'un jour, un de ses amis lui annonce l'entrée en
scène du vin nouveau. L'ayant vu et dégusté, Chaulieu condamna sa porte
à son médecin et, abandonnant ses prescriptions, il chanta joyeusement :

> J'oubliais jà ce fruit délicieux
> Quand un enfant vint s'offrir à mes yeux.
> Qui dans Ay ne faisait que de naître.
> Qu'il était beau ! Qu'il était gracieux !
> A peine le vis-je paraître
> Que soudain de ma bouche il passa dans mon cœur.

Il lui resta fidèle, le plus qu'il put..., jusqu'à l'âge de 84 ans. Il écrivait en 1701, à son ami le marquis de La Fare dans une invitation :

> Là, le nombre et l'éclat de cent verres bien nets
> Répare par les yeux la disette des mets;
> Et la mousse pétillante
> D'un vin délicat et frais
> D'une fortune brillante
> Cache à mon souvenir les fragiles attraits.

A Saint-Evremond, il disait qu'il arriverait de belles choses, si les muses aimaient le champagne autant que lui, et dans une autre lettre au marquis de Dangeau, il faisait cette remarque :

> Quant à la muse de Saint-Maur
> Que moins de douceur accompagne
> Il lui faut du vin de Champagne
> Pour lui faire prendre l'essor.

Répondant à l'invitation de la maison Sonning, à Neuilly, le 20 juillet 1707. il disait :

> Alors grand merveille sera
> De voir flûter vin de Champagne.

Jean-Baptiste Rousseau invita Chaulieu à venir à Neuilly :

> Sur ce rivage émaillé
> Où Neuillé borde la Seine.
> Reviens au vin d'Hautvillé,
> Mêler les eaux d'Hypocrène.

Il annonce au marquis d'Ussé, un amateur de champagne. à propos de la source d'inspiration de celui-ci, que

> Phœbus adonc va se désabuser
> De son amour pour la docte fontaine
> Et connaîtra que pour bon vers puiser
> Vin champenois vaut mieux qu'eau d'Hypocrène.

Un soir de novembre de l'année 1737, de joyeux convives, poètes, chansonniers et artistes, membres de la société chansonnière naissante le Caveau. se trouvaient réunis dans un cabaret situé au carrefour de Bussy, en plein faubourg Saint-Germain et portant l'enseigne « Au Caveau ». Parmi eux, se trouvaient Collé, Piron, l'épicier poète Gallet, Crébillon père et fils, les deux Saurin, Helvétius, Rameau, Montcrif, le peintre Boucher et Fuselier. Leur agape bi-mensuelle s'achevait. Les Bourguignons, Piron, Rameau et Crébillon avaient réclamé du Meursault et du Beaune, Helvetius et Montcrif du Saint-Emilion ; leur choix avait été ratifié par les autres convives, tandis qu'ils avaient hué Gallet lorsqu'il avait demandé de l'Argenteuil. Naturellement, comme il arrive à la fin d'un dîner où tant de bons crus ont figuré, les convives étaient déjà en bonne disposition, l'œil scintillant, le nez empourpré et la langue déliée, lorsqu'on apporta quatre bouteilles de champagne. Le garçon allait déboucher la première quand Collé, le président du banquet, l'arrêtant d'un geste, veut porter un toast, et malgré les protestations et les lazzi de ses amis :

« Nous sommes à cette heure, dit-il, où la vie s'épanouit joyeuse à nos yeux ; nos palais sont imbibés de parfums et nos cœurs d'allégresse. cependant il manque encore un couronnement à cette gaîté.

« Mes amis, continua-t-il après quelques interruptions nouvelles, j'espère que tout sentiment noble, la reconnaissance par exemple, n'est pas tout à fait éteint dans votre cœur.... Silence !... Alors je vous propose de boire à l'homme de génie, au bienfaiteur de l'humanité, qui par des procédés évidemment inspirés des dieux, a fait du champagne ce nectar mousseux, lequel, à la fin de nos banquets, fait éclore dans les cerveaux toutes les fleurs de la chanson... Je bois à dom Pérignon !

— A dom Pérignon ! » répétèrent tous les convives en vidant leur coupe. Et, quelques instants après, les quatre bouteilles y passèrent jusqu'à la dernière goutte.

Il fut convenu qu'au dîner suivant chacun des chansonniers apporterait une chanson sur le champagne, Boucher promit un dessin allégorique : la « Réception de dom Pérignon au Caveau », et Rameau une mélodie imitative des glou glous et des pan pan. Et Collé, improvisa le couplet suivant :

> Pour couronner un fin dessert,
> Il n'est que le Champagne :
> De lui jaillit tout un concert
> Que l'esprit l'accompagne :
> De sa mousse part la chanson
> La Faridondaine, la Faridondon.
> Que dom Pérignon soit béni
> Biribi
> A la façon de Barbari
> Mon ami !

Le poète Panard, le bon convive, qui vivait à peu près à la même époque, un des fondateurs du Caveau, préférait aussi le bruit du bouchon de champagne. Il écrit en effet :

> Et quand je décoiffe un flacon,
> Le liège qui pette
> Me fait entendre un plus beau son
> Que tambour et trompette.

Il n'aimait pas être trompé sur l'origine du vin, si l'on en croit les vers suivants :

> Diaphorus au marchand de vin
> Vend bien cher un extrait de rivière.
> Le marchand vend au médecin
> Du Champagne arrivé de Nanterre.
> Ce qui prouve encore ce refrain-ci
> A trompeur, trompeur et demi.

Le bon vin de Champagne ou celui de Beaune lui semblait indispensable à la vie, et un cellier bien garni, préférable à un trône.

> Pour jouir d'un destin plus remarquable et plus doux
> De ce bruyant séjour, amis, éloignons-nous.
> Allons, dans mon cellier, du Champagne et du Beaune
> Goûter les doux appas.
> Les plaisirs n'y sont pas troublés par l'embarras
> Et le funeste ennui qui monte jusqu'au trône
> Dans les caveaux ne descend pas.

Faire sauter le bouchon d'une bouteille d'Ay lui causait un plaisir ineffable, ainsi qu'en témoigne ce passage de la chanson du *Vaudeville à table*.

> C'est alors qu'un joyeux convive
> Saisissant un flacon scellé
> Qui de Reims ou d'Ay tient la liqueur captive
> Fait sauter jusqu'à la solive
> Le liège déficelé.
> Tout le cercle attentif porte un regard avide
> Sur cet objet qui les ravit ;
> Ils présentent leur verre vide,
> Le nectar pétillant aussitôt le remplit,
> On boit, on goûte, on applaudit,
> On redouble et par l'assemblée
> La mousse champenoise à plein verre est sablée.
> De là naissent les ris, les transports éclatans.
> La sève et tout son feu jusqu'au cerveau montant
> Font naître des débats, des querelles polies,
> Qui réveillent l'esprit de tous les assistans.

Glück s'inspirait aussi avec le champagne; il s'asseyait dans une prairie fleurie avec quelques bouteilles de champagne et il écrivait alors ses mélodies.

En 1739, Le Batteux, dans l'Ode *In Civitatem Remensam*, adresse à Bacchus l'invocation suivante :

Ce n'est point sur les monts de Rhodope et de Thrace
Que j'irai t'invoquer; ces monts couverts de glace
        Sont-ils propres à tes faveurs?
Non, Reims te voit régner bien plus sur tes collines.
Là, je t'offre mes vœux; de nos côtes voisines
        Embrase-moi de tes ardeurs.

Soit que d'un lait mousseux l'écume pétillante.
Soit qu'un rouge vermeil, par sa couleur brillante
        T'annonce à mes regards surpris
Viens, anime mes vers; ma muse impatiente
Veut devoir en ce jour, les accords qu'elle enfante
        A la force de tes esprits.

Le joyeux et vivant abbé de l'Attaignant, chanoine de la cathédrale de Reims, adressait les rimes suivantes à Mme de Blagny. (Édition de ses œuvres publiées en 1755).

        Vois ce nectar charmant
        Sauter sous ces beaux doigts
        Et partir à l'instant
Je crois bien que l'amour en ferait tout autant.

        Et quoi sous ces beaux doigts
Bouchon a donc sauté pour la première fois
        Croyez-vous que l'amour
        Leur fit un pareil tour?

Et dans des vers à Mme de Boulogne, il le met au-dessus du nectar des dieux.

        Le jus que verse Ganymède
        A Jupiter dans ses repas
        A ce vin de Champagne cède
        Et nous sommes mieux ici-bas.

Non seulement rois et princes, poètes et musiciens admiraient le champagne, les acteurs, les actrices surtout en raffolaient. Chanteuses et danseuses, les Guimard, Camargo, Laguerre, Clairon, Raucourt, Clotilde l'adoraient. Adrienne Lecouvreur ne craignit pas de recourir à ses séductions pour mieux captiver Maurice de Saxe. Mlle Laguerre, qui vers 1780, jouissait d'une grande

popularité, adulée, fêtée, recherchée par tous, était grande buveuse de champagne à tel point qu'un jour elle parut en scène dans *Iphigénie en Tauride*, à
l'Opéra, d'un pas si mal assuré que le public la hua et la siffla, jusqu'à ce qu'un
plaisant se fût écrié : « Mais c'est Iphigénie en... Champagne ! » Elle fut par ordre
du roi conduite à Fort-l'Evêque d'où elle ne sortit, grâce à de puissantes influences, qu'au bout de treize jours. Un souper lui fut offert, pour fêter sa délivrance, et l'actrice, qui avait eu le temps de méditer pendant sa retraite obligatoire jura, au dessert, que dorénavant elle ne boirait plus que.... treize coupes
de champagne, autant que de jours de prison.

Depuis, la Malibran. la Cruvelli, et bien d'autres comptèrent aussi parmi
les adoratrices du champagne.

Et duchesses, marquises, comtesses et baronnes, ne furent pas moins
enthousiastes de ce nectar que les courtisanes et les actrices. Aussi Gaston
Jollivet put écrire :

> . . . . O champagne !
> Ta mousse se posant aux lèvres des marquises
> A leur poudre argentée a mêlé leur argent ;
> Tu fus le conseiller d'aventures exquises
> Dont grand'mère palpite encore en y songeant.

Le Champagne attirait aussi l'attention des souverains étrangers.

Dans un banquet offert au roi de Saxe, à Dresde, un page s'était approprié une
bouteille de champagne ; la chaleur ayant fait sauter le bouchon, le champagne
inonda l'auteur du larcin qui, confus, implora son pardon. Le roi le lui accorda.

On raconte que le roi-sergent Frédéric-Guillaume Ier, roi de Prusse, célèbre
par son intempérance, voulut, au cours d'un repas où le vin de Champagne
était en honneur, connaître la cause de la mousse. Ayant, sur les conseils d'un
convive, demandé une explication à l'Académie des sciences, cette noble compagnie fit demander au roi 40 à 60 bouteilles pour faire des expériences :
« Qu'ils aillent se promener, répondit-il, je n'ai pas besoin d'eux pour boire
mon vin et j'aime mieux ignorer toute ma vie pourquoi il est mousseux que de
m'en priver d'une seule goutte. »

Et lors de son passage à Reims, en 1743. alors qu'il se rendait à Metz,
Louis XV, qui savait aussi l'apprécier, but pendant trois jours du vin de Champagne. .

Selon l'expression de Talleyrand, le vin de Champagne allait devenir « le
vin civilisateur » entre tous.

Cependant le vin mousseux ne conquit pas d'abord tous les suffrages. Le
mémoire de 1718 (édition de 1722) ne nous dit-il pas, en effet :

« Depuis plus de vingt ans le goût des Français s'est déterminé au vin mousseux, on l'a aimé pour ainsi dire jusqu'à la fureur. On a commencé seulement d'en revenir un peu depuis sept ou huit ans », c'est-à-dire depuis 1714 ou 1715. Au début, en effet, ce vin n'était pas sucré, il présentait parfois une saveur acide désagréable. D'après quelques connaisseurs la mousse était « une chose étrangère à la qualité du vin, puisque le vin le plus vert pouvait mousser alors que le plus parfait très ordinairement ne mousse point ».

Bertin du Rocheret, dans sa lettre au maréchal de Montesquiou, du 15 février 1712, ne semble pas faire grand cas du mousseux puisqu'il considère que pour le faire mousser il faut prendre du vin meilleur marché, du Pierry à 250 livres la queue au lieu de 400, et même à 100 livres seulement.

Le 11 novembre 1711, il écrivait au même personnage : « Je me suis déterminé à trois poinçons de vin, le meilleur de Pierry du prix de 400 livres la queue, Ay 600 livres, pour ne pas tirer en mousseux, ce serait bien dommage, un poinçon pour tirer en mousseux du prix de 250 livres la queue. Si vous voulez ne mettre que 180 livres la queue il moussera aussi bien ou mieux. »

A une lettre de Bertin du Rocheret, du 28 novembre 1712, le comte

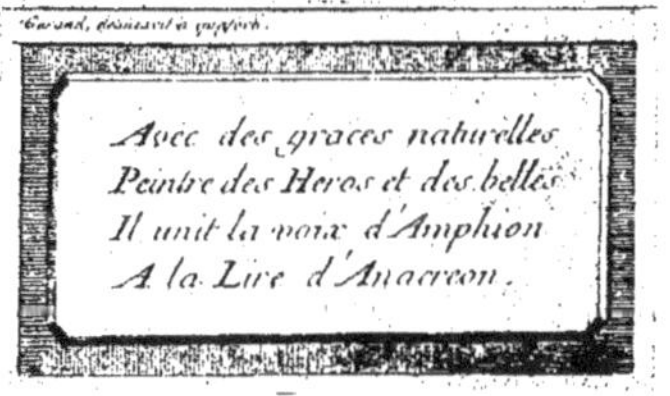

Garaud, dessinavit et sculpsit.

Phot. Charlier.

L'ABBÉ DE L'ATTAIGNANT.
D'après le portrait gravé par Garaud.

d'Artagnan écrit : « ..... A l'égard de faire mousser mon vin, bien des gens assurent qu'il mousse, je n'en serais pas fâché, pourvu qu'il n'en diminue rien de sa qualité, car par préférence, je veux d'excellent vin et qu'il soit bien clair fin, car quand il revient d'un air trouble et qu'il n'a pas de brillant je n'en donnerais pas un sol, m'étant impossible d'en voir, s'il n'est pas bien clair fin. Si vous en faites mousser, il y en aura assez d'en faire mousser deux pièces pour moi et deux à mon ami. Il se pourra même faire que nous en partagerons un quarteau à mesure qu'il arrivera.... »

Le 18 octobre 1713, Bertin du Rocheret écrit au comte d'Artagnan.

« Le moussage est un mérite à petit vin, et le propre de la bière, du chocolat et de la crème fouettée.

« Le bon vin de Champagne doit être clair, fin, pétiller dans le verre et fleurer ce qu'on appelle le bon goût qu'il n'a jamais quand il mousse, mais bien un goût de travail et de vendange, aussi ne mousse-t-il qu'à cause qu'il travaille. »

D'Artagnan partage cet avis, puisqu'il répond le 25 octobre 1713 du camp de Fribourg.

« ..... Je vois combien j'ai eu tort et le sieur Dufaux de demander que vous fassiez tirer mes quarteaux de vin, pour qu'il pût mousser; c'est une mode qui règne partout surtout à la jeunesse; mais je suis ravi de tout ce que vous me mandez sur le moussage. Je vous promets dorénavant de ne point vous en parler davantage, car pour moi, en mon particulier, je m'en soucie fort peu: mais je veux qu'il soit clair fin et qu'il ait beaucoup de parfum de champagne. »

Il nous semble entrevoir dans les citations précédentes les motifs de la faveur, puis de la défaveur dont fut l'objet le vin mousseux à ses débuts. Il avait à lutter contre la réputation solidement établie et justement méritée des grands vins non mousseux, dont les Champenois avaient su pousser la préparation à un très haut degré de perfection. Il était donc difficile de les détrôner. Néanmoins, le mousseux avait le mérite d'être une nouveauté, et si quelques négociants comme Bertin du Rocheret considéraient que mousse et qualité sont incompatibles, que l'on devait réserver pour le moussage les vins de qualité inférieure, d'autres, le marquis de Sillery, dom Pérignon avaient su concilier les deux choses et assurer au nouveau venu un vif et légitime succès, en ajoutant à l'attrait de la nouveauté d'exquises qualités. Il faut dire aussi qu'au début du xviiie siècle l'art de faire le vin mousseux était dans l'enfance, et que les essais tentés n'étaient parfois guère encourageants. Cependant il semble que quelques perfectionnements aient été apportés à cette industrie naissante, et que l'on soit parvenu, vers 1735, à améliorer sensiblement la qualité des vins mousseux. Le mélange des raisins de différents crus, préconisé par dom Pérignon, des soins minutieux apportés à la cueillette et au pressurage des raisins permettant d'obtenir des vins blancs et presque blancs, les perfectionnements de la manutention résultant de longues observations et de l'expérience, le vieillissement des vins qui en atténuait la verdeur et le goût de rafle, assuraient aux vins destinés à la prise de mousse de meilleures qualités. On savait rendre la saveur moins acide, les vins moins verts par l'addition d'un peu de sucre ou des mélanges savamment faits de vins de provenances diverses, ils étaient ainsi beaucoup plus agréables à boire. Dom Pérignon avait un procédé de collage qui préservait ces vins du dépôt, il savait rendre le vin délicat et friand. Philippe Bertin du Rocheret lui-même, en 1741, avait consigné dans un de ses Recueils un secret pour la mousse du vin: mais la page en a été arrachée, il n'en reste trace que dans la table des matières.

Dans les lettres échangées entre l'abbé Bignon, et Philippe-Valentin Bertin du Rocheret., en 1734, nous retrouvons aussi l'opinion du premier sur le vin mousseux :

« Moins le vin sera mousseux et étincelant aux yeux de nos coquettes de table, écrit l'abbé, et plus, au contraire, il aura dans ces commencements-ci de ce qu'il vous plait appeler liqueur, et qu'en termes chimiques j'appellerai plutôt des parties balsamiques, plus j'en ferai de cas. »

Plus tard, en 1741, il écrit encore. son opinion n'ayant pas changé :

> Votre palais, usé. perclus
> Par liqueur inflammable
> Préfère le mousseux verjus
> Au nectar véritable.

Bertin du Rocheret n'avait pas non plus désarmé contre le mousseux. Le Commandeur Descartes lui avait demandé. le 10 décembre 1735. du vin mousseux qui ne fût ni vert, ni liquoreux, chose rare, et terminait par ces vers :

> . . . . Je voudrais
> De ce vin blanc délicieux
> Qui mousse et brille dans le verre,
> Dont les mortels ne boivent guère
> Et qu'on ne sert jamais qu'à la table des dieux
> Ou des grands, pour en parler mieux.
> Qui sont les seuls dieux sur la terre.

Bertin du Rocheret lui répond en vantant. en vers également. le vieux vin de Champagne :

> Non de telles gens ne boivent pas
> De cette sève délectable.
> L'âme et l'amour de nos repas.
> Aussi bienfaisante qu'aimable.
> Leur palais corrompu, gâté
> Ne veut que du vin frelaté.
> De ce poison vert apprêté
> Par des cervelles frénétiques.
> Si tenons-nous pour hérétiques

   Ceux qui rejettent la bonté
   De ces corpuscules balsamiques
   Que jadis Horace a chantés.

   Non de telles gens ne boivent pas
   De cette sève délectable,
   L'âme et l'honneur de nos repas
   Aussi bienfaisante qu'aimable ;
   De ce vin blanc délicieux
   Qui désarme la plus sévère,
   Qui pétille dans vos beaux yeux
   Mieux qu'il ne brille dans mon verre.
   Buvons, buvons à qui mieux mieux,
   Je vous livre une douce guerre ;
   Buvons, buvons de ce vin vieux
   De ce nectar délicieux
   Qui pétille dans vos beaux yeux
   Mieux qu'il ne brille dans mon verre.

Il poussa même plus loin ses attaques contre le vin mousseux et ses amateurs; en 1741, il fit une chanson bachique, mise plus tard en musique pour
de belles dames. Cela ne l'empêchait point de vendre du « saute-bouchon ».

Le mousseux, malgré ses détracteurs, faisait peu à peu sa place et commençait à apporter la prospérité dans certaines régions viticoles de la Champagne. Bertin du Rocheret nous donne lui-même, à ce sujet, un aperçu sur le
bourg d'Avize, à l'occasion de la représentation que firent de leurs titres les
habitants des paroisses d'Avize et de Flavigny à l'Assemblée des États provinciaux, à Vitry, en 1744, et qui eut le don de fixer l'attention.

« Avize est un bourg considérable extrêmement augmenté depuis douze
ou quinze ans, environ, par la frénétique invention du vin mousseux. Il était
encore pauvre en 1719.... Leurs vignes presque toutes plantées de ceps blancs
ne produisaient qu'un petit vin aigre et d'un goût rêche qui le faisait réputer
un des moindres du pays, aussi ne se vendait-il ordinairement que 25 à 30 livres
la queue. Mais depuis la manie du saute-bouchon, cette abominable boisson,
devenue encore plus rébutante par un acide insupportable, se vend jusqu'à 300
livres, et l'arpent de vignes dont on ne voulait point à 150 livres a été porté
jusqu'à 3000 livres. Aussi Avize est-il orné depuis quelque temps d'une quantité de belles maisons de vendanges qui en ont absolument changé toute la face. »

Comme on le voit, Bertin du Rocheret ne désarmait pas contre le saute-
bouchon, « cette abominable boisson ! » et bien qu'il déprécie les vins d'Avize,
il ne dédaigne pas d'en acheter et d'en vendre.

La vogue du mousseux allait croissant sans cesse. En août 1739, la marquise du Châtelet offrait, en l'honneur de Voltaire, un grand souper dans son château de Cirey. Le grand écrivain venait de publier ses *Lettres philosophiques*, dans lesquelles il attaquait la religion, le clergé et le pouvoir, et peu soucieux de goûter à nouveau de la Bastille ou de l'exil, il s'était réfugié chez la marquise du Châtelet, où sa présence fut ignorée pendant 5 ans. Il s'apprêtait alors à quitter sa retraite, pour se rendre en Allemagne, près de Frédéric II. La marquise voulut faire comparer le vin d'une vigne qu'elle avait fait planter il y avait quelque huit ans. à Cirey. avec le vin d'Aÿ, du marquis de Sillery.

La question de la délimitation de la Champagne se posait donc déjà, mais avec moins d'acuité que maintenant. On prétendait qu'il n'y avait de vrai vin de Champagne que celui de Montagne ou de Rivière. La marquise protestait contre la prétention des Champenois des grands crus, de créer autour d'eux une frontière infranchissable et un monopole immuable et soutenait que sa vigne de Cirey, cultivée comme les vignes de la Montagne de Reims, produisait un vin soigné comme on le fait à Aÿ ou à Sillery, pouvant rivaliser avec ceux des crus renommés et mériter le nom de vin de Champagne.

CLAUDE RUINART (1731-1798).
Écuyer, Conseiller et Secrétaire du Roi, Seigneur de Brimont. — Propriétaire de vignes à Sillery et Verzenay. (Cabinet du vicomte André Ruinart de Brimont.)

Les convives apprécièrent poliment le vin de Cirey, mais furent unanimes à admirer la force, la mousse, le bouquet qui faisaient de l'Aÿ un vin inimitable. délicat, velouté. moelleux. parfumé, léger, pétillant et généreux tout à la fois.

Et Voltaire d'ajouter : « Qu'en conclurai-je ? qu'il mérite largement d'avoir sa place dans mon poème « Le Mondain » déjà ébauché et où j'allais — que Bacchus et son cortège de Bacchantes me le pardonnent — oublier de lui faire une place d'honneur. » Qu'en conclurai-je enfin ? que chez mon aimable hôtesse :

> Chloris Æglé me versent de leur main,
> D'un vin d'Aï, dont la mousse pressée.
> De la bouteille avec force élancée.
> Comme un éclair fait voler son bouchon.
> Il part, on rit, il frappe le plafond.
> De ce vin frais l'écume pétillante,
> De nos français est l'image brillante.

Bertin du Rocheret n'était sans doute pas parvenu à faire partager à Voltaire son opinion sur le vin mousseux, lorsqu'il lui offrit l'hospitalité en 1735.

Le poète Delille, dans *Les Trois Règnes*, chante aussi le vin mousseux.

> Aÿ brille à leur tête, Aÿ dans qui Voltaire
> De nos lignes, Français, vit l'image légère,
> C'est l'âme du plaisir, le charme du festin.
> Dans le cristal brillant, son nectar argentin
> Tombe en perle liquide, et sa mousse fumeuse
> Bouillonne en pétillant dans la coupe écumeuse.
> Puis, écartant son voile avec rapidité,
> Reprend sa transparence et sa limpidité.
> Au doux frémissement des esprits qu'il recèle,
> L'allégresse renaît, la saillie étincelle,
> Son bruit plaît à l'oreille et sa couleur aux yeux,
> Son ambre en s'exhalant va faire envie aux dieux ;
> Et l'odorat, charmé, savourant ses prémices
> Au goût qu'il avertit, en promet les délices.

Dans les cours d'Allemagne où il avait pénétré depuis longtemps. on l'appelait « Gotter Wein », ou Vin des Dieux.

Il ne manquait plus, ayant les grands poètes en sa faveur, que l'appui de la Faculté. Quelques médecins le traitaient de « liqueur dangereuse, capable de causer la pierre et la gravelle, la goutte et les rhumatismes ». Bertin du Rocheret avait répondu à cette accusation que, de 1644 à 1733, une seule personne avait eu la goutte à Épernay et qu'on ne trouverait dix personnes atteintes de la pierre dans un rayon de dix lieues.

Les médecins Jacques de Rheims et Falconnet firent justice de ces attaques en ce qui concerne le bon vin blanc et gris de Champagne.

On ne tarda pas à découvrir au vin mousseux une précieuse vertu. Jean-Claude Navier, qui fut docteur régent de la Faculté de médecine en l'Université de Reims, dans une thèse soutenue le 14 mai 1777 et intitulée : *Si le vin de Champagne mousseux doit être mis en usage lorsqu'il règne des maladies putrides?*

proclama qu'il pouvait être employé avec succès dans le traitement des fièvres putrides et autres maladies de même nature. Imprimée une première fois en latin, cette thèse le fut à nouveau l'année suivante en français, sur la recommandation de M. l'intendant de Champagne, Rouillé d'Orfeuil, « comme pouvant faire connaître le vin et étendre le commerce de la Champagne ». Il semble que cet administrateur prévoyant ait eu l'intuition de l'essor que devaient prendre ultérieurement l'industrie et le commerce du vin de Champagne et des bienfaits qui en résulteraient pour cette province. Il fit précéder la seconde édition de la thèse de Navier d'une préface quelque peu emphatique, comme le style de l'époque, et dont nous citerons quelques passages.

« De tous les vins, il n'y en a pas qui contiennent moins de parties tartareuses que les vins de Champagne. Il n'en est point par conséquent qui soit moins propre à porter avec lui les germes douloureux de la goutte et de la

Anciennes flûtes a Champagne. (Musée champenois d'ethnographie.)

gravelle; il est également démontré qu'il n'y en a point de moins incendiaire puisque la partie spiritueuse s'y trouve moins abondante. »

Puis, plus loin, il ajoute :

« Le jus délicieux des coteaux champenois réunit donc le double avantage de surpasser en agrément tous les autres vins, ce qu'on ne peut lui contester, et d'être plus propre à maintenir les lois pleines de sagesse que l'auteur de la Nature a établies dans l'Economie animale pour la conservation de la santé et de la vie : l'objet de cette thèse a été de répandre un jour nouveau sur des vérités aussi peu connues qu'elles sont importantes. »

La thèse de Navier avait surtout ce mérite de fournir un argument nouveau et puissant en faveur du vin mousseux, et c'est à l'honneur de M. l'intendant Rouillé d'Orfeuil d'avoir su s'en servir dans l'intérêt de sa province.

Navier écrivait : « Les recherches et les découvertes que l'on a faites sur l'air fixe doivent répandre beaucoup de lumière sur la confection des vins, sur leur perfection et sur le rétablissement de ceux qui sont altérés. Cette importante matière pourra faire l'objet de quelques travaux académiques »

L'alchimiste van Helmont avait déjà constaté le dégagement d'un air particulier pendant la fermentation vineuse, air « qu'il reconnut pour être le même que celui qui sort de terre, dans la Grotte du Chien, près de Naples, et que la vapeur mortelle exhalée par les charbons en combustion ». D'autres savants s'en occupèrent, et le Dr Blache, chimiste écossais, le nomma *air fixe*. En 1776, Lavoisier l'appela le gaz *acide carbonique*. Mais ses découvertes étaient peu connues à l'époque où Navier soutint sa thèse; aussi conserve-t-il le nom d'air fixe.

La présence de l'acide carbonique dans le vin mousseux, comme résultat de la fermentation, était donc établie. C'est à la présence de ce gaz ou air fixe que Navier attribue les propriétés antiputrides du Champagne. Le génie de Pasteur devait jeter un jour nouveau et précis sur ces questions biologiques dont on ne faisait, à la fin du xviiie siècle, qu'entrevoir vaguement la solution. Dans ces dernières années, le rôle stérilisateur du vin a été mis en évidence; la science moderne a confirmé l'opinion de Navier.

Arthur Young, lors de son voyage en France, avait, lui aussi, apprécié les bienfaits du bon Champagne. « A Reims, écrit-il, on me servit à dîner une bouteille d'excellent vin. Je suppose que l'air condensé (*fixed air*) est bon pour les rhumatismes car j'en ressentais quelques atteintes avant d'entrer dans cette province, mais le Champagne mousseux les a fait complètement disparaître. »

Deux jours plus tard, le 10 juillet, il arrive à Ove d'où il écrit : « Le vin de Champagne, qui valait quarante sous à Reims, vaut trois francs ici et à Châlons; il est exécrable, voilà qui met fin à mon traitement pour les rhumatismes. »

Depuis, la Faculté eut maintes fois l'occasion de recommander l'usage du vin mousseux. Dans une communication faite le 11 août 1902, au Congrès tenu à Montauban par l'Association française pour l'avancement des Sciences, le Dr Maurice, de Bordeaux, s'exprimait ainsi en ce qui concerne le Champagne.

« Les vins mousseux, dont nos vrais vins de Champagne sont incontestablement les plus exquis et les plus bienfaisants, rendent en médecine de signalés services. Par l'acide carbonique qu'ils renferment, ils anesthésient dans une certaine mesure la muqueuse de l'estomac. Aussi sont-ils formellement indiqués, sous forme de Champagne frappé, et à petites doses souvent répétées, toutes les fois qu'il s'agit d'arrêter des vomissements persistants, que ces vomissements proviennent d'une inflammation péritonéale, de l'état de grossesse ou qu'ils soient purement nerveux.

« Le Champagne frappé est également précieux dans le traitement du choléra, des affections infectieuses cholériformes et pour faire renaître la vie des malades menacés de mort par le choc traumatique ou par de trop grandes pertes de sang. »

L'essor de l'Industrie des mousseux au xviii° siècle. — Cependant l'industrie des vins mousseux ne prenait pas une grande extension, malgré la faveur avec laquelle on l'accueillit, malgré aussi les progrès de la chimie, vantés par l'auteur de la thèse ci-dessus. Elle resta jusque vers 1780 dans la période de tâtonnements et d'incertitudes. Le commerce restait timoré. Jusque vers 1750, on n'expédiait que bien peu de vins en bouteilles. Les transports n'étaient pas faciles, le liquide, souvent expédié trouble, subissait des altérations qui le ren-

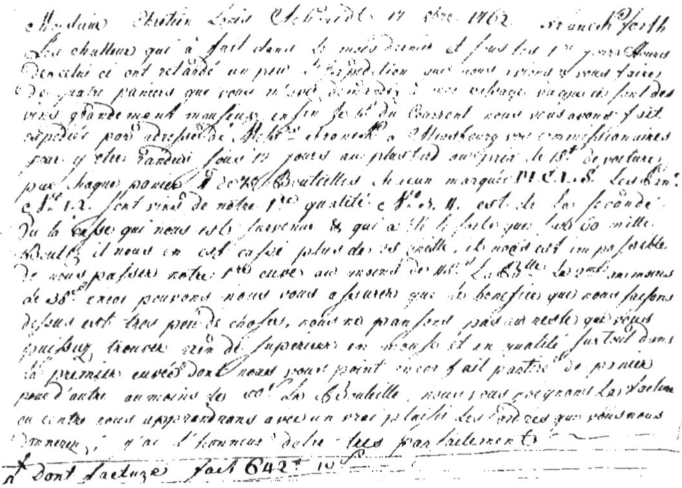

« SUR DIX MILLE BOUTEILLES IL VOUS EN EST CASSÉ PLUS DE 25 MILLE... »
Archives de la maison Ruinart père et fils.

daient inutilisable. Aussi les négociants qui, presque tous, habitaient Reims, — Épernay n'avait alors que des commissionnaires et des courtiers ou gourmets, — avaient-ils coutume d'expédier le vin en tonneaux, de joindre à l'envoi une certaine quantité de liqueur, et de donner des instructions à leurs clients pour le tirage ou mise en bouteilles que ceux-ci devaient exécuter. C'est surtout pendant la seconde moitié du xviii° siècle que l'expédition des bouteilles de vin mousseux prit de l'extension.

Une des principales causes du peu de progrès réalisé jusqu'alors était, quoi qu'en dise Navier, le faible développement des sciences, de la chimie en particulier. On ne possédait alors que de très vagues notions sur la composition des vins, on savait bien que les vins provenant de la même vigne diffèrent d'une année à l'autre, que deux plants différents donnent des vins ayant une composition variable, que la fermentation prend des allures diverses dans le même cellier suivant la nature des vins, et pour le même vin dans des celliers différents. On ne pouvait expliquer l'influence sur la fermentation d'un moût, de la nature du cépage, du cellier, de l'époque de l'année, de la température, etc.

Aussi ne pouvait-on comprendre les anomalies que présentaient les vins mousseux. Tantôt il se produisait la même année une casse formidable dans certains celliers, alors qu'elle était faible dans d'autres ; tantôt il y avait une grande casse générale ; tantôt enfin, la prise de mousse se faisait difficilement, les vins tournaient à la graisse, etc. Dans un même tirage certaines bouteilles cassaient violemment et parmi celles qui résistaient se trouvaient des couleuses et des bouteilles possédant la grande mousse. Dans une même cuvée, on pouvait trouver toutes les transitions entre le bon et le mauvais.

Tous proclamaient, très haut, leurs vins naturels et purs de tous mélanges. Et cependant, M. le Dr Salles, dans son rapport sur le mémoire de L. Périer, dit qu'un vieux négociant châlonnais, qui avait fait un grand commerce de sucre, lui avait dit avoir passé bien des nuits pour expédier clandestinement du sucre candi dans les vignobles.

En résumé, il n'y avait pas de méthode certaine pour produire régulièrement et sûrement la mousse et pour éviter la casse. L'empirisme tenait lieu de tout. Maumené, dans son *Traité théorique et pratique du travail des vins*, transcrit à ce sujet des notes du fondateur d'une des meilleures maisons de Reims, qui montrent qu'en 1770, époque à laquelle elles ont été écrites, l'on s'en tenait encore à une marche aveugle :

« Tant que le vin de Champagne conserve sa liqueur, il fermente ou fermentera à chaque sève ; jusqu'à ce qu'il ait perdu sa liqueur, on peut le mettre en mousseux. Si on n'a pas du vin propre pour l'arrondir, il faut attendre que la liqueur soit diminuée et que le temps de la violente fermentation soit fini ; si le temps s'avance vers la morte sève et que le vin ne soit pas encore tranquille, il faut rompre la fermentation en battant le vin et par un soutirage, ensuite coller et mettre en bouteilles : on évite par là la casse. »

Et plus loin, l'auteur ajoute : « Cela, au surplus, dépend d'une règle générale et qu'on peut suivre dès le mois de janvier, c'est que tout vin qui est le premier façonné sans être verd, qui a le plus tôt pris son goût de vin, qui s'est le plus tôt dépouillé de sa lie, devenu le premier brillant, doit être tiré le premier pour mousser. »

Les tirages bien réussis, c'est-à-dire réunissant aux brillantes qualités du vin, une belle mousse, avaient alors une très grande valeur. Peu à peu, l'expérience et l'observation aidant, la fabrication du vin mousseux se perfectionna.

Certains propriétaires ou négociants, ayant oublié ou laissé vieillir des bouteilles de mousseux, furent agréablement surpris de constater qu'elles avaient, non seulement conservé toute leur mousse, mais acquis des qualités exceptionnelles, qui, jusqu'alors, n'avaient pu être appréciées que sur des vins non mousseux d'années favorables et provenant de grands crus. Le vin perdait de son âpreté et contractait de la finesse et du bouquet.

Bientôt on observa que le vin d'Ay, qui fermente plus rapidement, prenait

Cliché Loth.

Ancien pressoir. (Propriété de la maison Werlé.)

plus difficilement la mousse que celui d'Avize. Lors des années de grande mousse, des casses terribles se produisaient avec les vins de cette dernière région.

Le bon sens et surtout l'exemple de dom Pérignon conduisirent les négociants à allier ces deux vins : ils parvinrent ainsi à assurer la prise de mousse tout en diminuant la casse.

On chercha également les moyens d'éviter la nébulosité, la graisse des vins, le mauvais dépôt, qui se produisaient dans les vins en bouteilles. Dom Pérignon avait bien trouvé un procédé de collage pour préserver du dépôt; Bertin du Rocheret en eut un également, mais ces procédés n'étaient pas connus.

Bientôt on fit subir au vin une préparation sucrée pour atténuer son âpreté; à partir de 1700. le reproche de verdeur, de saveur désagréable fait aux vins mousseux leur est adressé de moins en moins. Peut-être, est-ce à cette préparation que l'on doit attribuer le succès des vins de dom Pérignon et de dom Oudart? Cependant dom Grossart, le dernier procureur de l'abbaye d'Hautvillers, écrivait de sa retraite, à Montiérender, en 1821. à M. d'Herbès, d'Ay : « Je vous déclare que jamais nous ne mettions de sucre dans nos vins, ce que vous pourrez attester quand vous vous trouverez dans des compagnies où l'on en parlera. »

Les fabricants sucrèrent en cachette et conservèrent longtemps secrètes la manière qu'ils avaient d'utiliser le sucre. La plupart des maisons de Champagne possédaient une siroterie où l'on préparait du sirop de sucre.

Le sucrage passa dans la pratique courante ouvertement, lorsque Chaptal, dans son *Traité de l'Art de faire le vin*, eut publié les résultats de ses expériences sur la fermentation des moûts et sur la transformation des matières sucrées. Il reconnut « que le sucre est la matière dont la fermentation produit le changement en alcool, principe du vin, et que c'est aussi le sucre qui fournit le gaz carbonique si abondamment développé par le moût pendant toute la durée de la fermentation du vin ».

Dans ses *Conseils aux Vignerons*, Cadet de Vaux disait à ce propos : « La nature elle-même nous indique le moyen de réparer l'influence des mauvaises années. Enlevez la pellicule du raisin du midi, vous y trouverez du sucre blanc tout crystallisé. La nature, en le mettant ainsi à nu sous vos yeux, ne vous révèle-t-elle pas son secret? Ne vous dit-elle pas : c'est avec ce sucre que je fais le vin.

« C'est à la sollicitude de M. Chaptal, et aux lumières qu'il a répandues sur cet objet que vous serez redevables de l'amélioration de vos vins: fiez-vous-en à votre ami : le ministre Chaptal aime les arts et les hommes qui, comme vous, y consacrent leur vie tout entière; il est l'architecte, vous, soyez les ouvriers: fidèles aux principes qu'il a établis, vous élèverez l'édifice de votre fortune. qu'accroîtra la meilleure qualité de vos vins; et ce sera, pour lui, une bien douce récompense de ses veilles; mais pour parvenir à ce but, il importe que vous renonciez à ce qu'ont fait vos pères, car en fait de vin, ils ont très mal fait. »

M. Périer, ancien religieux du Prémontré, écrivait, au sujet du sucre, à M. Cadet de Vaux.

« On a établi que le véhicule de la fermentation était plus abondant dans le raisin blanc que dans le noir, ce principe est encore consacré par l'expérience des cantons où s'obtiennent les vins mousseux; à Avize. par exemple, le vin est si effervescent que, dans des années désastreuses, non encore loin de nos souvenirs, plus des dix-sept vingtièmes des bouteilles ont cédé à l'effort du fluide impétueux. On reconnaît des qualités contraires aux vins d'Ay qui ne s'obtiennent que des raisins noirs.

« Ces vins étaient traités séparément, ce n'est que depuis quelque temps qu'on suit l'indication de la nature en les alliant, indication couronnée des plus heureux succès. Les nouvelles doctrines ont tellement fixé les idées sur ce point qu'on parviendra bientôt, sans doute, à soumettre aux lois d'une théorie rigoureuse l'examen et la solution d'une question qui intéresse singulièrement la Champagne ; celle de savoir si tel vin moussera peu, beaucoup ou point.

. . . .

« Un des services les plus signalés qu'ait rendu à nos cantons la nouvelle doctrine œnologique, c'est d'avoir développé la nature du sucre et d'avoir fixé la manière de l'employer.

« On ne voyait guère dans cette précieuse substance qu'un moyen de suppléer ou d'ajouter à l'agrément du vin : on ne paraît pas avoir soupçonné que les sucs de la canne, qui ne diffèrent des sucs du raisin que par des proportions plus riches, puissent encore servir à corroborer les principes des seconds.

« D'après cette opinion fondée sur l'adage : *la mousse ronge le sucre*, on n'ajoutait le sucre au vin qu'après la fermentation première, celle qui fait passer la liqueur de l'état de moût à l'état de vin et toujours le plus tard possible.

« Ce qui favorisait encore cette pratique, c'était la coutume dans ces cantons de ne goûter les vins que dans les mois de décembre ou janvier : la routine régnait tyranniquement sur le commun des cultivateurs et, chez les autres, elle luttait encore contre ces principes, lorsque l'année dernière 1800 une expérience décisive vint les confirmer de la façon la plus évidente.

« Les demandes innombrables faites pendant les vendanges avaient fait penser que la vente serait rapide : on se détermina donc à ajouter le sucre pendant la fermentation première, sans autre vue que de gagner de vitesse sur l'acquéreur qui devait goûter les vins. Ces résultats allèrent au delà des espérances qu'on avait conçues : à Ay surtout, les vins de la seconde classe, qu'on appelle communément les vins de vignerons s'élevèrent, quoique la récolte fût assez abondante, à un prix jusqu'alors ignoré dans les fastes de notre agriculture. »

Cadet de Vaux confirme cette distinction émise, dans la lettre de Périer, sur les effets du sucre ajouté au vin avant ou après la fermentation. Il écrit :

« Le vin mousseux contient peu d'esprit et beaucoup de gaz ; sa verdeur, son piquant ne se corrigent pas par l'addition de sucre : mais comme cette addition se fait postérieurement à la fermentation, le sucre n'ajoute point ou très peu à la spirituosité de ce vin, c'est du vin sucré[1]. »

Néanmoins, jusque vers 1836, l'emploi du sucre se fit sans aucune règle, sans aucune méthode, et si le vin y gagna en qualité, les inconvénients résultant de la casse n'en subsistèrent pas moins. En se guidant simplement par la dégustation, tantôt on pouvait obtenir des vins à mousse folle, tantôt, au contraire, la prise de mousse était difficile.

L'industrie du vin mousseux présentait donc bien des aléas. Les premiers

FEUILLET D'UN LIVRE DE COMPTES DE LA *Maison Ruinart père et fils*,
PORTANT LIVRAISON DE *Vin mousseux* EN 1755.

essais industriels dans la fabrication des vins mousseux semblent remonter à 1746. Jusqu'alors, on ne faisait de tirages que sur de petites quantités.

On n'employait que du vin de qualité secondaire ou inférieure. Dans les archives des maisons de vins, les comptes du Clos Saint-Pierre, la correspondance de Bertin du Rocheret, on retrouve des chiffres montrant l'importance de la casse certaines années, et les aléas que présentait la fabrication du vin mousseux.

Mettre en bouteilles 60 hectolitres était alors considéré comme un tirage exceptionnel, comme une tentative hardie. Il fallait avoir une grande fortune pour oser affronter la casse qui pouvait se produire et qui certaines années était

1. LOUIS PÉRIER. *Mémoires sur le vin de Champagne*. 1865.

terrible. En 1776, année particulièrement désastreuse sous ce rapport, elle dévasta les caves d'Epernay. On conçoit aisément que devant de tels insuccès les négociants se montrassent timides pour tenter de nouveaux tirages. Cependant en 1780, un négociant d'Épernay réussit une cuvée de 6000 bouteilles. Puis J. Moët, petit-fils du fondateur de la maison Moët et Chandon, fit une opération de 50000 bouteilles qui parut alors prodigieuse. En 1787, un négociant de Pierry tira lui aussi 50000 bouteilles, mais le résultat de cette opération hardie pour l'époque ne nous est pas connue.

Deux maisons se fondèrent à Avize pour la vente à l'étranger, en Allemagne et surtout en Russie; une autre fit spécialement l'expédition pour Paris. L'interdiction d'entrer des vins en flacons en Angleterre ayant été levée en 1745, nos vins devaient trouver dans ce pays des débouchés toujours croissants. Peu à peu le commerce du vin mousseux allait prendre de l'extension, ainsi qu'en témoigne l'augmentation graduelle des expéditions de vins mousseux au cours du xviiie siècle telle qu'elle résulte des documents suivants.

PORTRAIT DE J.-R. MOËT.

Jusque vers 1715 on vendait surtout du vin *en cercles*; cependant déjà le commerce des vins blancs prospérait grâce à l'essor donné par la guerre de la succession d'Espagne. L'intendant Larcher constatait, en 1698, que les armées de Flandre faisaient une grande consommation de vin blanc, ce qui contribua à la hausse des prix. Peu à peu, la vente des vins *en bouteilles* se développe. Elle est autorisée, en 1728, pour les vins gris de la Champagne, en paniers qui ne pourront être moindres de 100 bouteilles à l'exclusion de tous autres. Vers 1720, d'après Chaptal, elle s'élevait pour l'étranger à 36820 bouteilles.

Dans les *Archives départementales* (C. 481) on retrouve les quantités de vins en fûts et en bouteilles sortis par les Bureaux des Traites à destination de l'étranger pendant les années 1747 et 1748. Elles s'élevaient à près de 3000 pièces et 144000 bouteilles déclarées en 1747 et 3876 pièces et 114226 bouteilles en 1748. Mais là ne se bornaient pas les exportations; il y en eut de faites en Russie, mais dont l'importance est inconnue. Peut-être se confondent-elles avec celles de l'Allemagne? Le vin de Bourgogne qui figure dans cet état n'était sans doute que du Champagne rouge vendu dans des vaisseaux jauge de Bourgogne.

Jusqu'en 1746, l'introduction des vins en bouteilles était interdite en Angleterre ; à partir de 1746, on commence à en envoyer et les expéditions deviennent très actives. Aussi Bertin du Rocheret qui depuis longtemps, faisait des expéditions, en fraude sans doute, put-il dire, en 1749, après le traité d'Aix-la-Chapelle : « Les Champenois font payer les frais de la guerre aux Anglais. »

Ces documents montrent que le commerce du Champagne mousseux avait déjà pris un certain essor qui allait grandir encore, sous l'influence de mesures spéciales favorisant le transport des vins en bouteilles.

L'ordonnance de 1728 avait permis aussi de faire passer par la Normandie « le vin de Champagne gris et rouge et de tout cru et qualité, en paniers de

PRESSOIR A CAGE. (Collection Moët et Chandon.)

50 ou 100 bouteilles, pour être transportés dans les pays exempts des droits d'aydes ou pour être embarqués pour l'étranger dans les ports de Rouen, Caen, Dieppe et Le Havre et non dans aucuns autres ports sous les mêmes peines. » Les voituriers devaient se soumettre à de nombreuses formalités et des mesures rigoureuses étaient prises pour éviter les abus ou les fraudes.

Pour les vins arrivant de Champagne, sans destination certaine, dans les ports ci-dessus désignés, les marchands devaient « les entreposer dans des magasins fermant à deux serrures, dont une clef sera remise entre les mains du directeur des Aydes, sans que la vente en puisse être faite en gros et en paniers de 100 bouteilles dans l'intérieur de la province qu'en faisant les déclarations et payant les droits dus ; et pour les quantités qui seront vendues au-dessous de 100 bouteilles, le droit de quatrième et autres y joints dus au détail, en seront payés à mesure qu'elles sortiront du magasin, eu égard au prix de la vente ; à l'effet de quoi seront tenus les dits marchands de souffrir les visites et exercices des commis et de faire ouverture des dits magasins à toutes réquisitions. »

Le prix de la bouteille de Champagne mousseux fut longtemps sans dépasser 40 sols. Vers 1780, il atteint et dépasse 50 sols, puis son prix s'élève. Il a depuis longtemps dépassé le prix du vin non mousseux qui tenait la prépondérance au début du xviii' siècle.

Cependant, vers 1780, la vente était très faible par suite de la guerre de l'Indépendance américaine. Les négociants et le Conseil de Ville de Reims adressèrent des doléances au ministre Sartine et demandèrent que l'on prît, conformément à ce qui s'était passé pendant la dernière guerre, des mesures pour que le commerce ne fût pas arrêté par la guerre avec l'Angleterre, et leur permettre ainsi l'exportation de la très grande quantité de vin de Champagne, tant de leur cru que d'autres dont ils étaient chargés.

Une pétition fut adressée le 4 février 1780, avec une lettre du Corps de Ville, à l'Intendant de la province. Mais elle resta sans suite, car l'Intendant ayant demandé quelles mesures avaient été prises lors de la dernière guerre, la municipalité fut fort embarrassée pour donner des renseignements précis. On avait déjà pris l'habitude lorsque les affaires périclitaient, de s'adresser aux pouvoirs publics, à l'État-Providence : il en sera encore longtemps ainsi.

La période de malaise ne semble d'ailleurs pas avoir été de longue durée.

D'après l'abbé Rozier, qui tira les chiffres suivants des cartons de Turgot, on exportait de France, en 1778 :

VINS		PAYS	QUANTITÉS	VALEUR
			De l'autre part	
de Champagne		Allemagne	156 poinçons.	15.605
		Angleterre	283 muids 1 2	113.402
		Danemark	66 muids	20.425
		Flandre	843 poinçons	108.075
		Hollande	6.788 bouteilles	15.248 } 451.447
		Nord	120 muids 3 4	48.265
		Russie	154 — 3 4	60.5
		Suède	4 — 3 4	1.000
		Isles	608 bouteilles	1.509
de Champagne	de Montagne	Allemagne	5.327 pièces	533.700 } 614.880
		Flandre	570 pièces 1 2	81.180
	de Rheims	Allemagne	105.944 bouteilles	248.916
		Flandre	23.894 —	35.841
		Hollande	8.027 —	12.040 } 307.438
		Italie	1.858 —	2.787
		Suisse	5.298 —	7.854
	de Rivière	Allemagne	34 pièces 1 2	4.140 } 37.926
		Flandre	281 — 1 2	33.786

D'après des tableaux dressés par Arnould, il était exporté de France, tant au commencement qu'à la fin du XVIIIe siècle.

	AU COMMENCEMENT ANNÉE MOYENNE DE 1720 A 1725		A LA FIN ANNÉE 1788	
	AUX COLONIES	A L'ÉTRANGER	AUX COLONIES	A L'ÉTRANGER
Vins de Champagne. .	6.600 bouteilles	2.710 muids	Néant	1.208 muids
	13.000 francs	30.220 bouteilles	—	288.400 bout.
		657.500 fr. de valeur totale	—	851.000 francs

En soixante ans, le commerce du vin en France avait presque doublé. En

Mme Veuve Clicquot

1720, on expédiait pour 24 566 900 francs de vin à l'étranger et 2 200 600 francs aux colonies, soit au total 26 767 500 francs. En 1788, l'exportation à l'étranger atteignait 37 166 800 francs, aux colonies 10 832 600; soit, au total, 47 999 400 francs. En dix ans, de 1778 à 1788, le commerce des vins s'était accru de 18 944 223 livres.

Le commerce des vins de Champagne avait été presque anéanti pendant la Révolution et l'Empire par suite des droits prohibitifs qui les frappaient à leur entrée dans certains pays.

En Autriche, Marie-Thérèse, en 1773, rendit une ordonnance imposant les vins de France à 21 florins, soit 52 francs par 80 bouteilles. Joseph II éleva les droits à 30 florins, soit 75 francs, les augmentant ainsi de 30 pour 100, plus un droit de 25 francs pour les passeports sans lesquels ils ne pouvaient entrer. En Suède, l'entrée des vins était proscrite; en Russie, le droit qui les frappait était de 100 pour 100; en Angleterre, il était supérieur à ce chiffre. Aux traités de Campo-Formio et de Lunéville, des traités de commerce devaient être signés avec l'Autriche, mais ils restèrent sans effet. Le Conseil général de la Marne, en 1811, demanda que le gouvernement essayât d'obtenir la levée de cette prohibition désastreuse et la modération des droits d'entrée.

Les invasions de 1814-1815 eurent, pour le Champagne, un heureux effet. Les Alliés goûtèrent au Champagne, le trouvèrent bon, et voulurent en avoir; le chiffre des expéditions s'accrut considérablement, justifiant cette parole prophétique de Mme Vve Clicquot, en apprenant le pillage de ses caves: « Ils boivent, ils paieront. »

Bientôt s'édifieront, avec le régime commercial issu de la Révolution et sur les ruines de l'ancien régime, ces puissantes maisons de commerce qui à Reims, Épernay et dans la région, détiennent en leur puissance une partie du vignoble et tout le commerce du Champagne.

CHAPITRE VI

L'Industrie des Vins mousseux
au XIXe siècle

Dans le cours du XIXe siècle, l'industrie des vins mousseux alla sans cesse se perfectionnant.

On profita d'observations nombreuses sur la maturité du raisin et sur l'époque de la cueillette en vue d'assurer une bonne fermentation. La méthode de pressurage était arrivée à un certain degré de perfection ; on distinguait déjà : la cuvée, les première, seconde et troisième tailles et la rebêche.

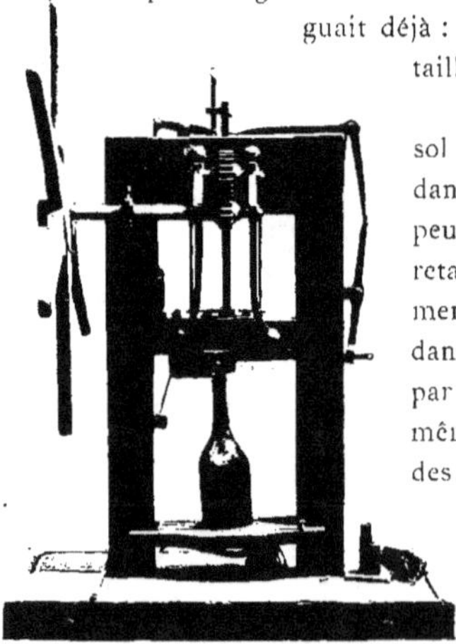

ANCIENNE MACHINE A BOUCHER.

On fit creuser dans la craie qui constitue le sol de Reims et d'Épernay des caves profondes dans lesquelles la température se maintient à peu près constante hiver comme été : on put retarder ainsi la fermentation, attendre le moment le plus propice pour le tirage et modérer dans une certaine mesure, une casse s'annonçant par trop violente. On assainit les caves, on fit même construire des glacis pour recueillir le vin des couleuses et des bouteilles cassées.

Peu à peu, le matériel fut perfectionné.

On apporta davantage de soins dans le choix des bouteilles que l'on obtint plus résistantes et moins sujettes à la casse.

Pour enfoncer le bouchon dont l'usage s'était généralisé depuis dom Pérignon, on le mâchait d'abord entre les dents ; on se servit bientôt de la batte qui elle-même, ne tarda pas à être remplacée par la machine à boucher, beaucoup plus puissante et dont l'emploi, plus économique, offrit davantage de sécurité. C'est vers 1827 qu'une des premières machines à boucher fut inventée.

Plus tard, vers 1846, on inventa la première machine à ficeler. Pour entreiller, c'est-à-dire former ces murailles de bouteilles spéciales à la Champagne, dans lesquelles chacune d'elles se trouve comme dans une boîte d'où l'on peut la retirer et où l'on peut la remettre sans risquer de faire écrouler la pile entière, on se servit de lattes.

La marque des bouchons au fer rouge fut inventée dans le but qui,

ANCIENNE CAVE APPARTENANT A LA MAISON LOUIS ROEDERER (RUE DES ÉLUS, A REIMS).
On voit sur le sol, à droite et à gauche, les rigoles creusées pour recevoir le vin de la casse.

d'ailleurs, n'a été atteint que partiellement, d'assurer le consommateur de l'authenticité de la marque. Dès 1825, on utilisa les premières tireuses; en 1844, apparut la première machine à doser et une machine à rincer les bouteilles. On perfectionna l'expédition : à partir de 1830, l'usage des paillons se généralisa; on employa des paniers d'osier et des caisses en bois.

Le dégorgement se substitua peu à peu à l'ancien procédé du dépotage ou transvasement. Le père Pérignon avait, paraît-il, trouvé déjà le moyen d'éclaircir le vin sans dépoter les bouteilles, mais son procédé fut tenu secret et longtemps encore après lui, le dépotage fut appliqué.

Jullien, en 1813, dans son *Œnologie française*, écrit, que l'on pratiquait le transvasement et le dégorgement. La première opération était appliquée aux vins non mousseux ou faiblement mousseux dont le dépôt ne remonte pas lorsqu'on débouche la bouteille. Le dégorgement était appliqué aux vins mousseux. Voici comment on opérait : on agitait la bouteille de manière à rassembler le dépôt en une seule masse, puis on engageait le col de la bouteille, renversée, dans les trous d'une planche. Au bout de quelques jours, lorsque le dépôt était rassemblé sur le bouchon, l'ouvrier débouchait la bouteille sans la retourner et laissait échapper le dépôt en ne laissant sortir que le moins de vin possible. Cette opération devait être renouvelée une seconde fois avant l'expédition.

Comme on le voit, le procédé n'avait pas encore acquis la perfection qu'il possède actuellement.

Dom Grossard, en 1821, semblait l'ignorer complètement. La mise sur pointe et le remuage furent perfectionnés; on construisit spécialement pour faciliter ces opérations, des pupitres troués.

L'invention de la mise sur pointe a été attribuée à Mme Vve Clicquot, mais en réalité, elle lui fut suggérée par un de ses employés, nommé Antoine de Müller qui fit confectionner la première table pour le renversage des bouteilles et devint associé de la maison Van der Weken. A peu près vers la même époque, un autre ouvrier de la maison Morizet, nommé Thomassin, eut aussi la même idée.

Nous venons de voir que le dégorgement fut pratiqué, au début, le goulot de la bouteille en bas; on utilisa bientôt la force expansive de la mousse pour le chasser. Plus tard, assez récemment, en 1884, Henri Abelé utilisa le premier la glace pour le dégorgement.

Jullien avait inventé des cannelles et entonnoirs aérifères, embryon des machines à remplir, en usage actuellement, pour atténuer le déchet causé par le remplissage des bouteilles tel qu'on le pratiquait. L'ascension de la mousse rendait cette opération très lente et très dispendieuse.

Pour assurer la conservation des vins, on combattit la graisse par l'addition d'un tanin d'abord quelconque, puis mieux choisi.

Vers 1820, on mit à profit la propriété que possèdent les vins de la montagne de Reims, de Verzy, Verzenay et Mailly, de prendre la mousse lorsqu'on les vendange un peu sur le vert et qu'on les allie à des vins d'autres crus. Jusqu'alors, on y faisait surtout des vins rouges qui, d'après Cavoleau (*Œnologie française ou statistique de tous les vignobles de France, parue en 1827*), se vendaient à cette époque 130 francs l'hectolitre, et pouvaient être considérés comme les meilleurs vins rouges de la Champagne. Cependant, on faisait aussi des vins blancs de Sillery avec des raisins de Verzenay et de Mailly; mais il entrait dans leur préparation une forte proportion de raisins de fromenteau, sorte de pinot gris.

Si l'on en croit Saint-Évremond, cette propriété des vins de la Montagne de Reims, de mousser lorsqu'on cueille les raisins sur le vert, avait été déjà constatée et mise en application bien antérieurement; en 1701. il regrettait que l'on transformât ces vins en vins mousseux. Mais il faut croire que cette tentative ne fut pas poursuivie, puisque Bidet, en 1752, affirme, au contraire. qu'ils n'étaient pas encore destinés à cet usage.

Antoine de Muller-Ruinart
(1788-1839).

Toutes ces opinions sont vraisemblables. Les vins de la Rivière suffisaient amplement au xviiie siècle pour subvenir à la fabrication du vin mousseux, et les vins de la Montagne de Reims, que l'instinct de curiosité poussa à faire mousser dès le début du vin mousseux, retournèrent à leur destination primitive de vins rouges remarquables. On essaya, sans doute, à nouveau, de les faire mousser, lorsque la vogue des vins rouges diminua et ils prirent alors définitivement place dans la préparation des vins mousseux.

Quoi qu'il en soit, ces vins apportèrent aux mélanges leurs brillantes qualités fondamentales et dès lors, la qualité des vins mousseux fut augmentée.

Plus tard, vers 1855, les négociants en vins de Champagne commencèrent à acheter le vin dans les crus secondaires de la vallée de la Marne, les grands crus ne pouvant suffire à approvisionner un commerce qui prenait une très grande extension.

Nicolas Ruinart-Vanderweken
(1765-1850).

L'ouvrage de Cavoleau donne sur les méthodes de vinification et de manutention des vins de Champagne des renseignements intéressants. On choisissait minutieusement les raisins, on laissait débourber le moût avant de l'entonner. Déjà. on faisait des « assortiments » ou mélanges de vins de divers crus. Le mélange d'Ay, de Pierry et de Cramant, en diverses proportions, suivant le goût des acheteurs, était considéré comme le meilleur vin de Champagne. Et, bien que cet auteur dise que les vins mousseux « restent ordinairement les produits du seul cru dont ils portent le nom », on sait cependant que les cuvées de tirage étaient faites depuis longtemps du mélange de divers crus et même de différentes années; mais chaque maison avait son secret, de même qu'elle tenait aussi secrète la composition de ses liqueurs de tirage.

L'auteur décrit l'organisation du tirage, l'aménagement des caves, l'entreillage et le remuage. Cette dernière opération a subi, depuis Jullien, des perfectionnements. Dès le mois d'octobre, les bouteilles sont placées sur « l'appareil des mises sur pointe » sorte de planche horizontale percée de trous dans lesquels on place le col de la bouteille renversée et inclinée à 25 ou 30 degrés. L'ouvrier vient chaque jour leur imprimer « un frémissement prolongé », et au bout de dix ou quinze jours et plus, on peut procéder au dégagement ou dégorgement. Après le remplissage, que l'emploi des cannelles aérifères de Jullien rend plus facile, on bouche à neuf la bouteille, et on la ficelle avec de la ficelle et du fil de fer.

Mais pour l'expédition on faisait toujours subir un nouveau dégorgement, car il se reformait toujours un petit dépôt.

La manipulation du vin mousseux, à cette époque, vers 1830, est donc dans ses grandes lignes, celle que l'on applique actuellement. Mais les progrès de la science ont permis de la perfectionner : les phénomènes intimes, physiques, chimiques, et biologiques, dont le vin en fût et en bouteille est le siège, sont mieux connus, le machinisme s'est développé, la manutention est devenue plus rapide et plus parfaite.

Les Travaux de François. — D'après les divers documents que nous avons examinés, le sucrage du vin était considéré comme un secret que les maisons conservaient jalousement. Jullien et Cavoleau sont muets sur ce point. Un autre auteur, Lenoir, dans son « *Traité de la culture de la vigne et vinification* (1828) », attribue la prise de mousse du vin au sucre et au ferment qu'il contient, mais il considère ce sucre comme le résidu de la fermentation en tonneau et ne semble pas supposer qu'on puisse en ajouter. Les idées sur ce qui se passait à l'intérieur des bouteilles n'étaient pas très nettes, et malgré des progrès sensibles, on n'était pas encore parvenu à atténuer la casse dans des proportions suffisantes.

Nous avons vu dans le chapitre précédent, combien elle était à craindre et quels désastres elle pouvait causer dans certaines cuvées.

Chaptal la considère comme un des principaux obstacles à l'industrie des vins mousseux. Jullien écrit en 1816 : « Le prix élevé des vins mousseux de la Champagne provient non seulement de la qualité des vins que l'on choisit pour les rendre tels, et des soins infinis qu'ils exigent avant de pouvoir être expédiés, mais encore des pertes et avances considérables auxquelles sont

exposés les propriétaires et les négociants qui se livrent à ce genre de spéculation et des phénomènes bizarres qui déterminent ou détruisent la qualité
mousseuse. Quant aux pertes, les propriétaires comptent généralement *quinze
à vingt* bouteilles cassées sur cent; il y en a quelquefois *trente et quarante*.
On doit ajouter à cette première perte de la liqueur du vin et des flacons, les
déchets qui ont lieu chaque fois qu'on sépare les vins de leurs dépôts, par le
dégorgement, opération qu'on leur fait subir au moins deux fois avant de les
expédier.

« Les phénomènes qui déterminent ou détruisent la qualité mousseuse des
vins sont si étonnants, qu'ils ne peuvent être expli-
qués. Le même vin, tiré le même jour, dans des
bouteilles de la même verrerie, descendu dans le
même caveau, et placé sur le même tas, mousse à
telle hauteur et dans telle direction, tandis qu'il mousse
beaucoup moins ou point du tout dans telle autre
position, près de telle porte ou de tel soupirail. »

Cavoleau indique comme casse normale 8 ou
10 pour 100, mais la perte est souvent plus importante.

L'Académie de Reims, dans son rapport sur le
Paracasse, de M. de Maizières, évaluait, en 1842, la
casse moyenne à 10 pour 100, et la perte en résultant, à deux millions de bouteilles.

PLAQUETTE PAR PEYNOT.
H. Bailly, édit.

La casse s'était élevée, à Épernay, d'après les
renseignements fournis par la maison Moët, à 35 pour 100, en 1833, et à
25 pour 100, en 1834.

Vers cette époque, en 1829, François, pharmacien de Châlons, commençait la publication de ses travaux sur le vin de Champagne. La Société
d'Agriculture, Commerce, Sciences et Arts du département de la Marne, dont il
était membre, l'avait nommé rapporteur d'une Commission chargée d'examiner
un mémoire d'Herpin, sur la graisse des vins, en 1818. François travailla cette
question et, en 1829, il publia les résultats de ses recherches : il conseillait
l'addition de tanin comme remède contre cette maladie.

Des travaux plus récents de Kayser et Manceau, ont montré que le tanin,
s'il n'est pas un remède, est du moins utile, car il forme un précipité qui
entraine les ferments de la graisse.

Plus tard, en 1836, François publia ses « *Nouvelles observations sur la
fermentation du vin en bouteilles, suivies d'un procédé pour reconnaître la*

quantité de sucre contenue dans le vin immédiatement avant le tirage. »

Les progrès de la science ont réduit à néant les observations de François sur la fermentation, mais sa méthode de dosage au sucre, connue sous le nom de méthode de la réduction François, subsiste encore. Cette découverte allait révolutionner l'industrie du vin mousseux et lui donner, dans la seconde moitié du XIXe siècle, un essor prodigieux.

Au moyen du gleuco-œnomètre de Cadet de Vaux, il parvint à déterminer, avec une précision suffisante pratiquement, la quantité de sucre que doit contenir le vin lors du tirage pour produire une belle mousse, sans provoquer la casse. Grâce à l'emploi de sa méthode sur laquelle nous reviendrons, la casse put être considérablement atténuée; l'emploi du sucre, jusqu'alors livré à l'empirisme, allait être réglé avec précision.

Dès lors, on ne vit plus que rarement se produire de ces désastres souvent irréparables comme il s'en était produit antérieurement. L'industrie du Champagne allait entrer dans une phase nouvelle, dans une période de prospérité.

Plus que tous ceux qui l'ont précédé et se sont distingués dans l'œnologie des vins mousseux, François a droit à la reconnaissance des industriels champenois. Il est profondément regrettable que, jusqu'ici, aucune manifestation de reconnaissance ne se soit produite; c'est tout au plus si le nom de François n'est pas encore tombé dans l'oubli. Espérons qu'un vent de justice soufflera bientôt et placera le modeste pharmacien de Châlons à la place qu'il mérite.

La méthode de François ne se répandit tout d'abord qu'avec lenteur. M. Moët, l'un des premiers, la fit appliquer à Épernay; mais les négociants de Reims furent plus réfractaires; longtemps encore, on se basa sur la dégustation pour déterminer la quantité de liqueur de tirage que l'on devait ajouter au vin.

Chalette, en 1843, dans sa *Statistique générale du Département de la Marne.* écrivait : « On cherche encore le moyen d'éviter autant que possible la casse et l'affaiblissement de la précieuse liqueur, qui fut une des principales richesses du département. »

Et M. de Maizières, dont l'opinion est suspecte de partialité, puisqu'il avait inventé un appareil destiné à atténuer la casse, écrivait en 1843-1844 :

« Le livre de M. François apprend parfaitement à faire de l'eau mousseuse, et, s'il nous enseignait aussi bien à faire du bon vin mousseux, nous saurions ce que le paracasse ne nous apprendra que dans quelques années.... » Plus loin, il ajoute, « ceux qui ont suivi sa méthode en 1842, ont éprouvé 40 pour 100 de casse ».

La méthode de réduction François ne présentait peut-être pas une précision scientifique rigoureuse; elle était susceptible de perfectionnement; mais

néanmoins elle était d'une exactitude très suffisante, et nombreuses encore
sont les maisons qui l'utilisent.

Nouvelles inventions et découvertes. — En 1839, M. Rousseau, médecin
à Épernay, prit un brevet d'invention pour des acupuncteurs qui faisaient
passer une partie des gaz du vin au travers du bouchon.

Quelques années auparavant, la verrerie d'Épinay était parvenue à fabriquer des bouteilles capables de
résister à la pression de trente
atmosphères.

En 1842, un ingénieur, M. de
Maizières, alors que la méthode
de François était encore peu connue, avait imaginé un immense
appareil, le « paracasse » qui
devait, ainsi que l'indique son
nom, préserver de la casse. C'était
une cuve de fer imperméable aux
gaz et aux liquides, dont la résistance des parois était calculée à
l'avance, et qui devait servir
d'enveloppe à un bain dans
l'eau duquel étaient immergées
plusieurs milliers de bouteilles
aussitôt après le tirage.... L'intérieur de la cuve était soumis,
pendant toute la durée de la
prise de mousse, à une pres-

Pressoir Etiquet a vis et a molets.
(Collection Moët et Chandon.)

sion de sept atmosphères qui devait neutraliser la pression maximum du gaz
dans la bouteille. Un appareil de chauffage adapté à cette cuve permettait d'établir la température la plus favorable pour que le vin traversât les différentes
phases de la prise de mousse. Un appareil réfrigérant servait à refroidir la
mousse et, par suite, à favoriser l'absorption du gaz carbonique par le vin et à
éviter la casse au moment où l'on retirait les bouteilles. On pouvait ainsi faire
avec le même appareil plusieurs tirages successifs. Cet appareil fut essayé, grâce
aux libéralités de M. Müller de Ruinart, mais il tomba bientôt dans l'oubli,
malgré la proposition faite par l'auteur de partager les 5 millions de bénéfice
que devait lui procurer l'exploitation de son invention.

Il en fut de même de nombreux procédés devant éviter la casse ou pro
curer la grande mousse, qui, tour à tour, furent rejétés, à peine éclos dans le
cerveau de leurs inventeurs.

A partir de 1850, commence la période vraiment scientifique de l'industrie des vins mousseux.

Maumené, professeur de chimie à la chaire municipale de Reims, publie,
en 1858, ses *Indications théoriques et pratiques sur le travail des vins mousseux,*
qu'il dédie au grand chimiste Dumas et à M. Jules Mumm, président du Tri-
bunal de commerce de Cologne, négociant en vins. C'est la première étude
scientifique vraiment digne de ce nom.

Il reconnaît dans la levûre qu'il étudie, dont il représente les bourgeonne-
ments, l'agent actif de la fermentation. Mais il ne la considère pas encore
comme un organisme vivant, et, cependant, il a l'intuition de l'origine végétale
ou animale de la levûre. Quelques années plus tard, Pasteur adoptait cette
conception et, dans une lettre mémorable, détruisait la doctrine de la génération spontanée jusqu'alors admise pour y substituer la science des germes
vivants. Maumené faillit donc être un des précurseurs du grand savant dont les
découvertes devaient révolutionner la médecine.

Dans son travail, Maumené, après avoir étudié le vin en général, aborde
l'étude spéciale des vins mousseux. Il rend justice à la méthode de François en
ces termes : « Elle a été un grand progrès, elle permet de faire les plus forts
tirages presque sans crainte de la casse ; en la faisant connaître, son auteur a
rendu l'un des plus grands services que l'industrie des vins mousseux ait jamais
pu obtenir et que la chimie seule puisse rendre. Le nom de François est on
ne peut plus justement honoré en Champagne. »

Selon lui, les insuccès obtenus sont dus, le plus souvent, au peu de soins
pris par les maisons pour faire leur réduction.

Il discute le procédé François qu'il trouve un peu défectueux et introduit
une idée nouvelle, celle des variations de la solubilité du gaz carbonique dans
le vin, dont on ne tenait pas compte jusqu'alors.

Il propose une méthode nouvelle qu'il considérait comme infaillible, mais
dont l'application ne répondit pas aux espérances qu'il avait fondées.

Avec la collaboration d'un négociant, M. Jaunay, il étudia les perfectionnements à apporter au travail des vins. C'est ainsi que, pour éviter les inconvénients de la pratique habituellement suivie, pour l'addition au vin de la liqueur
d'expédition, il avait inventé un appareil appelé *garde-mousse.*

Il inventa aussi l'*aphromètre* pour mesurer la pression dans une bouteille
de vin mousseux, l'*aphrophore,* destiné à supprimer le tirage en bouteilles.

C'était un cylindre, argenté à l'intérieur, sorte de grande bouteille pouvant contenir jusqu'à 32 hectolitres, et dans lequel se faisait la prise de mousse. On le suspendait verticalement par des chaînes, et on pouvait, par des oscillations et des chocs répétés, faire tomber le dépôt au fond. Grâce à des orifices placés à une certaine hauteur au-dessus du fond, on pouvait soutirer le vin mousseux dans d'autres bouteilles ou dans un autre appareil semblable. C'était simplifier singulièrement la manutention du vin.

L'idée a été reprise et brevetée sous diverses formes. Mais son application présente des inconvénients sérieux au point de vue de la conservation du bouquet et la limpidité du liquide.

Les inventions de Maumené. si curieuses et si ingénieuses soient-elles, n'ont pas eu beaucoup de succès dans la pratique. Celle-ci a persisté dans la voie où elle s'était engagée, elle a perfectionné ses procédés, et il faut reconnaître que les résultats obtenus ont couronné ses efforts.

Depuis Maumené, l'industrie du vin de Champagne fit bien des progrès sensibles au point de vue mécanique, mais l'étude scientifique du travail des vins mousseux resta longtemps stationnaire.

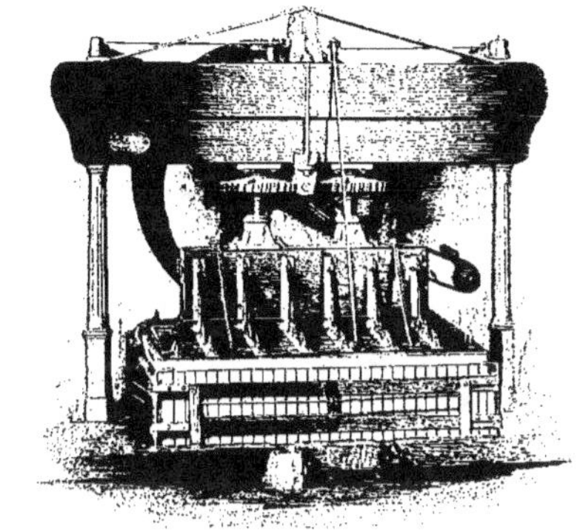

Pressoir Étiquet a vis et a charge pliante.
Collection Moët et Chandon.

Cependant, en 1877, Robinet décrivit, dans son *Manuel des vins mousseux*, une méthode de réduction plus rapide, mais peut-être moins précise que celle de François. Salleron. en 1886, publia ses *Études sur le vin mousseux*, dont une 2ᵉ édition. revue par M. L. Mathieu, actuellement directeur de la Station œnologique de Beaune, parut en 1895 ; il se proposait d'établir une méthode de tirage rationnelle et infaillible.

Enfin, M. Cordier, docteur en pharmacie, professeur à l'École de médecine de Reims, fit aussi d'intéressantes études théoriques sur l'origine des levures, la fermentation, les maladies des vins. que la mort vint interrompre.

Mais parmi les savants qui ont le plus travaillé la question du Champagne, nous devons mettre au premier rang M. Manceau, directeur du Laboratoire de la maison Moët et Chandon, à Épernay, dont les remarquables recherches sur les méthodes de tirage, sur la prise de mousse et sur la graisse des vins, ces dernières en collaboration avec M. Kayser, professeur à l'Institut agronomique, ont fait faire un pas considérable à la science des vins mousseux.

Nous reviendrons avec de plus amples détails sur les travaux de ces savants, dans le chapitre consacré à la vinification et à la manutention.

En même temps que les chimistes cherchaient à éclaircir les mystères de la chimie des vins, à pénétrer et à expliquer les phénomènes qui se passent à l'intérieur de la bouteille de Champagne pour en tirer des conclusions pratiques utiles à l'industrie, les progrès réalisés dans l'industrie en général, trouvaient aussi leur application dans les maisons de Champagne.

Les nettoyeuses de bouteilles, les tireuses automatiques, les machines à trop de vin, les doseuses précises ont été inventées et perfectionnées; ce sont actuellement des instruments de précision.

Le bouchage et l'agrafage, qui se font avec des machines actionnées directement par l'ouvrier, se feront bientôt automatiquement. On pratique couramment le dégorgement à la glace.

Des essais ont été faits de remuage mécanique, même d'habillage des bouteilles, et déjà certaines maisons sont pourvues d'installations frigorifiques. L'éclairage électrique est très répandu dans les caves. La mécanique trouve des applications variées dans l'industrie du Champagne. La partie commerciale, de son côté, a été perfectionnée, modernisée. Tous ces progrès ont été réalisés depuis une cinquantaine d'années et ont contribué, en mettant en valeur les brillantes qualités naturelles du vin de nos coteaux champenois, à la prospérité du commerce du Champagne et à l'universelle renommée de ses produits.

Développement du commerce du Champagne. — L'essor pris par le commerce du Champagne mousseux depuis une cinquantaine d'années est, en effet, prodigieux. D'abord réservé aux classes riches, le Champagne pénétra peu à peu partout, en France et surtout à l'étranger, en Angleterre, en Amérique, en Allemagne et en Russie. Les invasions de 1814 et 1815 n'avaient pas été étrangères à l'engouement dont il fut l'objet de la part des alliés et de leurs descendants. La prophétie de Mme Clicquot se réalisait, et M. Moët, dont les caves furent pillées, se consola de la perte de 600 000 bouteilles lorsqu'il vit que les pillards en avaient conservé le goût, et que les commandes qu'il recevait du Nord avaient plus que doublé depuis cette époque. (Brillat-Savarin, *Physiologie du goût*, 1825.)

Nous donnerons ici un extrait de l'État publié chaque année par la Chambre de commerce de Reims, depuis 1844, État indiquant le mouvement des vins, année par année, d'avril à avril suivant de chaque année. Nos lecteurs auront ainsi une idée plus précise des progrès de ce commerce depuis 1844-1845 jusqu'à nos jours.

COMMERCE DES VINS MOUSSEUX DE CHAMPAGNE
d'après l'état dressé chaque année d'avril à avril par la Chambre de Commerce de Reims.

ANNÉES —	NOMBRE DE BOUTEILLES EXPÉDIÉES EN FRANCE AUX MARCHANDS EN GROS, AUX DÉBITANTS ET AUX CONSOMMATEURS		NOMBRE DE BOUTEILLES EXPÉDIÉES A L'ÉTRANGER		IMPORTANCE RÉELLE DU COMMERCE (BOUTEILLES)	
1844-1845. . . .	2.255.438		4.380.214		6.635.652	
1850-1851. . . .	2.122.569		3.866.971		7.989.540	
1860-1861. . . .	2.697.508		8.488.223		11.185.731	
1869-1870. . . .	3.628.461		13.858.839		17.487.300	
1870-1871. . . .	1.631.941		7.544.323		9.178.264	
1871-1872. . .	3.367.537		17.001.124		20.368.661	
1880-1881. . . .	2.399.924		18.220.980		20.620.904	
1890-1891. . . .	4.077.083		21.699.111		25.776.194	
1900-1901. . . .	7.426.794		20.628.251		28.055.045	
1905-1906. . . .	11.714.404		23.056.847		35.591.135	
1909-1910. . . .	13.120.946		26.173.580		39.294.526	
1910-1911. . . .	15.517.819		23.066.523		38.584.402	
1911-1912 {V. C. [1] / V. M. [2]	9.084.936 / 3.311.370}	12.396.306	20.288.963 / 3.001.745}	23.290.708	29.373.899 / 6.314.115}	35.688.014
1912-1913 {V. C. / V. M.	9.151.110 / 3.357.085}	12.508.195	20.946.534 / 2.344.065}	23.290.599	30.007.644 / 5.701.150}	35.798.794
1913-1914 {V. C. / V. M.	8.134.196 / 3.961.924}	12.096.120	18.410.436 / 2.752.484}	21.162.920	26.544.632 / 6.714.408}	33.259.040

1. V. C. : Vins de la Champagne délimitée.
2. V. M. : Vins mousseux ordinaires.

Les quantités expédiées à l'étranger, en France, et dans le département de la Marne de négociant à négociant y sont exprimées séparément. De même, ce tableau nous indique les quantités existantes dans les caves des négociants, soit en bouteilles, soit en fûts; les réserves représentent actuellement à peu près 3 années de vente.

Depuis 1844, la consommation du vin mousseux de Champagne a subi une marche ascendante, interrompue seulement en 1854-1855-1857-1861, au moment des guerres du second Empire, et surtout en 1870-1871 pendant la triste période de l'invasion, époque pendant laquelle le commerce baissa de moitié. Depuis 1872, à part quelques périodes de fléchissement survenues de 1874-1875 à 1879-1880, puis de 1885-1887, l'importance du commerce dépassa 20 millions de bouteilles. En 1905-1906, il atteignit 35 591 135 bouteilles, dont 23 876 731 expédiées à l'étranger et 11 714 404 en France. En 1910-1911;

l'importance du commerce est évaluée à 38.584.402, dont plus de 23 millions pour l'étranger. En 1912-1913 35.798.794 bouteilles ont été vendues, dont 12.396.306 en France, 23.396.306 à l'étranger. Dans notre pays, la consommation augmente ; jusqu'en 1900, elle atteignait à peine le quart du commerce réel : elle représente maintenant plus du tiers ; en 1910-1911 elle atteint 15.517.819 bouteilles, pour retomber à 12.500.000 en 1912-1913.

Depuis l'application du décret de 1911 sur la délimitation de la Champagne, on distingue le vin de la Champagne délimitée, le vrai Champagne, du vin d'autres provenances désignées sous le nom de vin mousseux. Pendant la campagne 1911-1912, il fut expédié en France 9.084.936 bouteilles de vin de Champagne et 3.12.370 de vin mousseux, soit 12.397.306 bouteilles au total et à l'étranger 20.288.363 bouteilles de vin de Champagne et 3.001.745 de vin mousseux, soit au total 23.290.108 bouteilles. L'importance du commerce est donc de 35.688.014 bouteilles

LE CHAMPAGNE, ROI DES BOISSONS.
D'après une lithographie de Bertall.

dont 29.373.899 de vin de Champagne et 6.314.115 de vin mousseux. En 1912-1913, le vin de Champagne figure sur le chiffre total pour 30.007.644 bouteilles, tandis que les mousseux ne représentent que 5.701.150 bouteilles.

La guerre 1914-1918 a porté un coup funeste au commerce du Champagne. Nous reviendrons dans un chapitre ultérieur sur la situation pénible, conséquence de la guerre, dans laquelle il se trouve actuellement.

D'où vient cette extension de l'industrie, conséquence de la prédilection du consommateur pour le vin de Champagne mousseux ?

Nul vin ne jouit d'un prestige semblable à celui qui entoure le vin de nos coteaux champenois. Il flatte tous les sens à la fois. Son apparition sur la table du festin produit sur les convives un effet magique, et évoque une multitude de sensations agréables. Le décor de la bouteille munie de son capuchon doré, argenté, ou coloré diversement, la belle couleur dorée du vin, la détonation bruyante du bouchon qui saute, la mousse qui jaillit à flots au moment où on le verse, les jolies perles qui s'échappant en chapelet continu du fond du verre viennent crever tour à tour à la surface ou former sur les bords une collerette brillante, la saveur agréable, exquise, veloutée du vin, son parfum délicieux, lui assurent la première place parmi les grands vins.

La décadence du commerce des anciens vins. — Que devenaient, pendant ce temps, les anciens vins qui firent la renommée de la Champagne? Nous avons vu qu'au début du xviiie siècle, ils étaient fort appréciés non seulement en France, mais à l'étranger. Les vins d'Ay, d'Epernay, d'Hautvilliers, de Pierry. vins tendres que l'on collait de bonne heure, se consommaient surtout en France. Les vins plus fermes, comme ceux de Sillery, de Chigny, de Mailly et autres crus de la Montagne de Reims n'étaient collés qu'au bout d'un an. « Ces vins, écrit Pluche, sont alors en état de se soutenir partout pendant plusieurs années. Ils seront l'honneur des tables de Londres, d'Amsterdam. de Copenhague et de tout le Nord. On assure même qu'ils ont plusieurs fois passé la ligne(¹) impunément. Ils la passent deux fois pour arriver à Pondichéry où l'on en envoye ».

On faisait alors des vins blancs, des vins gris, des vins paillés et des vins rouges; ces trois dernières sortes étaient obtenues avec la même espèce de raisins noirs, tandis que les vins blancs ne se faisaient qu'avec du raisin blanc et étaient considérés comme inférieurs aux autres.

Par vins gris, on entendait, d'après Bidet, « les vins que l'étranger nommait communément vins blancs de Champagne mousseux ou non mousseux qui doivent être aussi blancs et aussi clairs que l'eau de roche la plus épurée. Quoique le raisin blanc soit, en Champagne, d'une qualité supérieure à bien des vignobles, on n'y fait aucun cas du vin extrait de ce raisin; et pour peu qu'un propriétaire de vignes conserve dans les siennes des ceps de cette nature, et qu'il soit connu pour cela, il court grand danger de ne pas vendre ses vins, du moins qu'à un prix très médiocre. »

Les vignerons de la Montagne de Reims, d'après le même auteur, avaient la délicatesse de ne pas vendre leurs vins de raisins blancs à l'étranger: « ceux de quelques vignobles, comme Avize, Auger, le Mesnil, Cramant, Beaumont-sur-Vesle devraient avoir la même délicatesse, ou arracher leurs cépages blancs,

1. L'Équateur.

pour ne pas perdre la réputation presque entièrement détruite par ces sortes de gens et quelques marchands de vins qui, en connaissant l'espèce et la nature, ne les achètent que pour avoir des vins grands mousseux qu'ils ont à très bas prix et qu'ils vendent très cher sous le prétexte frivole de l'avantage de cette mousse. »

Bidet, comme on le voit, n'était pas non plus un fervent partisan de la mousse. Ses conseils ne furent pas suivis par les vignerons, car, en 1816, Jullien, dans sa *Topographie des vignobles*, dit que les territoires de Cramant, Avize, Le Mesnil et Oger sont peuplés presque exclusivement de raisins blancs. Pour la préparation des vins gris, on faisait vendanger avec beaucoup de précautions. Dans la Montagne de Reims, la cueillette ne se faisait pas après dix ou onze heures, car le jus de raisin avait des dispositions à rougir pendant la grande chaleur plutôt qu'à conserver sa blancheur. Dans la Rivière de Marne on pouvait cueillir jusqu'au soir, mais en ayant soin de garantir les raisins coupés contre les rayons du soleil. Ces raisins donnaient du vin gris plutôt que du rouge, et lorsqu'on voulait en faire du vin rouge, on était obligé de les faire cuver plus longtemps que dans la Montagne de Reims. On savait que, pendant les années sèches, un jour de brouillard au moment de la vendange exerce une heureuse influence, et rend le vin plus délicat et plus abondant. « Sur 12 pièces de vin, écrivait l'auteur de la *Maison Rustique*, la rosée produira une pièce de Champagne, ou un muid de Paris de plus ; le brouillard le double. »

En ce qui concernait le vin rouge, pour arriver à lui donner une bonne couleur, il fallait autant que possible cueillir le raisin sous le soleil le plus ardent ; l'action du soleil sur la peau du raisin, jointe au mouvement de la voiture qui transportait la vendange, produisait plus d'effet que plusieurs jours de cuve.

On conseillait de ne vendanger qu'à partir de 9 heures, ou de vendanger le matin jusqu'à onze heures, les vignes exposées au levant et au nord, depuis onze heures jusqu'à trois heures les vignes exposées au midi, et depuis trois heures jusqu'au soir celles qui sont exposées au couchant.

La vendange devait être faite avec des ciseaux plutôt qu'à la serpette, car la queue est coupée plus aisément, plus courte, et il y a moins d'égrenage.

Pour les vins gris, la cueillette devait se faire en trois fois ; on ne devait cueillir que les raisins les moins serrés, les plus fins et les plus mûrs, et laisser les plus gros qui ont plus de peine à mûrir pour les vins de boisson, les verts et les pourris pour les vins de détour. Parmi les raisins noirs qui seuls devaient être employés pour les vins gris, il y avait un choix à faire ; les morillons taconné et noir devaient être préférés. Le fromenteau, dont la couleur est gris rougeâtre tirant plus sur le blanc que sur le rouge, pouvait cependant entrer avantageusement en mélange avec les raisins noirs dans la confection des vins gris. Les vins renommés de Sillery et de Verzenay tiraient en partie du fromenteau leurs brillantes qualités.

Le pressurage devait être exécuté pour les vins gris le plus rapidement possible. « Quand les raisins sont coupés, disait le Mémoire de 1718, plus tôt ils sont pressurés, plus le vin est délicat et blanc ». Le transport au pressoir se faisait rapidement: si celui-ci était près du vignoble, on pouvait pressurer aussitôt, tandis que, lorsqu'il était éloigné de quelques lieues. le raisin était mis

PRESSOIR PERFECTIONNÉ.
Par M. Le Gros. curé de Marfaux, près de Reims (xviiiᵉ siècle).

dans des tonneaux renfoncés auprès de la vigne et il était difficile d'éviter que le vin ne soit coloré. sauf dans les années fraîches et humides. Le mulet et l'âne étaient préférés au cheval pour le transport des raisins, car ils les ébranlaient moins. Pour les transports à quelque distance. on se servait de voitures.

Les raisins étaient mis, soit dans des tonneaux renfoncés, soit dans des paniers d'osier. Ceux-ci présentaient quelque inconvénient. les brins taillés en biseau piquaient les raisins, et l'on était obligé, faute de couvercle, de les recouvrir de toile mouillée pour les garantir du soleil.

Pour faire le vin rouge. on mettait le raisin égrappé dans des tonneaux que l'on renfonçait et que l'on transportait dans des voitures. Pour le vin paillé. on n'égrappait ni ne foulait dans le tonneau avant le transport: rarement on se servait de cuves.

On foulait à plusieurs reprises dans les tonneaux, et deux ou trois jours au plus suffisaient pour lui donner une couleur foncée.

Lorsqu'on voulait faire du vin gris, on donnait rapidement une première serre, puis une seconde ou retrousse, on obtenait ainsi le vin de cuvée. Les serres et tailles successives donnaient d'abord le vin de première taille, qui, extrêmement fumeux, ne devenait potable qu'au bout de 2 ou 3 ans ou plus; puis les vins de taille, dont la couleur allait en s'accentuant en même temps que la qualité diminuait.

Pour les vins rouges, la plupart des vignerons, après avoir tiré le plus de liqueur possible avec une cannelle qu'ils enfonçaient dans la cuve, portaient le marc avec tout son vin sur le pressoir. Les bourgeois opéraient d'une façon différente, ils faisaient tirer le vin, porter ensuite la vendange sur le pressoir et verser le vin tiré dessus. La première serre, la retrousse et la taille donnaient le vin de cuvée que l'on entonnait à part dans des poinçons neufs, ou ayant déjà servi, mais francs de goût.

La confection du vin paillé était beaucoup plus difficile que celle du vin gris ou du vin rouge. Pour la réussir, le raisin devait être trié comme pour le vin gris, et cueilli comme pour faire du rouge, par un beau soleil. On le mettait dans des trentains, sans l'égrapper, après l'avoir foulé légèrement sans le mettre absolument en vin. Lorsque ceux-ci étaient arrivés à la maison, on les

Une vieille étiquette de la maison Ruinart père et fils.

mettait sur les fonds sans les défoncer; on les y laissait jusqu'au lendemain. On se contentait d'y mettre la pompe si l'on craignait qu'ils ne poussent leurs fonds. Le lendemain on les défonçait, et on pressait les raisins avec la main pour voir la teinte prise par la liqueur. Lorsqu'on s'apercevait qu'elle commençait à tacher, il était temps de pressurer, parce que, pour peu que la pellicule du grain soit pressée, elle communiquait au vin une partie de sa substance colorante. Dès qu'on s'en apercevait à la goulette du pressoir, on cessait de presser, on mettait ce vin à part dans des vaisseaux. La couleur se déposait et le vin devenait pelure d'oignon ou œil de perdrix, couleur se rapprochant de celle de la rose ou de la paille, d'où le nom de vin rosé ou paillé. Ce vin paillé était le meilleur de tous; le vin qu'on tirait de la taille qui suivait les premières serres était extrêmement fumeux et l'on devait s'en méfier.

Longtemps encore on fit de ces vins en Champagne.

D'après le Tableau du Maximum, en 1793, on ne comptait dans le district d'Epernay que six communes où l'on ne faisait que du vin blanc : Chouilly, Oiry, Cramant, Avize, Oger et Morangis. Les vins rouges d'Epernay, Ay, Hautvilliers, Pierry, Mareuil-sur-Ay, Avenay, Dizy, Moussy, Vinay, Le Mesnil, Ablois, Cuis, Grauves, Monthelon, etc., avaient une valeur supérieure à la moitié de celle des meilleurs vins blancs. Ordinairement, la différence est peu sensible. Dans 43 communes, le vin rouge seul faisait l'objet d'un trafic important, le blanc n'ayant pas de valeur marchande.

La production du vin blanc avait augmenté au cours du xviiie siècle, car il avait remplacé le vin gris. Les commissionnaires, néanmoins, faisaient davantage d'affaires en rouge qu'en blanc.

L'*Almanach de l'an IX* consacre à la culture de la vigne et à la confection

PRESSOIR A COFFRE. (Collection Moët et Chandon.)

des vins en Champagne une notice intéressante, dont nous donnerons quelques extraits :

« Quant aux vins distingués, l'art peut-être encore plus que la nature contribue à leur supériorité. Ce n'est pas que le Champenois ne trouve le plus heureux avantage dans un terrain sec, léger et pierreux, composé en grande partie de sable fin et d'un limon très délié. Mais il faut avouer qu'à cette faveur de la nature il a su ajouter deux autres moyens très propres à lui assurer le succès. Nulle part on ne cultive avec plus de soin et d'activité, nulle part le propriétaire n'apporte les mêmes précautions et la même intelligence dans la manière de faire et de manipuler les vins. »

Puis, plus loin : « C'est surtout dans la façon des vins que le ci-devant Champenois déploie des précautions et une industrie peu communes. On sait que les vins blancs sont le plus grand objet de son commerce, mais ce que tout le monde ne sait pas c'est que les meilleurs vins blancs se font avec le raisin noir; sa couleur, à la vérité, en reçoit une teinte légère; elle est d'un blanc moins laiteux; mais elle est plus vive, plus brillante, le vin a plus de corps; il est d'une finesse et d'un parfum plus exquis.

« Pour atteindre à une parfaite maturité, le Champenois ne commence sa récolte que lorsqu'il ne peut différer. Quelquefois même il attend que ses raisins blancs tournent vers la pourriture, il aime que la pellicule ait une couleur *pelure d'oignon*. C'est alors qu'il est assuré d'obtenir cette saveur fine et sucrée qui donne tant d'agrément à ses vins. Cramant est le vignoble où se fait la clôture des vendanges par toute la République. Il n'est pas rare de voir des vendangeurs cueillir encore du 15 au 20 brumaire.

« Dans les années chaudes, la cueillette cesse vers les 10 heures, n'est reprise qu'à deux ou trois heures; on aime que la fraîcheur de la rosée humecte et pénètre la pellicule : trop de sécheresse donnerait au vin de la roideur et nuirait à la suavité du parfum. »

Dans l'*Almanach de l'an X* cette méthode avait été quelque peu modifiée.

L'épluchage était un peu négligé depuis que la Révolution avait diminué la vente à l'étranger, l'*Almanach de l'an IX* décrit la manière de le pratiquer, ainsi que le pressurage et la manutention des vins mousseux :

« Quant à la manière de faire les vins rouges, il est plusieurs méthodes : nous ne parlerons que de la principale. Le vin rouge ne demande pas dans les raisins une aussi parfaite maturité que le vin blanc. La fermentation qui s'opère dans la cuve peut suppléer à ce qui manquerait au travail de la nature. Mais le vigneron n'est pas moins sévère dans la cueillette et le triage des raisins noirs que pour les raisins blancs. A mesure qu'ils sont apportés à la maison, on les jette dans la cuve; lorsque le tout y est mis, on foule légèrement, puis on couvre les raisins de deux fonds de planches. Le fond inférieur est assujetti de manière à retenir baignés dans le vin les grains et les grappes, autrement ils pourraient contracter un goût d'aigreur qui se communiquerait au vin. Ce premier fond est troué en plusieurs endroits afin que l'air dilaté par la fermentation et que le vin bouillonnant puissent s'échapper. Au-dessus, à une distance d'un demi-mètre est fixé le second fond; on les lute contre les parois de la cuve et dans toutes ses parties avec de la terre glaise.

« On sent qu'une telle clôture doit être très favorable à la qualité du vin, puisqu'elle ne permet aucune évaporation. Ces précautions prises, on laisse agir la nature : la fermentation sera plus ou moins accélérée. Si elle vous paraît tardive vous pouvez la provoquer : le point critique est de saisir l'instant où la fermentation est arrivée à son plus haut période : prêtez souvent l'oreille à la fougue et au bouillonnement de votre vin ; lorsque l'ébullition vous paraîtra décroître, tirez, l'œuvre de la nature est consommée.

« Tels sont les procédés pour obtenir ce jus délicieux que toutes les nations ambitionnent et d'où s'exhalent, avec une espèce de furie, les germes pétillants de la franchise, du plaisir et de la joie. »

Les vins blancs s'expédiaient à Paris, en Normandie, en Italie, en Angleterre, en Danemark, en Hollande, en Suède, en Russie, en Espagne, en Allemagne, et en Portugal. Un certain M. Delahaye rapportait que, passant la ligne avec beaucoup d'espèces de vins, celui de Champagne blanc fut le seul qui, après s'être troublé, redevint clair et reprit toute sa qualité.

Pressoir dit « Étiquet a cabestan ». (Collection Moët et Chandon.)

Les guerres de l'Empire, le blocus continental, portèrent une grave atteinte au commerce du vin blanc, dont la vente fut considérablement diminuée. « Avant la Révolution, dit l'abbé Geruzez, deux à trois abbayes de Flandre suffisaient pour faire vivre honorablement un marchand de vin. » Il était loin d'en être ainsi en 1817.

Les vins rouges trouvaient leurs débouchés dans la Thiérache, la Brie, la Flandre, la Picardie et les autres parties de la France. Une grande quantité était consommée sur place, chez les habitants, et dans les cabarets de village.

Vers 1820, chaque pays de production avait ses débouchés particuliers attitrés. Les vins de Verneuil se vendaient dans le Soissonnais, en Seine-et-Marne, et principalement à la foire de Meaux. Ceux de Vincelles allaient à Paris, dans l'Aisne et dans la Flandre; les vins de Sézanne, dans les bonnes années, allaient en Brie, jusqu'à Coulommiers.

Les vins rouges d'Épernay, Chouilly, Pierry, qui se plaçaient autrefois facilement en Belgique, et y étaient même préférés, s'y vendaient peu à cause de l'énormité des droits d'entrée dans ce pays.

Les vins rouges de Monthelon allaient dans le nord de la France, en Picardie, en Flandre, à Paris; ils étaient foncés en couleur, de bonne qualité et de longue durée.

Les vins rouges de Reuil, dans la vallée de la Marne, ceux de Châtillon, de Binson-Orquigny, les meilleurs après ceux de Reuil, ceux de Villers, de Vandières, ceux de Pourcy, considérés comme tenant le milieu entre ceux d'Hautvilliers et de la Montagne de Reims, légers et agréables, jouissaient alors d'une certaine renommée.

Parmi ceux qui étaient le plus réputés en Belgique, nous devons citer les vins de Villedommange, Sacy, Ecueil, Chamery.

Le vin de Villedommange se vendait, vers 1828, 200, 215, 220 francs la pièce; celui de Sacy, considéré comme un peu inférieur, se vendait au plus 150 francs. Voici un jugement porté par des connaisseurs sur les vins de ces crus : « Le vin de Ville Dommange plus solide que celui de Sacy, supporte bien plus facilement le charroi, se conserve plus longtemps en cercles et en bouteilles, et se fait remarquer par je ne sais quoi de généreux qui ne saurait sympathiser avec la délicatesse trop prématurée de son voisin, car tel est réellement l'avantage du vin de Sacy, si toutefois c'en est un. En effet, après un an et même moins parfois, il est déjà mûr, plein de douceur et flatte délicieusement l'odorat et le palais, tandis que le vin de Ville Domange, d'une nature plus robuste, ne demande pas moins que deux ou trois ans pour mûrir et paraître avec honneur sur les tables des Belges et des Flamands, ses vrais amis. »

Vers cette époque, en 1816, parut un ouvrage intitulé *Topographie de tous les vignobles connus*, par A. Jullien, dans laquelle nous trouvons de très intéressants renseignements sur l'étendue et la situation des vignes dans le Département de la Marne, ainsi qu'une classification générale de tous les vins de France, en même temps que la classification des crus de la région. L'auteur, qui vécut de 1766 à 1832, originaire de Chalon-sur-Saône, était un modeste marchand de vin en gros habitant rue Saint-Sauveur, n° 8, à Paris, en même temps qu'un écrivain vinicole de valeur. Il publia un *Manuel du Sommelier*, qui fut très apprécié. Au cours de ses nombreux voyages d'affaires en France, en Europe, en Asie, il put faire d'intéressantes observations sur la viticulture de tous les pays et en fit bénéficier ses contemporains ; ses appréciations ont une très grande valeur. La science œnologique lui doit non seulement deux ouvrages importants, mais aussi l'invention d'un certain nombre d'instruments encore en usage, siphon, entonnoir à douille horizontale, cannelles aérifères pour transvaser le vin en bouteilles, qui sont l'embryon des machines à remplir utilisées de nos jours, poudre à clarifier le vin, etc. Il mourut victime du choléra en 1832. Bosc, dans l'*Almanach de 1818*, publia une topographie des vignobles du Département de la Marne, qui ne diffère que très peu de l'original écrit par Jullien. Nous en publierons quelques extraits.

« Les raisins destinés à la fabrication du vin rosé sont cueillis avec la même précaution que ceux employés pour faire le vin blanc, on les traite de la même manière au pressoir, mais avant de les y porter, ils sont égrappés et foulés légèrement dans des vases appropriés à cet usage et ils y séjournent assez de temps pour qu'un commencement de fermentation en dissolvant une partie des matières colorantes donne à ce moût la teinte rose que l'on doit obtenir.

« On emploie quelquefois pour la fabrication des vins rosés une liqueur connue dans le pays sous le nom de vin de Fismes, qui se fabrique dans la ville de ce nom située à six lieues de Reims : elle est tirée des baies de sureau, baies que l'on fait bouillir avec de la crème de tartre et qu'on passe au filtre. Quelques gouttes de cette liqueur suffisent pour teindre en rose une bouteille de vin blanc, sans altérer ni son goût, ni sa salubrité ; mais étant composée de matières étrangères au vin, il serait plus convenable de n'en pas faire usage. »

Plus loin, l'auteur abordant la classification des crus, écrit :

« Les meilleurs vins rouges de la Champagne se récoltent sur le revers septentrional des coteaux de la Marne, qui prennent le nom de Montagnes de Reims. Les vignes, quoique généralement exposées au nord ou au levant. n'en donnent pas moins des vins savoureux : ils se divisent dans le commerce et d'après leur qualité en vins de la Montagne, de la Basse-Montagne, et de la Terre de Saint-Thierry. Ces vins sont en général bons à être mis en bouteilles au bout d'un an ; ceux de très bonne qualité se conservent de dix à douze ans, suivant la température de l'année qui les a produits, la manière dont ils ont été faits, et la cave dans laquelle on les place.

Vins Rouges :

1re CLASSE. — *Verzy*, *Verzenay*, *Mailly*, et *Saint-Basle* donnent les vins dits de la Montagne ; ils ont une belle couleur, du corps, du spiritueux, et surtout beaucoup de finesse de sève et de bouquet; *Bouzy*, vins ayant les qualités des précédents et se distinguant par leur délicatesse.

Clos de Saint-Thierry, produit des vins qui réunissent la couleur et le bouquet des vins de Haute-Bourgogne à la légèreté des vins de Champagne.

2ᵉ CLASSE. — *Hautvilliers*, *Mareuil*, *Dizy*, *Pierry*, et *Épernay*, produisent surtout des vins blancs, mais aussi des vins rouges de qualité supérieure.

Taissy, *Ludes*, *Chigny*, *Rilly*, *Villers-Allerand*, donnent des vins qui participent de toutes les qualités des vins de la première classe, mais n'en diffèrent que par des nuances que les gourmets expérimentés peuvent seuls apprécier.

Cumières produit des vins rouges plus fins et plus délicats que ceux de la Montagne de Reims, mais ayant moins de corps et de spiritueux. Ils sont précoces, arrivent dans des années chaudes à leur maturité dès leur première année, ils ne se conservent que rarement au delà de trois ou quatre ans.

3ᵉ CLASSE. — *Villedommange*, *Ecueil*, et *Chamery*, dans la Basse-Montagne, donnent des vins de bonne qualité durant dix ou douze ans.

Saint-Thierry, *Trigny*, *Chenay*, *Pouillon*, *Villers-Franqueux*, *Hermonville*, etc., produisent des vins rouges très recherchés, d'une couleur peu foncée et d'un goût peu agréable.

Avenay, *Champillon*, et même *Damery*, donnent aussi de bons vins rouges mais inférieurs aux précédents.

4ᵉ CLASSE. — *Vertus* donne des vins qui ont une belle couleur, du corps, du spiritueux et un fort bon goût: ils sont un peu fermes pendant la première année, mais ils gagnent beaucoup en vieillissant et se conservent longtemps.

Mardeuil, *Montholon*, *Moussy*, *Vinay*, *Chavot*, et *Mancy* font des vins plus délicats, plus agréables et plus précoces que ceux de Vertus, et se conservent moins bien.

Chamery, et *Pargny*, donnent des vins analogues aux précédents. *Venteuil*, *Reuil* et *Fleury-la-Rivière*, produisent des vins ressemblant à ceux de Montholon, mais plus légers.

Parmi les vignobles à vins communs, *Châtillon*, *Romery*, *Vincelles*, *Cormoyeux*, *Villiers*, *Œuilly*, *Vandières*, *Verneuil*, et *Troissy*, sont les meilleurs.

Les vignobles des environs de Sézanne, ceux des arrondissements de Châlons, et Vitry, ne donnent que des vins de bonne qualité.

Vins Blancs :

1ʳᵉ CLASSE. — *Sillery* produit le plus estimé des vins blancs de la Champagne: une couleur ambrée et un goût sec le caractérisent. Le corps, le spiritueux, le charmant bouquet et les vertus toniques dont il est pourvu lui assurent la primauté sur toutes les autres: il a la propriété de conserver la bouche fraîche, et de pouvoir être bu à haute dose sans incommoder: on le sert ordinairement frappé de glace [1].

ANCIENNE ÉTIQUETTE DE VIN DE CHAMPAGNE.

Les vignes sont sur la côte de Verzenay, le seigneur possédait des vignes à Mailly, Verzenay, Ludes.

Le vin est très recherché à l'étranger, en Angleterre surtout, et peu en France.

Aÿ, le premier des vignobles dits de la Rivière de Marne, produit les meilleurs vins mousseux: ils sont frais, spiritueux, pétillants, délicats et pourvus d'un joli bouquet. Plus légers et plus moelleux que ceux de Sillery, ils leur disputent la priorité lorsqu'ils ne moussent pas. Ils leur sont, même en France, souvent préférés, quoi qu'ils ne soient pas aussi spiritueux et aussi stomachiques.

Mareuil produit des vins qui ne diffèrent pas de ceux d'Aÿ, et se vendent souvent comme tels.

Hautvilliers produisait des vins qui égalaient autrefois et

ANCIENNE ÉTIQUETTE DE VIN DE CHAMPAGNE.

même surpassaient ceux d'Aÿ, mais qui, faute de soins donnés aux vignes, sont tombés au second rang.

1. Le territoire de Sillery est en plaine, les vignes qui ont peu d'étendue sont situées sur la côte de Verzenay qui lui est contiguë. La renommée du vin de Sillery provient de ce que les seigneurs de Sillery, la maréchale d'Estrées, puis le marquis de Sillery, qui possédaient de grandes étendues de vignes dans la Montagne de Reims, à Ludes, Mailly, Verzenay, apportaient des soins minutieux à la confection de leurs vins, et surent les faire fortement apprécier. Le marquis de Sillery était l'un des plus gros propriétaires de vignes de la Champagne, il en possédait, d'après Young, plus de 250 arpents. Le vin de Sillery était très estimé en Angleterre.

Pierry produit des vins peu inférieurs à ceux d'Ay, plus secs, durant plus longtemps; ils se distinguent surtout par un goût de pierre à fusil qu'ils doivent à la grande quantité de pierres de silex que renferment les vignes.

Dizy fait des vins qui ont les caractères de ceux d'Épernay; ceux-ci sont généralement inférieurs à ceux d'Ay. Les vignes du Closet cependant les égalent.

2e CLASSE. — *Cramant, Avize, Oger* et le *Mesnil*, peuplés presque exclusivement de raisins blancs, produisent des vins qui ont de la douceur, beaucoup de

Cliché Charlier.

VUE DE CRAMANT, d'après une gravure de Ad. Varin, XIXe siècle.

finesse, de légèreté et d'agrément. Ils donnent, mélangés aux vins d'Ay, d'excellents mousseux.

C'est parmi les vins blancs de ces quatre crus que l'on trouve les vins dits ptysannes ([1]), si estimés comme apéritifs et conseillés contre les maladies de vessie. On ne les met en bouteilles qu'un an après la récolte. On fait aussi de la ptysanne à Ay, Mareuil, Pierry, Épernay et Sillery; elle a plus de corps et de spiritueux et se boit à la glace. Elle est même fort recherchée.

3e ET 4e CLASSE. — Les coteaux bien exposés, peuplés de bons plants, cultivés avec soin, fournissent presque toujours de très bons vins.

5e CLASSE. — Tous les autres crus ne produisent que des vins de qualité inférieure et sont classés dans la 5e classe.

Chouilly, Monthelon, Grauves, Mancy et *Moslins, Beaumont, Villers-aux-*

1. On reconnaît la tisane, dont le nom a été altéré et est devenu ici : ptysanne.

Nœuds, *Maugrimaud*, produisent des vins blancs légers, agréables, faibles en qualité, généralement consommés dans l'année qui suit leur récolte. Parfois additionnés dans les années chaudes d'un dixième de vins de taille de Mareuil ou d'Ay, ils donnent des vins mousseux de troisième classe.

Les environs de Saint-Dizier, de Vitry-sur-Marne, de Sézanne, de Sainte-Menehould, Passavent, la Neuville-au-Pont, etc., ne donnent que des petits vins secs, verts et plats, qui ne se conservent pas et sont consommés en totalité dans le pays. »

— Il est intéressant de savoir quelle place occupaient à cette époque dans la classification des vins de France, nos vins Champenois. Nous y verrons que les vins rouges de Champagne qui, aux siècles précédents, rivalisaient avantageusement avec les vins de Bourgogne, étaient déjà relégués au second plan. mais que, par contre, les vins blancs tenaient le premier rang.

« Les vins de France, écrit Jullien dans le chapitre XXV de sa *Topographie de tous les vignobles connus*, sont répartis en cinq classes dont les trois premières comprennent les vins fins et demi-fins, la quatrième, les vins d'ordinaire de première qualité et la cinquième, les vins de deuxième et de troisième qualité et les vins communs.

1. Vins rouges :

1re CLASSE. — *Bourgogne, Bordelais,* et *Dauphiné.*

Les vins de Bourgogne se distinguent par la suavité de leur goût, leur finesse et leur arome spiritueux.

2e CLASSE. — Se récoltent sur huit provinces. Vins différant peu des crus de la première classe et les remplaçant ordinairement dans le commerce.

Les vins de la Champagne ont beaucoup de délicatesse, de soyeux et de finesse ; ils portent assez promptement à la tête, mais leur fumée se dissipe presque aussitôt et ils sont en général très salubres. L'auteur cite en Champagne : Verzy, Verzenay, Mailly, Saint-Basle, Bouzy, et le Clos Saint-Thierry.

3e CLASSE. — Vins moins parfaits que les précédents. La Champagne fournit ici les vins rouges d'Hautvilliers, Mareuil, Dizy, Pierry, Épernay, Taissy, Ludes, Chigny, Villers-Allerand et Cumières, département de la Marne.

4e CLASSE. — Ont de réelles qualités et en vieillissant peuvent devenir comparables à quelques-uns de ceux de 2e classe. En Champagne : Villedommange, Ecueil, Chamery, Saint-Thierry, Damery, Champillon et Avenay département de la Marne.

5e CLASSE. 1re *section.* — Vins ordinaires de 2e qualité, vins de consommation journalière des consommateurs aisés. Ils ont un goût agréable sans pouvoir acquérir la finesse, ni le bouquet des précédents. La plupart portent bien l'eau.

En Champagne : Vertus, Mardeuil, Monthelon, Moussy, Vinay, Chaveau, Mancy, Chamery, Pargny, Vanteuil, Reuil et Fleury-la-Rivière, département de la Marne.

2ᵉ *section*. — Tous les crus inférieurs, vins de 3ᵉ qualité et vins communs. En Champagne, les vignobles de Châtillon, Vincelles, Cormoyeux, Villers,

Cliché Charlier.

DORMANS AU XVIIᵉ SIÈCLE, d'après Johan Peeters.

Œuilly, Vandières, Verneuil, Troissy, des environs de *Sézanne*, de *Châlons* et de *Vitry-sur-Marne*, département de la Marne.

II. Vins blancs :

1ʳᵉ CLASSE. — Quatre provinces de France fournissent des vins dignes de figurer ici, savoir : la *Champagne*, la *Bourgogne*, le *Bordelais*, le *Dauphiné*.

En Champagne, ceux des crus de Sillery, Ay, Mareuil, Hautvilliers, Pierry, Dizy, et des vignes dites le Clozet à Épernay, département de la Marne ; ils se distinguent par leur légèreté, leur délicatesse et leur agrément.

2ᵉ CLASSE. — La Champagne fournit ici les vins de Cramant, Avize, Oger, le Mesnil, département de la Marne.

3ᵉ CLASSE. — Aucun cru de Champagne ne doit figurer dans cette classe.

4ᵉ CLASSE. — Aucun des crus de la Marne, n'y figure. Le cru des *Riceys*, dans l'Aube y est classé.

5ᵉ CLASSE. 1ʳᵉ *Section*. — Vins d'ordinaire de seconde qualité.

En Champagne : Chouilly, Monthelon, Grauves, Mancy, Moslins, Beaumont, Villers-aux-Nœuds et Maugrimaud, département de la Marne.

2' section. — Vins d'ordinaire de 3' qualité et vins communs.

En Champagne, les environs d'Ancerville, de Vitry-sur-Marne et de *Sézanne.*

— Une partie importante de ces vins rouges était exportée en Belgique et en Hollande. En 1823, le gouvernement hollandais porta un coup funeste à

Cliché Charlier.

MONTMIRAIL AU XVII' SIÈCLE, d'après Johan Peeters.

notre commerce de vins, en en prohibant l'entrée par les frontières et par le cours de la Meuse. Il fallut trouver une autre voie, Reims, Dunkerque, Ostende, et divers lieux, mais le transport était très onéreux, il s'élevait à 73 fr. 70 pour une pièce de 2 hectolitres, et atteignait 100 francs pour les vins en bouteilles. A ces frais, il fallait ajouter les droits souvent élevés, perçus à l'entrée des villes.

Le commerce des vins rouges subit de ce chef un préjudice considérable qui ne fit que s'aggraver avec le temps, car les acheteurs se firent de plus en plus rares.

Cependant, en 1832, la fabrication des vins rouges présentait encore une grande importance.

La récolte, cette année, était évaluée, pour 20 000 hectares de vignes, à 480 000 hectolitres ainsi répartis : Un huitième, soit 60 000 hectolitres de vins blancs et mousseux ; 2/8, ou 120 000 hectolitres de vins rouges de choix, propres à l'exportation ; 5/8, ou 300 000 hectolitres de vins rouges ordinaires destinés à la consommation. On expédiait alors, sur les 120 000 hectolitres de vins d'exportation, 40 000 hectolitres en Belgique, et 80 000 à Paris, dans l'Aisne, la Somme, le Nord, le Pas-de-Calais, Seine-et-Marne, Seine-et-Oise, Ardennes.

D'après Cavoleau (*Œnologie française*), en 1827, le département de la Marne, « partie de la Champagne, l'un des plus distingués par la qualité de ses vins », comptait 19066 hectares, dont 110 pour l'arrondissement de Châlons, 6856 pour Épernay, 425 pour Sainte-Menehould, 9029 pour Reims, et 2046 pour Vitry, et produisait 422 487 hectolitres de vin, soit 22 hl. 16 par hectare. La valeur de cette récolte était estimée à 11 235 297 francs.

La décadence des vins rouges allait s'accentuer encore à partir de 1840. Ils étaient tombés presque dans l'oubli à l'époque où Victor Rendu écrivait dans son *Ampélographie française*, publiée vers le milieu du XIXᵉ siècle :

« Bien que les vins rouges aient été l'honneur de la Champagne et le principe de sa réputation viticole, ils ont dû disparaître devant le goût moderne. Les fabricants ont délaissé un vin qu'on ne demandait plus, les consommateurs se sont portés en foule vers le nouveau venu, au grand profit du négociant qui y trouvait les éléments d'une brillante fortune, aussi les vins rouges tant vantés de Sillery, Bouzy, Verzenay, Mailly n'existent-ils plus pour ainsi dire qu'à l'état de souvenirs, on n'en produit plus qu'à de longs intervalles, dans les grandes années et seulement en petit nombre, chez quelques rares amateurs. Les cépages dont ils proviennent ont été conservés, il est vrai, mais leurs raisins noirs sont tous convertis en vins blancs; le Pactole de la Champagne, sans changer de source a été dérivé dans son cours, il est toujours pour elle un fleuve bienfaisant. »

On faisait alors diverses sortes de vins mousseux. Rendu, dans son *Ampélographie française*, écrivait à ce sujet :

« On distingue plusieurs sortes de vin blanc de Champagne : le vin *grand mousseux*, le vin *mousseux ordinaire*, le vin demi-mousseux dit *crémant*, et le vin blanc connu sous le nom de tisane de Champagne. Le vin grand mousseux est celui dont la liqueur, au fond du verre, se blanchit de la plus forte mousse jusqu'au bord, il est nécessairement très léger. Le vin simplement mousseux ne possède cette propriété qu'à un moindre degré, il est toujours plus corsé que le vin grand mousseux. Les vins mousseux de Champagne arrivent ordinairement à leur maturité dans la troisième année de leur mise en bouteilles. Quand ils proviennent de bons crus et qu'ils ont été fabriqués avec soin, ils se conservent pendant une douzaine d'années sans rien perdre de leur montant. Le vin crémant ne mousse qu'à demi; il pétille moins dans le verre, et sa liqueur s'y couvre d'une légère écume bientôt évaporée. Le vin crémant provient de la mère-goutte et excelle par ses qualités vineuses. Aux yeux

du vrai connaisseur, c'est le roi des vins blancs de Champagne. C'est aussi le
plus fin, le plus délicat, le plus rare et le plus cher; on ne saurait trop le payer
quand il est issu d'une bonne source. Les vins crémants ne se vendent ordinairement qu'après trois ou quatre années de bouteille; il faut qu'ils soient bien
fondus pour atteindre toute leur perfection. Sous le nom modeste de tisane,
on comprend un joli ordinaire plein d'agrément, ayant plus de douceur que de
vinosité et rappelant quelques-unes des qualités du vin de Champagne. La tisane
en cercle vaut la moitié du prix des vins crémants; elle s'expédie peu de temps
après sa mise en bouteilles. Les meilleures tisanes forment des vins mousseux
de seconde qualité; les autres n'entrent que dans la troisième classe. Ces différents vins n'exigent pas de trai-
tements particuliers, on les confectionne tous à peu près de la
même manière. »

Dans sa remarquable *Étude
des Vignobles de France*, publiée
en 1868 pour la première fois,
Jules Guyot attribue aussi aux
mêmes causes la décadence des

Ancienne étiquette de vin de Champagne.

vins rouges de Champagne, dont il rappelle la classification donnée antérieurement par Jullien :

« Les vins blancs de Sillery ont joui d'une grande réputation et se sont
payés de grands prix; il en serait encore ainsi et de même de la plupart des
vins blancs de la Haute-Champagne, dans les bonnes années surtout, mais on ne
sait plus faire ces vins non mousseux en leur conservant leur liqueur : c'est vraiment un secret perdu et qu'on ne cherche plus à retrouver parce que les vins
mousseux ont un tel éclat, un tel prestige et une telle séduction extérieure,
joints aux qualités réelles du fond, que l'on n'obtiendrait point un aussi grand
placement des vins secs, quoique plus sérieux et plus appréciés des vrais
connaisseurs.·

« La presque totalité des raisins noirs sert aujourd'hui à faire les vins
blancs de la Champagne, tandis qu'autrefois la Champagne n'avait pas moins
de réputation pour ses vins rouges que pour ses vins blancs.

« Aujourd'hui la Marne produit encore d'excellents vins rouges, dont la
saveur, le bouquet et la chaleur tiennent le milieu entre les meilleurs vins de
Bourgogne et ceux du Médoc, et leur valeur ne serait pas moindre s'ils étaient
préparés et soignés comme autrefois. »

Il conseille, pour faire de bons vins rouges, de vendanger tardivement, à la pleine maturité du raisin, et de faire durer la cuvaison de tous les vins rouges de Champagne, comme en Côte-d'Or et dans le Médoc, entre trois et sept jours.

La décadence des vins rouges tient à des causes multiples. Les mesures douanières qui entravèrent l'exportation dans certains pays ne furent pas les seules. Sans doute, le nouveau venu était plus séduisant et avait plus de prestige que les anciens vins, il devait les supplanter. Les consommateurs le demandèrent de plus en plus. Sa renommée s'accrut. L'art du commerce champenois consista précisément, en présentant des produits de plus en plus parfaits, possédant d'exquises qualités, à attirer et à diriger habilement le goût des consommateurs vers le vin mousseux. Les fabricants y trouvèrent un double avantage : ils vendirent leurs produits un prix plus élevé et les débouchés allèrent sans cesse croissant, non seulement en France, mais surtout à l'étranger, dans des pays où la concurrence n'était guère à craindre, les autres vins n'y pénétrant que difficilement. Peu à peu, les besoins de la consommation devenant plus considérables, la production des grands crus fut toute entière absorbée par la fabrication des vins mousseux.

Vers 1855, le commerce commence à s'approvisionner dans les crus secondaires, dans les petits crus de la vallée de la Marne. La plus grande partie des raisins noirs de qualité est utilisée pour la fabrication des vins mousseux. Les négociants champenois ne se contentent plus d'acheter, à la pièce, le vin fait, ils veulent s'assurer de la qualité des produits dès le début de la manutention, et diriger celle-ci entièrement à leur guise. Ils achètent au kilogramme le raisin des plants les plus fins, obligeant ainsi le vigneron à cultiver presque exclusivement les cépages qui les produisent ; ils donnent le signal de la vendange ; ils font un choix rigoureux des raisins, exigent un triage soigneusement effectué. Ils font exécuter le pressurage d'après une méthode tirée d'une expérience plus que séculaire et suivent le moût dès sa sortie du pressoir.

Le vigneron trouve certains avantages dans ce mode de vente ; sa récolte est vendue avant ou au moment de la vendange, payée presque aussitôt ; il est débarrassé des soucis que lui occasionnaient les soins minutieux à donner au vin ; il n'a plus besoin d'un matériel vinaire aussi important qu'autrefois, n'ayant plus que rarement à loger sa récolte. Mais il perd peu à peu les habitudes de propreté et de minutie auxquelles les anciens vins devaient leurs brillantes qualités et leur grande renommée.

Il considère comme l'idéal la vente au commerce champenois, et abandonne la fabrication des vins rouges qui, ayant perdu de leur prestige et de leurs qualités, étaient de moins en moins demandés.

Les voies de communication se développant de plus en plus, les chemins
de fer se multipliant, le transport des vins se fait plus facilement, plus économiquement. Les vins des autres régions viticoles, ceux de la Bourgogne notamment, que les vignerons ont continué à soigner, supplantent les vins rouges
rosés et gris de la Champagne. La clientèle de ces anciens vins, négligée,
s'adresse ailleurs ; le goût des consommateurs se trouve détourné, faussé même.
Le commerce des anciens vins de Champagne non mousseux est réduit presque
à néant.

Peu à peu, leur prestige disparait à mesure que la renommée du mousseux s'accroit. Seuls quelques propriétaires aisés, quelques gourmets leur
restent fidèles, et s'offrent le luxe et le plaisir, dans les grandes années, de faire
quelques pièces de vin rouge que les vrais connaisseurs apprécient fort. Mais
il apparaît difficile de les faire revivre, de leur redonner du restige, de diriger
vers eux le goût des consommateurs. Les grands vins non mousseux de Champagne n'existent plus qu'à l'état de souvenir.

Une grande révolution économique s'est accomplie dans notre région
par suite de l'essor pris par le commerce des vins mousseux. Le prix des vins
augmente, entraînant avec lui l'augmentation de la valeur foncière du vignoble
et des salaires et apportant un peu plus de bien-être chez tous les vignerons,
l'aisance et même la fortune chez quelques-uns. Des maisons de commerce,
anciennement créées, prennent de l'extension, de nouvelles se fondent et
arrivent, en quelques années, en un quart de siècle, à édifier de colossales for-
tunes : l'industrie du vin mousseux fait la richesse des villes, Ay, Epernay,
Reims surtout, où l'industrie de la laine périclite. Une nombreuse population
ouvrière travaille dans les caves, y trouve de bons salaires. Les industries
annexes, fabrication des bouchons, des bouteilles, des capuchons de paille, des
caisses et paniers d'emballages, la lithographie prennent une extension parallèle
à celle du grand commerce champenois.

L'industrie du Champagne, dont l'essor est prodigieux, est une source
de prospérité pour toute la région.

« Le Pactole de la Champagne, écrivait si justement Victor Rendu, sans
changer de source, avait bien été dérivé dans son cours : il est resté pour elle
un fleuve bienfaisant, mais sa source est devenue plus féconde, son débit beaucoup plus abondant, et le nombre des paillettes d'or qu'il roule beaucoup plus
considérable ».

CHAPITRE VII

La Lutte du Champagne
contre les autres Vins mousseux

Un tel prestige, un succès aussi considérable ne pouvaient manquer de susciter l'envie et de provoquer des imitations ou des fraudes. La faculté de prendre la mousse n'était pas spéciale au vin de la Champagne.

Bien avant la Révolution, avant même qu'on ne parlât du vin mousseux de Champagne, la mousse était connue dans les environs de Saumur.

Le vin d'Arbois, dans le Jura, était, au moment de la Révolution, déjà renommé pour sa mousse et pour sa qualité. D'après A. Maizières[1], un Champenois, membre de l'Académie de Reims, écrivait : « Le vin d'Arbois a été renommé dès avant la Révolution pour son bon vin déclaré semblable à notre vin mousseux. A Strasbourg, où je me trouvais en 1792, on a servi au dessert du vin d'Arbois au même prix que le vin de Champagne et qui a été jugé de bonne qualité en tout point. Ce vin n'en était pas à son entrée dans le monde : il était connu dans l'hôtel depuis plus de vingt ans. » Les vins de Lons-le-Saulnier et de l'Étoile étaient aussi réputés.

Vers 1820, la Bourgogne, dont les vins rouges avaient alors reconquis la première place, voulut aussi faire du vin mousseux. Avec des raisins de pinot noir et blanc, on fait de bons mousseux, à Vougeot, Vosne, Nuits-Saint-Georges, à Chablis, etc. Le vin est pétillant, énergique, mais il n'a pas la légèreté, la finesse, la fraîcheur, le parfum du Champagne. Il est plus spiritueux, plus corsé, rend la bouche pâteuse, fatigue l'estomac et le cerveau.

Le Midi de la France fabrique aussi des vins mousseux parmi lesquels les vins de Gaillac, ceux de Saint-Péray, la Blanquette de Limoux. Mais les cépages qui fournissent ces vins sont bien inférieurs aux pinots de Champagne et les procédés employés pour obtenir la mousse sont bien moins perfectionnés qu'en Champagne.

1. *Origine du développement du commerce du vin de Champagne.*

L'origine de la fabrication des mousseux de Saint-Péray remonterait à 1798. Obtenus autrefois avec la Roussanne, ils sont aujourd'hui mélangés de raisins rouges, Syrah et Gamay, ce qui les rend moins capiteux et moins énervants.

La Blanquette de Limoux a été très sévèrement appréciée par le comte Odart, dans les termes suivants : « Quant à la jolie Blanquette de Limoux, son seul trait de ressemblance avec le Champagne est la mousse. Je conçois que cette boisson puisse être trouvée agréable par des femmes, mais des hommes ne se contenteraient pas de mousse et d'une saveur sans vinosité. » Nous nous en tiendrons à ce jugement peut-être sévère, mais juste. D'ailleurs la Blanquette de Limoux a beaucoup perdu de son importance depuis la crise phylloxérique.

Dans la Drôme, avec la Clairette de Die on fait des vins mousseux, en employant une méthode perfectionnée et assez originale. Ces vins ont une certaine finesse particulière, mais on ne saurait prétendre, d'après MM. Roos, directeur de la Station œnologique de l'Hérault, et Rolland, professeur départemental de la Drôme, les assimiler « aux Champagnes, ces vins inimitables que savoure le monde entier. »

Dans l'Anjou, l'industrie du vin mousseux a pris une certaine extension, grâce à l'application de la méthode champenoise. Dans le Saumurois, la culture de la vigne est très ancienne, les vins de cette région ont joui à travers les âges d'une réputation qui dépassa même les limites des provinces voisines et s'étendit à l'étranger. Il paraît que depuis les temps les plus anciens, les vins mousseux faisaient partie de la consommation locale en Anjou.

Les vieilles chroniques établissent qu'ils étaient connus, même avant ceux de la Champagne; elles nous apprennent, en effet, qu'au mariage de la duchesse Anne de Bretagne avec le roi Louis XII en 1498, « le vin qui fut servi pétillait dans les verres, et produisait une mousse lorsqu'on brisait le goulot de la bouteille, le goût en était fin et frais et justifiait la renommée qu'il avait acquise(¹) ». On y cultive surtout actuellement le chenin blanc, ou pinot blanc de la Loire; les vins mousseux obtenus se font remarquer par leur légèreté et leur limpidité, mais ils ont ce goût caractéristique de fruit dû au chenin blanc, et parfois un goût de terroir. Ils n'ont pas la fraîcheur, la délicatesse, l'arome exquis du Champagne. « Primitivement, dit Coste Floret, cette industrie angevine n'employait que les vins de cru provenant en grande partie du Cabernet mélangé aux pinots blancs, mais actuellement les vins gris du pays ne suffisent

____

1. Rapport de M. H. Barbier à la Chambre de Commerce d'Angers en 1904.

plus, on en fait un mélange avec les produits des pays voisins et même avec des vins blancs neutres du Midi préparés à cet effet. » La fraude s'exerce donc aussi dans cette région, au détriment des produits naturels du pays.

Mais c'est surtout à l'étranger que le danger existe. Le succès formidable du Champagne français, l'essor prodigieux de cette industrie devaient provoquer l'envie des étrangers et susciter de nombreuses imitations. Des tentatives de contrefaçon faites en Angleterre au xviii° siècle eurent pour résultat d'éloigner les consommateurs de ces liquides et de les ramener au vrai Champagne.

En Italie, on fait, avec le muscat blanc, un vin mousseux renommé, l'Asti Spumante ou Moscato Spumante; mais qui n'a aucune prétention à imiter notre Champagne.

En Amérique, en Allemagne, en Autriche et en Russie l'industrie des vins mousseux avait pris, avant la guerre, une assez grande extension et devenait menaçante pour notre commerce champenois. Il nous semble utile de jeter un coup d'œil sur l'essor pris par cette industrie dans ces divers pays avant que la grande tourmente n'ait amené des perturbations profondes dans tous les pays de l'Europe.

En Amérique. — D'après une revue américaine, *Popular Science Monthley*, ce fut en 1850, que l'on essaya pour la première fois dans l'Ohio de fabriquer du Champagne. Un Américain de Cincinnati, l'honorable Nicolas Longworth, fit venir de France des ouvriers habiles et le matériel le plus perfectionné, et parvint avec les raisins du cru de Catawba à faire un mousseux excellent. Malgré les maladies de toutes sortes, qui ravagèrent de 1862 à 1865, le vignoble américain et arrêtèrent momentanément l'essor du mousseux, de nouvelles plantations furent créées sur les bords du lac Érié, dans le Nord de l'Ohio, à Saint-Louis et dans l'État de New-York. La région des lacs de Keuka, de Seneca et de Canandigua, dans cet État de New-York, tint bientôt le premier rang au point de vue vinicole.

Dans le district du lac Keuka, la vigne qui, en 1860, n'occupait que 260 acres (l'acre équivaut à 40 ares 46), en occupait, en 1890, plus de 16 500. Les districts des lacs Seneca et Canandigua comptent 10 000 acres, celui de Catangua 18 000 et celui de la rivière Hudson 14 000. L'ensemble de ces vignobles est désigné sous le nom de district du Champagne américain. Bien que la superficie plantée en vignes ne soit que le quart de celle de la Californie, il produit le meilleur mousseux et à lui seul, il en fait davantage que le reste des États-Unis. Les 4/5 de ses raisins sont consommés comme raisins de table, tandis que les 4/5 des raisins californiens servent à faire du vin.

Une première compagnie, la Pleasant Valley, fut fondée en 1860, pour faire du Champagne. Une seconde, l'Urbaine Wine Company, s'installa en 1865 dans le même but, et, en 1894, elle possédait dans chacun de ses chais 1 000 000 de bouteilles.

La situation du lac Keuka, au milieu de hautes montagnes, est essentiellement favorable à la culture de la vigne. Les gelées de printemps et celles d'automne ne sont pas à craindre, car le printemps commence très tard, le débourrement se fait tardivement et à l'automne, l'eau du lac retient la chaleur. Les rosées y sont très faibles. La situation est donc analogue à celle des grands crus du Bordelais, de la vallée de la Marne et des bords du Rhin. Le sol y est d'une nature analogue à celle du sol français. C'est là que l'on cultive le vrai raisin à mousseux.

L'introduction de cépages étrangers, notamment des meilleurs cépages français tentée au début de la culture de la vigne, n'a pas donné de résultats; les vignerons américains portèrent tous leurs efforts sur l'amélioration des plants indigènes et la création de nouvelles variétés par l'hybridation. Ils obtinrent ainsi plus de 275 variétés, dont les produits sont remarquables tant pour la table que pour la fabrication du vin.

En Californie, le vignoble peut être divisé en trois sections :

1° La Côte, région productive du véritable raisin français à Champagne;

2° Les contreforts de la Sierra Nevada qui donnent des raisins de table, du Scherry et du Porto.

3° Les comtés du Sud où l'on imite le Bourgogne, le Sauterne et le Claret ou Bordeaux.

La vendange du raisin destiné à faire du Champagne se fait dans la région du lac Keuka, par des femmes et des jeunes filles, depuis le commencement de septembre jusqu'à la mi-octobre, suivant le temps qu'il fait et le degré de maturité du raisin. Le raisin est recueilli dans des boites qui peuvent en contenir de 30 à 40 livres. On dépose celles-ci au bout des vignes et, trois ou quatre fois par jour, on les transporte au magasin central.

Le vigneron américain a adopté le mélange des vins de divers crus pour la confection des cuvées; il allie le vin des raisins noirs de Concorde et d'Isabelle avec les raisins blancs de Delaware, Catawba et Iowa. La méthode suivie pour la manutention est analogue à celle des maisons champenoises.

Le développement que prend l'industrie du vin mousseux aux États-Unis menace notre industrie nationale. La concurrence y devient même déloyale. Dans un rapport adressé, en 1903, au ministère du Commerce, M. Donzel rapporte qu'on a fondé dernièrement en plein centre de l'industrie du mousseux une localité que l'on a baptisée Rheims ; on y a même fait venir de France une cuisinière qui a nom Mme Vve Pommery, à laquelle on a fait fonder une marque de Champagne. L'intention frauduleuse ne fait donc aucun doute ; les Américains ne se gênent point pour habiller leurs bouteilles à la française, selon la mode champenoise, et les vendre sous le nom de Champagne. La taxe douanière de 41 fr. 44 par panier de douze bouteilles, soit 3 fr. 50 par bouteille, qui frappe nos vins de Champagne, et les formalités vexatoires qui viennent en accompagner l'application, mettent nos vins dans une situation désavantageuse, aussi notre exportation diminue-t-elle.

Nous verrons plus loin les résultats de la prohibition des boissons alcooliques et du vin de Champagne aux États-Unis, depuis la guerre.

En Allemagne. — L'Allemagne faisait à nos produits une concurrence inquiétante pour l'avenir de notre industrie. D'après M. G.-E. Eager, consul américain à Barmen, la mise en bouteilles des vins mousseux commença vers 1820. Une maison de Coblentz, en 1843, fabriquait 5000 bouteilles pour l'exportation, elle réussit en peu de temps à créer un marché pour les vins mousseux du Rhin et de la Moselle en Angleterre et dans ses colonies, l'Inde et l'Australie. Mais pendant longtemps cette industrie resta négligée, méprisée même. Un changement important s'opéra quand l'Allemagne après 1870, eut réalisé son unification.

Des droits très élevés, presque prohibitifs, frappèrent nos Champagnes à leur entrée en Allemagne. Certaines maisons françaises fondèrent des succursales et suscitèrent des imitations. Les Allemands vinrent acheter dans le Saumurois et la Champagne des vins en cercles qu'ils travaillèrent chez eux. Protégés par une politique fiscale qui frappait de droits de plus en plus lourds nos Champagnes français, favorisés par les tarifs de transport de la marine marchande allemande qui étaient moins élevés que ceux de la marine marchande française, encouragés par des primes consistant dans la remise des droits perçus sur le vin brut étranger qui avait servi à la fabrication du mousseux allemand, dépourvus de scrupules sur le choix des moyens propres à lutter contre la concurrence, les industriels allemands étendirent leur fabrication. Une loi les autorisa même à mettre le nom de Champagne sur les bouteilles contenant un vin composé de vin de la Champagne en général, Aube ou Marne, dans la proportion d'au moins 51 pour 100.

A ces mesures de protection et d'encouragement venait se joindre l'influence exercée par l'ex-Kaiser Guillaume II qui ne manquait jamais de marquer son aversion pour le Champagne français et de préconiser les mousseux allemands qu'il osait appeler Champagnes. S'il n'avait pas encore déclaré, avant la guerre, qu'il ne consentirait à boire du Champagne français que lorsque la province de ce nom serait allemande, du moins pouvait-on lui prêter de semblables sentiments si l'on en croit l'anecdote suivante, racontée par Bismarck et relatée par un de ses familiers, Eugène Wolff, dans ses Souvenirs : « A un dîner chez l'empereur on me versa du Champagne. Je ne vis pas la marque, parce que la bouteille était enveloppée dans une serviette; mais au goût je reconnus tout de suite du Champagne allemand. Je reposai mon verre sur la table et je n'y touchai plus : « Vous ne buvez pas, prince, me demanda l'Empereur. — Non, Sire, je ne puis pas « supporter le Champagne allemand. »

« Cependant l'Empereur crut devoir s'expliquer : « J'en bois, dit-il, d'abord « par économie, parce que j'ai à nourrir une nombreuse famille, et ensuite par « raison d'État. Je voudrais donner le bon exemple à nos officiers. — Majesté, « répliquai-je, mon patriotisme ne va que jusqu'à l'estomac. »

Quelque temps avant la guerre l'Empereur intima l'ordre à ses officiers de ne boire dans les réceptions militaires que du Champagne allemand; l'exemple qu'il voulait donner ne se montrait sans doute pas suffisamment efficace.

Le commerce allemand ne négligeait rien pour se créer de nouveaux débouchés. Cependant, en Angleterre, ses exportations restaient au même point et aux États-Unis, elles étaient restées stationnaires. Nous sommes convaincus que le palais des Américains savait distinguer le vrai Champagne des imitations. L'anecdote suivante semblerait le prouver.

Il y a quelques années, un Français qui avait vécu pendant longtemps au Japon, et duquel nous tenons ce récit, M. Alfred Gérard, de Reims, se trouvait dans un grand hôtel de New-York. A la table voisine dînaient un Américain et un Allemand. Celui-ci avait fait servir de son vin mousseux dont il vantait les mérites; son convive, insensible à ces louanges, restait muet. Vers la fin du dîner celui-ci fit venir une bouteille d'une grande marque française : Vve Cliquot. Dès que le Champagne pétilla dans les coupes et que l'Américain y eut plongé ses lèvres, il s'écria : *That is Champagne!* affirmant ainsi, par ces seuls mots, l'éclatante supériorité du Champagne français sur le mousseux allemand.

On ne saurait nier cependant l'extension prise par la fabrication des mousseux allemands pendant les années qui ont précédé la guerre. De moins de 2 millions de bouteilles qu'elle était en 1875, elle passait à 10 millions en 1903-1904, et à plus de 13 millions en 1908, y compris les vins gazéifiés, les vins mousseux de fruits et les mousseux sans alcool.

En 1908, l'importation, qui atteignait 1 400 000 bouteilles, dont la presque totalité venait de France, dépassait encore l'exportation qui s'élevait à 1 123 000 bouteilles. Il y avait donc là un danger menaçant pour notre industrie.

Pour l'année 1911, 178 maisons productrices, au lieu de 199 en 1910, ont produit 13 943 032 bouteilles de vins mousseux obtenus avec le raisin au lieu de 12 072 905 en 1910.

L'exportation se chiffre par 1 283 771 bouteilles de vins mousseux de raisin, contre 1 282 683 en 1910.

L'importation, par contre, a diminué; elle n'était que de 1 044 225 bouteilles en 1911, contre 1 709 617 en 1910.

Cette diminution résulte des mesures prises en vue de protéger la production indigène contre la concurrence étrangère.

La guerre nous a fermé le marché allemand qui, à l'heure actuelle n'est pas encore réouvert; mais l'Allemagne cherche toujours à nous concurrencer par des moyens déloyaux.

En Russie. — La Russie essaya également d'imiter nos champagnes avec les produits de son vignoble de la Crimée, comme elle essaya d'imiter nos bourgognes, nos bordeaux, etc. Mais ses efforts ne furent pas couronnés de succès, et de l'avis même des hommes éminents qui s'occupaient de viticulture dans ce pays, si la Russie développait son vignoble et cherchait à implanter nos cépages, ce n'était pas dans le but d'imiter et de supplanter nos grands vins, mais de faire « un bon vin, sans épithète ».

M. V. Martinoff, inspecteur des Services vinicoles et viticoles des apanages impériaux en Russie, dans une lettre adressée à M. Viala, inspecteur général de la viticulture en France [1], en date du 29 juin 1903, à propos d'un passage d'une de ses conférences relative aux vins russes, concluait ainsi :

« La France continuera à produire ses vins merveilleux, et la Russie développera chez elle une industrie qui lui sera de plus en plus nécessaire. Un peuple ne peut demander à un autre peuple de sacrifier ses intérêts aux siens. Les collectivités sont moins sentimentales que les individus : mais quand elles ont bien placé leurs affections, la sympathie, malgré d'inévitables nuages, reste vivace au grand avantage de tous. »

Les vins mousseux étaient produits par le vignoble du Don, et vendus sur place 2 francs à 2 fr. 15 la bouteille. Les vins des apanages de Crimée, les seuls vins véritablement fins de la Russie, coûtaient jusqu'à 5 fr. 35 la bouteille vendue au détail. Le Domaine possédait en Crimée de grandes propriétés très bien exposées, et produisant des vins de qualité supérieure à tous ceux qui étaient fabriqués dans le pays; leurs prix étaient de 20 à 30 pour 100 plus élevés. Ces vins portaient tous sur l'étiquette les armes impériales.

1. *Revue de Viticulture*, t. XV, p. 63.

La fabrication des vins mousseux, genre champagne, avait pris de l'extension depuis quelques années et commençait à porter un certain préjudice à l'importation de nos champagnes. Ils se vendaient de 4 à 8 francs la bouteille.

Les plus importantes maisons russes, se livrant à cette fabrication. se trouvaient à Saint-Pétersbourg, Odessa, Moscou, Riga, Revel, Koutaïs.

Cependant la haute société russe et la bourgeoisie, qui étaient à peu près les seules classes de la société russe consommant du vin, n'appréciaient guère les vins russes et restaient fidèles aux champagnes français, qui sont mieux soignés et d'un arôme bien supérieur à celui des vins russes. Néanmoins, la consommation de nos vins était en décroissance, les droits prohibitifs et la production du vignoble russe avaient fait diminuer les importations.

En 1903, il était entré au port de Riga 1 154 564 bouteilles de champagne : en 1904, 1 044 000 ; et en 1905, 1 103 000.

Les champagnes français représentaient les 9/10 de nos vins en bouteilles importés en Russie. Notre commerce des vins avait donc à soutenir dans ce pays une lutte assez vive pour conserver les positions acquises.

Qu'est-il advenu des vignobles du Domaine impérial et de l'industrie des vins mousseux depuis 1914 ? La guerre et les terribles événements qui l'ont suivie et ensanglantent encore la Russie, ont provoqué des perturbations profondes dans la vie politique, économique et sociale de ce pays. Tant qu'il n'aura pas retrouvé sa stabilité, le marché russe sera presqu'entièrement fermé au commerce du champagne.

En Hongrie. — D'après une note du consul de France à Budapest, l'industrie des vins mousseux y était très active avant la guerre ; elle avait été fondée en partie par des Français venus de Champagne et naturalisés. Les vins hongrois ne pouvaient naturellement pas lutter contre les grandes marques françaises, mais il n'y a guère de doute qu'ils ont paralysé l'importation des vins de second ordre.

L'industrie des mousseux n'existait pas il y a trente ans, ou elle se bornait à contrefaire nos vins. Vers 1910, les producteurs hongrois affirmaient qu'ils avaient développé dans le pays le goût des vins mousseux et que, de ce mouvement, nos grands mousseux profitaient ; mais il était difficile de vérifier cette assertion.

La fabrication locale des mousseux hongrois était évaluée par un producteur indigène à 6 ou 7000 bouteilles.

La Hongrie expédiait 4349 quintaux de vins mousseux valant 608 350 couronnes, soit 639 292 francs. Ils se vendaient, dans les dépôts, de 4 fr. 20 à 5 fr. 25, et, dans les restaurants de Budapest, de 7 fr. 35 à 8 fr. 40.

La production des vins mousseux artificiels, se vendant 2 couronnes en fabrique, atteignait 300 000 bouteilles; c'étaient de grossières contrefaçons de petites marques françaises. La production locale, les contrefaçons et les droits d'entrée très élevés étaient autant d'obstacles à l'extension du commerce du champagne français en Hongrie. Cependant celui-ci tenait la tête parmi les importateurs.

Sur 2956 quintaux de vins mousseux introduits en Hongrie en 1904, représentant 877 910 couronnes, soit 921 805 francs, la France était représentée par 2231 quintaux, dont la valeur était de 669 300 couronnes, soit 702 765 francs. A cette quantité il y avait lieu d'ajouter les vins français réexportés de Vienne en Hongrie par diverses agences, et ceux qui, importés en Angleterre, étaient réexpédiés à une certaine clientèle hongroise. La bouteille de champagne était considérée comme pesant 1 kilogramme, alors qu'en réalité elle en pèse 2. Il était ainsi difficile de connaître exactement la quantité de champagne français importé. Cependant un négociant de Budapest l'évaluait entre 150 000 et 200 000 bouteilles.

Les marques les plus appréciées se vendaient dans des dépôts à Budapest de 9 à 10 couronnes, soit de 9 fr. 45 à 10 fr. 50, et dans les restaurants de 12 à 15 couronnes, soit de 12 fr. 60 à 17 fr. 85.

Les secondes et petites marques, concurrencées par la production indigène, étaient peu répandues. Il était difficile d'en faire adopter de nouvelles.

Les vins français qui étaient frappés, par suite d'une réduction spéciale, d'un droit d'entrée de 40 florins or ou 96 couronnes, avec déduction ou remise de 10 pour 100 sur l'emballage, étaient menacés d'une surélévation de ces droits, qui devaient être portés à 150 couronnes, ce qui devait représenter un droit approximatif de 3 fr. 15 par bouteille. Certains fabricants de mousseux hongrois espéraient ainsi atteindre le marché français.

La guerre nous a aussi fermé le marché hongrois, comme elle nous a fermé le marché russe.

Vins gazéifiés. — Jusqu'ici nous n'avons cité que les tentatives plus ou moins heureuses d'imitation de nos champagnes, soit à l'aide de vins naturels produits dans le pays même, soit à l'aide de vins achetés en Champagne. Il n'y a là rien que de très légitime, le commerce et l'industrie étant relativement libres, et le producteur ayant le droit de chercher à écouler ses produits le plus avantageusement possible pour lui.

Mais, trop souvent, la concurrence est accompagnée de manœuvres déloyales, usurpation ou contrefaçon de marques, et surtout désignation de vins mousseux quelconques sous le nom de champagne. Contre de tels agissements, le commerce champenois et en particulier le Syndicat du commerce des vins de Champagne ne sauraient trop protester.

Nous ne saurions passer sous silence une contrefaçon grossière, certainement accompagnée d'intention malhonnête, de nos vins de Champagne et des vins mousseux en général. Elle consiste dans la fabrication de vins gazéifiés avec des vins blancs de provenance quelconque, voire même de vins de raisins secs, dans lesquels on introduit directement, par des procédés industriels et à l'aide d'appareils spéciaux, de l'acide carbonique produit artificiellement. L'incorporation du gaz par ces procédés, est loin d'être aussi parfaite que lorsque l'acide se dégage dans une fermentation secondaire, lente et habilement dirigée.

« L'acide carbonique, dit V. Sébastian dans ses *Vins de luxe*, qui se dégage pendant l'acte physiologique qu'accomplissent les ferments, est, en quelque sorte, à l'état naissant, et il paraît présenter alors une affinité plus grande pour les molécules de l'eau; cette affinité se traduit, toutes choses égales, par une mousse crémeuse et persistante, par une saturation plus adhérente, plus tenace, bien différente de celles que l'on remarque chez les vins artificiellement traités. » De plus, l'acide carbonique, obtenu par la méthode champenoise, retient certains bouquets qui contribuent à assurer la supériorité du vrai champagne.

Mais la méthode champenoise est longue, délicate, tandis que la « champagnisation », car tel est le nom que l'on ose donner à la gazéification artificielle, permet d'obtenir rapidement, avec des vins qui n'ont d'autre mérite que leur bon marché, un saute-bouchon quelconque. Il est à peine besoin de dire que les vins ainsi obtenus n'ont absolument rien de commun avec nos exquis produits champenois, néanmoins ils leur portent un préjudice assez grave.

Signalerons-nous, en passant, les manœuvres grossières dont les grandes marques sont constamment l'objet : substitution d'étiquette, de bouchons marqués, au moment de servir, grâce auxquelles certains commerçants peu scrupuleux écoulent, comme produits de marque, des mousseux inférieurs? Les rappeler suffit pour en montrer la malhonnêteté et attirer sur leurs auteurs le mépris le plus profond.

* * *

Nous ne nous attarderons pas plus longtemps sur le chapitre de la concurrence et de la fraude; nous ne ferons pas davantage de dissertations sur les moyens de lutter contre l'une et de réprimer l'autre. Il appartient à d'autres qu'à nous de le faire. Tout en souhaitant de voir prendre des mesures, soit pour protéger et favoriser notre commerce du Champagne à l'étranger, soit pour réprimer sévèrement les contrefaçons, les fraudes de toutes sortes dont il est l'objet, — car c'est une minime consolation de se dire qu'on ne contrefait que les produits supérieurs, — qu'il nous soit permis de rappeler aux consommateurs de champagne, aux amateurs du vrai Champagne mousseux, ces lignes écrites, il y a déjà une quarantaine d'années, par un de nos plus éminents viticulteurs, le Dr Jules Guyot, dans son remarquable livre *Les Vignobles de France.*

« Parmi les vins distingués et précieux des meilleurs vignobles de France, le vin mousseux de Champagne est, sans contredit, le plus brillant, il a fait la conquête de toutes les nations européennes, il a subjugué le nouveau monde, il pénètre avec faveur dans le plus ancien, et tout porte à croire qu'avant la fin de notre siècle à vapeur, il sera connu et recherché de tous les peuples de la terre.

« Le département de la Marne est le seul en France qui produise cette merveilleuse boisson, avec toutes ses perfections sensuelles et surtout hygiéniques. Tout le monde sait quels efforts ont été vainement tentés dans tous les vignobles et même dans tous les laboratoires de chimie pour la reproduire avec tout ou partie de ses qualités. On peut tromper et être trompé facilement sur la nature et l'origine d'un vin blanc mousseux; mais personne n'imitera le vin de Champagne s'il n'emprunte les fins cépages, le climat et le sol de la Marne, et personne n'en ressentira tous les bienfaits, si ce vin n'est pas le produit de ces trois conditions.

« Assurément, l'industrie des propriétaires et des négociants champenois a su le rendre plus ou moins agréable, le mettre plus ou moins au goût de chaque peuple; mais elle n'a pu lui donner aucune qualité hygiénique autre que celle qu'il possède naturellement en lui-même, et indépendamment du sucre et des eaux-de-vie qu'on peut y joindre pour en corriger la verdeur ou la faiblesse; la seule amélioration fondamentale qui soit due à l'industrie est celle du recoupage, c'est-à-dire l'addition de vins naturels des grandes années aux vins naturels des petites années du même département.

« Je n'entends pas diminuer ici la part qui revient à l'industrie et au commerce champenois dans le grand succès et la légitime réputation de ce vin précieux; je me hâte, au contraire, de proclamer que, mettant à profit ses belles qualités, ils ont su corriger les défauts qui l'auraient fait repousser. Ce que je tiens à bien faire comprendre, c'est que ce vin pur porte en lui-même toutes ses propriétés spéciales, et qu'aucun autre vin, ni de Bourgogne, ni de Bordeaux, ni de Touraine, ni d'aucune autre province n'a pu et ne pourra le remplacer. »

A ces lignes, toujours vraies, nous pourrions ajouter aussi qu'aucun autre pays viticole du monde ne donnera un vin pouvant remplacer notre champagne. Il est possible de faire des mousseux, des « saute-bouchon », avec toutes sortes de vins blancs, mais on ne fera jamais du « champagne ».

Lorsque les viticulteurs américains de l'État de New-York voulurent créer l'industrie du vin mousseux, ils cherchèrent d'abord à acclimater nos cépages champenois et à réaliser ainsi le mieux possible les conditions de la culture de la vigne en Champagne. Les Russes imitant leur exemple, firent venir également des cépages français. Les résultats obtenus ne répondirent pas aux espérances qu'ils avaient fondées.

Parmi les causes qui favorisèrent l'essor de l'industrie allemande, la plus menaçante pour nous, il en est une dont l'influence ne semble pas négligeable, c'est l'utilisation de vins originaires de la Champagne. Ces vins, quoique provenant de crus inférieurs compris dans la Champagne délimitée par le décret de 1908, mélangés à d'autres, leur apportent leurs qualités et surtout leur finesse et leur bouquet. N'est-ce pas là une des meilleures preuves de l'importance de la qualité et de l'origine des vins sur la qualité des vins mousseux, et de la supériorité incontestable des produits de nos coteaux champenois?

Léo Lespès, qui, sous le nom de Timothée Trimm, charma pendant de longues années les lecteurs du *Petit Journal* avec ses brillantes chroniques, a tracé ainsi le portrait du champagne :

« Blond dans le verre comme une topaze brûlée, parfumé comme un bouquet; une fleur au palais; un velours à l'estomac, une marotte dans le cerveau: c'est-à-dire à la fois plein d'arôme, de généreuse puissance, de propriétés hygiéniques et de gaité. »

On dirait, écrit-il encore, « que le soleil, qui a mûri les raisins dont ce filtre réjouissant est le sang, a laissé tomber dans la cuve tous ses rayons d'or à la fois. »

Nul vin, en effet, ne présente cet ensemble de qualités que l'on rencontre dans le vin de Champagne : vinosité et fraîcheur, finesse hors ligne, exquise délicatesse, bouquet incomparable, mousse élégante, fine et durable. Ces qualités assurent la supériorité éclatante, indiscutable de nos vraies marques de champagne : elles rendent inimitable le vrai vin de Champagne, qui restera toujours, et quoi qu'on dise, un produit bien français.

DEUXIÈME PARTIE

LE VIGNERON

CHAPITRE PREMIER

Histoire du Vigneron

Parmi les nombreux auteurs qui ont écrit sur le vin de Champagne, il en est peu qui se soient préoccupés du vigneron producteur de ce vin, de sa situation à travers les âges et jusqu'à nos jours. L'histoire de ce produit merveilleux et les anecdotes qui l'accompagnent, les traits d'esprit et les poèmes qu'il a inspirés, l'évolution de l'industrie du vin mousseux en particulier, sont, il est vrai, pour la masse des lecteurs, plus intéressants et plus passionnants que le sort des travailleurs dont le labeur incessant et opiniâtre assure la production du plus brillant de nos vins. Nous avons pensé que dans un travail comme celui-ci, une place devait leur être réservée et que l'histoire du vigneron, indissolublement liée à celle du pays lui-même, devait être retracée tout au moins dans ses grandes lignes.

Avant la conquête romaine. — Le peuple des campagnes était sous la domination d'une aristocratie de vainqueurs. Le travailleur des champs n'était pas libre, soit qu'il fût vaincu, soit qu'il préférât se mettre sous la protection du chef de clan. Il portait alors généralement le même nom que celui-ci, se considérait de sa famille, le suivait à la guerre et partageait ses dangers avec un entier dévouement. La plupart des hommes du peuple étaient accablés sous le poids de dettes contractées vis-à-vis des nobles, d'impôts payés pour ces mêmes nobles et souvent victimes des injustices des grands.

Sous la domination romaine. — Grâce à l'alliance des Rèmes qui désertèrent la cause nationale, les Romains s'emparèrent de la Champagne et de la Gaule Belgique. Les Rèmes devinrent alliés ou fédérés des vainqueurs et jouirent alors de certains privilèges.

Chaque nation se divisait alors en *pagi* ou *pays;* le travail de la terre était fait par des *colons*, pour le propriétaire, auquel ils payaient une redevance. Le colon était libre et possédait certains privilèges; il pouvait devenir propriétaire, soldat, ester en justice, ce qui lui assurait une supériorité sur l'esclave. Mais il était attaché à la glèbe, à la terre qu'il cultivait et dont il ne pouvait être séparé; on ne vendait pas l'une sans l'autre. Les laboureurs étaient tous colons; les vignerons qui travaillaient au voisinage d'un domaine, les pressureurs, étaient généralement des esclaves sur lesquels les maîtres avaient le droit de vie et de mort.

Dans la région viticole de la Champagne où le vin était une source de bien-être, il permit à nombre de serfs et de colons de devenir propriétaires et par la suite de s'affranchir. Pendant la durée de l'influence de saint Remy, l'affranchissement fut particulièrement facile.

Parmi les personnes qui s'occupaient de la culture de la vigne on distinguait le *vinitor* chargé de la direction de la culture. Il cultivait la propriété comme métayer, moyennant le tiers de la récolte. Celle-ci était évaluée en muids, défalcation faite du tiers dû au métayer. Le vin provenant de vignes domaniales était appelé *vin de récolte* et celui qui était grevé d'une rente assise sur la terre censuelle était désigné sous le nom de *vinage*. Sous les ordres du vinitor, travaillaient des manœuvres, les *operarii*, hommes et femmes, tous serfs.

Dans un même domaine les métayers non vignerons devaient contribuer dans une certaine mesure à l'entretien des vignobles; ils livraient soit de la paille, soit des échalas, soit des fournitures diverses. Les fermiers devaient, en outre, fournir un homme chacun, au moment des vendanges, mais ils pouvaient racheter cette obligation moyennant une redevance de 4 deniers, (1 fr. 45). Ils devaient exécuter les charrois, non seulement de moût, mais aussi de vin, ce qui n'était pas chose facile, étant donné le mauvais état des rares voies de communication existant à cette époque et les dangers de la circulation. Les distances imposées étaient parfois considérables. Mais il était possible de racheter ces obligations moyennant une redevance en argent de 10 à 12 deniers.

Les Romains avaient établi des impôts directs : capitation ou impôt foncier, prestations, réquisitions et corvées; et des impôts indirects : douanes, octrois, péages, etc., qu'ils percevaient avec la dernière rigueur. « On mesurait, écrivait, au ivᵉ siècle, l'écrivain chrétien Lactance, les champs par motte de terre, on

comptait les pieds de vignes, on inscrivait les bêtes, on enregistrait les hommes ».
On torturait les contribuables qui ne pouvaient payer.

Sous un tel régime tout essor de la propriété agricole et industrielle fut
complètement annihilé, le pays s'appauvrit et les exigences du fisc devinrent
de plus en plus impérieuses. Le peuple se révolta et en 285, sous la conduite
d'Ælianus et Amandus, plus de 100 000 paysans firent la Bagaudie.

L'Eglise catholique devenait alors une puissance considérable, après avoir
traversé la période difficile des martyrs. Ses ressources consistant dans les obla-
tions volontaires du peuple, dans les prémices des fruits de la terre, dans les
dîmes, qui de spontanées et volontaires allaient être bientôt rendues obligatoires, dans les revenus des propriétés des églises et dans le budget des cultes
institué par Constantin, augmentèrent considérablement. Les Membres du
clergé furent affranchis des charges sordides, des corvées, du service militaire,
et plus tard, de l'impôt en argent payé pour le rachat de ce service. L'Eglise s'ar-
rogea aussi des privilèges judiciaires. Peu à peu cette puissance nouvelle se
substitue à l'Etat romain.

Cependant, le pays rémois semble avoir joui d'une certaine tranquillité
pendant toute la durée de la domination romaine, tant que l'Empire fut assez
puissant pour s'opposer aux hordes étrangères.

Du IVe au Xe siècle. — Une période de troubles et de guerres allait bientôt
commencer et les habitants de la région furent réduits à la plus profonde misère.
Les Barbares, sans doute attirés par le vin de nos coteaux champenois, commencèrent leurs incursions dévastatrices vers le milieu du IVe siècle. Tout
d'abord les Francs constituèrent de petites colonies ou Lètes: les Læti étaient
des Germains consignés et colonisés sur le territoire romain qui s'étaient soumis à la conscription militaire en échange de la concession du pays.

Les invasions devinrent plus violentes, et les hordes germaniques semèrent
partout l'incendie et la ruine. Julien leur résista à Reims, en 356: le consul
Jovin les repoussa près de Châlons en 366 et assura à la ville de Reims près
d'un demi-siècle de tranquillité. En 407, Reims assiégé à nouveau dut céder,
les survivants de ses habitants se réfugièrent dans les forêts voisines.

Aux Ve et VIe siècles, nouvelles invasions, nouvelles batailles suivies de pil-
lages dans la région. Attila la ravage en 451. L'armée de Clovis suit le chemin
dit de la Barbarie, pille un peu la vigne, mais le vin de nos coteaux champenois ne fut pas étranger au succès qu'il remporta sur les Barbares à Tolbiac.
En 566, en 723, Reims est encore pillé. Après les Germains, les Normands.
En 919, ils ravagent le vignoble: ils prennent et pillent Reims en 931. En 937

les Hongrois ravagent toute la région et y laissent de terrifiants souvenirs encore vivaces. Nouveau siège en 945, par le roi Louis IV qui pille et détruit tout aux environs de Reims : villages, moissons et vignobles. En 988, Charles de Loraine saccage Reims.

Cette période du ve au xe siècle fut une des plus lamentables de notre histoire.

Sous les Mérovingiens le pouvoir était instable, ia royauté impuissante. En 614, le roi Chilpéric est obligé de faire brûler les livres de cens.

Les comtes gallo-francs, les grands propriétaires laïques, fermiers de l'impôt, chefs militaires et détenteurs des pouvoirs judiciaires dans leurs domaines, y deviennent maîtres absolus. La Féodalité se constitue, et sa puissance va s'accroître.

L'Église continue sa marche ascendante ; sa puissance spirituelle, et surtout sa puissance temporelle augmentent considérablement. Elle conserve dans ses « Polyptyques » les noms de ses sujets, le montant de leurs redevances et de leurs corvées. Les monastères et les couvents se multiplient, constituant peu à peu une nouvelle puissance : saint Berchier fonde celui d'Hautvillers, au viie siècle, dans une région remarquable alors comme aujourd'hui par la beauté du site et par la richesse.

Les conciles de Tours, en 567, de Mâcon en 585, Charlemagne en 779, rendent la dîme obligatoire, sous peine d'excommunication et de sanctions pénales.

L'Église devient bientôt une aristocratie territoriale.

Il n'y a plus alors d'hommes libres dans les campagnes, les colons sont livrés à l'arbitraire. Les paysans groupent leurs chaumières autour du *curtis* ou habitation du maître et l'ensemble constitue une *villa*. Les nobles vivent dans les campagnes ; la vie rurale l'emporte sur la vie urbaine.

Sous la Féodalité. — Le règne de Charlemagne marque un temps de repos entre deux anarchies, « un rayon de lumière entre deux barbaries » (Rambaud, *Histoire de la civilisation française*). Il existait alors trois grandes puissances : la Féodalité, l'Église, la Royauté. Au-dessous : le Peuple.

Pendant une première période, de 887 à 1170, la Féodalité est toute puissante ; la royauté d'abord faible, lui fait équilibre de 1180 à 1328, et la domine enfin de 1328 à 1484, alors que la Féodalité est en décadence.

Nous rappellerions volontiers, si nous ne craignions d'être trop long et fastidieux, l'histoire de ce régime féodal qui pesa pendant plusieurs siècles sur les habitants des campagnes ; les nombreux droits de toute nature que les

nobles s'arrogeaient et dont ils jouissaient souvent
avec àpreté, sans contrôle, selon leur bon plaisir.
Ils avaient, en particulier, dans les régions viticoles le *droit de banvin* qui interdisait à tout
habitant de vendre son vin avant que celui du
seigneur ne fût vendu.

Nous n'insisterons pas davantage sur l'extension formidable prise par la puissance temporelle
de l'Église, des monastères et abbayes, au cours de
ces siècles.

Quant à la Royauté, son pouvoir s'affermit de
plus en plus, en s'appuyant sur l'Église et sur le
peuple, contre les nobles.

Tout en dessous de ces trois puissances se trouvait le peuple qui supportait toutes les charges. Il
était composé de *vilains* ou habitants des villas qui

LA VIGNE ORNANT UN CHAPITEAU
DU TRIFORIUM DE LA CATHÉDRALE
DE REIMS. (Fin du XIIIe siècle).

devinrent des villes lorsqu'elles eurent des fortifications, et de simples villages
lorsqu'elles étaient situées dans le plat pays. Il y avait des *vilains francs*
provenant des anciens colons, et des *vilains serfs* ou esclaves. Plus tard, on
les confondit sous le nom de *roturiers*, qui vient de « rompre la terre ou
labourer. Roture devint synonyme d'agriculture.

Le vilain franc était libre de sa personne, mais il restait attaché à la terre
qu'il cultivait. Plus tard, il put l'abandonner. Le serf pouvait renoncer à la ser-
vitude, en renonçant à la terre, il devenait libre au bout d'un an et un jour. Il
avait l'usufruit de la terre qu'il cultivait comme un héritage transmissible, mais
il payait une redevance au seigneur qui en était le véritable propriétaire. Il était
mainmortable : à sa mort, ce qu'il possédait retournait au seigneur, s'il n'avait
pas d'héritiers vivant en ménage avec lui. Il y avait progrès sur l'ancien esclavage.

Les villages portaient le nom de saints, d'anciens propriétaires, ou bien
ils le tiraient de leur situation géographique, d'un événement historique. Les
plus récents se nommaient *ville neuve*. Ils possédaient un finage ou circonscrip-
tion territoriale. Le village était attaché à la glèbe; il se reconstruisait toujours s'il venait à être brûlé ou détruit.

Dans presque tous il existait une *manse* ou terre, habitation du seigneur ou
de son intendant. Les autres manses étaient attribuées à des familles de laboureurs, elles étaient manses *ingénuiles* ou manses *serviles*. C'était un fief non
noble concédé en échange d'une rente en argent ou en nature ou d'un service
manuel, et non d'un service militaire.

Transformation de la Féodalité. — A la fin du xe siècle la misère des campagnes était montée jusqu'aux châteaux ; on craignait la fin du monde. L'Église sut profiter de cette terreur de l'an mil, pour asseoir son pouvoir : de nombreuses donations lui furent faites. Les nobles partent pour les croisades, d'où bon nombre ne revinrent jamais. Les conséquences des croisades au point de vue politique, social, économique, intellectuel et religieux furent considérables. Ce fut une première Renaissance. Le paysan y gagna un peu de liberté et la possibilité d'acquérir de la terre.

L'Église constitue une théocratie dangereuse ; la Féodalité se transforme et s'affaiblit, la Royauté affirme sa puissance. Les Communes s'affranchissent, les bourgeois se donnent eux-mêmes la liberté. La classe rurale s'émancipe. Du xiie au xive siècle, les seigneurs et les paysans passent entre eux des contrats libres, des baux soit temporaires, soit emphythéotiques : ils furent alors fermiers : la location se paie soit en nature, soit en argent. On affranchit les serfs, mais par intérêt, car l'homme devenu libre travaille mieux que le serf, et que l'affranchissement se paie cher. Cependant, les monastères et l'Église furent les derniers à affranchir leurs serfs : il en existait encore à la Révolution qui leur donna la liberté.

Les serfs, les vilains, les bourgeois des communes furent les ancêtres du peuple français.

Jusqu'à la guerre de Cent ans, le peuple des campagnes champenoises, malgré les charges qu'il supportait, fut relativement heureux. La Champagne était alors sous le règne des comtes de Blois. La prospérité renaît pendant les xie, xiie, xiiie siècles ; Reims n'eut pas de siège à supporter ; les campagnes environnantes n'ont plus à souffrir des conséquences des guerres, leur population s'accroît considérablement. En maints endroits, on défriche des forêts, on construit des villes neuves ; les seigneurs accordent par chartes, certaines libertés qui attirent les habitants. On plante des vignes qui bientôt, occupent dans la région une très grande superficie. Les riches particuliers, les églises, les monastères, les commerçants s'efforcent de développer et d'améliorer la culture de la vigne. Le prieur de Sainte-Menehould plante des vignes sur ses terres. Les comtes de Champagne donnent l'exemple et créent ou vendent les produits ou la propriété. De nombreux noms de vignobles apparaissent.

Les grandes foires de Champagne, celles de Reims et de Châlons sont alors à leur apogée et leur prospérité constitue un témoignage de la vitalité de l'agriculture et du commerce à cette époque.

Mais, à ces trois siècles de prospérité allaient succéder des périodes troublées qui bouleversèrent le pays. A la fin du xiiie siècle déjà, des guerres survinrent entre seigneurs, il fallut l'intervention du roi pour y mettre fin. Il va sans dire que toutes ces luttes ne s'exerçaient pas sans que les habitants des campagnes eussent à en souffrir. Les belligérants pour se ravitailler, enlevaient au paysan, récoltes, vin, bétail, meubles, argent, ruinant tout sur leur passage et souvent massacrant les inoffensifs habitants. Les plus proches se réfugient dans Reims pour y demander aide et protection.

En 1348, la peste noire ravage la région et réduit considérablement la population rurale.

Puis vint la guerre de Cent ans qui continue l'œuvre de décadence. La nation est épuisée, l'herbe croit dans les rues des villes. Les foires de Champagnes, jadis si florissantes ne sont plus fréquentées. Les paysans pillés ou rançonnés se réfugient dans les bois, dans les cavernes, se joignent aux bandits, se font serfs de monastères. Exaspéré par tant de misère, le peuple fait la Jacquerie, il exerce sur la noblesse de terribles représailles. Les vignes restent incultes pendant trois ans, et l'on doit envoyer des provisions du Hainaut pour empêcher les gens de mourir de faim.

La Royauté et le Tiers-Etat essayent cependant de relever la nation. Il semble qu'avec les Etats Généraux convoqués en 1357, une ère de liberté va s'ouvrir pour la France, mais une période de réaction succède bientôt à la tentative d'Etienne Marcel, et dès lors, jusqu'en 1789, la formule suivante semble admise :

« Le clergé paie de ses prières, la noblesse de son épée, le peuple de son argent ».

Peu à peu la royauté affirme sa puissance, la féodalité devient apanagée, la puissance temporelle de l'Eglise diminue, le tiers-état est soumis. Les charges cependant augmentent.

La région de Reims eut particulièrement à souffrir de l'invasion anglaise. Reims subit un siège de 1358 à 1360, et sortit victorieuse : mais l'armée anglaise forte au début de 100000 hommes, ravagea le pays déjà misérable. Le pays fut cédé aux Anglais en 1420, par le traité de Troyes : il leur resta soumis jusqu'en 1429, jusqu'au sacre de Charles VII. Les Anglais en se retirant devant Jeanne d'Arc emportèrent tout ce qu'ils purent de vin.

La ville de Reims dut faire protéger par des garnissaires les vignes des environs, contre les déprédations des compagnons de Lahire et de Xaintrailles. Le pays subit, en 1436, les ravages des terribles écorcheurs. De nouveaux droits furent établis sur le vin pour payer les fortifications. Lahire en reçut une partie pour avoir protégé le pays contre les grandes compagnies.

Le commerce périclitait. En 1451, un lieutenant de la ville se rendit à la Cour pour se plaindre de ce que les marchands de vins ayant à subir les exactions des fermiers généraux ne voulaient plus venir à Reims acheter de vins. Les habitants de la région, après avoir fêté Louis XI lors de son sacre, ressentirent douloureusement les effets de son ingratitude.

Le pays rémois souffrit cruellement de la guerre entre Français et Bourguignons. Charles le Téméraire le ravagea après la bataille de Montlhéry. Amis et ennemis mirent le pays en coupe réglée, dans un rayon de huit lieues.

L'invasion de Henri VII d'Angleterre, en 1425, causa de vives alarmes en Champagne. Ordre fut donné d'arracher tous les échalas des vignes pour que l'ennemi ne puisse faire de cuisine dans un rayon de deux lieues de Reims.

Etat de l'Agriculture au moyen âge. — Pendant la période qui s'écoula du XI⁰ au XIII⁰ siècle, l'agriculture fut assez prospère, tout en restant routinière. Les cultivateurs travaillèrent en suivant les habitudes locales, guidés par des calendriers. Le paysan était illettré ; vivre était pour lui, le principal. D'ailleurs, il n'existait comme ouvrages spéciaux sur l'agriculture que les livres des agronomes latins, et quelques écrits de Vincent de Beauvais, Jehan de Brie, Pierre de Crescence, dont peu avaient trait à la vigne.

On plantait de la vigne partout, même dans des pays où elle a disparu depuis, en Normandie, en Picardie, en Bretagne. L'art de sophistiquer les vins était déjà répandu.

Certaines superstitions avaient cours. C'est ainsi que l'on considérait la vigne comme devant être plus féconde si on la taillait avec une serpe enduite de graisse d'ours et si le vigneron était couronné de lierre.

Pour empêcher le vin de se gâter, il fallait écrire sur le tonneau, ces mots latins : « *Gustate et videte quod bonus est dominicus* », avoir soin de répéter quand on mettait la vendange dans la cuve ou le vin dans le tonneau : « Saint-Martin, bon vin », planter un couteau de fer entre le bois et le premier cercle de la cuve ou du tonneau. Le matériel était des plus rudimentaires.

Les paysans habitaient des huttes en paille ou en torchis, couvertes en chaume, sauf quand l'ardoise et le bois étaient abondants. Les fenêtres étaient fermées par des volets de bois, la porte, par une cheville de bois. Les bourgeois garnissaient leurs fenêtres avec de la toile huilée ou du parchemin, car le verre à vitres était alors fort cher.

Le peuple mangeait comme il pouvait, rarement de la viande et presque exclusivement des légumes, des farines.

Cependant l'art gastronomique avait pris naissance.

La soupe au vin était en honneur : Duguesclin avant d'aller au combat, en mangeait trois, en l'honneur de la sainte-Trinité; il y puisait sans doute son énergie et sa bravoure.

La soupe dorée de Tallement, maître-queue de Charles VII se composait de tranches de pain grillées imbibées de vin, de sucre, d'eau-de-rose trempées dans du jaune d'œuf et saupoudrées de safran.

On buvait du vin d'Hippocrate ou hippocras, infusion de cannelle, d'amandes, de musc dans du vin sucré. Les vins d'Ay et de la Champagne commençaient à jouir d'une grande réputation qui devait s'accroître encore.

Sous la Renaissance. — Vers la fin du xv⁰ siècle commence la Renaissance, qui s'étend sur tout le xvi⁰. C'est à cette époque que l'on rédige les Coutumes provinciales. Nous retrouvons dans celle de Reims des documents intéressants relatifs aux « mesures, poix et ballances » alors en usage.

Il y eut alors un semblant de droit en France.

ANCIEN FONDS DE PRESSOIR.

Si le pays rémois n'eut pas à souffrir des guerres entreprises par la royauté, il dut néanmoins participer aux charges qu'elles nécessitèrent. Les archives de la ville de Reims témoignent des réquisitions de toute nature dont elle fut l'objet à cette époque.

La taille et le taillon sont considérablement augmentés. La royauté se débat dans des difficultés financières inextricables: elle contracte des emprunts, vend des offices, des titres de noblesse, crée une loterie.

Le paysan est toujours écrasé par les impôts; la science agricole ne fait pas de progrès. Cependant, en 1554, Charles Etienne publie son *Prædium Rusticum*, plus tard *La Maison rustique*, et Olivier de Serres, en 1600, fait paraître son *Théâtre de l'Agriculture et menage des champs*, qui, en dix ans, eut cinq éditions.

L'invasion de l'empereur d'Allemagne, en 1552, fit renouveler l'ordre de tout arracher dans les vignes. Les guerres de religion allaient rendre le pays à l'anarchie et à la misère. Reims, qui possédait comme archevêque un membre de la maison de Guise, devint forteresse catholique. Le pays dut faire face aux besoins du parti de la Ligue et subir les déprédations des troupes du parti du Roi. Les vendanges furent même impossibles en 1583. Henri IV y vint en 1590, il dîna même à Cernay. On sait qu'il assiégea Épernay en 1593. En 1592, catholiques et protestants signèrent « la trêve des moissons », pour permettre aux paysans de faire la récolte des céréales et celle des vins. Le vin fut même de très bonne qualité. Jean Pussot, dans son Journal, retrace, en mai 1594, le navrant tableau de cette guerre de parti :

« La diste guerre étoit si malheureuse qu'il n'y avoit auculne discipline et estoit une vraie vollerye de telle sorte qui ordinairement étoit appelée la guerre aux vaches d'aultant que le principal d'icelle estoit de pillier, voller et courir le bétail tant d'une part que de l'aultre. Et aimoit mieulx les bestes que les hommes tant pour le prétexte de la guerre que pour l'exaction des tailles, somme que le pauvre villageois étoit de toutes parts pillé, rançonné, battu et tourmenté sans espoirs de meilleur attende. »

L'auteur de la *Satire Ménippée* nous dépeint également en termes tristement pittoresques, paroles d'un vieux routier, les maux atroces causés par la guerre civile. Aussi n'y a-t-il rien d'étonnant que des soulèvements de paysans se produisissent, notamment dans le Sud-Ouest.

Sous Henri IV. — Dès que le roi de protestant fut devenu catholique, le peuple se retourne vers lui. Par une bonne gestion de ses finances, par une série d'habiles mesures économiques qu'il serait trop long de rappeler, Henri IV et son dévoué collaborateur Sully, surent ramener la paix et la prospérité dans les campagnes. Si les paysans n'eurent pas encore tous les dimanches la poule au pot, ils avaient, suivant l'abbé de Marolles « leurs meubles, leurs provisions nécessaires et couchaient dans leur lit. »

En 1604, la récolte de vin fut si abondante que les vignerons ne savaient où mettre leur vin. Grâce à ses brillantes qualités, le vin de nos coteaux champenois jouissait d'une renommée qui dépassait celle des autres. Ce fut pour le peuple douze années de prospérité que le couteau d'un fanatique vint malheureusement interrompre.

Sous Louis XIII et pendant la Fronde. — La royauté tend à devenir absolue. Richelieu lutte contre la noblesse qui veut « se faire valoir » et contre le parti protestant, et les réduit tour à tour. La formule « Tel est notre bon plaisir » paraît en tête des actes. La situation des paysans champenois ne s'améliore pas, au contraire. On les réquisitionne pour travailler aux fortifications de Reims, on ne les nourrit plus, on leur impose le service militaire, on leur enlève leurs chevaux.

La Fronde allait encore aggraver ces maux et réduire le pays dans un état d'affreuse misère. Le peuple des campagnes n'y prit pas part, mais il en subit les terribles conséquences. Nous ne relaterons pas ces douloureux événements qui commencèrent en mars 1649. Tour à tour, le pays dut supporter les exactions des Espagnols de l'armée française de du Plessis Praslin, des reitres du baron allemand d'Erlach qui laissèrent un triste souvenir. Les habitants du vignoble se réfugiaient dans les bois ou dans Reims à l'abri des fortifications, avec leurs meubles et leurs bestiaux. Les laboureurs des environs se réunissaient en armes pour travailler dans la même triage; les uns veillaient pendant que le reste labourait.

En mars 1650, le maréchal de Turenne occupe la région nord de Reims, et combat les troupes du roi. Les habitants doivent entretenir cette armée, et payer des redevances pour pouvoir ensemencer leurs champs.

Des maladies contagieuses se manifestèrent dès 1650, et firent

Phot. Poyet.

UNE BELLE VENDANGEUSE AU XVIIe SIÈCLE.
D'après une gravure de Arnoult.

de nombreuses victimes parmi les paysans épuisés par de longues privations et persécutés par les pillards. La fièvre, la dysenterie, la rigueur de l'hiver, la misère persistante, la guerre qui sévirent de 1650 à 1668, avec des périodes d'accalmie, réduisirent considérablement la population : quelques villages disparurent complètement. A ces maux, vinrent s'ajouter ceux causés aux récoltes par les intempéries; les gelées en 1660 et 1666 notamment, détruisirent la récolte du vin.

Il semblait alors que tous les aventuriers de France et d'Europe fussent réunis dans notre Champagne par Mazarin et les nobles frondeurs, et que tous les fléaux de l'humanité se soient abattus sur cette région.

Sous la Monarchie absolue. — Après la Fronde, la royauté victorieuse devint plus absolue que jamais. Le principe de la propriété supérieure et universelle du roi sur toutes les terres est affirmé par une ordonnance de 1692. Désormais, les biens des citoyens seront ceux de l'État, les dettes du roi seront celles de l'État.

Les paysans constituaient la classe la plus misérable. Sous la tyrannie des seigneurs, qui cependant fut terrible, ceux-ci se souvenaient encore que les paysans étaient leur propriété et ils les ménageaient. L'oppression royale pesa partout.

« C'était une machine énorme, d'une complication infinie, d'une activité régulière, qui fonctionnait impassible et indifférente comme la vis d'un pressoir. » Le pays fut plus malheureux qu'aux époques d'anarchie.

Le peuple souffrait toujours des malheurs antérieurs; il supportait toutes les charges : impôts, corvées, service de la marine et de l'armée.

Colbert essaya de réparer les maux de la Fronde. En 1672, il recommande à ses intendants « d'examiner si les paysans se rétablissent un peu, comment ils sont habillés, meublés, s'ils se réjouissent davantage les jours de fête et dans l'occasion des mariages qu'ils le faisaient devant. »

Il voulait que ses sujets « eussent une fin heureuse ». Vers 1683, il écrit au Roy : « ce qu'il y a de plus important, c'est la misère très grande des peuples », et il le supplie de réduire ses dépenses. Il cherche à réduire les tailles; il ordonne par édit de 1667, qu'en cas de saisie pour le non paiement des impôts on laisse aux paysans une vache, trois brebis et deux chèvres. Il essaie de perfectionner les méthodes culturales. Mais ses efforts sont à peu près vains; la misère des campagnes s'adoucit à peine, les famines sont fréquentes.

Valentin Duval, un auteur de cette époque, traversant la Champagne, nous dépeint les paysans vivant dans des huttes de torchis, dont le toit de chaume et de roseaux s'abaisse jusqu'à terre. « Quant aux habitants, écrit-il, leur figure cadrait à merveille avec la pauvreté de leurs cabanes; les haillons dont ils étaient couverts, la pâleur de leur visage, leurs yeux livides et abattus, leur maintien languissant, morne et engourdi, la nudité et la maigreur de quantités d'enfants que la faim desséchait et que je voyais dispersés parmi les haies et les buissons pour y chercher certaines racines qu'ils dévoraient avec avidité, tous ces affreux symptômes d'une calamité publique m'épouvantèrent. »

Après les guerres de la fin du xviie siècle, une grêle d'impôts déguisés sous une infinité de prétextes et de noms extraordinaires s'abat sur le malheureux peuple.

Les rapports des intendants, rédigés en 1698 pour l'instruction du duc de

Bourgogne, font un triste tableau de la France. C'est vers cette époque que
Fénelon ose écrire au roi : « Vos peuples meurent de faim, la culture des terres
est presque abandonnée: les villes et les campagnes se dépeuplent…. Au lieu de
tirer de l'argent de ce pauvre peuple, il faudrait lui faire l'aumône et le nourrir. »

En 1707, Vauban écrit à son tour : « La dixième partie de ce peuple est
réduite à la mendicité et mendie
effectivement: des neuf autres parties, il y en a cinq qui ne sont pas
en état de faire l'aumône à celle-là,
parce qu'elles sont elles-mêmes
réduites à très peu de chose près à
cette malheureuse condition; des
quatre autres, trois sont fort mal-
aisées. »

L'hiver de 1709, dont la rigueur est restée tristement légen-
daire, contribue encore à accroître
la misère du peuple; on trouva des
hommes morts de froid, la bouche
encore remplie d'herbe dont ils
avaient essayé de se nourrir. Les
vignes disparurent pour toujours
du nord de la France, la limite
septentrionale de cette culture
recula vers le sud.

En 1712, la Champagne fut à
nouveau envahie; elle en fut quitte
pour la peur, la paix ayant été
signée le 11 avril 1713.

UNE VIGNERONNE ÉLÉGANTE AU XVIIᵉ SIÈCLE.

Cependant les milices, les tailles, les gabelles, tous les impôts furent exigés
avec la même rigueur. La race s'appauvrit et dégénère à la fin du règne de
Louis XIV.

Sous Louis XV, il y eut peut-être un peu moins de misère, mais néanmoins
des famines terribles se produisirent en 1725, 1739, 1740. Le duc d'Orléans,
montrant au roi du pain de fougère, lui dit : « Sire, voilà de quel pain se nourrissent vos sujets ». L'Intendant général d'Ormesson, le 18 octobre 1740, écrivait
(*Archives départementales de la Marne*, C. 158) : « Les vignes font plus du tiers
du revenu de la province…. Près de 300 communautés grêlées et les terres

légères gelées dans la province de la seule Champagne.... Je n'ay depuis mon retour que des objets de misère et de désolation devant les yeux. Je suis assailli des députés des villes que j'engage autant que je peux à faire des emplettes de grains ou de ris pour prévenir les malheurs dont on est menacé pour l'hiver prochain. Toutes les communautés sont réduites au pain d'orge, avoine et sarrazin. »

En 1749, des gelées survenues les 14, 15 et 16 mai endommagèrent la récolte de vin de la Champagne. En 1750, des soulèvements furent provoqués par la famine.

Sous Louis XVI la misère ne fit que s'accroître. De 1760 à 1775, les récoltes en vin et en grains furent médiocres; des émeutes occasionnées par la cherté des grains se produisirent dans la région.

L'abbé Terray, en 1773, écrivant à l'Intendant de Champagne, Rouillé d'Orfeuil, s'inquiétait de l'esprit de fermentation qui agitait le peuple, et lui recommandait d'employer tous les moyens pour le calmer.

Dès 1770, le contrôleur général Terray prescrivait l'envoi chaque année :

1° D'un état de toutes les espérances des récoltes au 15 juin;

2° De l'état général de toutes les récoltes et productions, à l'époque du 1ᵉʳ septembre, temps auquel toutes celles d'été sont terminées, car les rapports des intendants sont bien pessimistes.

En 1771, il y eut « défaut de seigle et de vin, qui font ordinairement toutes les richesses de la Champagne ». En 1774, un cinquième des paroisses furent réduites à la misère par une grêle. En 1777, la récolte n'atteignit en Champagne que 150000 pièces de vin médiocre au lieu de 12 à 1500000 pièces récoltées en année normale. L'hiver de 1784 accrut encore la misère.

« Le peuple, écrit Taine, ressemble à un homme qui marcherait dans un étang ayant de l'eau jusqu'à la bouche; à la moindre dépression du sol, au moindre filet, il perd pied, enfonce et suffoque »

Il semble que les ravages causés par le froid dans les vignobles de la Champagne, n'aient jamais été aussi graves qu'à la veille de la Révolution. Les vignes souffrirent de la rigueur de l'hiver 1788, et des gelées survenues en juin 1789 achevèrent le désastre. Avize, Oger, le Mesnil-sur Oger, Vertus, Bergères-les-Vertus, furent très éprouvés. D'après un rapport fait par Raussin, bailli de Châlons, à la suite d'une enquête dans ces communes, plus des 7/8ᵉ de la récolte furent perdus, et l'avenir de la vigne compromis.

A Bergères-les-Vertus, en 1790, les gelées d'hiver causèrent des dégâts et les habitants adressèrent une requête demandant une modération d'impôt.

Même détresse à Mardeuil en 1788, le vin n'était pas encore vendu. Il faut croire que le mal était général. D'après le tableau général des récoltes de l'Intendant de Champagne du 15 septembre 1789, la récolte pouvait être évaluée par rapport à la récolte moyenne :

A un huitième d'année commune dans la subdélégation de Châlons;

A un douzième dans celle de Reims;

A un dixième dans celle de Vitry-le-François;

Phot. Poyet.

Scène de vendanges, d'après une estampe de Le Bas.

A un cinquième dans celle d'Épernay;

A un quart dans celles de Sainte-Menehould et de Sézanne.

« La récolte en vins, écrivait le 21 octobre 1789 l'Intendant de la province au contrôleur général des finances, qui est cependant une des importantes pour la Champagne dont elle fait le principal commerce, doit être regardée comme absolument nulle, puisqu'elle excède à peine le douzième d'une année commune et que les temps absolument contraires ne promettent aucune qualité possible, les raisins, quoique tout verds et bien éloignés du degré de maturité convenable, étant infectés d'une pourriture universelle, ce qui nécessite à vendanger sans

23

retard et va occasionner aux vignes un dommage inappréciable en mollageant les terres imbibées par les pluies abondantes et les dépouillant de leurs engrais ». *Archives départementales* (C. 424).

La récolte de 1790 ne semble guère plus abondante dans certains vignobles. A la misère du vigneron résultant de la pénurie de récoltes venaient s'ajouter les funestes effets de la disette de grains.

L'Intendant Rouillé d'Orfeuil, dans une lettre au contrôleur général des finances du 21 octobre 1789, trace un navrant tableau de la situation déplorable des pays vignobles de la Champagne, et demande remise de la plus forte partie des impôts ; « l'infortune et la misère des vignerons de la Champagne, écrit-il, sont telles que, sans les secours les plus abondants et les plus extraordinaires, ils sont dévoués à une ruine inévitable et à toute l'horreur de la famine et du désespoir. »

Dès le 24 août, l'Intendant avait demandé pour le 20 septembre à ses subdélégués un état de tous les renseignements concernant les récoltes. Une commission intermédiaire fut chargée par le contrôleur général Lambert d'examiner les moyens de venir en aide aux vignerons éprouvés par les gelées, et d'examiner des requêtes particulières. Cette commission évalua les pertes à plus de 3 millions et demanda qu'il fut fait remise de la moitié des vingtièmes supportés par les vignes et qu'une somme de 16000 livres, à peine le 1/5 de la taille, soit attribuée comme secours aux paroisses éprouvées par la grêle.

Le gouvernement vint en aide aux vignerons éprouvés dans la mesure du possible par des dégrèvements d'impôts et des secours en argent ; les œuvres de bienfaisance et de charité soulagèrent aussi puissamment que possible les misères qui désolaient la province.

Mais les fléaux naturels devant lesquels le vigneron se trouvait impuissant et désarmé n'étaient pas les seuls à le plonger dans la misère. Nous avons dit combien étaient lourdes les charges de toutes sortes qu'il avait à subir de la part de ses maîtres, seigneurs, clergé, moines, roi, et avec quelles vexations elles étaient perçues. Il suffit, écrivait Arthur Young qui parcourut la France à la veille de la Révolution, qu'il y ait quelque part un château, pour que le pays soit en friches tout à l'entour. » Il rencontra une paysanne champenoise qui lui parut avoir 60 à 70 ans tant le travail l'avait courbée et avait ridé ses traits ; elle n'avait que vingt-huit ans. « Oh ! s'écrie-t-il, si j'étais seulement législateur de France, je ferais bien danser tous ces grands seigneurs ».

Le moment de la danse était proche, elle allait bientôt devenir terrible.

Mais, à la veille de la Révolution, on ne peut que constater le profond attachement du vigneron champenois à sa vigne et à son sol natal, sa philosophie sereine devant tant de calamités, son profond respect pour les autorités constituées, sa soumission résignée, malgré quelques velléités d'indépendance, aux lois et à ses maîtres.

Les cahiers de doléances de 1789, dont nous donnerons plus loin quelques extraits, montrent mieux que nous ne saurions le faire, l'état d'âme du vigneron champenois avant la Révolution.

CHAPITRE II

Les Charges du Vigneron
sous l'ancien régime

Nous n'entreprendrons pas, dans ce chapitre, une étude détaillée des impôts de toutes sortes qui frappaient, sous l'ancien régime, le paysan, qu'il soit vigneron ou laboureur; mais nous voudrions cependant donner une idée assez exacte des charges qui l'accablaient. Il payait des impôts à l'État, aux seigneurs, au clergé, ses trois grands maîtres.

Impôts dus à l'État. — Les impôts dus à l'État comprenaient : la taille, la capitation, les vingtièmes, les aides, les gabelles, les douanes, les corvées, etc. Nous consacrerons un chapitre spécial aux aides, qui frappaient surtout les boissons.

La taille constituait la principale recette pour soutenir les dépenses de l'État. Charles VII l'avait rendue perpétuelle afin de subvenir à l'entretien des troupes permanentes. Elle était levée chaque année sur les biens ou l'industrie des habitants. Le clergé et la noblesse en étaient exempts. Charles VIII, par lettres patentes données à Vincennes le 1er juillet 1484, en avait également exempté les habitants de Reims pour diverses considérations. Au lieu de payer le huitième denier sur les vins et autres breuvages vendus dans la ville, les habitants ne payaient que le quatrième denier. Cet octroi du quatrième fut prorogé à diverses reprises.

Henri II avait créé le taillon ou seconde taille qui se percevait sur les mêmes personnes et par les mêmes procédés que la taille. Colbert essaya de réduire cet impôt qui frappait les roturiers et d'augmenter les impôts indirects.

La taille comprenait : la taille *réelle*, la plus importante, qui frappait les fonds de terre; la taille *personnelle* ou *d'industrie*, qui frappait les personnes en raison du revenu de leur travail, de leur commerce ou de leur industrie, et en raison de leurs biens patrimoniaux; la taille *mixte*, qui frappait à la fois revenus et terres.

Chaque année le roi, en son conseil ou même sans celui-ci, *délivrait le brevet*, c'est-à-dire fixait le montant de la taille. Cet impôt variait chaque année, jusqu'en 1780, époque à laquelle Necker le fit déclarer fixe. Les États provinciaux ou l'Intendant chargé d'administrer les Généralités répartissaient le montant de la taille entre les diverses paroisses. Enfin, dans chaque commune, le taux servant à en fixer la quotité était arrêté tous les ans. Il variait ordinairement entre 2 et 3 sols par livre de revenu.

En 1775, dans l'Élection de Reims, l'estimation du revenu annuel par arpent de vigne de 31 ares 70 variait entre 15 et 35 livres, ce dernier chiffre concernant les grands crus de la Montagne de Reims. Le revenu des 11 900 arpents de vigne de l'Élection se chiffrait par 315 685 livres, soit en moyenne 24 livres par arpent.

Lorsque le rôle était établi dans chaque commune, il était remis entre les mains de trois collecteurs élus qui en percevaient le montant, moyennant 6 deniers par livre. Cette fonction de collecteur était considérée comme une véritable corvée propre à attirer les inimitiés et les haines des taillables.

Les habitants étaient rendus solidairement responsables en cas de non-paiement de quelques-uns d'entre eux. Jusqu'en 1725, on exerçait des contraintes solidaires, et, pour les exécuter, on envoyait des soldats ou garnisaires qui étaient à la charge des habitants. On saisissait le mobilier, les bestiaux, et on les vendait pour assurer le recouvrement de la taxe.

Rien n'était plus propre à augmenter la misère des campagnes. Les paysans aisés émigraient dans les villes où l'exemption des tailles était accordée; les autres cachaient leur argent, leurs vivres et vivaient misérablement pour ne pas attirer la convoitise du fisc.

Pour la taille d'industrie, on établissait le prix de la journée pour chaque profession. La journée du laboureur était estimée 8 sols, celle du vigneron 6 sols, celle du manouvrier 6 sols. Le revenu était calculé sur la base de 200 journées.

La capitation, établie en 1695 pour trois années, dura jusqu'à la Révolution. Cet impôt était payé par tête, mais calculé sur le revenu; il y avait vingt-deux classes de contribuables. Tous les sujets, sauf les veuves, devaient y être soumis. Mais bientôt les nobles payèrent moins; le clergé, moyennant une somme globale, obtint l'exemption perpétuelle; les villes, les pays d'État payèrent un abonnement fixe.

Le peuple, qui n'obtint ni abonnement ni exemption, supporta bientôt entièrement ce nouvel impôt désigné sous le nom de *capitation taillable*. Les nobles ne payaient que le treizième du montant total de la capitation, alors que leurs revenus étaient bien supérieurs, tandis qu'un journalier, qui gagnait 10 sols par jour, devait payer de 8 à 10 livres.

Bientôt, à la capitation, s'ajoutèrent les *quartiers d'hiver* et le *sol pour livre*, qui furent réunis en 1770 à la taxe foncière et personnelle, et imposées ensemble, en 1774, à raison de 1 livre 3 sols 1 denier 3/4 par livre de taille.

Les vingtièmes. — Dans sa *Dîme royale*, Vauban avait proposé de supprimer la taille et la capitation et de les remplacer par un impôt du vingtième perçu sur le revenu. Louis XIV établit cet impôt, mais il conserva la taille et la capitation et fit percevoir le dixième du revenu sans faire aucune distinction. Il n'y avait que deux cotes, celle des revenus des fonds de terre et celle des revenus d'industrie. A diverses reprises au cours du xviiie siècle, l'impôt du vingtième subit des modifications et des augmentations, il fut supprimé en 1715 sur les fonds de terre, et les industriels furent chargés. Il atteignit jusqu'à 25 pour 100 des revenus. Les villes, les pays d'État, le clergé, les nobles contractèrent des abonnements, rachetèrent cet impôt ou se firent dégrever, de sorte qu'il retomba encore sur le peuple. Les agents du fisc exerçaient pour le percevoir, une odieuse inquisition.

La gabelle était l'un des impôts les plus exécrés, elle était perçue sur le sel. Philippe le Bel l'avait instituée en 1286 et, à diverses reprises, elle fut augmentée.

Sous Louis XIV, la contrebande du sel était punie des galères. Une ordonnance spéciale de 1680 divisa le pays en : pays de *grande gabelle*, dont la Champagne faisait partie, et où l'on payait le sel 55 à 60 livres par quintal; pays de *petite gabelle*, où il ne valait que 28 livres; pays *redimés*, où l'impôt avait été racheté et où le sel ne valait que 9 livres; et pays *francs*, où il se vendait de 2 à 7 livres.

Le contribuable était astreint à prendre une quantité minimum de sel fixée par l'Administration, le *sel du devoir*. Jamais impôt ne fut plus odieux et ne souleva tant de protestations. La commune de Berru, pour ne citer qu'un exemple, composée de 200 feux et de 569 habitants payait, en 1773, 4000 livres pour l'impôt du sel!

Cet impôt était régi par la ferme de la Gabelle, qui payait une redevance annuelle fixe au roi, et pressurait les sujets comme elle le voulait. Les employés sont restés légendaires sous le nom de gabelous, pour les mesures inquisitoriales, les vexations de toutes sortes qu'ils imposèrent aux malheureux contribuables.

Le roi possédait aussi d'autres sources de revenus auxquelles les paysans participaient indirectement : impôts sur le tabac, sur les matières d'or et d'argent, sur les corporations, sur les peaux, huiles, savons, papiers. La royauté avait le monopole des messageries, des cartes à jouer. Les postes, les poudres, les loteries, la fabrication des monnaies, les douanes ou traites, la part des octrois des villes assuraient aussi de bons revenus. Nous pourrions encore en citer d'autres.

La perception de la taille de la capitation et des vingtièmes se faisait directement. Les autres impôts étaient affermés et, à partir de 1604, ils furent tous englobés par la Ferme générale qui, moyennant une somme fixe et sans nul doute de respectables pots-de-vin, était adjugée au plus offrant.

Naturellement, tout retombait sur le peuple, car si le roi touchait 20 millions, les contribuables en versaient au moins le double.

Les paysans devaient, en outre, au roi, la *corvée réelle*, par les fonds et à cause des fonds seulement ; aux seigneurs, qu'ils possédassent ou non des héritages, ils devaient, en outre, la *corvée personnelle*. D'après un économiste du temps, Lubersac, ces corvées coûtaient à l'État et aux cultivateurs, en déprédations, en anéantissement de production, soixante fois au moins la valeur du travail des corvéables.

Notre province de Champagne était aussi astreinte à payer la taille du sacre des rois. Les archevêques de Reims, auxquels elle incombait au début, surent, dès le XIIIᵉ siècle, la faire supporter par la ville et les chastellenies voisines. Elle était perçue par arpent de terre ou de vigne. Le peuple des environs de Reims payait ainsi souvent très cher, le plaisir que lui procuraient les jours de sacre.

Les droits seigneuriaux. — La noblesse, au XVIIIᵉ siècle. avait perdu la puissance, mais conservé ses privilèges et ses droits. Il existait encore, à la Révolution, 70 000 fiefs ou propriétés nobles affranchies de la taille, dont 3000 titrées et le reste non titrées.

Les terres non titrées provenaient du démembrement des fiefs ; à l'origine, il n'y avait pas de terre sans seigneur ; cependant, d'après certaines coutumes, celle de Troyes, il n'y avait nul seigneur sans terre. Les nobles conservaient la propriété supérieure de ces terres qu'ils avaient concédées moyennant des droits domaniaux, féodaux ou seigneuriaux, à des tenanciers qui eux, en jouissaient, c'est-à-dire, en détenaient la propriété utile.

De temps en temps se tenaient, dans les seigneuries, des plaids généraux, qui avaient pour but de faire reconnaître aux manants les droits du seigneur et leurs devoirs envers lui. Les coutumes ainsi transcrites à nouveau étaient signées des membres présents.

La perception des droits seigneuriaux portait le nom de *mairie*, et ces droits étaient inscrits, par les soins du Conseil d'administration, sur un registre appelé *cueilleret* dans certaines communes. Ils étaient affermés pendant six ans à un fermier ou *maire*.

Donnons en exemple, un aperçu des droits que possédaient MM. du chapitre de Notre-Dame de Reims, seigneurs de Berru. Ils avaient le droit de haute, moyenne et basse justice, les amendes, confiscations, deshérences et tous autres droits. Sur tous les héritages ils percevaient un droit de *cens* de 3 deniers par jour de six quartels, payable le dimanche après Saint-Martin. Ce droit comportait celui de *lods* et de vente, à raison de 20 deniers pour livre du prix d'acquisition, sous peine d'une amende dite du *tôt-entré*.

Quiconque achetait ou échangeait un héritage devait payer un *droit d'entrée* de 3 deniers sous peine de l'amende du *tôt-entré*. Chaque ménage versait, le premier dimanche après Saint-Martin, un *droit de bourgeoisie* de 3 deniers par an. Ils percevaient un *droit de rouage* de 3 deniers par voiture ou de 6 deniers par char qui se chargeait de vin. Les voituriers étrangers versaient 5 sols de droit de rouage par an, s'ils voulaient avoir le droit de charger du sable sur le territoire de la communauté. On ne pouvait placer portes et fenêtres sur rue sans acquitter un *droit* dit *de congé* de 5 sols.

Il fallait payer, pour entretenir des pigeons, un *droit de colombier*, pour mettre ses animaux sur les savarts, un *droit de pâture*. Le droit de chasse leur était réservé, ils avaient aussi celui d'ajuster les poids et mesures.

En vertu du *droit de terrage*, ils prélevaient la quatorzième gerbe sur 200 arpents désignés sous le nom d'usages.

Sur certains cantons, ils jouissaient de *droits de soignée*, payables à Saint-Rémy, d'un *cens* consistant en vin et froment, d'un *droit de vinage* sur un canton de vigne.

En 1771, le chapitre de Notre-Dame de Reims touchait ainsi, de ces divers droits, 569 livres, 12 sols, 8 deniers.

L'archevêque de Reims, premier pair de France, abbé de Saint-Rémy, grand seigneur ecclésiastique, jouissait de droits qui furent l'objet de contestations, et qu'une ordonnance de 1522 fixa avec précision, en les désignant sous le nom de *droits de la Vicomté*.

Tous ceux qui vendaient des grains, farines et gruaux à Reims devaient les faire mesurer à la Vicomté et acquitter le *droit de stellage* ou *sterlage* sous peine d'amende.

Le droit de *tounyeu*, ou de *tonlieu*, était dû par certaines personnes qui achetaient ou vendaient à Reims diverses denrées dont le prix dépassait 6 deniers parisis. L'exercice de ce droit comportait quelques restrictions et quelques exemptions. Deux fois par an, sur le marché, les demeurants des villes soumises au droit de poyture, et qui n'étaient ni nobles ni clercs, devaient le tonlieu, en temps de fruit, foin, vin et verjus et pour toutes les marchandises qu'ils vendaient ou achetaient à Reims, durant le temps du *fusche marché*, c'est-à-dire le samedi avant ou après la Toussaint, au choix du vicomte, et pendant cinq semaines à dater du samedi de la Pentecôte ou du samedi suivant. Il y avait des exemptions.

Les laboureurs et gens de métier, clercs ou de ville de poyture en étaient exemptés pour les outils de leur profession. Les demeurants des villes de poyture, qui achetaient à Reims du vin à pots, bouteilles, flacons, barils ou tonnelets moindres de un demi-cacq, pour leur usage, en étaient exempts en tout temps. Ils pouvaient acheter à Reims vaisseaux et futailles pour loger le vin de leur cru sans être astreints au droit de vicomté. Le char qui amenait les cerceaux à Reims devait 4 deniers parisis, la charrette 2, les tonneaux, queue, poinçon, une obole parisis chaque pièce. Le char qui amenait pour vendre à Reims « fruict, foing, vin et verjus » devait 4 deniers parisis, la charrette 2, le sommier 1, la collée une obole. La pièce de vin vendue en gros devait 2 deniers à prendre sur le vendeur. Par collée, on entendait tout ce qui se portait à col, c'est-à-dire suspendu au cou.

L'ordonnance de 1522 fixait les limites de l'exercice du tounyeu. Cent vingt villages du nord de l'arrondissement de Reims, dont plusieurs ont disparu, payaient le droit de poyture ou de pâture à raison de 4 à 40 sols. Il existait cependant un certain nombre de villes franches.

Toutes les denrées ou marchandises et certaines choses déclarées dans l'ordonnance, qui traversaient la ville de Reims entre certaines limites, devaient payer à la vicomté de Reims un *droit de vinage* ou *travers*, sous peine d'amende.   .

Des commis, préposés dans certaines communes, Sillery, Cernay, Nogent, etc., le percevaient sur ce qui traversait un certain territoire hors de la ville. Deux fois par an, pendant une quinzaine, le vinage était augmenté. Le char qui conduisait du vin payait 12 deniers parisis, la charrette 6 deniers, le sommier 3 deniers. Ce droit de vinage fut réuni en 1745 au revenu royal.

La Vicomté avait le droit de faire *crier le vin* que l'on vendait en détail dans la ville de Reims: elle percevait un droit d'un pot de vin ou l'argent d'un pot de vin au prix qu'il avait été crié, au choix du débiteur.

Elle avait aussi le droit d'ajuster les mesures, moyennant redevance si elles étaient reconnues trop grandes, ou amende si elles étaient trop petites; on les rendait sans frais si elles étaient justes.

Le droit de Banvin. — Parmi les droits ou privilèges dont jouissaient les seigneurs figurait souvent celui de *Banvin*, en vertu duquel les seigneurs pouvaient vendre en détail, à pot seulement, pendant un certain temps de l'année, le vin de leur cru, à l'exclusion de tous autres : ils étaient exempts des droits de détail. Ce droit aurait été établi, à en juger par sa nature et son ancienneté, dans le même temps que les fiefs et viendrait de la même source.

Les comtes de Champagne le possédaient. Henri le Libéral, par charte de 1190, abandonna ce droit à la ville d'Epernay. Auparavant, dès 1164, il avait accordé aux Templiers le privilège de vendre pendant son ban, mais seulement chez eux, le vin

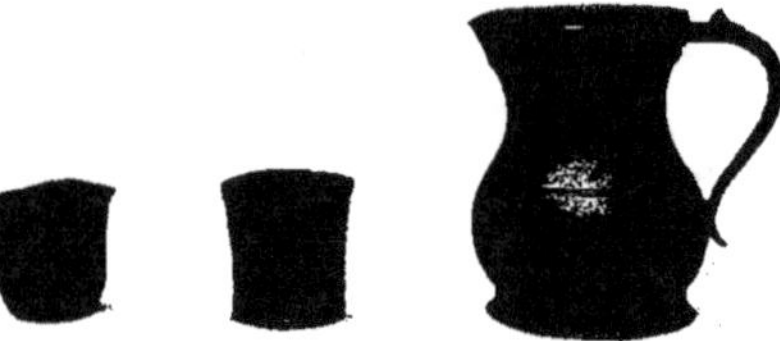

Phot. Loth.
POT A VIN ET GOBELETS EN ÉTAIN.
(Collection Bostcaux-Pâris.)

de leur récolte d'Epernay. Ces abandons ayant rendu aléatoire la vente de son vin, il dut favoriser les foires de Champagne pour trouver de nouveaux débouchés, et ses successeurs supprimèrent la foire d'Epernay.

La vente à pot dans les cabarets, lieux généralement assez mal fréquentés, prenant beaucoup d'extension et devenant lucrative, les couvents établirent des tavernes à côté de leurs abbayes, et les seigneurs publièrent leurs bans.

On faisait annoncer le vin par un crieur payé. L'institution des crieurs daterait du XIIe ou du XIIIe siècle. Croutebarbe fait mention de cet usage dans le fabliau des trois aveugles de Compiègne, qui

> Dedenz la vile entrèrent.
> Ils entendirent
> Si oïrent et escoutèrent
> Qu'on ... dans la ville
> C'on criait parmi le Chastel
> Ici. . . . .
> Ci a bon vin frais et novel,
> Çà d'Auçoires, çà de Soissons,
> Pain et char et vin et poissons.

Bientôt les seigneurs s'arrogèrent le droit de faire annoncer la vente de leur vin pendant un certain temps, à l'exclusion de tout autre.

Les rois de France, possesseurs de vignes, usèrent largement du droit de Banvin. Lorsque les économes de la maison du roi avaient fait choix de la quantité de vin nécessaire produit dans les enclos du domaine, ils faisaient crier la vente du surplus dans les rues, et pendant cette criée, toutes les tavernes de la ville étaient fermées. En 1268, une ordonnance de Louis XI porte : « Se lui roy met vin à taverne tuit li autres tavernes cessent; et li crieurs tuit ensemble doivent crier le vin le roy, au matin et au soir, par les carrefours de Paris. »

A Tours-sur-Marne, un sergent ouvrait les bans et il était interdit aux taverniers de vendre à pot et de laisser jouer aux dés à partir du moment de l'ouverture du ban. Celle-ci se faisait aux cris de « Oroez, Oroez, nous vous commandons de par Saint-Maurice et de par les vouez..... » Le soir, la cloche sonnait la fermeture.

Mais on ne sait pas à quelle époque et en vertu de quels règlements l'exemption des droits de détail fut conférée au banvin; une ordonnance de Louis XII, en 1507, montre qu'elle l'avait été avant cette époque.

L'Ordonnance des Aides de 1680 maintint les seigneurs dans leur privilège aux conditions suivantes :

1° Le titre doit être antérieur au 1er avril 1560.

2° Ils sont obligés de souffrir les visites et marques des commis du Fermier comme tous autres, lorsqu'il fait procéder à l'inventaire des vins après la récolte d'iceux.

3° Ils doivent distinguer sincèrement, lors desdites visites et inventaires, les vins provenant du cru de la Terre d'avec tous autres vins.

4° Ils sont obligés de déclarer, lors desdits inventaires, la situation des vignes de la Terre par tenans et aboutissans et la quantité d'arpens.

5° Ils doivent faire publier aux prônes le jour qu'ils veulent et qu'ils doivent faire l'ouverture du ban.

6° Ils sont obligés de faire signifier au Fermier l'acte de publication huit jours auparavant l'ouverture du ban.

Enfin ils ne peuvent vendre qu'à pot et dans la Maison seigneuriale ou bien dans celle destinée pour la Ferme lorsqu'il n'y a pas de Fermier, et ne doivent vendre d'autre vin que celui de la Terre.

Lorsque le seigneur ne remplissait pas ces diverses formalités il était astreint aux droits de détail.

Le privilège du banvin était exercé suivant les coutumes du lieu et sous certaines conditions précises. Il ne portait que sur le vin du cru et non sur celui des dîmes inféodées; il ne pouvait être cédé. Le temps du banvin était continu, et les habitants et hôteliers ne pouvaient vendre leur vin pendant cette période. Cependant il y avait de nombreuses exemptions. On conçoit quelle gêne l'exercice de ce privilège apportait à la vente du vin du vigneron, aussi le banvin donna-t-il lieu à maintes difficultés.

Les droits ecclésiastiques. — Le clergé de l'ancienne France avait conservé toutes ses prérogatives et tous ses privilèges antérieurs; il était exempt de presque tous les impôts. Le roi lui demandait seulement, comme *don gratuit*, une somme de dix millions qui, le plus souvent, lui étaient restitués sous d'autres formes. Le clergé étranger était exempt de la taille, mais il payait la capitation et les vingtièmes dont le montant s'élevait à un million par an.

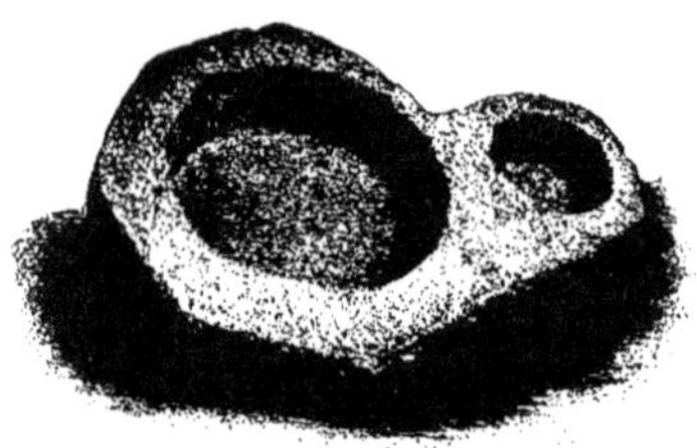
Anciennes mesures de la Dîme.

Le clergé avait son administration, sa hiérarchie et ses tribunaux financiers particuliers. Sa caisse très puissante lui permettait de prêter à la royauté, qui, à la fin du xviiie siècle, lui devait une centaine de millions.

La grande partie de ses ressources provenait des dîmes, petites et grandes, perçues par les petits et gros décimateurs. La dîme payait le traitement des curés, titulaires ou suppléants; mais parfois elle n'y suffisait pas.

Il y avait bien des sortes de dîmes, on distinguait, en effet, les dîmes *ecclésiastiques* dont les prêtres jouissaient réellement, des dîmes *inféodées* tenues en fief par les laïques; les dîmes *anciennes* perçues sur les anciennes cultures, des *novales* sur les nouvelles, comme la pomme de terre; les *grosses dîmes* qui frappaient les principaux objets, le blé et le vin, des *menues dîmes* sur les objets secondaires; les *dîmes de droit*, qui étaient générales, des *dîmes d'usage*, qui étaient locales, comme la dîme sur les poulets; les *dîmes ordinaires*, des *dîmes insolites*, comme celle perçue sur les sangliers élevés dans les maisons.

Les biens personnels des ecclésiastiques y étaient assujettis; seuls, les biens d'Église en étaient exempts.

La dîme se payait en nature; son importance variait suivant les localités, elle était du 1/12, du 1/15, du 1/26, du 1 50 des fruits. A Berru et à Cernay elle était sur le vin de 4 pots mesure de Berru ou de Cernay par poinçon; à

Damery, Cumières du 1/20 des fruits, à Hautvilliers du 1/11, à Dizy du 1/12. Le décimateur devait la prendre sur-le-champ. Le décimé ne pouvait enlever sa récolte qu'après avoir mis en demeure le décimateur de se payer et après certains délais d'usage : par exemple, après avoir poussé trois cris et une heure après le dernier cri.

Nous donnerons plus loin, dans le chapitre des Résistances des vignerons sous l'ancien régime, un aperçu de la lutte incessante engagée contre ces impôts dans la plupart des vignobles, et des procès auxquels leur perception donna lieu. Ces documents témoignent de l'impopularité dont jouissaient partout ces dîmes auxquelles un usage plus que millénaire et l'autorité royale avaient donné force de loi; elles étaient perçues avec une âpreté, un autoritarisme indignes de gens qui étaient censés dédaigner les biens de ce monde.

Toutes ces charges réunies, impôts divers, dîmes, etc., constituaient un lourd fardeau pour le vigneron; tout, en somme, retombait sur lui. Les grands seigneurs, le clergé s'étaient fait exempter d'impôts en partie ou en totalité, et comme ceux-ci devaient être payés, c'était le peuple qui en assurait la lourde et pénible responsabilité. Le produit de son travail était absorbé en grande partie, sinon entièrement, par le fisc sous des formes diverses. Nous verrons, dans les cahiers de doléances de Faverolles, que l'habitant possesseur de cinq arpents de différentes natures de biens payait 52 livres 7 deniers de redevance pour 57 livres de revenus. Aussi ne doit-on pas être étonné si, à certaines époques, poussé par la misère, le vigneron ait manifesté des velléités d'indépendance et cherché à secouer le joug qui l'opprimait. La Révolution, qui éclata en 1789, était depuis longtemps dans sa période d'incubation.

CHAPITRE III

Les Aides en Champagne

Leur origine. — Aux débuts de la royauté, sous la première et la seconde dynasties de nos rois, les ressources de la Couronne étaient constituées par les revenus du domaine ou Trésor. Si les besoins de l'État l'exigeaient, on établissait des impôts extraordinaires, que l'on désignait sous le nom d'*Aydes*, et qui cessaient d'être perçus dès que disparaissait la cause de leur création. Ils étaient ordinairement établis pour un an.

Le plus ancien de ces impôts date de 584, sous Chilpéric; il consistait dans la perception d'une amphore ou un huitième de muid de vin par arpent, pour la table du roi. En outre, ce souverain établit une taxe en argent évaluée au dixième de la récolte, qu'il y eût ou non récolte.

Plus tard, on dut recourir aux Aydes, même en temps de paix; leur durée fut d'abord prorogée de quelques années; bientôt, elles devinrent régulières et perpétuelles.

Le nom d'Aydes leur fut conservé pendant longtemps; mais, peu à peu, le sens de ce mot se restreignit et il s'appliqua bientôt exclusivement à certains impôts qui frappaient les boissons et quelques autres denrées et marchandises.

La Cour des Aides de Paris fut créée en 1360, par Jean le Bon. Plus tard, François Ier la réorganisa; les ordonnances des 1er mars 1545, 12 avril 1547, et décembre 1557 servirent de base aux règlements généraux établis ultérieurement. Jusqu'en 1604, la Ferme des Aides comprenait plusieurs fermes particulières qui s'adjugeaient tous les ans et qui étaient chargées de percevoir certains droits déterminés. A partir de 1604, il n'y eut plus qu'une ferme générale adjugée pour plusieurs années. Dans les baux d'adjudication, jusqu'à celui de 1663, on se bornait à énumérer les droits qui en faisaient l'objet, sans rien indiquer relativement à leur perception; seules, les clauses générales et respectives étaient indiquées dans les peu nombreux articles. En ce qui concerne les boissons, le bail général comprenait les droits de gros, ou vingtième, douzième, huitième, quatrième, les entrées, passages et sorties des villes.

En 1663, on chercha à mettre un peu d'ordre dans la multitude des taxes perçues.

Les ordonnances de la Cour des Aides de Paris, et de celle de Rouen en 1680 et 1681, recueillirent toutes les dispositions existantes dans les baux et règlements particuliers; elles réglèrent les cas non prévus. Ces dispositions variaient suivant les cours, d'où confusion possible. Plus tard, des règlements généraux et particuliers furent élaborés et modifièrent, étendirent ou interprétèrent les dispositions primitives.

Les Aides n'étaient perçues que dans le tiers environ du royaume, dans le ressort des Cours des Aides de Paris et de Rouen, c'est-à-dire dans le patrimoine des rois de France. Elles étaient remplacées dans le reste du royaume par d'autres droits équivalents, pour la plupart de même nature que les droits d'Aides, établis comme eux sur les boissons. On les appelait *devoirs* en Bretagne, *équivalents* en Languedoc.

Sur ces droits d'Aides il existait, en 1670, peut-être de 9000 à 10000 règlements. Les fermiers eux-mêmes avaient peine à s'y reconnaître, à plus forte raison, les redevables étaient-ils complètement perdus dans ce dédale de règlements. Aussi, au XVIIe siècle, la nécessité de les supprimer et d'établir un droit unique sur chaque marchandise s'imposait-elle impérieusement. Mais, à cette époque, on préférait la multiplicité des droits; plus ils étaient divisés, moins ils semblaient pesants.

L'ordonnance de 1680 réunit en un seul et même droit sur chaque espèce de boisson les droits nombreux antérieurement perçus; une seconde fixation fut faite en 1717.

Nous nous bornerons à donner un aperçu aussi succinct que possible sur ces droits, nous craindrions d'être fastidieux en nous étendant plus longuement sur ce chapitre aride.

Les droits sur les boissons comprenaient : les *droits d'entrées*, les *droits de gros* et les *droits de détail*.

Droits d'entrées. — Paris constituait pour les vins de la Champagne un débouché très important; mais les droits perçus à l'entrée de cette ville étaient d'une complication singulière. Ces diverses taxes : premiers cinq sols, anciens et nouveaux cinq sols, trente sols par muid, cinq sols des pauvres, dix deniers de ceinture Reine, droits de domaine, de barrage, parisis, sol et six deniers pour livre, etc., furent remplacés, par l'ordonnance de 1680, par un droit unique de 18 livres par muid pour le vin voituré par eau et de 15 livres pour le vin voituré par terre. Ces droits furent augmentés de 5 livres, lorsque, en 1719, ceux de gros et de détail furent supprimés.

Outre ces droits dépendants de la Ferme générale des Aides, il en était perçu d'autres, dans les mêmes bureaux, mais au profit de la Ville, des Hôpitaux et des différentes communautés d'officiers de police. D'autres se percevaient aux entrées, mais exceptionnellement, lorsqu'ils n'avaient pas été perçus par les bureaux de la route.

Ainsi le vin destiné à un bourgeois de Paris payait 24 l. pour la ferme générale des Aides, 2 l. 14 s. pour les hôpitaux, 8 l. 6 s. 4 d. 4/5 pour la ville. Soit 35 l. 4 d. 4/5 par muid par voie de terre, et 38 l. 12 s. 4 d. 4/5 par voie d'eau.

Les marchands payaient davantage. Les communautés religieuses étaient exemptes du droit principal et ne payaient que 12 l. 4 s. 4 d. par muid par voie de terre. Lorsque les vins traversaient Paris, *passaient debout*, ils payaient les mêmes droits. Ceux qui traversaient la ville en bateau, n'acquittaient que les 4 sols par livre, les droits de rivière et les droits rétablis. Tous ces droits se percevaient sur le muid de Paris.

Des règlements sévères indiquaient les formalités à remplir par les marchands et les voituriers, fixaient les itinéraires que ceux-ci devaient suivre. La confiscation et l'amende étaient prononcées contre quiconque y dérogeait. Les droits devaient être acquittés séance tenante, faute de quoi le fermier pouvait retenir le vin et les équipages et décerner des contraintes pour le paiement dans le délai d'un mois.

Les mêmes droits étaient perçus sur les vendanges à raison de 3 muids de vendange pour 2 muids de vin.

Plus tard. en 1758, de nouveaux droits, pour le paiement du Don gratuit ordonné sur les villes, furent établis; ils s'élevaient à 2 l. 8 s.; ils furent réunis au Domaine de la ville, à charge de payer au Trésor la somme fixée pour le Don gratuit.

Tels étaient les droits qui frappaient les vins à leur entrée dans Paris; on se demande comment, avec leur multiplicité, antérieurement à 1680, et l'énormité de leur montant, eu égard à la valeur du vin, le commerce de cette boisson pouvait se faire.

En dehors de Paris, les droits étaient moins compliqués. On percevait dans la Généralité de Châlons, à l'entrée des villes de Bar-sur-Aube, Châlons, Épernay, Reims, Sézanne, Sainte-Menehould, l'ancien sol pour livre, ou droit de gros, établi en 1356 sur toutes sortes de marchandises, puis réservé pour les vins à partir de 1668. Il subit l'augmentation du parisis, sol et six deniers. Ce droit n'était pas perçu pendant la durée des foires franches de Reims.

Les anciens et les nouveaux cinq sols furent établis en 1561, à l'entrée des villes et bourgs clos, pour six ans d'abord ; ils furent prorogés, augmentés et modifiés ultérieurement, puis fixés par l'ordonnance de 1680 à 14 sols par muid de vin. La plupart des villes des anciennes Généralités de Châlons et de Soissons y étaient soumises. Les vins destinés aux foires franches les acquittaient, mais on les remboursait s'ils n'étaient pas vendus. Le vin qui entrait dans les

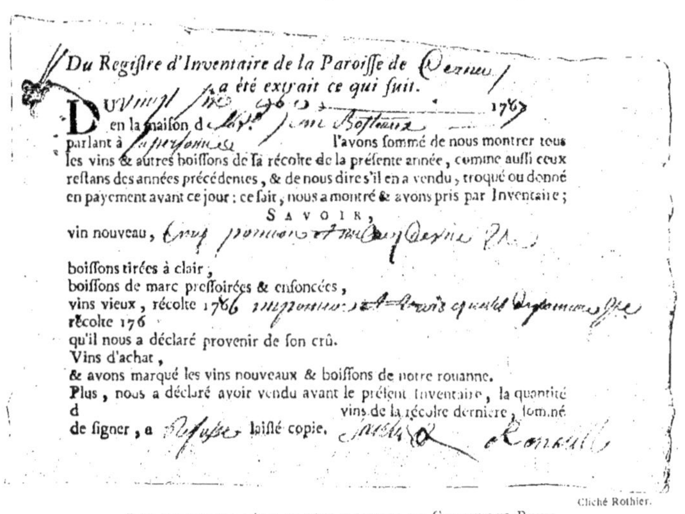

DÉCLARATION DE RÉCOLTE D'UN VIGNERON DE CERNAY-LES-REIMS
(Collection Bosteaux — Paris.)

lieux sujets à ce droit pour y être vendu ou consommé les payait. Les vendanges y étaient également assujetties à raison de deux muids de vin pour trois de vendanges. Ces droits frappaient tout le monde, au début, mais les ecclésiastiques obtinrent l'exemption des nouveaux cinq sols et la conservèrent après 1680, pour les vendanges et les vins du cru de leur bénéfice.

L'ordonnance des Aides porta à 20 sols par muid de vin la subvention à l'entrée ou subvention générale du vingtième établie en 1640, pour subvenir à des dépenses de guerre. Réunie à la ferme des Aides en 1659, elle ne fut perçue que dans les villes où le quatrième avait cours et dans les paroisses d'au moins 100 feux. Les ecclésiastiques, les nobles, les officiers des Cours de Paris et de

Rouen, certains autres personnages et les veuves des privilégiés en étaient exemptés pour le vin de leur consommation.

En 1655, fut établie la *subvention par doublement* que l'ordonnance des Aydes fixa à 54 sols par muid, y compris l'augmentation du parisis, sol et six deniers pour livre. Elle était perçue sur les vins sortant des provinces sujettes à la subvention au détail, en laquelle fut convertie la subvention à l'entrée, dans les pays sujets au huitième.

Le vin payait, dans les villes soumises aux anciens et nouveaux cinq sols, les droits dits *rétablis* d'inspecteurs aux boissons, fixés à 10 sols par muid ; peu à peu, ils furent remplacés par des abonnements.

En Champagne, on payait également le droit des 9 livres 18 sols par tonneau de vin, établi en 1597 sur toutes marchandises, pour subvenir aux frais de guerre.

En 1602, il fut supprimé, sauf pour le vin, et continua à être perçu à raison de 3 livres par muid. L'ordonnance de juillet 1681 le réunit aux droits des cinq grosses fermes et à la subvention par doublement ; elle en fixa le montant à 13 livres 10 sols par muid.

Mais, outre ces divers droits, existaient dans la plupart des villes, pour subvenir aux dépenses municipales, des droits d'octroi divers. Il en existait autant d'espèces différentes qu'il y avait de villes ; souvent ils avaient des noms locaux. En 1647, il fut ordonné que ces droits seraient portés à l'épargne, et en 1663, qu'ils seraient perçus par la ferme des Aydes au profit de l'État et à perpétuité ; les villes pouvaient les percevoir par doublement. L'ordonnance de 1681 décida que les octrois antérieurs appartiendraient, la première moitié à l'État, la seconde moitié aux villes. La seconde moitié des octrois était adjugée après l'adjudication de la ferme des Aides ; la perception se faisait par les mêmes commis, moyennant une redevance de 6 deniers par livre pour toute recette n'excédant pas le prix du bail de cette seconde moitié, et un sol pour livre pour l'excédent.

Reims jouissait d'octrois accordés par lettres patentes de Charles VIII, le 1ᵉʳ juillet 1484. La ville était exemptée pour 10 ans, « de toutes tailles, emprunts et impositions quelconques mis ou à mettre en son royaume pour quelque cause que ce soit », à charge par elle de payer, au lieu du huitième denier sur les vins, le quatrième denier qui sera livré en tous temps, même pendant les foires. Cet octroi fut prorogé. Henri IV le confirma moyennant une redevance annuelle de 666 écus 2/3. Plus tard, il fut à nouveau accordé, la perception en fut modifiée et réglementée et, même, à dater de 1763, ce droit de quatrième fut commué en un autre, de détail.

Le droit *de petit ayde*, accordé en 1414, frappait, dans la ville de Reims, chaque queue de vin vendue, de 2 sols 6 deniers. Il subsista jusqu'à la Révolution, mais avec modifications. A partir de 1662, il fut porté à 5 sols.

La ville de Reims, en 1604, fut exemptée de porter à l'épargne la première moitié des produits de l'octroi. Elle fut autorisée à percevoir un droit de 30 sols par pièce de vin étranger qui se vendra dans la ville. Elle était soumise, en outre, à certains droits destinés, au début, à l'entretien et à la subsistance des troupes, et, plus tard, à l'entretien des fortifications et à l'acquittement des dettes.

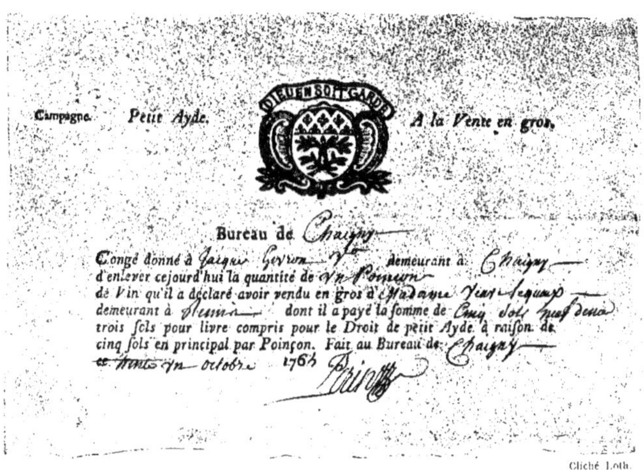

Congé de circulation. (Musée champenois d'ethnographie.)

Droits de gros et d'augmentation. — Le droit *de gros* ou du *sol pour livre* remonte à 1356; il devait être perçu sur toutes les marchandises vendues en gros à raison de 12 deniers par livre, sauf pour les boissons qui ne payaient que le treizième du prix de la vente. Supprimé, puis rétabli à plusieurs reprises, il subsista jusqu'en 1668, époque à laquelle il fut supprimé, sauf pour les boissons.

L'augmentation fut établie plus tard, en augmentation de certains droits; c'est le parisis, sol et six deniers pour livre. Elle fut établie en plusieurs fois à partir de 1683. Pour le vin, l'augmentation fut fixée, en 1660, à 16 sols 3 deniers par muid. L'ordonnance de 1680 la maintint à ce chiffre, mais l'engloba avec les droits fixes, anciens et nouveaux cinq sols, etc., et les laissa subsister sur les droits variables tels que le gros.

Les droits de gros et d'augmentation n'étaient perçus que dans quatre des Généralités soumises aux aides. Il existait dans chaque Généralité des lieux privilégiés ; la nature du privilège variait avec les pays ; généralement, les habitants n'étaient exempts que pour le vin de leur cru.

Le gros était la vingtième partie du prix de la vente ; l'augmentation était fixée à 16 sols 3 deniers par muid mesure de Paris.

L'application du droit de gros comportait cinq cas :

1° *Le gros à l'entrée*, qui se percevait aux entrées de Paris et Rouen.

2° *Le gros à la vente*, qui se percevait sur les vins vendus en gros, revendus, donnés en paiement ou échangés.

Les vins donnés en paiement au pressurage en furent exempts à partir de 1687.

Le vendeur devait déclarer le prix exact de la vente sous peine d'amende et confiscation. Cette déclaration était le *dépris*. Si le fermier soupçonnait la fraude, il avait la faculté de prendre le vin pour son compte, au prix déclaré, et le payait, défalcation faite des droits. L'option était faite par écrit. Le gros était payé au lieu du cru lors de la première vente ; cependant, des facilités étaient accordées aux propriétaires pour le transport du vin récolté dans une localité soumise au gros, de cette localité au lieu de leur domicile. En cas de vente, le droit revenait au fermier du lieu du cru. Il y avait cependant dérogation à cette règle du paiement au lieu du cru, dans certains cas déterminés. Des mesures rigoureuses accompagnées de sanctions pénales étaient prises pour éviter la fraude.

3° *Le gros manquant*, qui était de même nature et de même quotité que le gros. Il se percevait chez les propriétaires sur les vins qui se trouvaient consommés au delà de la quantité fixée pour leur consommation, lorsque la vente de ces vins n'avait pas été déclarée et que les droits n'en avaient pas été acquittés. Son établissement remontait à 1539. La déclaration de 1663 mit fin aux nombreuses contestations auxquelles donnait lieu l'*exercice* du droit chez les particuliers. L'ordonnance des Aides, dans le titre III, édicta les diverses dispositions relatives à l'exercice du droit, dispositions qu'il serait trop long de rappeler ici.

4° *Le gros sur les boissons en refuge*, qui frappait les boissons déposées par un particulier chez un voisin, en cas d'accident ou de force majeure, lorsqu'elles y restaient plus de six mois ; elles étaient alors supposées vendues au détenteur et devaient acquitter les droits. Si elles étaient vendues à nouveau passé ce délai, elles payaient les droits de revente, les vins étant supposés vendus à un tiers.

5° *Le gros à l'arrivée, à la sortie et au passage*, qui était perçu sur des vins provenant de pays exempts de ces droits ou de l'étranger, dans ceux où ils avaient cours et inversement, à moins qu'il n'y ait eu vente et que les droits n'aient été perçus au lieu de l'enlèvement. Il y avait quelques exemptions.

Les droits de gros et d'augmentation étaient perçus aussi sur les vendanges, à raison de deux muids de vin pour trois de vendanges.

Les ecclésiastiques étaient seuls exemptés du gros et de l'augmentation. Les nobles, les officiers des Cours de Rouen et Paris, les secrétaires du Roy, les officiers commensaux de ses diverses maisons, les veuves de ces privilégiés étaient exempts du gros seulement, mais soumis à l'augmentation. Les marchands

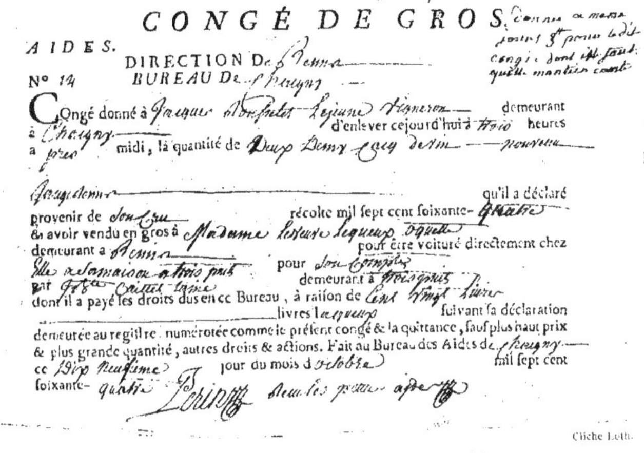

Congé de gros. (Musée champenois d'ethnographie.)

de vin qui suivaient la Cour en étaient exempts pour les boissons qu'ils vendaient dans les localités où passait Sa Majesté, sauf à Versailles. L'exemption ne portait que sur les vins du cru et non sur ceux d'achat: elle était entourée de prescriptions minutieuses. Les vins de dimes, de pressoirs banaux dont la banalité était antérieure à 1560, étaient considérés comme privilégiés.

Certaines villes jouissaient de l'exemption du gros qui leur avait été accordée soit gracieusement à différentes occasions 'naissance d'un enfant de France, désastre extraordinaire, défense vigoureuse', soit à titre de rachat moyennant une somme une fois versée. soit par suite d'une commutation en d'autres droits équivalents. soit par traités concédant ce privilège. Aucune exemption n'était accordée pour les droits établis postérieurement aux lettres de concession ou traités.

Les vins vendus aux foires et marchés francs de certaines villes, Reims, Châlons, etc., étaient exempts de gros mais non d'augmentation. Reims jouissait du privilège à titre de rachat, pendant ses quatre foires. L'exemption n'avait lieu que pour les vins exposés et vendus en foire.

Droits de la vente au détail. — Le droit du huitième réglé serait le plus ancien des droits sur le vin, il remonterait à 584. Il consiste dans le huitième de la valeur du vin vendu au détail.

Le taux variait suivant que la vente avait lieu *à pot, à huis coupé* ou *à pot renversé*, c'est-à-dire en pots et en bouteilles, sans fournir ni table, ni siège. ou *à assiette*, par des gens chez lesquels on pouvait s'asseoir et manger.

Il fut fixé à 12 sols par muid vendu à pot et à 16 sols par muid vendu à assiette, en 1553. L'ordonnance des Aides le fixa à 5 livres 8 sols par muid vendu à pot, et à 6 livres 15 sols par muid vendu à assiette, y compris le parisis, sol et six deniers. En sus, il y avait 27 sols de subvention toujours perçus avec le huitième.

Le huitième avait cours dans la Généralité de Châlons. Cependant, il était fixe pour certains lieux.

A Châlons, le muid de vin vendu à pot payait 5 livres, et vendu à assiette 7 livres. A Reims, le droit n'était que de 1 livre 13 sols par muid vendu à pot ou à assiette, non compris la subvention.

Comme pour les autres droits, les formalités étaient nombreuses et compliquées ; parfois ils étaient payés par abonnement au muid ou à l'année, surtout lorsqu'il s'agissait de cabaretiers isolés. Il y avait aussi quelques privilégiés, en raison de leurs fonctions.

Le droit du *quatrième* était primitivement le double du *huitième* : il se prélevait sur le quatrième effectif du prix de vente des boissons, un cinquième étant accordé pour le « remplissage et le coulage ». C'était donc le cinquième de la valeur des boissons.

En 1656, le droit de la subvention fut commué en un droit semblable au détail. Les campagnes y furent soumises ; les villes et bourgs furent assujettis à la subvention au détail, en outre de la subvention à l'entrée. L'ordonnance des Aides la fixa à 27 sols par muid de vin vendu au détail, y compris l'augmentation.

En sus de ces droits, toutes les personnes faisant commerce de boissons. soit en gros, soit au détail, furent, à partir de 1632, soumises à un droit, à *l'annuel* de 5 livres dans les villes, de 5 livres dans les bourgs et villages situés sur les grands chemins, et de 4 livres dans les autres villages et hameaux. L'ordonnance de 1680 supprima cette troisième classe. et les deux autres furent frappées d'un annuel de 8 livres et de 6 livres 10 sols, y compris le parisis, sol et six deniers.

Les droits de *péage* établis sur la Seine et ses affluents jusqu'à Rouen, au profit des communautés, seigneurs et villes, furent supprimés en 1633 et remplacés par un droit unique de 45 sols par muid, destiné à indemniser les péagers. Le montant des divers droits étant de 52 et 54 sols, il y eut donc avantage pour les voituriers et marchands. L'ordonnance des Aides le fixa à 3 livres par muid, y compris l'augmentation.

DIRECTION D
BUREAU D

Gros . . . .
Augmentation . . . .
Jauge & Courtage . . .
Courtiers-Jaugeurs . . .
Huit sols pour livre . . . . }

TOTAL . . . .

Reçu de . . . . demeurant à . . . . la somme de . . . .

pour les droits ci-dessus détaillés, de la quantité d . . . . . .

qu'il a déclaré provenir d . . . . . récolte mil sept cent . . . qu'il a cejourd'hui vendu en gros à . . . . . . demeurant à . . . . . . à raison de . . . livres . . . . . . suivant sa declaration demeurée au regiftre, numérotée de ce même nombre, sauf plus haut prix & plus grande quantité, autres droits & actions. Fait au bureau des Aides d . . . . . . ce . . . jour du mois d . . . . . . mil sept cent quatre-vingt . . . .

Cliché Rothier.

QUITTANCE DE DROITS D'AIDES. (Collection de Bordeaux — Paris.)

Perceptions diverses sur les vins. — Non seulement les vendeurs de vin, négociants et propriétaires devaient acquitter les droits divers qui frappaient leurs produits, mais ils devaient subir d'autres charges souvent considérables. Certains bateliers ou charretiers se permettaient, en effet, de boire le vin qu'ils conduisaient, ils remplissaient ensuite les tonneaux avec de l'eau et même du sable. Leurs abus devinrent tels que l'on dut édicter des peines sévères pour les réprimer : amende honorable, dommages-intérêts, fustigation et même pendaison. Malgré ces peines, malgré l'habitude que l'on prit de donner aux conducteurs du vin pour la route, ils n'en continuèrent pas moins à goûter le vin qui leur était confié et à le falsifier. Ces abus entravèrent pendant longtemps le commerce des vins.

La régie générale des droits d'aides. — Les droits d'aides étaient perçus sur le muid de Paris comme type; les mesures étant très variables, il en résultait fréquemment des contestations. On essaya, mais en vain, de remédier à cet état de choses. La Ferme générale se réservait certains droits et confiait la perception des autres à des sous-fermiers. Il existait, dans chaque Élection, un directeur, un receveur général, des receveurs particuliers et buralistes, des contrôleurs sédentaires ou ambulants à pied ou à cheval, des commis aux exercices à pied ou à cheval. Dans les Élections où le travail était considérable il y avait, en outre, des inspecteurs qui veillaient au travail des contrôleurs.

Telle était l'organisation compliquée qui, pendant plusieurs siècles, perçut avec âpreté les droits les plus vexatoires et assura une grande partie des ressources de la royauté et des villes, tout en enrichissant les fermiers et sous-fermiers. Aussi ne doit-on pas s'étonner qu'en 1789, lors de la rédaction des cahiers de doléances, il y ait eu presque unanimité pour demander la suppression des droits d'aides. Cette institution de la Régie s'est continuée, même après la Révolution.

Les procédés qu'elle employait auparavant, les vexations de toutes sortes qu'elle infligeait au peuple, la complexité des droits ne sont pas étrangers à l'opinion qu'il professe encore vis-à-vis d'une institution devenue utile et même indispensable de nos jours pour assurer, comme autrefois, une grande partie des ressources d'un budget de plus en plus élevé.

Cependant on ne saurait condamner sans appel, bien qu'attentatoires à la liberté commerciale et vexatoires souvent dans leur application, les mesures, les édits, arrêts, ordonnances pris sous l'ancien régime.

Elles avaient pour excuse la nécessité pour l'État et les villes de se procurer des ressources pour subvenir à des dépenses sans cesse croissantes, pour prétexte, le désir de rendre le commerce loyal, de protéger le producteur contre les exactions des courtiers et des marchands, et le consommateur contre la fraude. L'histoire des courtiers et commissionnaires en vins en Champagne n'est, en effet, qu'une lutte perpétuelle, incessante et sans trêve contre les règlements et contre le fisc.

Les nécessités de l'existence, mais surtout l'esprit de lucre les poussèrent à s'affranchir de toute règle pouvant les gêner dans l'exercice de leurs fonctions. « Voler l'État, ce n'est pas voler », semble considéré comme un axiome. Les moyens employés par le fisc pour défendre ses intérêts et réprimer la fraude laissaient à désirer; mais ils trouvent une excuse dans les agissements des courtiers et marchands qui, cependant, finirent par triompher.

CHAPITRE IV

Les Courtiers en Vins, les Commissionnaires et les Jaugeurs de Futailles

Les courtiers. — Nous avons vu dans les chapitres précédents que le vin de la Champagne eut de tous temps des adorateurs passionnés, parmi lesquels les seigneurs et grands dignitaires de l'Église, les moines et le clergé séculier se tenaient en bonne place. Mais néanmoins, la production des vignobles des monastères et du clergé dépassait parfois les besoins d'une consommation même excessive et laissait une certaine quantité de vin disponible pour la vente. Les foires de Champagne, celles de Reims et de Châlons, constituaient bien un marché important, mais à ces époques si fréquemment troublées, les communications, malgré les précautions prises, n'étaient pas toujours faciles et sûres. De plus, le vin n'était pas toujours transportable.

On vendait surtout « à pot » c'est-à-dire au détail. Les vendeurs, pour annoncer qu'ils avaient du vin à vendre, suspendaient au seuil de leur porte, un balai, une couronne de lierre ou tout autre signe. Actuellement encore, les auberges des campagnes sont souvent indiquées au passant par une branche de bruyère ou de genièvre suspendue au-dessus de la porte.

Bientôt on fit annoncer dans les rues, par un crieur public à gages, qu'il y avait du vin à vendre. Les rois et les seigneurs en usèrent largement pour les vins de leurs domaines ; ils créèrent à leur profit le droit de banvin dont nous avons déjà parlé. Ils s'arrogèrent ainsi un véritable monopole.

Il faut croire que le droit de crier portait ses fruits et facilitait singulièrement les transactions commerciales, car bientôt les seigneurs ou les rois ne permirent pas de vendre sans une autorisation qu'ils n'accordaient que contre paiement d'une redevance.

Bientôt les propriétaires de vignobles cherchèrent à se faire, parmi leurs parents, leurs amis et leurs relations, une clientèle assurée qui absorbât la plus grande partie, même, si possible, la totalité de la récolte. Les résultats obtenus par cette méthode semblèrent, sans doute, insuffisants, car dès avant le

xiii° siècle des intermédiaires ou courtiers apparurent, dont le rôle fut de rechercher la clientèle pour écouler le plus rapidement possible le vin des détenteurs
de vignobles. Bientôt, le besoin de règlementer leurs attributions se fit sentir,
Reims dut à cette institution des courtiers, le monopole incontestable du commerce des vins jusqu'au xviii° siècle, époque à laquelle il prendra à Épernay une
extension considérable, mais avec des institutions différentes. Reims devint
l'entrepôt de tous les vins des Élections de Reims et d'Épernay. Nous avons vu,
lors de la querelle des Champenois et des Bourguignons que le vin de notre
région n'était connu que sous le nom de vin de Reims, de même que les vins
de la Bourgogne étaient désignés sous le nom de vins de Beaune. Il en fut ainsi

Cliché Loth.
Tate vin.
Musée champenois
d'ethnographie.

jusqu'au xviii° siècle; vin de Reims désigne les vins
de la Champagne.

L'Institution des courtiers en vins avait pour
but de réglementer la vente du vin, de régulariser
les opérations commerciales et de donner aux droits
du vendeur et de l'acheteur une garantie en quelque
sorte officielle.

Cette institution est très ancienne, bien qu'il
soit difficile d'apporter quelque précision sur ses
origines.

Il semble que de tout temps, du moins depuis
l'origine du commerce des vins à Reims, les échevins de cette ville aient eu dans
leurs attributions la nomination des courtiers. En dehors de ses fonctions
administratives, l'échevinage sous le nom de « Juridiction du Buffet » exerçait
un pouvoir de police sur les brasseurs, auneurs d'étoffes, mesureurs de charbons et courtiers de toutes sortes.

Bidet, dans ses Mémoires dit que les échevins « ont toujours eu attention
de préposer à l'exercice du courtage, des personnes capables, de probité ou sol-
vables, à cause de la confiance que les bourgeois prennent en eux, sans la
moindre obligation par écrit de leur part, du prix des vins qu'ils font vendre. »

Varin cite un mémoire sur les offices de police de Reims, datant du xviii° siècle
dans lequel il est dit : « Les prévôts et échevins de la ville de Reims ont de
temps immémorial pourveus et nommés aux offices de police de la ville de
Reims; c'est un fait dont on a depuis 600 ans, des titres des plus authentiques. »

Ce document fait donc remonter au xi° siècle l'origine des courtiers.

Une ordonnance du 2 avril 1621, rappelle aussi les lettres de Concession de
Guillaume, archevêque de Reims en 1182, confirmées la même année par lettres
patentes du roi Philippe.

Cependant, ce droit de nommer les courtiers en vins fut contesté à l'échevinage. D'après Bidet. en 1323, Thomas Louvet, prévôt de l'archevêque Robert de Courtenay, avait voulu établir de sa propre autorité des courtiers d'étape et interdire à tous autres courtiers non nommés par lui d'en remplir les fonctions. Les échevins protestèrent et imposèrent une transaction, par laquelle le droit de nommer les courtiers leur était réservé « comme ils avaient fait de tout temps et ancienneté ». Cette transaction fut homologuée par arrêt du 20 novembre 1323.

Ultérieurement. à plusieurs reprises. ce droit leur fut confirmé, sans doute à la suite de contestations. Le 18 novembre 1357. furent accordées des Lettres royales de Commission adressées au Lieutenant du Bailliage de Vermandois, « pour maintenir les eschevins du ban de l'archevêché de Reims, dans la possession et faisure immémoriable de créer des courtiers pour la vente et achapt de certaines marchandises qui se vendent tant au marché de Reims qu'autre part audit ban et de donner et conférer le dit office de courtier à personnes capables dudit ban, de les instituer et en recevoir le serment. de leur accorder des émoluments qu'ils ne pourront outrepasser. etc. »

Charles VI, par lettres patentes de 1412, donna et octroya à MM. du Conseil et habitans de Reims « pouvoir et authorité de prendre et appliquer à eux. et au profit commun de ladite ville, ledit courtage des vins qui par courtiers vendus seront en ladite ville et scelliers d'icelle. et de prendre sur les vendeurs... pour chacune queue de vin 2 sols parisis et non plus. Et ledit courtage baillier à terme pour les deniers qui de ce ystront, tourner et convertir en réparations et amparemens de ladite forteresse et autres besoignes et affaires desdits suppléans. Lesquels courtiers seront tenus de jurer, etc. ». Les eschevins devaient employer le prix de cet affermage à l'entretien des remparts.

Dans le mémoire sur les droits de l'eschevinage dressé en 1564. par ordre des eschevins, il est fait mention de leur droit de pourvoir et instituer « tel nombre de courtiers jurés pour tàster et gousser les vins vendus et exposés en vente, tant ès estappes, foires que ès maisons des particuliers habitans d'icelle ville. »

Ces courtiers devaient justifier, de leur expérience et de leur capacité. verser une caution de 80 livres parisis. prêter serment. Ils avaient droit à deux sols par queue, à payer par le vendeur. et rien de plus.

Ils devaient. conformément à la coutume de Reims, payer en leur nom le prix des vins qu'ils achetaient. à moins que le vendeur ne s'en soit tenu au marchand.

Le 22 juin 1415, un règlement pour le courtage des vins fut publié et

signifié à tous les anciens courtiers par Henri de Villedomenges sergent à
cheval prés le châtelet; il renseigne sur le nombre des fermiers à choisir et sur
les formalités à remplir. Le premier article porte qu'ils ne pourront exiger plus
de deux sols par chaque queue de vin; un autre défend aux courtiers de s'insinuer dans la vente du vin sans lettres d'institution. Malgré la vigilance des
échevins, certains particuliers non institués, ni assermentés, se livraient à
l'exercice du courtage et prélevaient des droits. On trouve dans l'Inventaire des
archives de la ville de Reims, des lettres de Commission en date du
8 février 1379 données à un sergent royal pour poursuivre ces intermédiaires
illégaux. Citons encore de nouvelles lettres du 3 avril 1380, par lesquelles « du
consentement d'aucuns particuliers de Reims, il tint en saisine les eschevins
que, à eulx appartiens à instituer courtiers pour aider à vendre vins aux estaples
et non à autres ; et à leurs commis d'exercer l'office de courtage et en prendre
proufit ». (D'après Varin). En 1382, commission fut donnée à un tiers de la
police du courtage pendant un procès soulevé à propos de la juridiction des
eschevins sur les courtiers.

A la suite de la publication du règlement de 1415, celui-ci fut signifié aux
courtiers non assermentés; l'un d'eux fit de l'opposition. Il fut décidé à cette
époque que le courtage serait « baillé à ferme au proffit de ladite ville à une ou
deux personnes souffisantes, et sera créé bien et deuement, et se délivrera au
dernier enchérisseur ». Celui ou ceux auxquels sera affermé le courtage auront
droit, d'ordonner six courtiers qui prêteront serment de l'exercer loyalement,
sans fraude et sans faveur. »

Les échevins durent lutter contre les jaugeurs de futailles qui se mêlaient
de courtage et causaient un grand préjudice aux courtiers. Une transaction
intervint le 12 juin 1557 entre les échevins et les jaugeurs; ceux-ci institués par
le roi, en titre d'office, par un édit d'octobre 1551, renoncèrent à revendiquer
dans Reims les droits qui leur étaient conférés par cet édit.

Un sentence du 20 mars 1561, rendue par l'échevinage de Reims entre le
procureur de l'échevinage d'une part et le procureur fiscal de l'Archevéché,
demandeurs, contre un sieur Nicolas Turpin tonnelier, lui défendit, sous peine
d'amende arbitraire, d'exercer le courtage.

Cette sentence fut confirmée par celle du Bailliage de Reims du
19 février 1562, par un arrêt du Parlement du 7 décembre 1565.

Un autre arrêt du Parlement du 25 janvier 1567, fit défense d'exercer le
courtage sans provisions. Des Edits et Règlements de police de juin 1572,
mai 1578, renouvelèrent cette défense à peine de punition corporelle et de
500 livres d'amende.

Les droits de l'échevinage furent encore confirmés par un arrêt du Conseil du 3o juin 15g2.

Les échevins eurent constamment à lutter pour la défense des intérêts de leur ville. A chaque instant, la royauté, à court d'argent, les troublait dans la paisible jouissance de leurs droits par des édits et ordonnances qu'elle consentait à révoquer en confirmant à nouveau les droits antérieurs de la ville, moyennant, naturellement, le versement de redevances importantes.

Par un édit de février 1620, le roi ayant créé de nouveaux offices rendus héréditaires « sur le fait de la marée, des vins, des toiles, de la chair de porc et d'autres marchandises », des protestations furent adressées par les courtiers nommés par l'échevinage ; ils empêchèrent les quatre nouveaux bénéficiaires d'exercer leurs fonctions. Les échevins formèrent opposition à l'édit.

Les commissaires royaux, sur le vu des chartes, titres et arrêtés, reconnurent aux échevins le droit de nommer les courtiers de vin et de demander provision comme auparavant. Cette ordonnance de 1621 fut confirmée par arrêt du conseil du 10 mars 1622 (Bidet). Les échevins durent rembourser aux nouveaux cour-

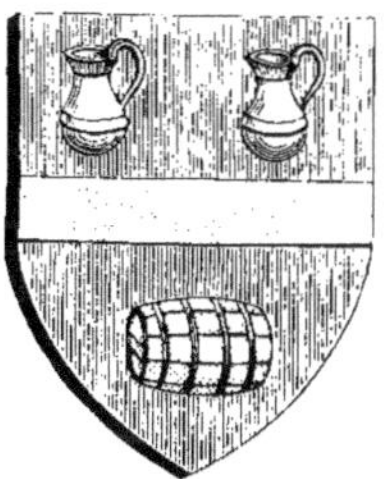

ÉCUSSON DE LA CORPORATION
DES TONNELIERS.

tiers 600 livres qu'ils furent autorisés à retenir sur les subventions de l'année dues au roi.

Cela n'empêcha d'ailleurs pas le roi de faire procéder, quelque temps après, à l'adjudication de deux nouveaux offices dont l'échevinage, pour éviter un nouveau procès très onéreux, se rendit acquéreur. Continuellement, les échevins étaient ainsi en butte à des abus de pouvoir dont ils ne s'affranchissaient que moyennant finance.

Henri III, en 1577, avait rendu des Ordonnances pour la police générale du royaume, disant qu'il serait fait choix de bourgeois pour y veiller. Mais les officiers de l'Archevêché et du chapitre de Saint-Remy ayant protesté, ils furent admis au Conseil de ville comme l'avaient été auparavant les seigneurs qui, en 1420, s'étaient plaints.

Un arrêt du Règlement pour la police générale fut obtenu par les officiers du présidial de Reims, le 1er décembre 1625, et diverses ordonnances furent publiées, dont les deux plus anciennes datent de 1627 et de 1630. Dans l'ordonnance de 1625, nous trouvons, en ce qui concerne les courtiers, les quelques dispositions suivantes :

« Défenses sont faites à toutes personnes de la ville et fauxbourgs de Reims

de se mesler de courtage de vin qu'ils n'ayent pris lettre des eschevins dudit
Reims en la manière accoutumée ou n'ayent pouvoir de ce faire sur peine de
vingt-quatre livres parisis d'amende. Pareillement à tous courtiers de prendre
plus grand sallaire des vendeurs que celuy qui leur est attribué pour le courtage
de la queue de vin, encore qu'il leur soit offerte plus grande somme, en peine
de quarante-huit sols parisis d'amende et de la privation de leurs sallaires et
charges.

« Leur sont aussi faites défenses de faire aucun trafique de vin pour eux ny
pour les autres ny s'associer avec les marchands pour avoir part et portion
auxdits achaps ventes et reventes desdits vins, sur peine de confiscation et de
cent livres parisis d'amende. Et aux marchands de vin, sur les mêmes peines,
d'associer avec eux les dits courtiers de vin. Est néanmoins permis auxdits
courtiers de vendre le vin de leur cru sans dol ny fraude dont ils seront tenus se
purger étans appellez en justice ».

Mais de nombreux abus se produisirent; par suite de relâchement dans
l'application des mesures édictées, l'office de courtier fut donné « à toutes sortes
de gens indistinctement, la plupart incapables de ces fonctions (Bidet). »

Les échevins n'étaient d'ailleurs pas insensibles à certains petits profits que
leur valaient des services rendus à des amis, ou leur relâchement dans l'application des règlements. Ainsi, d'après un acte du 17 novembre 1782, lors de sa
réception comme courtier, le sieur Jacquemin Jacquier, tonnelier, fit « don de
courtoisie à l'échevinage de x écus d'or de xxii sols en vi d. tournois la pièce
et à chaque échevin, de vin à volonté ». Quelle autorité pouvaient avoir ces
administrateurs pour réprimer les abus ?

Souvent les courtiers prélevèrent des salaires dépassant leurs droits, les
vendeurs se plaignaient des « exactions considérables » dont ils étaient l'objet.
Le commerce des vins « en souffrit grand préjudice ». C'est alors que l'on
voulut revenir aux anciens usages, limiter le nombre des courtiers et surtout les
recruter parmi des personnes dont la probité, l'honnêteté, la solvabilité et les
capacités fussent indiscutables. On supprima les offices de courtiers en
janvier 1652, puis on les rétablit en juillet 1656. Par le Règlement du
4 septembre 1654, les échevins réduisirent à 18 le nombre des courtiers et
fixèrent leur salaire à 5 sols par chaque queue de vin vendu à l'étape et à 20 sols
au lieu de 10 par chaque queue qu'ils feraient vendre aux habitants de la ville
et non à d'autres. Ils leur rappelèrent leurs devoirs, leur interdirent sous peine
de concussion et de privation de leur office de recevoir davantage, même si des
offres leur étaient faites volontairement. Il leur était interdit, sous peine de
500 livres d'amende d'abord, puis de déchéance, de se livrer pour leur propre

compte à des actes de commerce ou de s'aboucher avec des marchands de vin
ou des commissionnaires non reconnus. Il était interdit « à toute autre personne de s'entremettre à l'avenir au fait dudit courtage de vin directement ou
indirectement sous peine de 3o livres d'amende et de prison ».

L'édit de juillet 1656 et l'arrêt du Conseil d'Etat du 11 décembre 1658
n'ayant pas été mis à exécution, celui de février 1674, supprima tous les courtiers
qui avaient été créés, établis ou pourvus par le roi et ses prédécesseurs. ou
autrement, sauf à être remboursés de la finance qu'ils auraient perçue au profit
du roi. Le même édit créa de nouveau un titre d'office de courtiers de vins,
cidres, eaux-de-vie, etc. avec attribution de 10 sols par muid de vin mesure de
Paris, et pour autres vaisseaux à proportion, à la réserve des eaux-de-vie pour
lesquelles il leur serait payé à proportion de trois pièces de vin pour un muid
d'eau-de-vie. Ces droits furent réunis à la ferme générale des Aides pour être
perçus pendant la guerre seulement.

Les particuliers continuèrent à faire fonctions de commissionnaires, de
courtiers, de gourmets ou autrement et exigeaient des droits considérables.

A Reims, l'échevinage dut rappeler. le 21 novembre 1687. les défenses
faites à toutes personnes de quelque qualité et condition qu'elles soient
d'exercer le courtage sans avoir des lettres de courtiers de vins, à peine de
5o livres d'amende et d'être privé d'en pouvoir à l'avenir, faire les fonctions, ni
obtenir lettres de courtiers. Tous les courtiers en exercice devaient porter leurs
lettres de courtier au greffe de l'Echevinage dans les quinze jours, pour qu'elles
soient renouvelées, ou qu'il y soit pourvu autrement. Sous peine de révocation
de leurs lettres et de cassation, il était défendu à nouveau aux courtiers.
« d'avoir aucune association. ni liaison de commerce directe ou indirecte avec
des marchands vendeurs de vin, sous peine de cent livres d'amende, et de
privation de leurs fonctions de courtier à toujours et sans jamais y pouvoir
rentrer, ni y faire aucun exercice ». Malgré ces sanctions de plus en plus rigoureuses, les abus persistèrent.

L'édit du roy du 3o juin 1691 supprime à nouveau tous les courtiers et
commissionnaires présentement établis sous lesdits titres ou autrement, pour
la vente des vins, cidres, eaux-de-vie et liqueurs dans l'étendue du royaume, à
l'exception de ceux de la ville de Paris. créés par édit du mois de
septembre 1690. et de ceux établis par les seigneurs particuliers qui justifiaient
avoir droit de le faire. Ceux qui avaient financé pour obtenir ces offices devaient
être remboursés et les particuliers non pourvus d'offices étaient obligés de
restituer les sommes indûment reçues.

Le même édit créait des titres d'offices héréditaires de courtiers et commis-

sionnaires en vin qui devaient être attribués « à des gens de probité et de
bonne vie et mœurs, iceux établis dans les villes, bourgs et lieux du Royaume,
en tel nombre qu'il sera jugé nécessaire et suivant des rôles arrêtés en Conseil
du roi. » Les courtiers avaient les mêmes attributions qu'auparavant, mais ils
devaient résider au lieu de leur établissement, prêter serment en justice, et
tenir « de bons et fidèles registres düement paraphez en justice ». Défense était
faite aux marchands, négociants, commissionnaires, etc., de faire aucun
marché de vins, cidres, eaux-de-vie, ni liqueurs dans l'étendue du royaume sans
appeler l'un des courtiers assermentés, ni de les troubler et empêcher dans
l'exercice de leurs droits et de leurs fonctions à peine de 3ooo livres d'amende
pour chaque contravention, payable, un tiers aux courtiers, un tiers aux hôpitaux
et l'autre au dénonciateur. Les bourgeois et habitants des villes, bourgs et lieux
où ces courtiers étaient établis, les seigneurs et ecclésiastiques ne pouvaient
vendre le vin de leur cru par d'autres personnes, sous peine de confiscation et de
1ooo livres d'amende. Les courtiers étaient tenus de posséder un bureau pour
y recevoir les personnes qui avaient besoin de leur ministère. Le nombre des
courtiers exerçant dans l'élection de Reims fut fixé à 21, dont 13 sur l'étape,
2 dans la ville et les faubourgs, 6 dans les villages voisins. Les droits qui leur
étaient attribués étaient les mêmes que précédemment, mais pour éviter toute
contestation de la part des débiteurs, et les augmentations futures des courtiers,
l'édit ordonnait l'établissement de tarifs en conseil du Roi.

Ces tarifs qui furent fixés par arrêt du conseil du 28 août 1691, étaient les
suivants en ce qui concerne la Généralité de Champagne :

Election de Reims.

Pour chacune demi-quëüe de vin qui sera vendüe sur l'étape de la ville de
Reims, il sera payé au courtier gourmet : *cinq sols*, cy . . . . 5 sols.

Pour chacune demi-quëüe de vin qui sera vendüe dans la ville de Reims et
dans les paroisses de Cormontreuil, Saint-Thierry, Taissy, Montbret, Trois-
Puits, Bézannes, Champfleury, Tillois, Villers-aux-Nœuds, Ormes, Les Mes-
neux, Villers-Allerand, Rilly, Chaigny, Ludes, Mailly, Verzy, Verzenay, Villers-
Marmery, Sillery, Puisieulx, Beaumont et Courmelois : *quinze sols*, cy. 15 sols.

Pour chacune demi-quëüe de vin qui sera vendüe dans toutes les autres
paroisses de ladite élection de Reims, : *dix sols*, cy . . . . 10 sols.

Election d'Epernay.

Pour chacune demi-quëüe de vin qui sera vendüe dans la ville d'Epernay
et dans les paroisses d'Ay, Mareuil-sur-Ay, Dizy, Cumier, Auvillé, Champillon,

Saint-Martin-d'Ablois, Vinay, Moussy, Piarry, Chavot, Montelon, Arty et Cramant : *quinze sols*, cy . . . . 15 sols.

Pour chacune demi-queüe de vin qui sera vendüe dans toutes les autres paroisses de ladite élection d'Epernay : *dix sols*, cy . . . . . . 10 sols.

Élections de Châlons, Sézanne, Retel, Vitry, Troyes, Bar-sur-Aube, Langres et Chaumont.

Pour les vins qui seront vendus dans les villes et paroisses des élections de Châlons, Sézanne, Retel, Vitry, Troyes, Bar-sur-Aube, Langres et Chaumont, il sera payé *dix sols* par queüe, cy . . . . 10 sols.

Dans toute l'étendue de ladite généralité de Champagne il sera payé pour muid de cidre, jauge de Paris *cinq sols*, cy . . . . 5 sols.

Pour barrique d'eau-de-vie contenant vingt-huit à trente veltes : *trente sols*, cy. 30 sols.

Pour chacun muid de liqueur, jauge de Paris : *trois livres*, cy . 3 livres. et pour les autres vaisseaux à proportion.

Lesquels droits ci-dessus seront payés par le vendeur.

Fait et arrêté en Conseil d'Etat du roy tenu par les finances à Versailles, le 28 août 1691.

D'après un arrêt du Conseil d'Etat du roi du 6 mai 1692, il fut décidé à nouveau que les « pourvus des offices de courtiers et commissionnaires des vins, cidres, eaux-de-vie et liqueurs, dans les villes d'Orléans, Blois, Reims, Epernay, Nantes et autres, où il y a communauté des courtiers et commissionnaires, tiendront des registres dûment paraphez, feront bourse commune de moitié de droits attribuez auxdits offices et établiront des Bureaux pour la perception des droits. »

La ville de Reims dut acquérir, le 1er avril 1692, les offices de courtiers en vins ainsi créés et perdit en même temps le monopole qu'elle possédait jusqu'alors, de la vente des vins ; cette mesure lui fut donc doublement préju-diciable. Par arrêt du Conseil d'Etat, le roy ordonna qu'en payant la somme de 21 818 livres, le conseil et les eschevins de la ville de Reims « demeureront subrogés au lieu et droits desdits courtiers. Ordonne qu'ils jouiront à toujours des droits attribués aux courtiers des vins, cidres, eaux-de-vie et liqueurs qui seront vendus sur ladite étape conformément à l'édit de juin 1691. Les eschevins conservent le droit de nommer les courtiers qui prêteront serment, ainsi que la police et la justice accoutumées de l'étape. » Ils étaient autorisés à emprunter pour le remboursement des offices ; des emprunts furent contractés dans ce but, les 14 avril et 14 juin 1692.

Un autre arrêt du Conseil d'État du roy du 30 juin 1692 autorisa la ville à acquérir les offices de courtiers des vins et liqueurs dans Reims et à quatre lieues autour, soit dans 59 villages, et dans les autres dépendances de l'Élection de Reims, moyennant 136364 livres et les 2 sols pour livre soit 150000 livres. Il était stipulé en même temps que le produit annuel du droit levé serait employé au paiement des rentes constituées au profit de ceux qui ont prêté les deniers fournis par la ville et que l'excédent serait affecté au remboursement des capitaux.

Les deux sommes de 21848 livres et 136364 livres et les deux sols pour livre furent payées le 18 juillet 1693.

L'édit de 1691 eut, pour Reims, une importance considérable; la ville subit un préjudice direct puisqu'elle dut racheter les offices de courtiers. Mais, à partir de cette époque, elle perdit le monopole de la vente des vins de la Champagne; le commerce peu important jusqu'alors à Epernay, s'y développa bientôt par suite de l'augmentation du nombre des commissionnaires. Dès 1730, « la place d'Epernay commerçait directement avec tous les pays d'Europe et avec l'Amérique » (Raoul Chandon et Bertal). Désormais, on ne connut plus exclusivement les vins de Reims; on commença à parler des vins de la Champagne.

Mais, quelques années après, le roi pensa sans doute que les concessions accordées auparavant étaient par trop modérées et qu'il pouvait se procurer de nouvelles ressources sur les profits du commerce des vins. Aussi créa-t-il, par édit, en avril 1696, les offices de jaugeurs de futailles, et par déclaration du 4 septembre de la même année, pour respecter les droits des villes qui avaient acquis les offices de courtiers, il permit que ces offices nouveaux fussent désormais réunis aux offices des courtiers moyennant une somme de 150000 livres. L'échevinage, qui ne pouvait tirer du jaugeage que de faibles revenus, — il fut affermé pour la somme de 3500 livres, — protesta énergiquement. Un arrêt du Conseil d'Etat du 15 avril 1698 réduisit de 150000 à 50000 livres et les 2 sols pour livre, la somme à laquelle avait été fixée l'indemnité allouée aux détenteurs des offices de jaugeurs de futaille de la ville de Reims. Sur cette somme, 25000 livres furent payées sur le revenu des fermes des « octroys et courtages », et le surplus en trois paiements égaux, dont le dernier fut achevé le 8 juillet 1699.

A la suite de cette fusion, — les droits de jauge et de courtage jusqu'alors étaient perçus séparément, — les droits de courtage furent diminués de moitié.

Le tarif du 16 octobre 1696, les fixe ainsi qu'il suit, par muid ou demi queue de vin et par pièce d'eau-de-vie, dans la généralité de Châlons:

	DROITS DES COURTIERS		DROITS DES JAUGEURS		TOTAL	
	VIN	EAU-DE-VIE	VIN	EAU-DE-VIE	VIN	EAU-DE-VIE
	s.	s.	s.	s.	s.	s.
Élection de Reims : Reims. Cormontreuil, Saint-Thierry, Taissy, Montbray, Trois-Puits, Bezannes. Champfleury, Tilloy, Villers-aux-Nœuds, Ormes, Les Mesneux. Villers-Allerand, Rilly, Chigny, Ludes, Mailly, Verzy, Verzenay, Villers-Marmery, Sillery, Puisieulx, Courmelois.	7.6	15	4	8	11.6	23
Autres lieux.	5	15	4	8	9	23
Élection d'Épernay : Épernay, Ay, Mareuil, Dizy, Cumières, Hautvillers, Champillon, Saint-Martin-d'Ablois, Vinay. Moussy, Pierry, Chavot, Montelon, Arty, Cramant	7.5	15	4	8	11.6	23
Autres lieux.	5	15	4	8	9	23
Élections de Châlons : Sézanne, Rhetel, Vitry, Troyes. Bar-sur-Aube, Chaumont. Langres.	2.6	15	4	8	6.6	23

— De nouveaux abus ne tardèrent pas à surgir : certaines personnes non pourvues de lettres de commission, ni assermentées, s'ingéraient dans la vente des vins et autres liqueurs, en prélevant des droits considérables sur les acheteurs et sur les vendeurs.

Une ordonnance du 6 juillet 1711 renouvela les défenses précédemment édictées.

Un nouveau règlement fut établi le 8 juillet 1748 ; pour les offices de courtiers jaugeurs de vin ; il n'eut pas plus d'effet que les précédents ; les abus subsistèrent quand même, et le besoin se faisait sentir, dans l'intérêt des habitants de Reims, et dans celui des vignerons, de revenir aux anciens règlements, et de pourvoir les courtiers de salaires raisonnables en tenant compte des temps présents. Les conclusions du Conseil de l'échevinage furent les suivantes ;

« La Compagnie..... ordonne que les règlements seront exécutés, ce faisant a enjoint aux courtiers de s'y conformer ; en conséquence, leur fait deffenses de prendre d'autres droits que les 2 sols (ou 2 s. 6 d) par queue, qui doivent seulement leur être payés par le vendeur, à peine de destitution ; ordonne qu'ils seront divisés en 3 classes de 6 chacune ; que chacune des classes exercera ses fonctions les 2 jours de la semaine..... fait deffenses aux courtiers dont les classes ne seront pas en exercice de s'entremettre sur l'étape de la vente des vins...., que l'état des courtiers divisé en trois classes avec les jours d'exercice sera inscrit en un tableau qui sera mis au greffe à la vue du public, lequel sera renouvellé tous les ans le 1er octobre, jour qu'il enjoint aux courtiers de se présenter en la Chambre du Conseil pour être confirmés ou révoqués, si le cas y écheoit. » Cette ordonnance visait exclusivement les 18 courtiers d'étapes qui commettaient sans cesse des exactions.

L'édit de juin 1691, le règlement général du 23 septembre 1692 qui, reproduisant les dispositions éparses dans les arrêts antérieurs et notamment dans celui du 6 mai 1792, et dans l'ordonnance des Aydes de 1680, précisaient les obligations des courtiers, restèrent à peu près lettre morte. Ceux-ci surent, en effet, jouir de leurs droits, mais ils méconnurent aussi rapidement leurs devoirs. Le règlement les obligeait à faire bourse commune de moitié, à tenir des registres paraphés, à établir des bureaux ; malgré de nombreux arrêts du Conseil et de la Cour des Aides de Paris, ces obligations ne furent pas observées, parce qu'elles étaient gênantes. Les courtiers que leurs affaires appelaient au dehors ne pouvaient rester enfermés constamment dans leur bureau. Les obliger à tenir des registres faisant mention de leurs transactions, c'était livrer les noms et adresses des clients à leurs concurrents. De même, les obliger à faire bourse commune de moitié, était les inciter à se tromper réciproquement par de fausses déclarations.

Quant aux tarifs imposés, il est vraisemblable qu'ils ne furent jamais observés ; les courtiers agissaient en cela à leur guise et foulaient impunément aux pieds tous les règlements.

Les commissionnaires tant à Reims qu'à Épernay s'affranchirent bientôt de toute tutelle ; ils étendirent considérablement leurs affaires et peu à peu créèrent à leur profit le monopole de la vente du vin.

Bidet vers cette époque, en 1759, se lamentait sur cet état de choses, et sur le peu d'efficacité des règlements des échevins.

« N'a-t-on pas vu, écrivait-il (*Mémoires*, t. IV), des personnes de tous états indistinctement, marchands, conseillers de ville et autres, et même des domestiques se mêler encore depuis ce temps de faire le courtage et conjointement le commerce de vin sans aucun caractère ? Ne les a-t-on pas vu même et ne les voit-on pas encore au lieu de vingt sols par queue pour le courtage, exiger, comme ils font encore publiquement, un sol pour livre et quefquefois encore davantage du prix du vin qu'ils font vendre et le montant duquel ils font valoir à leur profit pendant plusieurs années, sans s'inquiéter si les vendeurs souffrent ou non de ce retard ? »

Il faut croire que le commerce des vins se ressentit de cet état de choses, et peut-être aussi de la concurrence d'Épernay, puisque le même auteur écrit plus loin :

« Cependant, plus le commerce du vin est précieux pour les propriétaires de vignes et pour toute cette ville en général, pour l'argent qu'il y attire de tous les pays étrangers, plus il paraît intéressant pour son soutien de faire revivre, exécuter et rigoureusement observer ces anciens règlements, d'interdire à chacun indistinctement, tant forains qu'habitans de cette ville, la liberté de faire conjointement le commerce et le courtage des vins et même le courtage en particulier, sans lettres d'institution à cet effet et sans prestation de serment et d'obliger même les courtiers titrés à se contenter, sinon de ce qui leur est défféré par ces anciens règlements du moins des sommes qu'on pourrait raisonnablement leur taxer par queue de vin pour leurs salaires. Mais inutilement penserait-on à faire exécuter ponctuellement ces règlements et ceux qu'on pourrait encore faire à ce sujet si ceux qui sont préposés pour y tenir la main ne se dépouillent eux-mêmes de tout intérêt particulier pour celui du public.

« Il serait donc aujourd'hui absolument nécessaire pour faire revivre ce commerce qui languit depuis quelques années, non seulement de renouveler et faire exécuter à la lettre les anciens règlements faits à ce sujet, sans souffrir que personne s'en écarte en aucune manière, ni sous aucun prétexte, pour l'intérêt des habitants de Reims et celui des vignerons qui recueillent du vin ; sauf néanmoins à pourvoir, comme on l'a déjà observé, les courtiers de vins de salaires raisonnables eu égard au temps présent. »

Si le commerce languissait, les propriétaires de vignes, au nombre desquels se trouvait Bidet lui-même, étaient sans doute dans la misère. Dès 1697, l'Intendant Larcher la signalait déjà, et Bidet en 1759, réclame l'application des ordonnances de 1727 et 1731, limitant la culture de la vigne.

— Les courtiers s'affranchissaient de plus en plus de toute règle ; ils donnaient l'exemple de la fraude par l'application de tarifs fantaisistes, aussi étaient-ils mal fondés à se plaindre de ce que d'autres personnes non assermentées se mêlassent de vendre du vin. Tout le monde, en effet, faisait le commerce du vin, car ainsi que le constatait l'intendant Larcher, « il n'y avait guère d'officiers et de bons bourgeois qui n'aient de vignes ».

De plus en plus, les courtiers deviennent marchands. A partir de 1766, ils demandèrent et obtinrent de ne plus être imposés chacun en particulier, mais en bloc ; il n'y eut plus qu'une seule cote pour le « corps des marchands de vins ».

Désormais, le commerce s'affranchit, malgré les efforts de l'échevinage pour maintenir cette institution plusieurs fois séculaire.

Aussi, lorsque l'édit d'avril 1776 rendit entièrement libre le commerce des vins, permettant de les faire circuler, emmagasiner et vendre « en tous lieux et en tout temps... nonobstant tous privilèges particuliers et locaux à ce contraires », il ne fit que consacrer un état de choses existant depuis plusieurs années déjà. Ce fut le point de départ de l'essor du commerce de vin de Champagne.

La Révolution survint qui ralentit cet essor. L'an IX de la République française, le 28 Ventôse, une Bourse du commerce fut créée à Reims et s'installa dans la grande salle de l'Archevêché. Les courtiers nommés ne firent presque rien car il existait alors des intermédiaires puissants, non reconnus par la loi, et très difficiles à abattre. Les transactions d'ailleurs étaient faibles. Ce n'est que vers 1825 seulement, qu'ils prirent leurs fonctions au sérieux. En 1826, un tarif fut établi qui fixa leurs droits ainsi qu'il suit :

2 francs par pièce de 120 francs et au-dessous			
3	—	au-dessus de	120 francs.
5 centimes par bouteille jusqu'à		500 bouteilles.	
4	—	—	1000 —
2	—	— au-dessus de 1000	—

En 1840, 3 courtiers seulement exerçaient dans le pays vignoble tout entier.

— Actuellement, le nombre des commissionnaires en vins est considérable. Certains d'entre eux, représentants honnêtes de maisons sérieuses, se contentent d'une commission modeste.

Mais il en est d'autres qui se livrent à la spéculation, à la fraude même, achetant bon marché, pour revendre le plus cher possible des vins d'origines diverses et prélever ainsi une forte commission. Ces derniers font au vigneron, au commerce du vin et aux négociants en Champagne un tort considérable.

Les courtiers à Épernay et à Châlons. — Les vins d'Épernay jouissaient depuis longtemps d'une renommée méritée puisque Thibaut III, comte de Champagne, avait accordé, en 1060, au monastère de Montier-en-Der exemption de tous droits sur les vins provenant de la région d'Épernay. Et cependant, le nombre des courtiers resta, pendant longtemps, très restreint. D'après MM. Chandon et Bertal, il n'y en avait qu'un seul en 1652 et cinq seulement, en 1661. Ces courtiers commissionnaires étaient régis par le droit commun et n'étaient soumis à aucun usage local, à aucun règlement. Ils firent sans doute peu de commerce jusqu'au milieu du xviie siècle ; le commerce des vins jusqu'à l'édit de 1691 était peu développé à Épernay, il s'y confondait avec la propriété.

Le vin que les propriétaires ne vendaient pas à leur clientèle d'amis ou de parents, était expédié aux marchands de Reims.

Aussi cette institution des courtiers à Épernay diffère-t-elle sensiblement de celle de Reims qui jouissait de privilèges spéciaux pour la défense desquels l'échevinage dut tant lutter pendant des siècles.

A la fin du xviie siècle, le commerce des vins commença à franchir les limites de l'Élection de Reims, et à prendre dans la ville d'Épernay une certaine extension. Les courtiers commissionnaires étaient en même temps marchands; aucune règle n'était imposée pour leur recrutement et l'accomplissement de leurs fonctions; aucun contrôle n'était exercé sur leurs opérations; aucun tarif ne leur était imposé. Ils jouissaient d'une entière liberté commerciale, et se faisaient mutuellement concurrence.

Lorsqu'en juin 1691, l'édit du roi voulut réglementer le courtage et fixer à huit le nombre des charges à pourvoir, les quatre courtiers existant alors, en dehors des propriétaires vendeurs de vins, protestèrent énergiquement contre l'application de l'édit et cherchèrent par tous les moyens en leur pouvoir à en annihiler les effets. Le prix de chaque charge était fixé à 7000 livres, mais les courtiers ne crurent pas devoir subir la contribution que l'édit avait surtout pour objet de leur extorquer. Au bout d'un an, ils furent cependant obligés de se soumettre et de payer les sommes imposées.

« Ils surent, d'ailleurs, écrit E. Roche (*Le commerce du vin de Champagne sous l'ancien régime*), facilement se rattraper par l'activité prodigieuse qu'ils donnèrent aux transactions et par l'habileté avec laquelle ils pratiquèrent la fraude qui n'était, à cette époque comme à la nôtre, dangereuse que pour les manants. »

Dans la Correspondance de Bertin du Rocheret figurent des renseignements intéressants relatifs à ces charges nouvellement créés. Un de ses amis lui écrit de Paris, le 2 juillet 1691 : « Suivant la promesse que je vous ai faite à Laon, Monsieur, je me suis informé de M. le Trésorier des parties casuelles de ce que vous souhaitez savoir. Il m'a prié de vous écrire sans délai que l'on a créé des charges de Courtiers-Facteurs de vin dans les Provinces; que Mons. Deschiens, fort connu, principalement en Champagne dont il est originaire, en est le traitant, et que si vous croyez qu'il soit de votre intérêt et de votre inclination d'avoir une de ces charges pour vous, on peut vous en ménager une sous un nom emprunté dont vous serez toujours le maître. Et même au cas que vous ne vous accommodiez pas de cette charge, après qu'on en aura traité pour vous, on trouvera toujours bien moyen d'en accommoder un autre. Vous voyez par là, combien on est disposé à vous servir. Il faut tenir la chose secrète et ne vous ouvrir de rien qu'à des personnes bien sûres. J'attendrai votre réponse au premier jour.... P. B. Min ».

Bertin du Rocheret avait usurpé une charge de courtier en vins; il avait été condamné pour ce fait, à entretenir des garnisaires et menacé de poursuites. Il reçut, à ce sujet, la lettre suivante datée de Paris, du 8 novembre 1692.

« J'ai reçu votre lettre, Monsieur, et j'ay fait tous mes efforts pour obliger la compagnie à vous donner main-levée de la garnison mise chez vous; on n'a point voulu m'accorder cet article. Tout ce que j'ay pu obtenir a été que l'on vous donnerait à la considération de M. Bertin (membre du Parlement) une des charges d'Épernay pour quatre mille livres et les deux sols pour livre, quoy que les autres ayent été vendues sept mil livres... et au moyen de l'acquisition que vous en ferez l'on vous déchargera de l'amende à laquelle vous avez été condamné par M. l'Intendant et pour laquelle on vous poursuit. Je ne croy pas que vous deviez laisser perdre cette occasion de vous mettre en repos. Il y a un nouveau règlement sur le fait des courtiers qui assure leur estat et qui rend ces offices très considérables, en sorte que c'est pour vous un établissement solide.... Il n'y a point d'autre expédient pour vous tirer d'affaire que celui-là; si vous perdez l'occasion, vous ne la retrouverez jamais si favorable ».

— Le rôle des Courtiers à Châlons-sur-Marne fut moins important qu'à Épernay : le commerce des vins, jadis florissant, était considérablement diminué à la fin du XVIIᵉ siècle. L'intendant Larcher écrivait déjà en 1698 : « ... Il s'y faisait autrefois un assez grand commerce de vins, mais ce commerce s'est depuis établi dans la ville de Reims et a tout à fait cessé à Châlons. »

Châlons cependant, à cette époque, expédiait beaucoup de vins à l'étranger, et il s'en vendait d'assez grandes quantités à l'étape. dont le nom est rappelé par les rues de Grande-Étape, de l'Étape, de la Petite-Étape qui subsistaient encore il y a quelques années. Les transactions étaient loin d'avoir l'importance de celles qui se faisaient à l'Étape de Reims. On ne se contentait pas simplement de vendre et d'acheter, on y faisait aussi l'échange des crus; il était facile aux propriétaires et marchands de faire des mélanges ou des échanges de leurs vins avec ceux des régions voisines. Aussi l'Étape de Châlons était-elle fréquentée.

La municipalité faisait présent de vins aux personnages de marque; mais elle s'en servait aussi comme de monnaie courante; elle accordait souvent comme secours, subsides ou subventions, une certaine quantité de vin. C'est ainsi qu'en 1530, deux frères prêcheurs reçurent, comme subsides, deux poinçons de bon vin du Corps de ville pour les aider à supporter « la dureté des temps » (*Archives municipales*). Il faut bien supposer que la municipalité.

en agissant ainsi, savait défendre les intérêts de la ville et de ses habitants.

Lorsque les commissaires royaux, chargés de l'exécution des édits portant permission de trafiquer du vin en gros dans le royaume, le 17 février 1664, accordèrent cette autorisation aux marchands et habitants de la ville et Élection de Châlons, ils exigèrent le paiement d'une somme de 2100 livres entre les mains de J. Dubois, commis à la recette dudit droit, ce qui prouve que le commerce des vins avait encore, à Châlons, une certaine importance, mais bien faible, en comparaison de celle du commerce du vin à Reims, dont l'échevinage payait des sommes autrement considérables. Le privilège accordé en 1604 fut maintenu par arrêt du Conseil d'État du 29 janvier 1620. Les habitants et marchands jouissaient donc d'une liberté commerciale pleine et entière grâce à la redevance payée par la ville. Aussi, le rôle des courtiers y fut-il insignifiant. Lorsque l'édit de 1691 parut, la situation des nouveaux courtiers ne différa guère de

APPAREIL A DÉCANTER
LES BOUTEILLES.
Musée champenois
d'ethnographie.

ce qu'elle était auparavant. Plus tard, ils essayèrent d'étendre leurs opérations et de joindre le commerce à la commission, ils s'attirèrent même de ce fait, en 1693, des poursuites, à la requête du fermier des Aides, Jean Pinson.

Les commissionnaires. — Les Commissionnaires en vins, après s'être affranchis des règlements qui les gênaient, voulurent s'assurer le monopole du commerce. Ils eurent à lutter pendant de longues années, contre la catégorie des exempts, c'est-à-dire des personnages, seigneurs, ecclésiastiques, bourgeois, détenteurs de certaines charges royales, qui, de par leur situation, leurs titres ou leurs fonctions avaient le droit, ou mieux le privilège de vendre les vins provenant de leur cru ou de leur bénéfice « par eux, leurs femmes, leurs enfants et leurs domestiques », sans l'intermédiaire des courtiers.

Nous avons vu, à propos des Aides, combien ces privilégiés étaient nombreux. Il est vrai que les privilèges constituaient pour la bourgeoisie l'un des principaux, sinon le principal appât, pour l'acquisition de charges très onéreuses et plus honorifiques que lucratives.

La plupart de ces exempts étaient propriétaires de vignes. « Il n'y a guère d'officiers et de bons bourgeois qui n'aient de vignes » écrit en 1617, l'intendant Larcher en ce qui concerne l'élection de Reims. Nombre de bourgeois de Reims en effet, possédaient des vignes à Cernay, dans la Montagne de Reims et dans la petite Montagne, de même que les bourgeois de Châlons détenaient une grande partie des vignes d'Avize et de Vertus.

Mais ces exempts ne se bornaient pas seulement à la vente du vin de leur cru, ils en achetaient pour revendre ; ils se firent commissionnaires ou marchands, et cela sans acquitter les droits.

A Reims, à partir de 1720, cet état de choses s'était généralisé ; on fraudait le plus possible, et les courtiers qui, les premiers, avaient donné l'exemple du mépris des règlements, étaient mal qualifiés pour protester. Nous avons rappelé les plaintes de Bidet à ce sujet.

A Épernay, les commissionnaires, ayant à cœur de rentrer rapidement dans les 7000 livres qui leur avaient été extorquées par l'édit de 1691, et n'étant soumis à aucune règle, commencèrent contre les abus des exempts, une lutte opiniàtre. Ils dénoncèrent chaque fois qu'ils en eurent l'occasion, les fraudes qui leur portaient préjudice.

La lutte fut vive, opiniàtre, mais les commissionnaires qui secondaient l'action des fermiers des Aides, et qui étaient riches et indépendants, finirent par triompher des abus et s'assurer une place prépondérante dans le commerce des vins.

Parmi ces exempts, un des principaux fut Valentin-Philippe Bertin du Rocheret. Il sut tirer un admirable parti du prestige de ses multiples fonctions et des relations qu'elles lui procurèrent, pour se créer un commerce lucratif au mépris des règlements et des droits. Sous le couvert de l'exemption dont il jouissait, il plaçait non seulement ses vins, mais ceux de ses amis, sans acheter de commission et en frustrant le plus possible les Aides des droits qu'il eût dû légitimement payer.

Il avait même établi un dépôt à Charenton pour éviter de payer les droits d'entrée dans Paris. Nous avons vu aussi comment lui et sa famille traitaient les commis des aides que leur zèle entraînait à surveiller les agissements des Bertin. La Cour des Aides de Rouen avait été obligée, pour réprimer de telles mœurs qui, sans doute, étaient communes à cette époque, de rendre un arrêt, le 23 mars 1684, interdisant « de faire irruption avec des bouteilles, pour les casser sur les commis ». (*Recueil des Ordonnances de Louis XIV sur le fait des Aydes*, Paris 1724, 3 vol. in-12. Bertin du Rocheret dut, après la mort de son père, dissimuler davantage ses agissements.

Les commissionnaires eux-mêmes qui soutenaient, mais uniquement dans un intérêt personnel, une lutte si ardente, quoique légitime contre les abus des exempts, se livraient sur les vignerons et propriétaires à des exactions qui soulevaient de nombreuses plaintes. Mais, à mesure que leur puissance grandissait, ils les méprisaient de plus en plus ; ils affirmaient de plus en plus leur intention de créer à leur profit le monopole du commerce des vins ; ils devinrent marchands tout en restant de moins en moins commissionnaires.

Ils s'abstinrent naturellement de se procurer les lettres d'institution ou de permission exigées, moyennant finance, des marchands en gros. Cependant, il leur était absolument défendu d'unir le commerce à la commission.

Une ordonnance du 3o janvier 135o, dit, en effet, que « nul courratier ne pourra être marchand, acheteur pour lui, de la marchandise dont il sera courratier sous peine de bannissement ». L'Ordonnance de Charles VII. du 19 septembre 1453, l'arrêt du Parlement du 13 août 1577, l'Ordonnance de

SCÈNE DE VENDANGES AU XVIIIᵉ SIÈCLE. — DÉGUSTATION DU VIN NOUVEAU.
(D'après une vieille estampe du Musée d'Épernay.)

janvier 1629, renouvellent ces défenses. Le règlement du 22 juin 1415, ceux du Bailli de Vermandois de 1627 et de 1630, rappellent cette interdiction pour Reims.

Dans l'Ordonnance des Aydes de 1680, il est dit (titre VII. art. 9) que « les courtiers de vin, facteurs et commissionnaires déclareront aux bureaux les noms et la demeure des marchands qui les employent, la quantité du vin qu'ils auront acheté pour eux, ensemble les lieux où ils les font encaver, et représenteront les pouvoirs qu'ils en auront, pour être paraphez par le fermier ou les commis, à peine de confiscation du vin et de 100 livres d'amende : leur défendons, et aux tonneliers sous pareilles peines, de faire marchandise de vin, pour leur compte ».

L'amende qui, plus tard, fut portée à 3oo livres, n'empêcha pas la fraude.

Ces dispositions, par lesquelles on voulait établir une séparation bien nette entre les courtiers commissionnaires d'une part, et les marchands de l'autre. avaient aussi pour but, d'après Lefebvre de la Ballande (*Traité général des droits d'Aydes*, 1770, 2ᵉ édition) « de connaître et de suivre les achats que font les courtiers-commissionnaires et de restreindre les différents genres de fraude qu'ils pouvaient faire sur les vins qu'ils achètent pour leur compte, sous prétexte de la commission, et qu'ils revendent ensuite sans payer les droits de revente ».

Interdiction de faire la commission était faite aussi aux marchands. Il était défendu « à tous marchands ou particuliers tenant des magasins, de faire à la fois la commission avec la marchandise, de faire arriver des boissons par destination sous d'autres noms que le leur, sous prétexte de service d'ami ou autrement et de retirer et encaver chez eux d'autres boissons que celles destinées en leur nom et qui leur appartiendront; le tout à peine de confiscation.... et de 3oo livres d'amende.... » De nouveaux arrêts du Conseil du Roi et de la Cour des Aides confirmèrent cette interdiction. Mais rien, pas même la rigueur des peines encourues, n'empêcha les commissionnaires de « faire la marchandise » et d'étendre leur commerce. Ils avaient obtenu de bonne heure, par arrêt du Conseil et lettres patentes des 10 et 31 octobre 1721, le droit d'avoir des caves où ils pouvaient jusqu'à l'enlèvement « retirer et encaver les vins » à condition d'avoir leurs registres timbrés et paraphés et de représenter leurs pouvoirs à toute réquisition des commis. Les vins encavés devaient être marqués à l'arrivée et démarqués à la sortie. Les commis pouvaient les contremarquer d'une marque particulière, qu'ils indiquaient sur leur registre. pour distinguer et mieux reconnaître les vins qui arrivaient pour le compte de particuliers ».

Il était défendu aux commissionnaires, sous peine de confiscation et de 3oo livres d'amende, « de les survider dans d'autres futailles et d'y faire aucun remplage si ce n'est en présence des commis ».

C'était pour eux un immense avantage: non seulement les clients pouvaient trouver facilement dans ces caves le vin de leur choix, la vente était ainsi plus facile; mais le commissionnaire pouvait faire le commerce du gros sans acquitter les droits.

D'autres obligations leur étaient imposées. Ainsi, celle de faire dans la huitaine la déclaration des achats qu'ils font de la quantité de vins achetés, des noms, demeures et qualités des vendeurs. Sinon, les vins étaient réputés vendus et ils devaient acquitter les droits de jauge et de courtage, mais aussi ceux de gros et d'augmentation, et payer une seconde fois ceux-ci si les vins sortaient de leurs caves.

Interdiction aux particuliers était faite, sous peine de 300 livres d'amende, de prêter leurs caves ou celliers aux courtiers ou marchands en gros sans en faire la déclaration au fermier et sans s'être fait délivrer un certificat.

A Reims, les courtiers devaient mettre les vins destinés à l'étape dans un entrepôt commun ; mais la surveillance se relâcha et l'habitude en fut rapidement perdue. A Épernay, tous les commissionnaires eurent leurs caves dans lesquelles ils logeaient les vins des environs. Les fermiers des Aydes les poursuivirent et firent prendre des arrêts en date du 30 mars et 21 juillet 1693 ; mais les nombreuses condamnations, qui sévirent ultérieurement, montrent qu'elles furent impuissantes à enrayer la fraude.

Un sieur Nicolas Mora, de Fismes, fut, en effet, condamné le 11 mars 1725 à la confiscation et à 500 livres d'amende pour avoir vendu 14 pièces de vin, sous les noms de plusieurs particuliers, sans déclaration et en fraude des droits.

De plus en plus, le monopole des commissionnaires s'affirme ; les vignerons seront à leur entière merci, les acheteurs devront aussi subir leurs exigences ; ils accaparent même les instruments destinés à la vigne et les tonneaux. Ils considèrent comme légal le titre de « marchands commissionnaires », parce que l'acte de naissance d'un fils de Claude Moette, baptisé en 1721, le 17 juin, porte cette profession. Mais aucun édit ou arrêt n'a été retrouvé pour justifier cette prétention. Au contraire, il existe de 1661 à 1750 de nombreux arrêts, condamnant la confusion des fonctions de marchands et de commissionnaires.

Bertin du Rocheret, dans un manuscrit inédit (Bibliothèque d'Épernay, n° 154,39 fol. 2711) que sa longueur ne nous permet pas de reproduire, a fort bien résumé les griefs adressés aux commissionnaires et montré le travail d'accaparement qu'ils accomplirent pour concentrer le commerce des vins entre leurs mains.

Quoi qu'il en soit, à la fin du xviii° siècle, ce sont des personnages puissants et redoutés ; ils dénoncent impitoyablement les abus commis par ceux qui pourraient gêner leurs intérêts. En 1769, un sieur Berrier, de Sainte-Menehould, avait tenté de constituer un monopole de la vente des bouteilles en traitant avec les verriers de la région. A la suite des protestations des commissionnaires, les échevinages de Reims, Épernay, Châlons et Ay se plaignirent à l'intendant de Champagne et au chancelier. Une sentence du 8 février 1770 leur donna satisfaction.

Ces commissionnaires ont été pour la plupart les créateurs des grandes marques de Champagne et c'est grâce à leurs efforts que le commerce a pris une extension considérable. Ils ont contribué, par leur lutte contre les règlements draconiens de l'ancien régime. à créer la liberté commerciale.

« Bien avant la Révolution, écrit M. E. Roche (*Le commerce des vins de Champagne sous l'ancien régime*), ils étaient devenus de puissants personnages que ne touchera guère l'édit de 1776, puisque, ayant détruit celle des exempts ils ne craignent plus la concurrence, puisqu'ils ont tout monopolisé à leur profit. Et lorsqu'éclatera le grandiose mouvement qui a créé une France nouvelle, ils sauront en tirer tout le parti possible pour accroître encore leur force et leur richesse. » Ce sont les fondateurs de grandes maisons de Champagne qui existent actuellement.

Les jaugeurs de futailles. — L'institution des jaugeurs de futailles est très ancienne. Les échevins semblent avoir eu, de temps immémorial, le droit de nommer les jaugeurs, comme ils ont eu celui de nommer les courtiers.

Le mémoire sur les droits de l'échevinage, publié en 1564, le reconnaît en ces termes : « Davantage ont les eschevins droict immémorial de pourveoir de tel nombre de personnes qu'il est requis pour le bien publicque aux offices de jaulgeurs de vins et aultres bruvaiges vendus à la ville; lesquels jaugeurs seront tenus avant réception eulx faire certifier capables. Et pour leur salaire est deu trois deniers tournois pour chascun poinçon et deux deniers tournois pour le cacque ou demi poinsson à payer par le vendeur. »

Les lettres royales de commission, délivrées le 17 novembre 1382, maintenaient les échevins de Reims dans leur droit de nommer les vergeurs et jaugeurs de vaisseaux pour les vins de la ville de Reims, contre l'archevêque, qui prétendait jouir aussi de ce droit et qui avait troublé les eschevins dans leur possession.

Ceux-ci, d'après un document en date du 8 février 1386, étaient en droit d'instituer huit jaugeurs. de prendre leurs serments, d'ajuster leurs verges grandes et petites, de les punir, suspendre. destituer, etc. Les vergeurs devaient toujours être par deux pour exercer. un vergeur fut même puni d'amende pour avoir exercé seul.

Les vergeurs étaient tenus de prêter serment devant les échevins. Le 27 juin 1385, tous les vergeurs de Reims, tant du ban de l'archevêque que de celui du chapitre, P. Goulard, Raoul le vergeur, tonnelier et six autres « jurèrent en mectant chacun la main sur le sainctes évangiles escriptes en ce présent livre que doresnavant point ne vergeront aucuns vins ne vaissiaux qu'ils ne soient à ce faire présent pour ce deux d'iceuls vergeurs, la grande verge comme la petite.

et au cas qu'ils feront le contraire leurs dictes verges leur seront ostées par lesdits eschevins. »

Le livre rouge de l'Eschevinage a conservé le serment prêté en 1387, par Jaquemin et Jaquier tonneliers, et les noms des vergeurs. Les premiers étaient Miles le Hugiers, Drouet li Vilains, Richard le Palazin, G. Cuer de Roi, Evrart Goulart et Jehan Balis. Colin li Varles. P. Coquainne et Adam li Moate, de par le Chapitre.

Par édit d'octobre 1551, le roi avait créé et établi dans chacune des villes situées le long « des rivières de Seine, Yonne. Marne et Oise, et ès environs d'icelles, jaugeurs de vins et aultres breuvages pour jauger, mesurer et marquer les futailles et tonneaulx qui passeront par les dictes rivières, villes et environs et y seront exposés en vente ».

Le nombre en fut augmenté et les fonctions réglées à nouveau, à différentes reprises, par édits d'avril 1518 et de février 1596, lettres patentes du 27 octobre 1598, règlement de la Cour des Aides

ANCIENNE FUTAILLE.
Musée champenois d'ethnographie.

du 19 mars 1603, arrêt du Conseil du 12 novembre 1618, déclaration du 27 mars 1627. édit de janvier 1629.

Le 12 juin 1557. une transaction fut conclue entre les échevins de Reims. et les jaugeurs nommés par le roi au titre d'office, aux termes de l'édit d'octobre 1551. Les jaugeurs renonçaient à l'égard. tant du Roi que de l'archevêque au profit des échevins, à l'effet de leurs provisions dans le ban de l'archevêque à Reims; tous leurs droits ailleurs réservés.

Établis en 1572, les offices furent supprimés en 1632. rétablis en 1656. puis supprimés en 1658. rétablis en 1674, supprimés avec les droits en 1679. puis rétablis en 1689.

Les droits étaient perçus sous le nom de jauge-courtage, ils furent supprimés et rétablis à diverses reprises. comme les offices. Ils étaient fixés ainsi qu'il suit :

	JAUGE	COURTAGE	TOTAL
	s.	s.	s.
Par muid de vin.	5	10	15
Par muid d'eau-de-vie	15	1.10	2.50

Ils étaient perçus dans tous les pays d'Aides sujets ou non au droit de gros, aussi bien à la vente en gros qu'à la vente en détail, à l'entrée ou au passage dans tous les lieux où ils étaient établis.

— A Châlons-sur-Marne, un édit du roi Henri IV (de février 1596) créait un office de jaugeur de « vaisseaux de vins » qui resta longtemps sans titulaire. Cependant le 29 novembre 1600, un sieur Claude Morel en fut déclaré adjudicataire moyennant la somme de 140 écus et les deux sols pour livre; mais deux

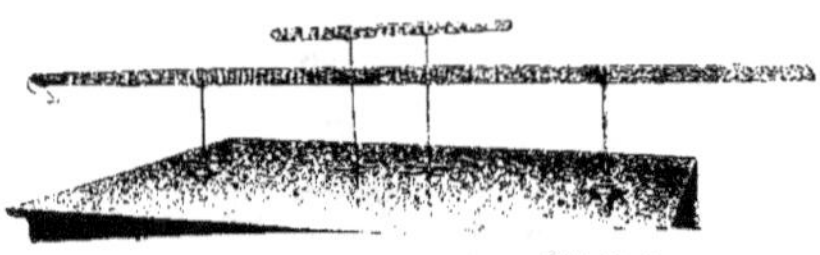

Cliché Loth.

ANCIENNES « VELTES » SERVANT A JAUGER LES TONNEAUX.
Musée champenois d'ethnographie.

mois après il l'abandonna, sans doute comme trop peu lucratif, et la ville l'exploita directement jusqu'au 16 octobre 1619, époque à laquelle le sieur Claude Hanetel le racheta pour 724 livres.

Les offices de jaugeurs furent à nouveau rétablis par l'édit d'avril 1696, dans toutes les villes, bourgs et lieux du royaume, sauf Paris et l'Alsace. Leurs droits furent fixés pour le vin à 4 sols par muid ou demi-queue, et 2 sols par demi-muid, quarteau et tierce, et pour l'eau-de-vie au double; leur perception ne comportait pas d'exceptions.

Ces droits furent réunis à ceux de courtage en 1696, et les offices de jaugeurs réunis à ceux de courtiers, et régis par un tarif spécial. Les droits de jauge-courtage, supprimés en 1717, dans la généralité de Tours, le furent en 1720 partout ailleurs, puis rétablis en 1722 et prorogés par différentes déclarations dont la dernière date de 1755.

CHAPITRE V

Les anciennes mesures de liquides

La diversité des mesures usitées en Champagne et dans le Royaume constituait un obstacle aux transactions. Au moment de la rédaction des Coutumes de Reims, en 1507, le besoin d'une mesure unique se faisait déjà sentir et les rédacteurs de la Coutume manifestaient le désir de voir se réaliser cette unité.

« Des mesures à grains et à vins, breuvaiges et liqueurs, ensemble les autres poix et ballances dont l'on a usé et, use l'on à Reims et pays à l'environ se diversifiant, en tant de manières que ce peult estre en grande confusion et mesmes dedans la ville et cité dudit Reims sont trois ou quatre diverses façons de mesures « aulnes », et poidz à cause des diversités et multiplications des jurisdictions qui y sont ; et peult sembler estre nécessaire ou bien convenable que comme ce soit une seulle ville et cité, il y eust une seulle et équale façon de mesures et aulnes et dont l'en userait es villes qui se gouvernent aux coustumes et usages de Reims. »

Cette diversité des mesures, créée au moment de la féodalité. époque où chaque seigneur voulait sans doute avoir les siennes, et souvent ignorait celles des pays voisins, subsista malgré ces sages propositions jusqu'à la fin du xvi⁰ siècle.

Une transaction du 5 septembre 1578 rendit communes les mesures du ban de l'Archevêché et du ban de Saint-Remy.

Un second pas fut franchi dans cette voie lors de la création, depuis longtemps demandée, d'une charge de lieutenant général de police à Reims, en octobre 1699, et de sa réunion le premier décembre de la même année à la justice de l'Archevêché. Il n'y eut bientôt plus à Reims que les mêmes poids et mesures.

Longtemps encore on se servit de certaines mesures locales pour percevoir certains droits seigneuriaux ou la dîme. C'est ainsi qu'à Cernay-les-Reims, le droit de vinage qui, jusqu'à la Révolution. fut l'objet de contestations et de procès entre les Seigneurs de Cernay et les chapelains de l'ancienne congrégation de Notre-Dame de Reims, bénéficiaires du droit depuis 1216, était perçu à l'aide d'une mesure dont on a conservé trois spécimens. Cette mesure connue sous le nom de *Pot de Cernay* portait l'inscription suivante : « Mesure étalonnée accordée pour septier entre les parties ci-après dénommées dont les seize septiers font le muid en laquelle les Seigneurs de la terre des Chevaliers de Cernay les Reims sont tenus de livrer par an chacun au jour de Saint-Martin d'hiver, ou autre jour auxdits sieurs Chapelains de l'ancienne congrégation dudit Reims sept muids de vin. Fait par Gérome Grossaine écuyer lieutenant audit Reims de Monseigneur le Bailly de Vermandois le 19e jour de mars 1543.

Signé : DELAPLACE.

M. Bosteaux-Paris de Cernay, possédait dans sa collection trois de ces mesures, de grandeur différente, en cuivre jaune et portant gravé un écusson

Phot. Rothier.

MESURES AUX ARMES DE M. LELEU D'AUBILLY SERVANT A PERCEVOIR UN DROIT DE VINAGE A CERNAY-LES-REIMS. (Droit institué en 1216 et aboli en 1792.)
Collection Bosteaux-Paris.

aux armes de Le Leu d'Aubilly, dernier seigneur du fief des Chevaliers.

Il y avait également un pot mesure de Berru, une mesure de Saint-Thierry.

— D'après l'ordonnance de police générale de 1627, le vin du pays devait être vendu à la jauge et mesure ordinaire de Reims qui est de 37 septiers pour poinçon.

Les mesures en usage jusqu'à la Révolution, en 1790, étaient, d'après les Almanachs de 1788 et 1790, les suivantes :

Le vin se vendait en gros par *queüe* ou par *poinçon*, la queue était toujours composée de deux poinçons. On distinguait la *grosse jauge* ou *jauge de Reims*, ou *jauge de montagne*, de la *petite jauge* ou *jauge de Rivière*.

La première servait pour les vins rouges, elle contenait par demi-queue ou par poinçon 6 pieds cubes ou 36 setiers, soit 144 pots ancienne mesure de

Reims, ou 27 setiers ou velte qui font 220 pintes ancienne mesure de Paris, soit 206 litres.

Le poinçon se divisait en quartauts ou caques, ou demi-poinçon, le caque en demi-caque ou quart de poinçon. Chaque caque comprenait 18 setiers ou 72 pots de Reims, chaque demi-caque 9 septiers ou 36 pots. — Le setier comprenait 4 pots soit environ 5 litres. Le pot contenait 3 pintes ou 3 tiers, la pinte 36 pouces cubes soit 714 centimètres cubes environ, les 3/4 de celle de Paris, ou 7/10 de litre. Elle se divisait en 2 chopines ou 4 demi-setiers ou 8 poinssons ou 32 roquilles, mesure de Reims.

— La petite jauge ou jauge de Rivière servait pour les vins blancs. Elle contenait par poinçon cinq pieds cubes un tiers, soit 83 décimètres cubes ou 31 setiers, ou 126 pots mesure de Reims, ce qui équivalait à 24 setiers ou veltes, qui font 192 pintes mesure de Paris, ou 183 litres.

Le poinçon se divisait en caque de 63 pots ou 91 litres 1/2, et en 1/2 caque.

Le rapport de la grande jauge à la petite était de 8 à 9.

On demandait encore à cette époque l'unification des mesures et la suppression de la petite jauge. D'après les ordonnances du 11 août 1703,

PINTE, DEMI-PINTE, QUART DE PINTE.
(Collection Bosteaux-Paris.)

23 juillet 1718, 2 août 1732, la petite jauge dut avoir cours dans l'élection d'Épernay.

On se servait pour la vendange du trentin ou tonneau de vendange qui contenait dix pieds cubes, ou 64 setiers, ou 256 pots mesure de Reims, ce qui équivalait à 48 setiers ou veltes et à 398 pintes de Paris.

Les bouteilles ordinaires du commerce ou flacons de verre contenaient en général de 42 à 45 pouces cubes et contenaient une levée de 10 à 12 onces ou 8 hectogrammes d'eau, et pesaient vides au moins 25 onces ou 250 grammes. D'après le mémoire de 1718, la bouteille ou flacon contenait la pinte de Paris soit 0 l. 93, moins un demi verre; il y en avait 100 au caque. Bertin du Rocheret demanda qu'elle contînt la pinte et qu'il y en eût 80 au caque.

Les mesures de la jauge de Paris qui servait de base pour la perception des droits d'aide et autres et à laquelle toutes les autres mesures étaient ramenées, comprenaient le *muid*, le *demi-muid* et le *quart de muid*. Le muid

228 — LE VIGNERON

contenait 36 setiers ou 288 pintes de Paris, ou 48 setiers et 192 pots mesure
de Reims; le demi-muid 18 setiers ou 144 pintes de Paris, ou 24 setiers et
96 pots de Reims; le quart de muid, 9 setiers ou 72 pintes de Paris. ou
12 setiers et 48 pots de Reims.

Il y avait encore le poinçon de la Champagne bâtarde qui contenait chacun
20 setiers ou 160 pintes de Paris ou 26 setiers 2/3 et 106 pots 2/3 de Reims.

Nous indiquons dans le tableau suivant ces diverses mesures, leurs subdivisions et leurs réductions à la jauge de Paris et à la jauge de Reims.

ANCIENNES MESURES

NOMS DES LIEUX	DÉNOMINATION DES VAISSEAUX	SEPTIER DE PARIS	PINTE DE PARIS	RÉDUCTION A LA JAUGE DE PARIS		RÉDUCTION A LA JAUGE DE REIMS	
				Septiers.	Pintes.	Septiers.	Pots.
Paris.	Muid.	36	288	36	288	48	192
	1/2 muid. . .	18	144	18	144	24	96
	1/4 de muid .	9	72	9	72	12	48
Reims ou Petit-Bart.	Poinçon . . .	27	216	3/4		36	144
	Cacq.	13 1/2	108	1/4 1/8		18	72
	Demi-cacq . .	6 3/4	54	1/8 1/16		9	36
Rivière ou Champagne.	Poinçon . . .	24	192	2/3		32	128
	Cacq.	12	96	1/3		16	64
	Demi-cacq . .	6	48	1/6		8	32
Champagne bâtarde.	Poinçon . . .	20	160	1/2 1/18		26 2/3	106 2/3
	Cacq.	10	80	1/4	1/36	13 1/3	53 1/3
	Demi-cacq . .	5	40	1/8	1/72	6 2/3	26 2/3

La mesure de Paris est la règle de toutes les autres mesures du Royaume.

D'après l'Ordonnance de police générale rédigée en 1627, le vin de pays
devait être vendu « à la jauge et mesure ordinaire de Reims qui est de 37 septiers pour poinsson ». Il était défendu « à tous tonnelliers et autres de faire
ou faire faire des poinssons qui ne soient de ladite jauge et mesure, et les
caques et demi-caques à proportion sous peine de 80 livres parisis d'amende. »

La contenance des tonneaux avait été déterminée par les statuts et régle-
ments donnés et octroyés par le Roi, aux Maîtres Tonneliers de la ville et des
faubourgs de Reims au mois de mars 1606. Un arrêt du Parlement rendu le
26 mai 1630, fixa la contenance des tonneaux de vendange dont on devait
se servir à Reims et dans les vignobles des environs. Très souvent, à propos
de la dîme, il y avait contestation à ce point de vue entre les décimés et les
décimateurs, d'où procès nombreux.

L'arrêt de 1630, ordonna que les « trentins et les vaisseaux contenant les

trois quarts du trentin dont on se sert pour le transport des vendanges. seront
jaugez, mesurez. et réduits sçavoir le trentin à soixante septiers. mesure de
Reims ». Il défendait d'user et de servir à l'avenir d'autres tonneaux et vaisseaux.
et « aux tonneliers de la ville et des fauxbourgs de Reims. et tous autres d'en
faire et exposer en vente qu'ils ne soient de ladite mesure de jauge, et marquez
de leur marque, à peine de confiscation desdits tonneaux. vendanges, et
d'amende arbitraire et autres dépens ».

L'Ordonnance de police générale du 20 novembre 1688 décida que les
poinçons fabriqués à Reims et dans la banlieue seraient désormais augmentés
de quatre·pots par poinçon, et contiendraient trente-six septiers de Reims, au
lieu de trente-cinq qu'ils contenaient auparavant. Les caques et demi-caques
seraient augmentés dans la même proportion. En application de cette ordonnance, le lieutenant général, les gens du Conseil et les eschevins de Reims
rendirent une ordonnance en date du 17 décembre 1688, par laquelle les tonneliers, bourgeois et communautés de la ville et des faubourgs, furent obligés
« de déclarer dans la huitaine aux maîtres jurez tonneliers la qualité des poinçons neufs restant de la vendange dernière qu'ils ont pour être iceux marqués
d'une marque à la roüanne ou au marteau par lesdites jurez. Pour ce faire.
il sera fait trois roüannes et trois marteaux exprès, où seront empreintes d'un
côté une fleur de lis et 1688, et un A et'un R de l'autre côté. Deux rouannes
et deux marteaux seront entre les mains des maîtres jurés et les autres
déposés au greffe. La marque sera payée six deniers par poinçon ».

La même ordonnance prescrivait de faire à l'avenir les poinçons de
36 septiers, et pour cela les maîtres particuliers tonneliers pouvaient se procurer la mesure et échantillon des poinçons auprès des maîtres jurés, moyennant trois sols.

Les particuliers ne pouvaient « faire relier à l'avenir aucune vendange
caque et demi-caque qu'ils ne soient de la contenance de 36 setiers et à proportion ».

Les maîtres tonneliers devaient apporter dans la huitaine, au greffe, leurs
noms, surnoms et leur marque pour que celle-ci soit empreinte sur une table
de plomb.

Des pénalités frappaient ceux qui dérogeaient à ces obligations.

L'absence d'uniformité dans les tonneaux donna souvent lieu à des procès.
En 1703, M. Pierre Fagnier de Sivry. conseiller du Roy, Receveur des Tailles
de l'Élection d'Épernay, intenta un procès au Fermier des Aides de la même
Élection. parce que celui-ci n'avait pas voulu lui délivrer un congé pour l'enlèvement d'un poinçon de vin vendu en gros. bien qu'il eût offert de payer tous

les droits dus et accoutumés. Ce poinçon fut reconnu beaucoup plus gros que ceux dont on avait coutume de se servir dans l'Élection. A sa demande de dommages-intérêts, le Fermier des Aides répondit par une contravention pour infraction aux règlements et ordonnances relatives à la jauge. A cette occasion, Bertin du Rocheret, président de l'Élection, rendit, le 11 août de la même année, une ordonnance dont voici la teneur :

« Sur quoi, ouï le procureur du Roy, nous avons ordonné qu'il sera délivré un congé au dit demandeur pour l'enlèvement du poinçon de vin dont est question, ce payant les droits ordinaires, et en outre ceux qui peuvent être dus pour l'excédent de jauge. Sans tirer à conséquence, et fait droit sur les conclusions dudit procureur du Roi, nous avons ordonné que les règlements et ordonnances intervenus sur le fait de la jauge, seront exécutés et ce faisant avons fait défense à toutes personnes, de telle qualité et condition qu'elles soient, de se servir et de renfermer leurs vins dans des vaisseaux d'une autre jauge et mesure que de la jauge ordinaire et de tout temps usitée dans toute l'étendue de la dite élection, qui est communément appelée jauge de Champagne.

« Ordonnons que tous les ouvriers tonneliers et autres, faisant faire et construire des poinçons et autres vaisseaux, seront tenus de se conformer à ladite mesure dont l'étalon est déposé et gardé dans notre greffe, suivant laquelle lesdits poinçons, dont les deux font la queue de Champagne, doivent avoir 2 pieds 1/2 de long, 22 pouces au bouge, 20 pouces tournant aux fonds et 1 pouce 1/2 de jable ou environ, et les caques, dont trois sont le muid de Paris, doivent être faits à proportion et à diminution d'un cinquième de toutes les dimensions ci-dessus, à peine contre les contrevenants de confiscation des vaisseaux qui se trouveront être plus petits ou excéder ladite jauge et mesure, en outre des vins et autres liqueurs étant en iceux, et sera notre présent jugement lu et publié aux principales places et carrefours de cette ville et dans toutes les paroisses dépendant de ladite élection, ce qui sera exécuté nonobstant opposition ou appellation quelconque et sans préjudice d'icelles, ce qui fut fait et rendu par nous juge susdit, le samedi onzième août 1703. . . . . »

La communauté des tonneliers avait incidemment demandé que défenses soient faites aux Bourgeois de Reims de faire fabriquer, dans leur maison, pour leur usage, des poinçons par d'autres ouvriers que les maîtres de la communauté. Une sentence de M. le Bailly, et Lieutenant-général de la police de la ville et faubourgs de Reims, en 1740, confirmée par arrêt du Parlement du 21 mai 1743, la débouta de sa demande. Les Bourgeois furent autorisés, conformément à certains articles du Règlement des tonneliers, à faire fabriquer, dans leurs maisons, des poinçons pour leur usage, sans cependant pouvoir en vendre. Ils devaient en faire la déclaration aux maîtres jurés tonneliers qui, eux, avaient le droit de visiter les poinçons fabriqués chez ces Bourgeois, en se faisant accompagner d'un commissaire ou d'un huissier de police.

L'ordonnance de police de 1730 déclara à nouveau que les tonneaux de 60 septiers devaient seuls être utilisés, mais elle permit cependant de se servir des tonneaux de 60 à 64 septiers, à condition qu'ils seraient jaugés par les tonneliers jurés, contremarqués d'une marque au feu formant un écusson couronné dans lequel le nombre 64 serait marqué et, au bas, l'année 1729.

L'usage des tonneaux excédant 64 septiers était interdit sous peine de confiscation, d'amende et dommages-intérêts. Les tonneaux anciens de moins de 60 septiers devaient être contremarqués de la marque 1730; on pouvait les rétablir à la jauge de 60 septiers et les faire marquer de la date du rétablissement. Les jaugeage et contremarquage devaient être faits avant le 1er septembre, et il était interdit de se servir de tonneaux non marqués et contremarqués. Les propriétaires des tonneaux devaient fournir le feu nécessaire pour chauffer les marques et contremarques, et payer 2 sols par tonneau.

On conçoit aisément combien la diversité de capacité des tonneaux devait présenter d'entraves au commerce et l'on s'explique tous les efforts tentés pour créer l'unification de ces mesures; on est étonné également de la résistance opposée par les intéressés à l'application d'une mesure qui ne pouvait que leur être avantageuse.

C'est surtout aux environs d'Épernay, dans les crus de la Rivière de Marne, que se faisait la fraude sur la quantité, en livrant le vin dans des tonneaux plus petits que la jauge ordinaire de Champagne. L'Intendant de Champagne, sur la plainte de marchands de Reims qui avaient été trompés, chargea son Subdélégué de l'Élection d'Épernay, Daubigny, de faire une enquête et de prendre des mesures pour éviter le retour de semblables tromperies[1]. Celui-ci se rendit à Ay, en septembre 1732, accompagné du maire et de deux tonneliers jurés, et trouva « chez quatre particuliers des poinçons d'une petitesse qui mérite punition », et que chez deux autres, « il ne manquait qu'une pinte ou deux ». Les jurés crurent « devoir s'en taire pour l'honneur du pays ». Il se rendit à Damery et ne constata aucune fraude: il ordonna alors une contre-enquête et fit vérifier si la jauge étalon déposée au greffe de l'élection n'avait pas été modifiée: la contre-enquête confirma la première. Cependant les plaintes continuèrent à affluer: à l'Intendance même, pendant que Daubigny procédait à son enquête, l'Intendant recevait des marchands rémois deux lettres relatives « aux altérations de la jauge

---

1. *Archives départementales de Châlons.* P. C. 487.

qui se commettent le long de la rivière de la Marne et surtout à Damery et
Hautvillers ».

Dans sa réponse à l'Intendant, en date du 21 septembre 1732, Daubigny
rend compte du résultat de son enquête, et envoie en même temps le texte de
l'ordonnance qu'il avait fait prendre le 2 août précédent. Il n'ignore pas que la
fraude ne se fasse en grand dans sa région et ne se fait aucune illusion sur
l'efficacité des moyens prévus par l'ordonnance pour la réprimer. Celle-ci, prise
par le président de l'Élection d'Épernay, Bertin du Rocheret, renouvelait les dispositions des sentences du 11 août 1703 et du 23 juillet 1718 ; nous avons rapporté la première.

« Je ne vois pas, écrit-il, qu'il soit possible cette année de mettre ordre à
ces abus avant les vendanges. Car sy on prenait le parti de mettre à exécution
la sentence de l'Élection et de confisquer tous les tonneaux qui se trouveroient
au-dessous de la jauge, il n'est resterait pas assez de bonne jauge pour renfermer
les vins, peut-être même ne s'en trouverait-il que chez quelques personnes
d'honneur qui ont un soin particulier pour se faire livrer des tonneaux étalon-
nés. On pourrait seulement faire quelques exemples pour commencer à rendre
les fabriquants plus attentifs à se conformer à l'étalon de la jauge.

« Mais pour détruire absolument tous ces abus... il seroit à propos d'obliger tous les tonneliers et fabriquants de tonneaux de marquer leurs poinçons
d'une marque qui leur seroit particulière, dont l'échantillon seroit déposé au
greffe de la jurisdiction royale la plus prochaine et d'établir, dans tous les lieux
où se fabriquent des tonneaux, des jurés ou juges-gardes pour les étalonner et
les contre marquer de la marque du Roy ou autre qui seroit arrestée pour chacun lieu et que l'on rendroit publique et... d'interdire la vente et l'usage des
tonneaux... qui n'ayant été préalablement marqués de la marque de l'ouvrier et
contremarqués de la marque du juge-garde, à peine d'amende et de confiscation
même des vins.... « Il est triste de prendre des pareilles mesures qui ne font pas
honneur à la Champagne et qui seront onéreuses aux gens de bonne foy, mais
l'abus a trop d'étendue.... »

Les abus continuèrent. Des plaintes arrivèrent, le 29 août 1785, à l'Intendant,
de plusieurs marchands de Lille contre des vignerons de la Marne, notamment
de Cumières, qui se servaient de tonneaux inférieurs à la jauge habituelle. Le
Subdélégué d'Épernay, M. Pierrot, chargé d'enquêter, répondit que « depuis
longtemps, en effet, on se plaignait dans son Élection que les tonneliers de Châlons faisaient des tonneaux trop petits et qu'il était nécessaire pour le commerce
de réprimer ces abus, en faisant visiter les fabricants et vignerons de la région
par des jurés experts, qui contrôleraient les vaisseaux. Si de semblables mesures

ne sont pas prises, la Champagne risquerait de perdre la clientèle de la Flandre dont elle a cependant besoin. » (*Archives départementales* C. 484.)

Nous avons vu aussi, dans la querelle des Bourguignons et des Champenois, comment, pour donner plus d'authenticité à la substitution du vin de Champagne au vin de Bourgogne, sous le nom duquel on vendait plus facilement le vin de nos coteaux, les négociants et vignerons de la vallée de la Marne abandonnèrent la jauge de Champagne et la remplacèrent par celle de Bourgogne qui était plus grande. Nous avons rappelé la lettre adressée par le Subdélégué Daubigny, du 28 novembre 1733, à l'Intendant de Champagne, en réponse à un projet d'ordonnance destinée à réprimer ces abus.

La fraude n'est donc pas nouvelle. Il est à croire qu'elle prit naissance du jour où deux hommes firent le commerce du vin, l'un en vendant, l'autre en prenant livraison. La fraude contre le fisc exista sans doute de tous temps, mais elle ne fut jamais élevée à la hauteur d'une institution comme la fraude sur l'origine et sur la qualité des vins et comme la fraude sur la quantité. Heureusement encore que la

Bouteilles de la première moitié du XIXe siècle.
Collection Moët et Chandon.

chimie était dans l'enfance. Nous avons sur nos ancêtres une infériorité notoire, car la sophistication est venue se joindre aux autres formes de fraude, et cela au détriment de notre santé.

Les Bouteilles. — Non seulement, on trompait sur la contenance des tonneaux; on trompait également sur celle des bouteilles.

Un des membres du Conseil général de la Marne, à la session de 1811, se plaignait de la mauvaise qualité et du défaut de contenance des bouteilles. Une déclaration du Roi, du 8 mars 1735, à la suite de plaintes sur la capacité variable des bouteilles, avait fixé la quantité et la qualité de la substance vitrifiée, le poids et la contenance des bouteilles. Aucune ne devait être fabriquée au-dessous du poids de 25 onces, chacune devait contenir la pinte ancienne de Paris, soit o l. 93. La confiscation et l'amende devaient être prononcées contre tous les maîtres de verrerie, marchands et autres vendant bouteilles qui en fabriqueraient et vendraient de poids et de jauge inférieurs. L'ordonnance déterminait le bouchage qui devait être fait avec « une ficelle à trois fils bien tordue et nouée en croix sur le bouchon. » Les abus continuèrent. Des plaintes furent

adressées, en 1747, au Contrôleur général des finances, sur la mauvaise qualité
des bouteilles. L'Académie des Sciences, consultée. indiqua, dans un rapport du
17 janvier 1748, des moyens de fabrication qui ne furent pas mieux suivis. Les
abus continuèrent malgré les condamnations. Pendant la Révolution et l'Empire, devant le silence des lois. l'esprit d'agiotage continua à progresser, il semblait temps de réagir et d'établir des bases en concordance avec le nouveau
système des poids et mesures et les lois et règlements anciens.

Le poinçon jauge de Reims, contenait à peu près 200 litres, ou 27 veltes
mesure ancienne, la velte 8 pintes de Paris; soit, au total, 216 pintes de Paris

Faïences populaires. Bouteille en faïence de Mathaux (Aube)
(Musée Habert)

pour la jauge. Depuis quelque temps il était reconnu que des bouteilles plus
fortes étaient nécessaires pour le Champagne mousseux, afin de diminuer la
casse, que la bouteille devait contenir 1/8e de moins que la pinte, et qu'il devait
y avoir 250 bouteilles par jauge de Reims ou 2 hectolitres. L'usage des bouteilles de cette contenance était devenu général et avait acquis force de loi;
les bouteilles de contenance inférieure étaient le fruit de la cupidité et de
la tromperie, les bouteilles supérieures n'étaient pas suffisamment solides.
De même, l'usage a prévalu pour le poids; l'ordonnance de 1735 le fixait
à 25 onces, les propriétaires de vignes ou marchands de vins exigeaient
27, 28, 29, 30 onces. La Commission chargée de l'étude de cette question, proposait que le gouvernement soit prié de fixer le poids de la bouteille à 9 hectogrammes et sa contenance à 8 décilitres ou 4/5e de litre, ce qui donnerait
125 bouteilles par hectolitre et concorderait avec la bouteille actuellement en

usage et reconnue la plus commode, la mieux proportionnée, la plus solide, la plus en état de résister à l'impétuosité du vin. Ces conclusions furent adoptées, insérées au procès-verbal, et une expédition en fut faite au Ministère de l'Intérieur. Nous ignorons ce qu'il en est advenu.

L'utilisation des bouteilles de 80 centilitres semble s'être généralisée pour les marques sérieuses de Champagne. Mais on emploie aussi en grande quantité, des bouteilles de contenance inférieure, ce qui permet aux maisons d'ordre secondaire, aux cabaretiers, sous prétexte de diminuer le prix de la bouteille, d'augmenter en réalité leur bénéfice.

CHAPITRE VI

Les mesures de protection du Vignoble

Dans le but de protéger les récoltes de la vigne, et d'assurer la conservation de celle-ci qui était fréquemment envahie par des ennemis, des mesures furent édictées à diverses époques par les autorités administratives.

Le 10 septembre 1723. une ordonnance fut prise de par le Roy, par M. le Bailly de Vermandois, relativement au grapillage et à l'ébroutage des fruits. L'ordonnance faisait ressortir « que l'expérience fait connaître que ceux qui ont porté le plus haut la qualité des vins de cette Province n'y ont réussi que par le choix qu'ils ont fait des raisins et par l'attention qu'ils ont apportée à ne les cueillir qu'à mesure de leur parfaite maturité: que ce qui était pratiqué seulement par quelques-uns, est devenu cette année d'une nécessité indispensable pour tous les propriétaires de vignes par rapport aux différents degrés de maturité des raisins même sur un cep; en sorte qu'il est prescrit aux gardes des vignes d'y veiller indistinctement, soit qu'elles soient commencées à être vendangées ou qu'elles ne le soient pas encore, et ce jusqu'à ce que dans chacun terroir la cueillette soit finie sans y souffrir les grapilleurs, qu'il n'y eût une permission générale publiée. »

« Elle fait défenses à toutes personnes, sauf aux propriétaires des vignes, d'y entrer pour y grapiller, détacher les feuilles ou les ébrouter depuis l'ouverture de la vendange jusqu'à ce qu'elle soit entièrement finie dans le terroir et qu'il n'y ait eu une permission publiée par les officiers de justice des lieux. » Les contrevenants étaient passibles d'une amende de 20 livres; ils pouvaient même être poursuivis comme voleurs, le tout sans préjudice des dommages-intérêts à payer aux parties. Des ordres spéciaux étaient donnés aux gardes-vignes pour l'observation de ces défenses; ils pouvaient même être déclarés responsables des amendes et dommages-intérêts, en cas de négligence ou de connivence. Cette ordonnance devait être publiée chaque année le 1ᵉʳ dimanche de septembre. « Elle fut trouvée si utile qu'elle fut même publiée et affichée dans les villages qui ne faisaient pas partie de notre Baillage et où les seigneurs la firent exécuter. »

Un placard, duquel est extrait le passage ci-dessus, fut adressé dans les mêmes villages par lettre du 5 août 1724, avec ordre de le conserver au greffe et d'en faire renouveler la publication le 1ᵉʳ dimanche de septembre et toutes les années suivantes, et de tenir à l'avenir la main à son exécution.

L'Ordonnance de police générale du 4 mai 1730, comprenait certains paragraphes relatifs aux gardes-vignes, en même temps qu'elle renouvelait les dispositions de celle de septembre 1723.

Les gardes-vignes devaient commencer leur garde du premier juin de chaque année et la continuer exactement et sans interruption, sauf dans les lieux où la garde se commence avant le 1ᵉʳ juin, et où l'usage ancien sera continué et observé sans qu'il puisse être interrompu à cause des dispositions présentes ». Les gardes-vignes pouvaient être rendus responsables personnellement, en cas de négligence ou de connivence. Ils avaient droit à la moitié des amendes qui étaient adjugées sur leurs procès-verbaux.

Mais un orage de grêle survint le 4 juillet 1730, et causa des dégâts

Le tonnelier avec son outillage.

considérables dans certains vignobles. Les gardes-vignes en avaient pris prétexte pour cesser leur surveillance. Or, pour prévenir la ruine totale des vignes, empêcher les pâtres de troupeaux communaux et les particuliers d'y conduire leurs bestiaux, qui brouteraient et rongeraient les rejets et éviter la dissipation des échalas, M. le Bailly de Vermandois rendit, le 10 juillet, une ordonnance par laquelle il enjoignait aux gardes-vignes qui ont été ou dû être nommés en conséquence de l'Ordonnance du 26 avril précédent, pour commencer la garde le 1ᵉʳ juin, « de la continuer exactement et sans interruption jusqu'après le tems des vendanges expiré. Ils devaient recevoir des propriétaires eux-mêmes, 10 sols par arpent de vignes. Il était interdit à tous pastres de proyes communes et à tous particuliers de conduire ou laisser entrer leurs bestiaux dans les vignes, même dans celles dont ils seraient propriétaires, ou qu'ils façonneraient sous peine, contre les garde-vignes et autres contrevenants, de dix livres d'amende et de demeurer responsable, de toutes pertes, dommages et intérêts ».

Un des articles de l'Ordonnance du 3 mai 1730, défendait aux particuliers de faire troupeau à part, de laisser vaquer, entrer, ni conduire en aucun temps de l'année leurs bêtes dans les vignes, quand même ils en seraient propriétaires, sous peine de dix livres d'amende, sans préjudice de dommages-intérêts envers les parties. Les Procureurs devaient faire nommer d'office un pâtre dans chaque lieu, et dans les endroits où il n'en était point nommé, il était défendu de laisser mettre les bestiaux aux champs depuis le 1er mai jusqu'après les vendanges, sous peine de confiscation. Il était enjoint aux particuliers de mettre des musclières au nez des bêtes de charge qu'ils conduiront dans les vignes et de les attacher si court et en endroits si écartés qu'elles ne puissent faire aucun dommage, sous peine de dommages et intérêts et d'amende qui ne pouvait être inférieure à dix livres.

Les mêmes prescriptions furent renouvelées ultérieurement ainsi qu'il résulte d'un extrait des plaids généraux et assises tenues à Verzenay et d'une sentence de la justice de paix de Verzenay, du 24 juillet 1760. De nombreuses plaintes émanaient d'habitants de Verzenay et de bourgeois de Reims, propriétaires de vignes à Verzenay, au sujet de l'habitude prise par les vignerons « de conduire leurs ânes, chevaux et autres bêtes de charge aux vignes, pour y transporter de la terre, du fumier ou des échalas, et sous prétexte de les charger d'herbe au retour, à la fin de la journée, de les attacher à des piquets au pied des vignes où ils restaient pendant tout le jour ou partie du jour.

Cette précaution semblait inutile, car il y avait un nombre considérable de ceps de vigne de broutés et foulés au pied ».

D'autre part, lors des vendanges, à peine les vignes des vignerons étaient-elles vendangées que les habitants et autres particuliers, malgré les défenses qui leur étaient faites, se répandaient dans les vignes et sous prétexte d'y grapiller, pillaient et volaient les raisins des vignes non vendangées, échappant à la vigilance des gardes-vignes.

Pour remédier à ces inconvénients dans toute l'étendue du Marquisat de Sillery, dont Verzenay faisait partie, il avait été ordonné aux cultivateurs de vignes, « de mettre à la bouche de leurs ânes, chevaux ou autres bêtes de charge, un petit panier d'osier à claire-voie, attaché sur la tête, sous peine de douze livres d'amende pour la première fois, de vingt-quatre livres et de saisie et confiscation de la bête en cas de récidive, et même de plus grande peine, si le cas y échéait ».

Il était à nouveau défendu, « à tous les habitans du Marquisat et à tous autres particuliers de quelqu'état et condition qu'ils soient, d'entrer dans les vignes vendangées, même les leurs, pour regrapper et sous tout autre prétexte que ce soit, pendant le cours de la vendange, que les gardes-vignes n'ayent cessé la garde et que la permission de regrapper n'en ait été donnée par les officiers de justice et annoncée au son de la cloche, sous peine de vingt livres d'amende et même de prison. »

Les commissaires de police, gardes-messiers et vignes, sergents de vuë et traversiers, gardes-bois, pitoyeurs, sergent ordinaire et tous autres ayant serment en justice étaient chargés de l'exécution de ces dispositions.

Un arrêt de la Cour du Parlement du 21 août 1760 homologua cette sentence et en étendit les précautions à prendre pour la conservation des vignobles, aux bailliages de Reims, Epernay, et justices de leurs ressorts.

— La vigne était assez fréquemment envahie par des insectes parmi lesquels la bêche, le cigarier ou urbec, le gribouri ou écrivain,

Le vendangeur célébrant la fin des vendanges.

les hannetons et les limaçons. A certaines époques, les invasions de bêches étaient si fortes et si menaçantes que l'on dut prendre des mesures énergiques pour en enrayer le développement.

Les vignerons, pendant longtemps, crurent n'avoir d'autre ressource pour lutter contre les ennemis de la vigne, que de s'adresser aux autorités civiles et religieuses. On constituait alors des tribunaux, la cause des délinquants était défendue par des avocats désignés d'office. Généralement, il leur était enjoint d'avoir à déguerpir, à se rendre dans certains lieux dits et à cesser leurs ravages; ou bien, ils étaient excommuniés après maintes exorcisations. Gustave Legrand, dans une note sur le Rhynchites Betuleti, rappelle à ce sujet un mandement des grands vicaires d'Autun, en 1448, et une sentence mémo-

rable touchant la puissance ecclésiastique rendue en l'Officialité de Troyes
en 1516. Maitre Jean Milon, le vendredi de la Pentecôte de cette année,
enjoignit formellement aux *bruches* et *éruches* qui ravageaient les vignes des
environs de Troyes, « de s'en aller dans les six jours du vignoble de Villenauxe
sous peine d'anathème et de malédiction ». Un siècle et demi plus tard, ces
insectes exerçant de nouveaux ravages furent exorcisés par le doyen de Sézanne,
sur ordre de l'évêque de Troyes. De nos jours, on ne peut s'empêcher de
sourire à la lecture de semblables mesures. Et cependant, même au xx° siècle
nous avons été témoin de l'emploi de procédés analogues. Dans une commune
voisine de Reims un vigneron, pour protéger sa vigne contre le phylloxéra
avait mis au pied de chaque cep, des carreaux portant sur les quatre côtés des
échancrures de dimensions variables. Ces carreaux, formant ainsi une croix,
s'assemblaient deux par deux, et laissaient un intervalle circulaire vide, dans
lequel passait la tige du cep. Ils portaient les armes et la marque d'un évêque
de l'Est de la France.

On se contentait parfois de faire des processions dans les vignobles ; c'est
ainsi qu'en 1674, une grande procession fut faite à Rilly et Chigny avec retour
par Montbré et Trois-Puits, avec l'image de saint Remy en tête, contre les
besches· et autres vermines qui paraissaient dans les vignes. En 1684, une
nouvelle procession à Trois-Puits eut lieu le 25 mai, dans le même but. De
telles pratiques ne pouvaient avoir d'autre effet que de faire renaître un peu
d'espérance au cœur des vignerons.

— Les mesures administratives, prises dans le but de détruire ces insectes,
à différentes reprises, étaient beaucoup plus efficaces. Aujourd'hui, elles nous
paraîtraient draconiennes, attentatoires à la liberté des gens, aux droits des
propriétaires, elles soulèveraient sans doute un tolle général si elles étaient
renouvelées. L'échec du grand syndicat de défense contre le phylloxéra,
organisé dans la Marne, il y a quelque vingt ans, en est une preuve con-
vaincante. Mais il n'en est pas moins vrai que ces mesures avaient pour
but de défendre les intérêts particuliers des vignerons, en même temps
que l'intérêt général, en sauvegardant la récolte de toute une région. Ce
but suffisait pour les légitimer. Le principe de l'obligation était nécessaire
pour vaincre l'ignorance, l'indifférence ou même le mauvais vouloir des
intéressés.

Le 8 mai 1714, le Bailly de Vermandois rendit une ordonnance de police
générale pour la destruction des bêches et autres insectes qui étaient dans les
vignes. En présence de l'accroissement considérable de ces parasites qui, par
suite du tort qu'ils causaient aux ceps, menaçaient de ruiner les vignes, de

nouvelles mesures ordonnant l'épluchage des insectes furent prises en assemblée de la police générale, le 6 juin 1714.

Il était enjoint « à tous les habitans des lieux vignobles tant hommes, femmes que garçons et filles au-dessus de 14 à 15 ans, de s'assembler tous les jours de grand matin à la place publique au son de la cloche ou tocsin, suivant l'usage des lieux, pour être conduits par bandes par les juges, procureurs fiscaux et autres officiers de justice des lieux, même par les syndics et vigniers sur toutes les vignes du terroir, à commencer par la première pièce de vigne de chaque canton et successivement jusqu'à la dernière pièce pour oster cette vermine et continuer jusqu'à ce qu'elle soit entièrement détruite ».

Il était ordonné « que les feuilles de vignes tournées, appelées cornets, dans lesquels sont les bêches ou autres insectes et leurs œufs seront mis en des sacs et ensuite portés dans des fours qui seront indiqués par les juges, pour y être brûlés, deffenses de les brûler au bout des vignes, ni ailleurs qu'aux dits fours. à peine de contravention ».

« Les propriétaires de vignes de chaque terroir, soit qu'ils soient habitans des lieux ou forains, payeront dans les vingt-quatre heures à compter du jour de la réception des présentes, entre les mains des syndics de chacun lieu à raison de trente sols par arpent et à proportion, sans que personne de telle qualité qu'il soit puisse en être exempt, ni sous prétexte que leurs vignes n'en sont point infectées ou qu'elles sont incultes. »

« Les bourgeois de cette ville qui voudront se transporter dans les lieux où ils ont des vignes pourront se joindre aux officiers de justice pour conjointement avec eux tenir la main à l'exécution de la présente ordonnance. »

Des peines de dix livres d'amende pour le premier refus et du double en cas de récidive étaient édictées contre les récalcitrants. Les propriétaires contribuables qui refusaient de payer étaient contraints de payer le double de leur contingent.

Il était défendu aux vignerons « lors qu'ils lieront les vignes de jeter par terre, au bout des vignes ou ailleurs. les cornets qu'ils y trouveront » il leur était enjoint « de les éplucher et de les mettre dans des sacs pour les brûler au four, comme il est dit cy-dessus, comme aussi de ramasser ceux qui seront tombés à terre et de les brûler, le tout à peine de dix livres d'amende ».

Cette ordonnance devait être lue aussitôt la réception et dans tous les lieux de la campagne, et lecture réitérée le premier dimanche suivant à la sortie de la messe paroissiale.

En 1752 et 1753 l'Intendant de Champagne, par de nouvelles Ordonnances. prescrivit la destruction des bêches.

Puis, le 24 septembre 1764, un nouveau règlement fut établi par les officiers du Bailliage de Vermandois, siège royal et présidial de Reims pour la destruction des bêches et autres insectes nuisibles aux vignes. Ce règlement fut homologué par le Parlement dans sa séance du 2 janvier 1765 et il fut décidé que l'avis des officiers du Bailliage d'Épernay serait demandé pour que la même Ordonnance y soit rendue exécutoire. Les dispositions qu'il contient sont un peu moins draconniennes que celles de l'ordonnance de 1714. En voici d'ailleurs la teneur :

« Sur ce qui a été présenté par le Procureur du Roi, qu'entre les différents insectes qui nuisent aux vignes, la bêche est un des plus dangereux et qui depuis longtemps fait le plus grand dégât dans les vignobles de la Montagne de Reims. Que cet insecte pour faire sa ponte, ce qui arrive vers le mois de juin de chaque année, pique la feuille de la vigne, la fait flétrir par cette piqûre, la tourne ensuite en cornet et y dépose quantité d'œufs desquels on voit éclore des vers qui se transforment en bêches et se cachent dans terre pendant l'hiver, pour reparaître l'été suivant et faire de nouveaux ravages sur les feuilles de la vigne, que ces feuilles flétries et tournées laissent à découvert le raisin qui se dessèche et ne produit plus: que depuis plus de dix années, cet insecte a fait beaucoup de tort et singulièrement dans les terroirs les plus fins et les plus distingués de la Champagne, il a fait éprouver des pertes considérables aux habitants de cette ville et des pays vignobles des environs: que, pour arrêter les progrès et même anéantir s'il est possible la cause d'un mal aussi nuisible, il était nécessaire de prendre les précautions les plus convenables et qu'il nous requérait d'y pourvoir par un règlement qui serait exécuté dans tous les pays vignobles du ressort.

« 1° Nous enjoignons à tous vignerons et propriétaires des vignes des terroirs où il se trouvera des bêches, de travailler tous les ans, aussitôt que la vigne sera liée et ce, tous autres ouvrages cessans, à enlever ou faire enlever et mettre dans des sacs les cornets des bêches, tant ceux qui tiennent aux seps que ceux qui seraient tombés à terre, soit dans les vignes à eux appartenant soit dans celles qu'ils façonnent à la tâche pour les forains, sauf leurs salaires qui seront taxés par le juge et le Procureur fiscal du lieu sur le prix commun des journées dans chaque endroit, le tout, sous peine de quinze livres d'amende contre les contrevenans.

« 2° A cet, effet les officiers de justice des lieux avec quatre des plus notables habitants par eux choisis, conviendront du temps où devra se faire cet ouvrage; et le dimanche précédant la semaine convenue entre eux pour le travail, le Procureur fiscal fera faire lecture de la présente Ordonnance

à la sortie de la messe de la paroisse aux habitants assemblés, fixera le jour
où devra commencer l'enlèvement des cornets, indiquera le canton du terroir
où l'on devra travailler d'abord et les autres cantons qui seront nettoyés
successivement et déposera au Greffe un état des cantons et des jours auxquels
on devra travailler à cette opération afin que personne n'en ignore.

« 3° Aussitôt après la publication de l'Ordonnance, les vignerons auront
soin d'avertir leurs maîtres afin
qu'ils puissent veiller, s'ils le jugent
à propos, à leur travail.

« 4° Il sera libre aux propriétaires et forains, pour accélérer l'ouvrage, d'amener des ouvriers du
dehors, à charge de les faire travailler conformément à la présente
Ordonnance.

« 5° Les vignerons et ouvriers
seront tenus de vider les sacs où
seront déposés les cornets dans
des places vagues hors des vignes,
qui seront indiquées par les officiers de justice et de les brûler
de suite.

« 6° Lors de la rognure des
vignes, s'il se trouve des cornets aux
rognures et aux broux, enjoignons
aux vignerons de les porter et brûler
hors des vignes dans les endroits
indiqués, sans pouvoir les porter

Le foulage du raisin.

chez eux à leurs bestiaux ni sur leur fumier, sous les peines ci-dessus.

« 7° Les garde-vignes de chaque terroir seront tenus, à la fin de chaque
journée de travail, de faire leur rapport au procureur fiscal de l'exécution ou
inexécution de l'Ordonnance à qui les vignes où l'on n'aura pas travaillé appartiennent, par qui elles sont façonnées à tâche, d'en verbaliser pour être les
contrevenans punis, à la réquisition du Procureur fiscal si le cas y écheoit.

« 8° Après que l'ouvrage sera fait dans toute l'étendue du terroir, le juge
du lieu nommera sans frais quatre habitants des plus notables qui feront la
visite du terroir et dresseront procès-verbal des vignes qui n'auront pas été
nettoyées, à qui elles appartiennent, par qui elles sont façonnées et le rappor-

teront au Greffe après l'avoir affirmé sans frais, pour en être pris communication par le Procureur fiscal qui requerra contre les contrevenans les peines ci-dessus énoncées, et qui en certifiera chaque année le Procureur du Roi.

« 9° Si, après les vendanges faites, il y a de nouvelles bêches qui courent sur les feuilles de vignes, les officiers de justice des lieux, après en être convenus avec quatre notables habitants pourront faire travailler les vignerons, en observant les formalités prescrites par les articles précédents et sous les mêmes peines, à l'effet de faire ôter la plus grande partie de ces insectes en se servant des panniers plats que l'on met sous les seps pour y faire tomber les bêches en secouant le seps, et de les brûler ensuite comme il est dit ci-dessus.

« 10° Les vignerons et ouvriers, en enlevant les bêches des vignes, seront tenus d'éplucher et de détruire aussi des vers et autres insectes qui peuvent être nuisibles à la vigne.

« 11° Défendons à tous vignerons de sarcler les vignes avant que les cornets des bêches en soient enlevés.

« Fait, conclu et arrêté.... »

Le Parlement ordonna que les arrêts et sentences donnés par la Justice de Sillery et le Bailliage de Reims seraient exécutés dans le ressort du Bailliage d'Épernay, par un arrêté du 3 mai 1765, qui ajouta de nouvelles dispositions aux précédentes. Il « fait défenses à tous propriétaires de vignes situées tant dans la Justice de Sillery que dans le ressort de Bailliage de Reims et d'Épernay, soit par eux ou par leurs vignerons, de remettre les échalas en tas, que les enseignes ne soient ôtées : et ce sur la permission des juges des lieux et après avoir entendu les gardes-vignes, et qu'ils auront attesté que toutes les vendanges sont faites; ordonne que tous lesdits propriétaires de vignes seront tenus par leurs domestiques ou vignerons d'envoyer retirer les hannetons attachés aux ceps de vignes, de les porter ou faire porter sur des places vagues et de les y écraser à peine de dix livres d'amende; enjoint aux gardes-vignes d'y veiller et de mettre au Greffe des Justices des lieux leur rapport des contraventions et le nom des contrevenans, ce que lesdits vignerons pourront faire les dimanches et fêtes, en prenant toutefois la permission des curés et juges des lieux; fait défenses aux vignerons d'attacher leurs chevaux ou bêtes asines trop près des vignes, leur enjoint de les attacher à des piquets dans des places vagues sous peine de pareille amende de dix livres et des dommages-intérêts des parties qui auront contrevenu auxdites défenses.

« Ordonne que le présent arrêt.... », etc.

En 1768, l'Intendant de Champagne autorisa le Subdélégué de Reims.

Polonceau, à donner les ordres nécessaires pour la destruction des bêches, en conformité de l'arrêt de 1765.

Les ravages des insectes se firent sentir à nouveau avec une grande intensité sur le territoire d'Ay, en 1787. Le Parlement rendit un arrêt en date du 24 mai, ordonnant à tous les vignerons du territoire d'Épernay et des autres territoires de la Champagne « de ramasser exactement lors de l'ébourgeonnement et de la taille des vignes, les bourgeons et brins en provenant, de les mettre au fur et à mesure dans des sacs et de porter ensuite ces mêmes sacs chez eux pour les brûler, sans que, sous quelque prétexte que ce puisse être, les dits bourgeons et brins ou les sacs qui les renfermeront puissent être laissés dans les vignes, sentiers ou chemins y aboutissant le tout sous les peines portées par ledit arrêt ».

Le subdélégué d'Épernay en 1789, disait que cette Ordonnance de 1787, relative à la destruction des vers, était restée lettre morte car deux autorités rivales sont intervenues.

Vers la même époque les propriétaires de vignes situées sur les territoires de Cumières, Dizy, Hautvillers, Damery se plaignaient que, depuis plusieurs années, un abus très préjudiciable à la culture des vignes, à leur fécondité et à la qualité des vins s'était développé dans la région. Ils écrivaient en 1788, à l'Intendant de Champagne :

La vendangeuse et le matériel de vendange.

« Les vignerons se sont mis en possession, par une connivence générale, de planter des haricots, des pois, des choux, des navets et jusqu'à des pommes de terre qui non seulement détruisent les fruits des ceps qu'ils ombragent et enveloppent, mais encore dégraissent la terre, amaigrissent les provins, les fait périr, attirent, nourrissent et propagent les insectes nuisibles. Les plaintes des propriétaires, leurs défenses absolues et réitérées n'ont pu arrêter le mal qui paraît aujourd'hui autorisé par l'usage et que son universalité laissera sans

remède, si l'autorité éclairée ne veut bien concourir à le déraciner. C'est en
vain que plusieurs propriétaires ont offert une augmentation de salaire pour
faire cesser ce mélange si nuisible à la vigne.

« Cependant, Monseigneur, les vignes sont la richesse principale de la Province. C'est à elles que Cumières, principalement, doit son existence qui ne
date au plus que d'un siècle. Leur culture plus ou moins perfectionnée, influant
sur l'abondance et la qualité de ses vins, l'abus odieux qui s'introduit est
capable de leur causer un discrédit ruineux.

« Un grand intérêt public sollicite donc l'administration d'interposer son
autorité. C'est à elle, c'est à ses soins vigilants, c'est principalement aux vôtres,
Monseigneur, que les propriétaires des vignes doivent déjà l'existence d'un
règlement qui a arrêté la propagation des vers, des bêches et autres insectes
pour la destruction desquels les ordres des particuliers étaient infructueux.
Ils le sont aujourd'hui contre un abus qui intéresse également le bien public.
Ce considéré, il vous plaise, etc.... »

Cette requête reçut une solution. Une Ordonnance défendit aux vignerons
de planter des légumes dans les vignes de leurs maîtres sous peine de trente
livres d'amende.

Il faut croire aussi que certains vignerons, au début du xixᵉ siècle, n'atta-
chaient pas beaucoup de soins à l'encépagement de leurs vignobles et ce, au
détriment de la qualité des produits, puisqu'en 1810, le Conseil général de la
Marne inscrivit au budget du département une somme de 1000 francs pour la
culture des raisins noirs, afin de relever la réputation des vins rouges de la
Montagne de Reims. Mais on peut affirmer qu'ils constituaient une exception,
si l'on en juge par les notes ampélographiques transmises sur cette époque par
divers auteurs.

Ces mesures diverses, prises pour assurer la destruction des insectes nuisibles et la conservation des récoltes, témoignent de la sollicitude des pouvoirs
publics pour une culture dont les produits constituaient une des principales
ressources agricoles de la région et une des plus importantes sources bud-
gétaires. Quelques-unes ont été savamment étudiées et les conseils édictés basés
sur l'observation pourraient encore de nos jours, s'ils étaient appliqués, rendre
de signalés services. Mais le caractère d'obligation qui les accompagnait peut
sembler, *a priori*, vexatoire, incompatible avec un régime de liberté. Cependant
ce n'est que par l'union des viticulteurs en vue d'une action commune qu'il
sera possible de débarrasser une région des fléaux qui envahissent la vigne
encore de nos jours et causent parfois à la récolte un préjudice considérable.

CHAPITRE VII

Les mesures restrictives relatives à la Culture de la vigne en Champagne

Nous avons vu qu'à diverses époques de notre histoire la culture de la vigne fut en butte aux persécutions des pouvoirs publics. Nous avons rappelé l'ordre donné par Domitien d'arracher toutes les vignes en Gaule. Probus, heureusement répara deux siècles plus tard, le désastre causé par cette proscription.

En 1566, Charles IX, prenant également prétexte d'une médiocre récolte de blé, rendit une ordonnance par laquelle il ne devait plus y avoir que le tiers du terrain de chaque canton planté en vignes, les deux autres tiers devaient être consacrés, soit aux prairies, soit aux céréales. Les effets de cette ordonnance furent moins désastreux que ceux des mesures prises par Domitien, car la proscription des vignes ne fut pas universelle comme la première fois.

La remarque faite par Grégoire de Tours au sujet de l'impôt établi sur le vin par Chilpéric trouve encore ici son application.

« C'est une remarque digne d'attention, dit Legrand d'Aussy [1], s'inspirant de Grégoire de Tours, dont les buveurs surtout doivent triompher, que les deux princes qui proscrivirent les vignes en France aient été, l'un, l'auteur de la Saint-Barthélemi; l'autre, un des plus abominables tyrans qui aient affligé le monde. »

L'ordonnance de Charles IX fut heureusement atténuée par celle de Henri III qui, en 1577, recommanda à ses représentants dans les provinces, « d'avoir attention qu'en leurs territoires les labours ne fussent délaissés pour faire plants excessifs de vignes. »

L'administration de l'ancien régime ne fut pas toujours favorable à la culture de la vigne. Par suite, sans doute, de l'extension donnée à cette plante, de la cherté des grains, et des famines terribles du commencement du XVIIIe siècle, il avait été défendu par les arrêts du Conseil d'État, du

1. *Cours d'agriculture*, de l'abbé Rozier, article *Vignes*, t. 10, p. 112.

27 novembre 1729 et du 5 juin 1731, de planter de nouvelles vignes en Champagne et de renouveler par le travail celles qui seraient restées incultes pendant deux années seulement, sans la permission expresse du roi.

Un des principaux motifs qui ont engagé Sa Majesté à prendre ces mesures a été la trop grande abondance des vins qui se récoltaient en Champagne, dont les conséquences étaient l'augmentation du prix des futailles et la diminution de celui des vins.

L'Intendant Le Pelletier de Beaupré, écrivait au sujet d'une requête à M. D'Ormesson « Je ne seray jamais d'avis que l'on fasse de nouvelles planta-

OUTILLAGE D'UN VIGNERON AU XVIIIe SIÈCLE.
Planche tirée du *Traité de la culture des Vignes*, par M. Bidet (1752).

tions en Champagne, n'y en ayant déjà que trop et estant l'intérest de l'État et du particulier, de laisser plustôt en friche, la terre qui n'est propre qu'à produire de la vigne que d'y en planter. »

Il faut croire que les arrêts du Conseil et les Ordonnances qui en étaient les corollaires, n'avaient pas été observés, car on continuait à planter de nouvelles vignes sans permission du roy. Il fut décidé qu'une enquête serait faite pour déterminer au juste la quantité de vignes qu'il peut y avoir dans la Généralité, et connaître particulièrement la date de la plantation de celles qui avaient pu être plantées depuis 1720. Par son ordonnance du 21 may 1732, l'Intendant Le Pelletier de Beaupré, obligeait le syndic de chaque paroisse à dresser dans les six semaines à dater du jour de la publication de l'ordonnance, « un état de toutes les vignes qui se trouveront dans la communauté, dans lequel il spécifiera la quantité en général d'arpents de terre plantés en vignes, avec la date fidelle de la plantation de celles qui l'ont été depuis 1720 et les noms des propriétaires d'icelles ». Ledit état, ou un certificat négatif dans le cas où il n'y aurait point de vignes, devait être envoyé dans le délai ci-dessus au Subdélégué de son Élection, à peine de 100 livres d'amende contre les contrevenants. Il devait être certifié par le syndic, le juge et quatre des principaux habitants de chaque lieu, à peine de 1000 livres d'amende en cas d'omission ou de fausse déclaration. Une ordonnance semblable fut rendue le 4 décembre 1736. par M. Pierre Chapron, Subdélégué de Reims.

Ces mesures restèrent à peu près lettre morte. L'Intendant De la Bove, écrit. en effet, au ministre Machault, en 1732. sur la multiplication des vignobles en Champagne, malgré les défenses : « Il paraît suivant les éclaircissements que j'ay pris que ces défenses n'ont rien opéré et que ces nouveaux plants se sont multipliés au point que la plus grande partie des propriétaires de vignobles seraient dans le cas de l'amende si l'on voulait les poursuivre. Je sens qu'il est difficile de revenir sur le passé, mais je crois qu'il serait essentiel d'arrêter au moins pour l'avenir, des plants dont l'augmentation ne peut être qu'entièrement préjudiciable à la province.... »

Les ordonnances de l'Intendant le Pelletier de Beaupré, des 20 février 1731. 20 mars 1734 furent cependant suivies d'exécution. Les officiers et cavaliers de la maréchaussée de Vitry avaient dressé, les 2, 8, 9 avril, en exécution de l'ordonnance du 20 mars, des procès-verbaux relatant que 42 propriétaires des communes de Saint-Ouen. Saint-Étienne, son annexe. Chavange et Chassericourt avaient continué à planter des vignes malgré les défenses édictées. Dans le but d'arrêter promptement un abus si contraire aux intentions de Sa Majesté. si préjudiciable au bien public, l'Intendant les condamna à une amende que. par grâce et sans tirer à conséquence, il modéra à 100 livres d'amende chacun. Les vignes nouvellement plantées devaient être par eux arrachées et en cas de refus, à leurs dépens, en présence des cavaliers de la maréchaussée de Vitry et des syndics des communes de Saint-Ouen et Chavange.

Par la même ordonnance rendue le 21 avril 1734 qui devait être « lue et publiée partout où besoin sera, à ce que personne n'en ignore » les défenses précédemment édictées étaient renouvelées.

Le ministre Machault, par lettre du 25 septembre 1743, recommandait la sévérité contre les contrevenans.

En juin 1753. M. d'Ormesson envoya à l'Intendant de la Châtaigneraie, un mémoire du comte Ch. de Beaurepaire. seigneur de Chouilly. demandant à être déchargé des condamnations portées par l'ordonnance du 9 mars qui enjoint d'arracher les vignes plantées sans permission, sous prétexte que l'arrêt de 1731 n'avait jamais été appliqué.

Les habitants de Cernay. Berru, Witry. Caurel. continuaient également
a planter, malgré toutes les défenses. M. le Subdélégué de Reims. Maillefer,
écrit à M. l'Intendant de Champagne. le 10 avril 1753.

Monsieur l'Intendant.

« L'on m'assure que l'on continue de planter des vignes dans les villages
de Cernay. Berru, Witry et Caurel qui ne sont distants de Reims que d'une
lieue ou deux.

Il est certain que l'on a planté à Cernay depuis quinze ans une quantité de
vignes sur un terrain plat. à la proximité du village, dans des terres bien amen-
dées. rapportant de bon froment et ensuite des seigles et des maïs; à l'égard de
Berru je ne suis pas assez instruit si l'on a planté dans un terrain plat. En ce
qui concerne Witry et Caurel. les vignes plantées dans ces villages sont plantées dans un terrain pareil à celui de Cernay sur lequel on peut recueillir de
très bons froments. seigles et avoines : l'on plante encore actuellement, malgré les
défenses. Le vin. dans ces terrains, surtout à Witry et Caurel. n'est que de
médiocre qualité. Aucun syndic des habitants ne veut être dénonciateur, cependant l'on me porte des plaintes journellement de cette nouvelle plantation et
c'est sur ces plaintes réitérées. Monsieur, que j'ai l'honneur. de vous en donner
avis.

Pour constater ces plantations nouvelles. ne jugez-vous pas à propos.
Monsieur, de donner une ordonnance qui nommerait un commissaire pour
faire visiter ces quatre communautés [1]. »

M. Bosteaux-Paris, dans son *Histoire de Berru*, nous indique pourquoi
les défenses édictées n'étaient pas observées. « Personne ne voulait prendre de
responsabilité, on constatait le délit. mais on préférait se tenir coi plutôt que de
sévir contre des semblables. De nombreuses familles bourgeoises, des communautés étaient alors propriétaires forains sur les territoires des environs de
Reims. La bourgeoisie de cette ville tenait à posséder des vignes pour récolter
son vin. La reconstitution des vignes, était peu coûteuse, il était facile de faire
travailler la vigne à tâche par les habitants des campagnes qui. ne possédant
que la moitié du territoire, avaient besoin de travailler pour vivre. Une tâche de
vigne de bourgeois, à cette époque. était un apanage qui se transmettait de
père en fils. Comme ces familles bourgeoises étaient puissantes. on conçoit fort
bien que personne ne voulût accepter la responsabilité de leur faire observer
la loi ».

---

1. *Archives départementales de Châlons*, dossier de l'Intendance.

Dans un mémoire de 1749, l'attention de l'administration fut à nouveau attirée sur le préjudice que les contraventions à l'arrêt du Conseil du 29 novembre 1729, causaient à la province de Champagne, par rapport au paiement des impositions, à la rareté du bois, à la diminution des récoltes en grain et au commerce de ses vins avec les étrangers.

Une ordonnance de 1751 renouvela la défense de planter de nouvelles vignes sous peine de 3000 livres d'amende.

Cependant, devant l'hostilité soulevée par ces mesures, il fut question de

Phot. Poyet.

LES INQUIÉTUDES DU VITICULTEUR.
« Nous venons d'échapper à la gelée... nous n'avons plus
« à craindre que le soleil, la pluie, l'oïdium et le reste! »
(Lithographie de Daumier).

les révoquer. Le 18 mai 1756, le contrôleur général de Moras demande à l'Intendant de la Châtaigneraie s'il pense que l'on puisse sans danger révoquer la défense de 1731.

« Il a été fait, écrit-il, des représentations au Conseil, sur l'arrêt du 5 juin 1731, et sur le fondement que ces deffenses sont contraires à l'ordre public et à la liberté que chacun doit naturellement avoir de faire usage de son fonds de la manière qu'il juge le plus convenable à ses intérêts, on propose de les révoquer. Ces motifs paraissent assez favorables... »

Le Subdélégué de Troyes, Paillot, dans un mémoire adressé à l'Intendant, démontre le préjudice que causerait à la Champagne « l'arrachement » d'une partie de ces vignes.

Les restrictions apportées à la culture de la vigne avaient cependant des partisans sérieux. Dans ses Mémoires, Bidet demandait que les arrêts et ordonnances du Conseil prises à cet effet, fussent exécutés à la lettre et avec rigueur. La grande plantation de vignes qui a été faite depuis et que l'on tolère encore, dans les terres labourables propres à produire du grain, est, d'après lui, la cause de la cherté des grains et de ce que la culture de la vigne devient très onéreuse.

Les maladies qui avaient désolé les campagnes et fait mourir nombre de vignerons, les corvées publiques qui occupaient une partie de l'année les survivants, faisaient que ceux-ci ne pouvaient plus suffire à cultiver toutes les vignes : les façons culturales avaient considérablement augmenté de prix ; même dans certains cantons, on était obligé de recourir à la main-d'œuvre d'étrangers qui travaillaient à la journée à des prix très élevés.

Les terres et les fumiers nécessaires pour leur culture avaient triplé de valeur. Les échalas, les merrains et autres marchandises propres à faire des poinçons et autres vaisseaux nécessaires pour recueillir, façonner et entonner le vin avaient triplé également de prix, par suite de la rareté des bois causée par les trop grands abatages effectués généralement partout.

Les dépenses excessives nécessitées par la culture de la vigne, les vendanges, la façon des vins, et les droits immenses établis sur les vignes comme d'ailleurs sur les autres héritages ainsi que sur la vente et le transport des vins, faisaient que le commerce du vin, jadis si avantageux à la ville de Reims et aux vignobles des environs, languissait de plus en plus. La culture de la vigne, au lieu d'être productrice, devenait à charge aux propriétaires. Il était nécessaire d'y remédier promptement et efficacement.

Les mesures prises furent maintenues, mais l'interprétation en fut modifiée. Dans une circulaire qu'il adresse en 1766 sur l'exécution de l'arrêt du 5 juin 1731, à ses Subdélégués Tiercelet, Duclos, Arragebois et Mathieu, l'Intendant Rouillé d'Orfeuil dit ceci : « Cet arrêt qui n'a été rendu que pour faire une loi générale n'a eu, je présume, pour objet que d'empêcher les plantations trop multipliées de vignes dans des terrains propres à produire du blé et quoique je sente qu'il est essentiel de veiller à son exécution je ne puis cependant disconvenir que ces deffences me paraissent contraires à l'ordre public et à la liberté que chacun doit naturellement avoir de faire usage de son fonds de la manière qu'il juge la plus convenable à ses intérêts, et il me paraîtrait bien dur de faire perdre à des particuliers le fruit de leurs travaux en les condamnant à arracher des vignes dont la plantation leur a coûté tant de peines et de dépenses. Il me semble donc qu'il ne doit être question que d'empêcher les abus sans gêner la liberté.... »

Toutes ces mesures restrictives peuvent, de nos jours, sous notre régime de liberté, paraître attentatoires à la liberté individuelle et au droit de propriété. Mais on ne saurait les blâmer et les condamner de prime abord. D'ailleurs, elles furent toujours inefficaces et presque inappliquées. Pour les juger, il faut se reporter à deux siècles en arrière, à une époque où l'agriculture était rudimentaire, où les douanes intérieures entravaient le commerce, où les voies de communications étaient peu développées. Une mauvaise récolte de blé dans une province y provoquait fatalement la disette et la famine avec toutes ses conséquences. Aussi conçoit-on que les gouvernants qui considéraient avec juste raison le pain comme le principal aliment, comme indispensable, aient fait tous leurs efforts pour réduire le plus possible les causes de disette. Ils croyaient agir dans l'intérêt du peuple. D'autres mesures, telles que la suppression des douanes intérieures et d'une foule de droits inutiles et vexatoires, eussent sans doute produit de bien meilleurs effets.

CHAPITRE VIII

Les Résistances des Vignerons
sous l'ancien régime

Nous avons vu précédemment quelles charges pesaient sur le peuple des campagnes, qui supportait presque à lui seul tout le poids des impôts; nous avons montré la multiplicité de ces impôts et l'âpreté avec laquelle ils étaient perçus par les divers agents de fisc. Aussi n'y a-t-il rien d'étonnant à ce que le peuple ait cherché tous les moyens possibles à s'y soustraire. A diverses reprises, au cours de notre histoire, la perception des impôts provoqua des émeutes, des insurrections, qui, vite réprimées, furent suivies d'une recrudescence de rigueur, dans la perception. L'une d'elles, consécutive à des impôts établis par Louis XI, sur les vins, aussitôt après son couronnement à Reims, fut réprimée avec une sanglante énergie dans le pays champenois. Plus tard, au xvii* et au xviii* siècles, malgré la rigueur des pénalités qui punissaient les coupables, le contribuable tenta de frauder et de tromper le trésor. Parfois aussi, il chercha dans des procès souvent longs, interminables, le moyen de se soustraire à certaines obligations dónt il contestait à tort ou à raison, la légitimité. Nous avons retrouvé de nombreux documents relatifs à de semblables procès, dans les archives de la bibliothèque de Reims, et dans quelques ouvrages d'histoire locale.

Dans une Assemblée générale du peuple d'Epernay, le 30 janvier 1670, il fut décidé que l'on chercherait à faire décharger les particuliers de la ville et de l'Élection des impôts déjà si lourds qu'ils payaient : « qu'à cet effet les communautés de vignobles seront mandés de se joindre pour se pourvoir par devant le roi et son conseil, et cependant donner sa requête à la cour des Aydes pour obtenir défenses et arrêter les poursuites rigoureuses des fermiers. »

Vers 1775, les habitants et bourgeois de Reims, possédant des vignes et autres biens fonds situés dans l'Élection de Reims adressèrent une requête à Monseigneur le Contrôleur général des finances au sujet des vingtièmes. Ils avaient été augmentés successivement en 1773, puis en 1774; en 1775, une surchage de près d'un tiers leur avait été imposée sur les vignes, sans qu'aucune loi nouvelle l'ait établie et bien que la terre et les vignes n'aient donné que des récoltes médiocres depuis dix ans. Les vignobles surtout, loin d'avoir produit un revenu réel, avaient été notoirement à charge à tous les possesseurs, par suite des avances considérables qu'il avait fallu faire annuellement et en pure perte à des vignerons insolvables.

La déclaration de 1773 exigeait, pour la perception des dixièmes du revenu des héritages, la déclaration de la part des propriétaires seuls. Il y avait deux catégories de déclarations, celle des biens affermés par lesquels le revenu des baux était exprimé; celle des biens exploités en propre et pour lesquels le revenu est

PAYSAN CHAMPENOIS AU XVIIe SIÈCLE.
D'après une gravure de l'époque.

estimé à 5 pour 100 du capital. Or, à cette époque, aucun bien-fonds ne produisait 5 pour 100. On ne tenait pas compte, bien que le Parlement l'eût demandé, des charges dont ces produits étaient grevés. Une nouvelle estimation générale des capitaux avait été faite par ordre du directeur des vingtièmes, mais non contradictoirement avec les propriétaires, de sorte qu'il y avait un relèvement du revenu calculé toujours sur le taux de 5 pour 100, contrairement aux lois, édits, arrêts et déclaration sur cette matière, depuis 1773.

Les supplians demandaient « la radiation de tous les accroissements de cotes qui ont eu lieu en 1773, 1774, 1775 et que le montant d'iceux vienne en décharge sur l'imposition des vingtièmes de l'année 1776: que sur la colonne des revenus, soit par

VIGNERONNE CHAMPENOISE AU XVIIe SIÈCLE.
D'après une gravure de l'époque.

baux. soit par évaluation dans les Rolles des vingtièmes il soit préalablement déduit le dixième de reveuu annuellement absorbé par les charges particulières et publiques, pour l'impôt n'être assis désormais que sur le restant du produit ».

A la même époque. une autre requête fut présentée au roy en son Conseil. par les bourgeois manants et habitans de Reims. pour obtenir la restitution de la taille et imposition sur leurs vignes. Les requérants faisaient ressortir que Reims est une ville franche exempte de tailles et jouissant d'autres privilèges en raison des frais de sacre des rois qui sont à la charge des habitants, que les vignes sont exemptes moyennant une somme de 1504 livres 15 sols payés par la ville sur les produits du quatrième, que les habitants en ont toujours été déchargés ainsi que l'attestent les lettres patentes d'Henri III du 18 juin 1578. non seulement pour les vignes qu'ils possèdent à Reims. mais encore à la campagne.

Ils font ressortir également. qu'ils paient à Reims une double capitation. basée sur la personne et sur le revenu, formé du revenu des vignes, et que leur imposer la taille serait les mettre dans une situation défavorable: la taille est d'ailleurs personnelle, et non applicable aux héritages. D'autre part. ils paient sur les vins et les autres denrées des droits d'entrée qui leur tiennent lieu de taille. Ils sont obligés de faire travailler leurs vignes par les vignerons de l'endroit. ils paient ceux-ci en argent; les vignerons n'ont aucun risque alors que les propriétaires ont celui de ne pas récolter.

Une ordonnance de 1754, constitue un précédent. sur lequel ils s'appuient pour fonder leurs réclamations.

En 1765, une réclamation avait déjà été faite contre la taille d'exploitation qui leur était imposée depuis 1760. En mai 1775, une nouvelle requête fut adressée pour demander la remise des tailles perçues depuis 1760. La même année, ils adressèrent un mémoire au sujet de la capitation à laquelle on venait de les imposer dans les paroisses où ils faisaient cultiver leurs vignes et autres biens fonds. Après avoir évoqué tout une série de motifs, ils terminent ainsi:

« Ils n'ajouteront plus qu'un mot à toutes ces observations, c'est que l'épuisement connu de tous les propriétaires de vignes depuis 7 années de mauvaises récoltes devait plutôt leur faire espérer de la part de l'administration du soulagement et de la modération dans un impôt contre lequel ils réclament depuis 15 ans, que d'y voir ajouter un supplément aussi contraire à la décision de 1761, et fondé sur une interprétation qui. conformément aux principes. devrait toujours être en faveur du contribuable. jusqu'à ce qu'une loy positive en ait autrement ordonné. »

A l'appui de ces réclamations, était annexé un état des villes. villages et écarts dépendants de la direction des aides de Reims, de la quantité d'arpents de vignes qu'ils comportent avec l'estimation de leurs revenus annuels suivant les rôles des tailles de l'Élection de Reims. Il résulte de ces chiffres que la production moyenne à l'arpent sur une période de 12 années consécutives, de 1763 à 1774 incluses, était annuellement de 3 pièces et demie, 3 pintes et demie dont la valeur était estimé à 176 livres 10 sols 6 d.

Les dépenses annuelles, pour la culture, l'entretien, la récolte d'un arpent de vignes, les droits d'aides à la vente en gros, atteignant le même chiffre, la culture de la vigne ne laissait donc aucun bénéfice. Les propriétaires étaient même en perte, car aux dépenses annuelles, il eût fallu ajouter les frais de replantation, le prix de la location des bâtiments, celliers et cave, le prix des instruments divers servant à la vendange.

La perte réelle s'établissait ainsi pour chaque arpent :

Suivant l'extrait du rôle des tailles, en année commune.	24 l.
Les 2/20 de cette somme	2 l. 12 s. 9 d.
La taxe principale sur 24 l. de revenus à raison de 2 s. 6 d. taux commun de l'élection pour exploitation simple	1 l. 10 s.
La capitation et autres impositions accessoires, à raison du marc la livre du montant de la taille, sur le pied d'une livre 6 sols.	1 l. 19 s.
	30 l. 1 s. 9 d.

D'après ces documents, pris à des sources certaines, il résultait que le propriétaire devait s'estimer heureux lorsqu'il pouvait faire une récolte médiocre sur quatre. La culture de la vigne était comparable à une loterie, l'espérance tenait souvent lieu de tout.

En 1788, de nouvelles réclamations au sujet de la taille d'exploitation firent l'objet du mémoire suivant par les habitants de Reims propriétaires de vignes dans les vignobles qui avoisinent cette ville. La taille d'exploitation pour les vignes est-elle due par les propriétaires forains lorsqu'ils font façonner leurs vignes par gens imposés à la taille d'industrie?

Les habitants des villes franches, devaient la taille d'exploitation de leurs vignes dans les lieux où ils ne font pas valoir par leurs mains, mais il n'en est pas de même lorsque leurs vignes sont façonnées par des vignerons qui paient la taille d'industrie, tâcherons ou cloziers. Ces deux tailles étant l'une et l'autre l'impôt dû pour le fruit du travail, propriétaires et ouvriers ne pouvaient être imposés à la fois. Le vigneron n'était pas un simple domestique, il était payé en argent, on le considérait comme domestique pour pouvoir imposer le propriétaire à la taille d'exploitation, et on ne l'y considérait plus pour pouvoir l'imposer à la taille d'industrie. de sorte que la taille d'exploitation était payée deux fois. Jusqu'alors les propriétaires seuls qui façonnaient leurs vignes par

eux-mêmes avaient été imposés. Les anciens et nouveaux règlements, la jurisprudence constante de la Cour des Aides consacraient ces principes. Tels
étaient les principaux arguments invoqués dans ce mémoire qui citait à l'appui
de ses conclusions, les déclarations de 1643, 1728, 1759 et de nombreux arrêts.

Dans le cours du XVIIIe siècle et surtout vers la fin, les contribuables entraient
donc fréquemment en lutte avec l'administration. L'État était sans cesse aux
abois ; non content d'augmenter les impôts existants, parfois d'en créer de nouveaux, il cherchait par des interprétations nouvelles, souvent erronées, à
étendre les impôts existants à certains contribuables qui devaient en
être exempts. On se demande comment les pauvres paysans, qui ignoraient
tout, lois et règlements, pouvaient se faire rendre justice lorsqu'ils étaient
victimes d'iniquités alors que les bourgeois de Reims qui avaient à leur
service l'instruction et souvent la fortune, avaient tant de difficultés pour faire
respecter leurs droits. L'arbitraire appuyé sur l'équivoque, l'ignorance et la
force, était la base de la perception des impôts.

On ne peut qu'admirer la résignation et la persévérance des populations
rurales qui, malgré l'écrasement des charges, restaient attachées au sol natal.

— Mais c'est surtout la dîme qui souleva des protestations. Nous avons vu
que, donnée volontairement au début par les fidèles, elle fut rendue obligatoire
un peu plus tard, lorsque le zèle de ceux-ci se refroidit. Le clergé la percevait
avec âpreté, et ses exigences étaient d'autant plus impérieuses que les récoltes
étaient plus faibles. On conçoit que les vignerons aient essayé de s'y soustraire
et de résister au bénéficiaire des dîmes, par tous les moyens possibles.

De tous temps la dîme fut un sujet de discorde ; ainsi dès 1071, les religieux
de Saint-Vannes de Verdun et l'église de Reims, qui depuis déjà longtemps
avaient le droit de prélever la dîme sur Berru, avaient des différends
à ce sujet. On retrouve traces des procédures engagées dans l'inventaire
du chapitre de Saint-Symphorien ; presque toujours, elles se terminaient au
désavantage des décimables. Vers 1667, un de ces procès était pendant
entre ces religieux et les habitants de Cernay et de Berru. D'après les
premiers, la dîme était de 4 pots de vin par poinçon récolté, tandis que les
habitants n'en voulaient payer que deux. Il y avait en outre contestation sur la
contenance du trentin ou mesure de vendange, les décimables prétendant que
le trentin devait faire deux poinçons de vin, tandis que les bénéficiaires
prétendaient que trentin et poinçon étaient équivalents. Il serait trop long de faire
l'historique détaillé de ce procès qui n'était à cette époque qu'un épisode d'un
conflit remontant au siècle précédent. Les décimateurs obtinrent finalement
gain de cause. Une sentence de l'officialité de Reims, du 27 juin 1686, ordonna

que les habitants de Cernay et autres mettraient leurs raisins dans les tonneaux sans qu'ils puissent enlever ceux-ci avant que les décimateurs eussent levé la dîme ou qu'ils eussent été avertis de le faire.

Il faut croire que les contestations relatives à la perception des dîmes étaient nombreuses au début du xviiiᵉ siècle pour qu'il fût jugé nécessaire de préciser la manière dont elles devaient être perçues dans l'ordonnance du 3 mai 1730 sur la police générale, par les articles 7 à 12, qu'il serait trop long de rappeler.

Un arrêt du Parlement du 26 mai 1630, réglementant la contenance des tonneaux de vendange à soixante septiers « fixa les dîmes à payer par les vignerons sur les lieux de Coulommes et Vrigny à 3 pots de vin, mesure d'Auchy, ou 6 chopines, mesure de Reims, pour chacun pot, pour chaque trenté ou trentain aussi plein de vendange, et pour le terroir de Pargny à trois pots de vin, mesure du Chapitre, qui font quatre tiers, mesure du dit Reims pour cha- cun pot ». Un nouvel arrêt du 13 février 1738 confirma le premier.

A Damery et Cumières, où la dîme due au chevalier de Bernis avait été fixée, par un arrêt du 12 mars 1774, à la vingtième partie des fruits au pied de la vigne, des contestations s'élevèrent ; le décimateur prétendant qu'il s'agissait de vin pur sans mélange de râfles, ni de pépins, et les décimables au contraire, ne voulant payer que sous forme de vendange ou bénéficier d'une réduction des deux cinquièmes s'ils payaient en jus pur. Ils s'appuyaient sur un arrêt du 16 mars 1630 rendu pour le territoire de Reims et sur une transaction de 1669. Dans un mémoire de 1776, ils réclamèrent même la resti- tution des deux cinquièmes perçus en trop en 1774 et 1775. Leurs arguments sont intéressants. Nous n'en sommes déjà plus aux réclamations timorées de quelques années auparavant.

De même, des différends survinrent au sujet de la dîme entre l'Abbaye de Saint-Pierre d'Hautvillers et les décimables. Des arrêts du grand Conseil du roi rendus en 1670 et 1671 les avaient déjà tranchés ; malgré les oppositions, les vignerons d'Ay, de Dizy, de Cumières et Damery durent porter la dîme qui habituellement était quérable, aux bureaux des décimables. En 1772, deux grands propriétaires d'Ay, Tirant de Flavigny et Hugé, maître des postes à Epernay, entreprirent de faire respecter une méthode de perception en usage depuis près d'un siècle et confirmée par divers arrêts. Ils offraient de payer la dîme en raisins, mais pris au pied de chaque vigne, ce qui fut refusé. D'où procès intenté à la requête de l'abbé d'Hautvillers, Monseigneur Alexandre Augé de Talleyrand-Périgord, archevêque de Trajanople, coadjuteur de l'Archevêché Duché Pairie de Reims. Ses prétentions firent l'objet d'un mémoire spécial daté du 9 février 1773 et conservé aux archives nationales. Le maire et les échevins d'Ay, à l'instigation des contrevenants Tirant et Augé, firent alors la déclaration que depuis plus de cent ans, la dîme s'était payée en argent ou en nature au pied de la vigne, et qu'il était nécessaire de continuer ainsi, car la méthode de vinifier en blanc des raisins noirs, actuellement généralisée ne permettait pas d'attendre le bon vouloir du décimateur, sans voir la qualité des vins de Champagne diminuée de plus de moitié. Il serait trop long de rappeler les arguments émis par les parties en cause pour la défense de leurs intérêts respectifs. On sent que la lutte va entrer dans une phase aiguë ; le peuple soutenu par la bourgeoisie, ose résister ouvertement aux puissances qui l'oppriment.

D'autres conflits surgirent à nouveau en 1776 ; l'abbé d'Hautvillers voulut percevoir la dîme en nature ; les habitants de Dizy et d'Ay voulaient la payer en argent ; les premiers offrirent huit livres par arpent, les seconds quarante huit sols seulement. Ils furent condamnés à payer en nature la dîme provisoire, mais les vins blancs étant sur colle, on dut en ajourner la perception au moment où les vins seraient clairs. D'où nouvelles discussions. En 1777, le sieur Hue, fermier des revenus temporels de l'abbaye d'Hautvillers crut devoir, dans un long mémoire publié dans l'histoire de cet abbaye par M. le Dr Manceau, préciser la manière de prélever la dîme du vin en Champagne et réfuter les prétentions des habitants de la région qui voulaient la payer par abonnement en argent et non en nature. Ce mémoire, trop long pour être inséré ici, est intéressant à plus d'un titre.

Ces différends se terminèrent par un jugement du 22 juin 1778. Pour Ay, la dîme était due en raisins dans la proportion du quarantième (part de l'abbaye seulement) et avant que le vin ne soit fait, à prendre non au pied de la vigne, mais à l'entrée de la ville. Au contraire, pour Dizy, elle était due en vin, à prendre au cellier à raison de 15 pintes par poinçon.

De nouvelles contestations surgirent sans doute après ce jugement car en 1787, après de nombreuses plaidoiries, un arrangement amiable survint entre les parties, arrangement tout à l'avantage des vignerons. Ils soupçonnaient à juste titre les représentants de l'abbaye de vouloir leur ruine en les mettant dans l'impossibilité de faire du vin blanc et de supprimer ainsi une concurrence gênante. De plus, les prix des vins augmentaient et la dîme leur semblait de plus en plus lourde et injuste. De là leur résistance obstinée. On voit par là, combien la dîme était devenue odieuse aux habitants des vignobles et l'on comprend aisément qu'ils aient accueilli avec empressement la Révolution qui la supprima.

Il semble que vers cette époque (1770-1775), il y ait eu dans la population
rurale de la Champagne un mouvement général de résistance contre la dîme.
L'abbaye d'Hautvillers était aussi gros décimateur à Pierry, mais non contents
de dîmer au quarantième, les religieux voulurent aussi dîmer dans les caves et
celliers, ils provoquèrent une opposition unanime des propriétaires de vignes et
furent condamnés devant le bailliage d'Epernay, le 2 juillet 1777. Ils appelèrent
de la sentence devant le Parlement de Paris. Un propriétaire de la commune,
Cazotte, ancien commissaire de la marine, qui s'était signalé dans la défense de la
Martinique contre les Anglais et périt plus tard sur l'échafaud, prit la défense des
vignerons qui se solidarisèrent pour supporter les frais du procès. Il soutint
dans un mémoire les droits de ses compatriotes. Les religieux obtinrent
cependant une sentence qui les autorisa à prélever le quarantième de la récolte
un mois après que les vins auraient été mis dans les tonneaux, si les
propriétaires n'aimaient mieux payer la dîme sur le pressoir à raison de la
quarantième charge de raisin, pure de tout mélange. Les habitants de Pierry
interjetèrent appel en 1780.

Il y avait au fond de ce procès une question très importante : les religieux
d'Hautvillers, disaient les habitants de Pierry, craignant de voir ceux-ci, en
mélangeant leurs raisins, produire du vin blanc égal à celui préparé par
dom Pérignon et « donner par ce moyen, d'après ce même dom Pérignon, un
degré d'excellence de plus à leur vin », ne cherchaient qu'à entraver une
manutention préjudiciable à leurs intérêts.

Les résistances à la dîme furent l'occasion de la formation d'organisations
syndicales groupant les décimables. Vers 1760, les religieux de Saint-Remy de
Reims, décimateurs des dîmes en vin de Montbret, Trois-Puits et Champfleury
et les religieux de Saint-Thierry, décimateurs de celles de Trigny, intentèrent
un procès aux propriétaires de Reims possesseurs de vignes sur ces divers
terroirs. Ceux-ci formèrent par acte notarié un véritable syndicat de défense ;
chacun d'eux payait une certaine somme par hommée de vigne qu'il possédait
pour subvenir aux frais du procès dont la direction était confiée à des directeurs
élus et s'engageait à ne pas se désister, ni à se départir du procès, ni à
s'accommoder en particulier avec les religieux. Ils demandaient que des mesures
soient prises pour la défense du bien public par les autorités administratives de
la ville avec lesquelles les directeurs devaient agir de concert. En même temps,
ils sollicitaient de l'Intendant l'autorisation nécessaire pour poursuivre le but à
atteindre et rendre exécutoires les engagements pris par les signataires de l'acte.
Nous ignorons ce qu'il advint de cette tentative.

Nous avons vu que le paiement en argent était aussi admis à la suite

d'abonnements, ou de conventions particulières survenues entre les vignerons
et leurs décimateurs. Il semble que ce mode de perception ait été plus fréquent
que la perception en nature. Souvent les longs procès entre décimables et
décimateurs se terminaient par un compromis établissant le paiement de la
dime de vin en argent. Ainsi, une transaction survenue le 19 septembre 1667
fixa à 32 sols par arpent la dime perçue par l'abbesse d'Avenay sur les vignes
de Mareuil et Mutigny appartenant à des propriétaires d'Ay, au lieu de 4 pintes
par poinçon de vin à prendre au pied de la vigne. Dans les élections d'Epernay
et de Châlons, on payait ordinairement 8 à 15 pintes par poinçon ou 30 sols par

VUE GÉNÉRALE DE L'ANCIENNE ABBAYE D'HAUTVILLERS.
Propriété du comte Chandon-Moët.

arpent. A Dizy, en 1662, les habitants payaient 15 pintes par poinçon ou 10 livres
par arpent ; en 1732, la redevance en argent fut abaissée à 8 livres pour remonter
à 12 en 1772. Ay ne payait, à la même époque, que 4 livres à l'abbaye
d'Hautvillers pour les deux tiers du droit, un tiers appartenant au curé.

Les abonnements étaient concédés pour 3, 4 ou 6 ans. Imitant en cela
l'Etat, les gros décimateurs affermaient leurs droits, par voie d'adjudication,
moyennant une redevance globale annuelle. En 1651, l'Abbaye d'Hautvillers
afferma au marchand vigneron Releva la dime d'Avize dont il ne possédait que
le tiers, moyennant 162 livres par an. Cette même dime ne rapportait à l'abbaye
que 46 livres en 1552, et en 1744, le sieur Legée se la vit adjuger pour 460 livres.

A Pierry, en 1670, l'adjudicataire de la dime payait 300 livres et 3 poinçons
de vin au curé. A Cuis, la redevance était, en 1606, de 600 livres, et 460
seulement en 1673. Ay payait par abonnement, en 1789, 48 sols par arpent.

Souvent la perception était compliquée par le fait de l'existence de plusieurs décimateurs. Ainsi, la dîme d'Ay était partagée entre l'Abbaye d'Hautvillers qui en avait les deux tiers et le curé d'Ay. L'abbaye percevait aussi un tiers de la dîme à Reuil, la moitié à Cormoyeux, un tiers à Avize, la totalité à Pierry, Dizy, Cumières. C'était pour lui une source importante de revenus ; elle produisait une quantité de vin bien supérieure à celle de la récolte de ses propres vignes. De là, sans doute, vint la nécessité de mélanger les vins de ces divers crus pour les vendre sous le nom de vin de l'abbaye d'Hautvillers. C'était une véritable marque. Ce mélange des vins d'Ay, d'Hautvillers, Pierry, Avize, Dizy, Cumières, Reuil, a sans aucun doute contribué à établir la réputation dont ils ont joui.

En 1781, les 21 arpents de vigne dépendant de la mense abbatiale d'Hautvillers avaient produit 129 pièces de vin, tandis que la dîme perçue à son profit dans diverses localités avait produit 953 pièces. D'après la déclaration de l'Abbé Lattier de Bayane, en 1790, le produit de la dîme en argent au profit de l'Abbaye d'Hautvillers s'élevait à 10850 livres. Ces chiffres suffisent pour montrer quel lourd tribut la dîme prélevait sur les populations rurales de l'ancien régime. Elle était devenue pénible et odieuse.

Comme on le voit le peuple était à bout, décidé à résister par les moyens légaux aux exigences d'un clergé sans scrupules. L'organisation syndicale que nous venons de rappeler marque, en effet, un pas dans la voie de la résistance ; les intéressés avaient compris que leur opposition serait beaucoup plus puissante s'ils étaient groupés et tenus par des liens solides que s'ils restaient isolés. Un peu plus tard, aux moyens légaux qui ne réussissaient pas toujours, nous pourrions dire rarement, à assurer gain de cause, tant les adversaires étaient puissants et redoutés, succédèrent les moyens violents et énergiques. Les signes précurseurs de la Révolution se manifestaient.

CHAPITRE IX

Les Cahiers de Doléances de 1789

La convocation des États Généraux de 1789, qui appela réellement pour la première fois en France le peuple tout entier à l'exercice de ses droits, marque l'ère véritable de la naissance du peuple. Il pouvait s'assembler pour élire ses représentants, il pouvait écrire ses plaintes. Tout le monde, jusque dans le fond des campagnes les plus reculées, tressaillit à cette nouvelle.

La Royauté et les privilégiés comptaient sur l'incapacité du peuple que le clergé, détenteur de l'instruction, avait maintenu volontairement dans l'ignorance la plus profonde, et que de nombreux siècles de souffrances semblaient avoir complètement déprimé, pour rendre vaine la liberté accordée. Le peuple semblait, en effet, un corps sans âme, sans parole, sans pensée, incapable du moindre effort intellectuel. D'autre part, les assemblées populaires devaient élire leurs délégués à haute voix, en présence des nobles et des notables qui, par leur ascendant, leur en imposeraient. On espérait ainsi les intimider et les faire voter pour les noms proposés.

Mais tous ces calculs furent déjoués.

A défaut d'instruction, le peuple des campagnes eut un très sûr instinct, et du bon sens. En présence de ses maîtres, il sut sinon écrire, du moins parler; il nomma dignement ses électeurs, sans se départir un seul instant du respect et de la déférence qu'il devait à ses seigneurs. Dans la rédaction des cahiers des doléances qui furent l'émanation de ces assemblées, les officiers de justice qui les présidaient eurent dans certaines communes une très grande influence. Quelquefois même cette influence fut telle que des groupes de villages voisins ayant sans doute les mêmes intérêts, adoptèrent le même cahier souvent préparé à l'avance.

Ce qu'on doit surtout admirer, c'est l'uniformité des cahiers où les plaintes qui, depuis si longtemps, étaient dans tous les cœurs furent consignées : c'est l'unanimité de ce vaste mouvement cependant si varié, d'où sortit une force irrésistible qui groupa d'un côté la nation toute entière, bourgeois lettrés et paysans ignorants, réunis et d'accord, et de l'autre tous les privilégiés.

On ne saurait aussi trop admirer la forme et le fonds des observations consignées dans ces cahiers, la prudence instinctive qui les guida et qui sut faire exclure la politique pour ne parler que des revendications touchant les intérêts locaux.

Ces cahiers reflètent admirablement l'état d'esprit de nos aïeux à la fois étonnés et ravis qu'on leur permit enfin de parler et de faire entendre leurs doléances, inquiets sur la tournure que prendraient les événements et sur la suite qui serait donnée à leurs réclamations.

Nous avons parcouru de nombreux cahiers de doléances de la région réunis

Phot. Royer.

L'ANCIENNE VINIFICATION. REMPLISSAGE DE LA CUVE AU XVIIIe SIÈCLE.
D'après une vieille estampe du musée d'Épernay.

en plusieurs volumes par M. Gustave Laurent et nous ne croyons pouvoir mieux faire, pour donner une idée de la valeur de ces documents, de l'unanimité de leurs réclamations, que de publier les extraits de certains d'entre eux en ce qui concerne la vigne et le vin.

Tous ceux des pays vignobles demandent la suppression des Aides, tant ces impôts étaient lourds et vexatoires.

Nous donnerons plus loin des extraits de cahiers de Cernay, Berru, Faverolles, Fleury-la-Rivière et Oger, dont la rédaction nous a paru particulièrement intéressante.

La noblesse elle-même réclamait une modification complète dans l'orga-

34

nisation de l'État. L'assemblée de l'Ordre de la Noblesse du Bailliage de Reims dans son cahier des plaintes doléances et remontrances demandait par. 83) : « Que les droits des Aides et Gabelles, pesant particulièrement sur la Champagne, les États Généraux statuent le plus promptement possible sur les moyens de délivrer la province de ces fléaux qui obstruent son commerce, détruisent son industrie et arrêtent les progrès de l'agriculture. »

Du Cahier de l'Ordre du Tiers État, du même Bailliage, arrêté en l'assemblée du 23 mai 1787, nous extrayons ce qui suit :

« Les députés du Bailliage royal de Reims, seront chargés d'exprimer au Roy toute la reconnaissance des habitans de ce Bailliage pour la justice qu'il daigne rendre à la nation, en la faisant jouir de l'avantage inestimable de pouvoir se réunir après en avoir été privée pendant près de deux siècles.

. . . .

« Ils exposeront donc avec toute la confiance que des enfants soumis et respectueux ont dans un père dont ils connaissent la bonté, les plaintes et doléances de leurs concitoyens. »

. . . .

Ces députés sont particulièrement chargés de :

(*Par.* 58). Représenter que, de toutes les provinces de France, il n'y en a pas d'aussi surchargée d'impôts que la Champagne, et que le montant de ses charges excède celui de ses productions.

(*Par.* 59). Demander la suppression de la Ferme Générale, de la Régie des Aides et Droits y réunis, et de l'Administration des domaines, comme onéreuses au Peuple et à l'État; et dans le cas où elles ne pourraient pas être supprimées, que la perception en soit simplifiée et rendue uniforme.

(*Par.* 65.) Demander que la taille de propriétés d'exploitation et d'industrie, les impositions accessoires, les vingtièmes, tant sur les biens-fonds que d'industrie soient supprimés et remplacés.

1° Par une subvention territoriale en argent, qui serait le seul impôt foncier dont seraient chargés tous les biens-fonds généralement quelconques sans aucune exception, même les Domaines de la Couronne, et qui serait imposée et perçue en totalité dans le lieu de leur situation, en vertu d'un rôle où seraient inscrits indistinctement les noms de tous les propriétaires de quelque ordre qu'ils fussent; 2° par une subvention personnelle qui serait le seul impôt personnel auquel seraient assujetties, proportionnellement à leurs facultés, toutes les personnes, sans aucune autre exception que celle ci-après indiquée et qui serait imposée dans le lieu de leur domicile, en vertu d'un rôle où seraient inscrits les noms de toutes les personnes indistinctement, de quelque ordre qu'elles fussent, avec la mention du nombre d'individus qui composeraient chaque maison ou feu, afin que ce rôle pût servir à aire connaître la population, en observant de n'imposer qu'à une somme médiocre, et par forme d'assujettissement, les personnes dans l'indigence et manouvriers qui n'ont d'autres revenus que le travail.

Extraits des Cahiers des plaintes et doléances des Communautés pour être présentés par les Députés des dites Communautés à l'Assemblée des Trois-États du Bailliage de Châlons fixée au 12 mars 1789, par l'Ordonnance de M. le Grand Bailli du 17 février de la même année.

Cernay. — A nos seigneurs et notables députés aux États Généraux de France, tenus en l'année 1789.

Les habitans et communauté de Cernay-les-Reims ont l'honneur de vous remettre un état de leurs revenus et de leurs charges, et de vous prier de ne leur faire supporter les impôts que dans la juste proportion qu'ils en sont tenus avec les autres habitans du Royaume.

Revenus. — Ils ont en terres, vignes, bois, broussailles et industries dix-sept mille sept cent quatre-vingt-quinze livres cinq sols de revenus, cy. . . . .   17.795 l. 5 s.

		LIVRES	SOLS
Charges — Ils ont à acquitter tous les ans :		—	—
1° En taille, capitation et accessoires indépendamment des côtés des forains.		3.351	4
2° Industrie payable par les habitants seulement		1.375	5
3° Impositions pour corvées.		1.398	11
4° Vingtième sol pour livre.		2.654	6
5° Dixième à raison de la treizième gerbe pour les terres et de la vingt-sixième pièce pour les vins, dont le curé de Cernay a environ un quart.		4.200	
6° Pour les droits d'aydes des vins que les habitants vendent année commune.		4.000	
7° Pour les petites aydes		300	
8° Pour le trop bu, c'est-à-dire pour le droit d'aydes des vins que les commis des fermes supposent que les habitants ont bu au delà de la quantité qu'ils leur donnent pour leur consommation.		150	
9° Droits seigneuriaux		475	
10° Corvée que leur fait payer Monseigneur l'Archevêque de Reims.		260	
11° Et des frais de milice		240	
Total des charges		20.402	6
Les revenus ne sont que de		17.795	5

Il résulte de ce tableau que les habitants de Cernay ont pour deux mille six cent six livres quinze sols six deniers d'impôts plus qu'ils n'ont de revenus.   2.606 15 6

Ils ne s'acquittent de cette charge que par un travail forcé et actif toute l'année, ce qui les met dans le cas de mourir jeunes, aussi ne voit-on à Cernay qu'un octogénaire, cinq septuagénaires et dix-neuf sexagénaires; c'est peu dans ce village de deux cent dix-huit feux.

Les habitants de Cernay prient MM. les députés aux États Généraux de faire insérer dans le cahier des doléances du Tiers État du bailliage royal de Reims :

1° Qu'ils soient déchargés des droits que Monseigneur l'Archevêque de Reims, qui n'a aucune propriété directe ni indirecte en la seigneurie de Cernay, leur fait payer sans cause, pour chaque cheval de charrue et qu'il prétend convertir en un droit de corvée ; ils sont actuellement en instance au Parlement : lesdits habitans ont jusqu'alors payé quarante sols par chacun de leurs chevaux, mais dans ce moment-ci on veut les obliger de mener leurs chevaux avec traits, trois fois l'année, en mars, aux versaines et à la semence des seigles, sur une pièce de terre lieudit aux Coutures, tenante aux glacis de la ville de Reims, et sur une autre pièce, lieudit aux vignes de Mourmelon, (terroir de Cernay) et une autre au lieudit les Conizières pour les labourer pendans un jour, à chacune des dites saisons.

2° Que leurs impositions Royales soient réduites à la proportion dont ils doivent contribuer avec les autres habitants du royaume et que les ecclésiastiques et les nobles payent de l'imposition de leur paroisse à proportion de leurs revenus.

3° Que les droits d'aydes, de petits aydes et trop bu soient supprimés dans toute l'étendue du Royaume.

. . . .

8° Qu'il soit défendu à tous seigneurs de chasser dans les blés avant la saint René, et dans les vignes avant le premier décembre. pour laisser aux habitans et propriétaires de vignobles, le temps de retirer les échalas des vignes, qui sont brisés par les chasseurs et leurs chiens, et qu'il n'y ait que les seigneurs et leurs fils aînés qui chassent sans qu'ils puissent amener ou envoyer dans leurs seigneuries, des amis pour leur procurer ce plaisir.

Berru. — La Communauté représente :

. . . .

6° Qu'il serait nécessaire et avantageux pour l'État de réformer et supprimer les fermiers généraux des aides, leurs directeurs et anciens commis qui, étant en grand nombre, causent la ruine des malheureux à cause de leurs appointements, et les particuliers n'étant point libres de disposer de leurs vins on en a vu être obligés d'aller mendier leur pain quoiqu'ayant du vin n'en pouvant disposer, on pourrait régler sur chaque communauté une somme en proportion du bien qu'on posséderait, et avoir égard à la qualité de chaque pays, après cela on lèverait une imposition en conséquence ou autrement à prendre en nature lors des vendanges, comme aussi il se perçoit à Berru sur les vins un droit appellé petites aydes, il conviendrait d'avoir égard au peu de qualité de vin que produit ce terroir.

. . . .

14° Il serait encore nécessaire qu'il n'y eût plus qu'une seule jauge pour les vins, la jauge dite de Reims parait la mieux convenir.

15° Comme aussi qu'il n'y ait qu'une seule mesure pour le vin en détail en France, une seule aulne, un seul pied-droit et une seule verge à verger les terres, prés et bois.

Faverolles et Coëmy. — Nous retrouvons dans les cahiers des bailliages de cette commune d'intéressants documents, qui montrent l'état précaire des cultivateurs et des vignerons à cette époque, les charges de toutes sortes qui les accablent. Nous regrettons de ne pouvoir les publier en entier.

Les habitants écrivent :

« Nous n'entreprendrons pas, de démêler ici les droits ni les privilèges du clergé et de la noblesse, soumis à ces deux premiers ordres par État, par religion et par devoir, exposant nos misères avec simplicité et avec vérité, nous n'élèverons nos voix qu'avec respect pour les supplier d'être justes et de nous protéger.

« Faverolles, bailliage de Châtillon, composé de 56 feux. Les revenus de son territoire d'après les évaluations portées aux procès-verbaux déposés au Greffe de l'Élection, compris même l'industrie ou la journée de mercenaire. ci 4762,13.

IMPOSITIONS ET CHARGES A DÉDUIRE

—

Taille de 1789	642			
Six deniers pour livre	16	660.1		
Droit de quittance	2			
Accessoires	517			
Capitation	480		3344.5	
Quatre deniers pour livre	16.14.6	1041.4.6		
Compte du syndic	21.10			
Corvées		204.3.2		
Vingtièmes de 1789		379.2.9		
Droits d'aides sur la vente des vins, annuellement plus de		1000		

Il ne reste donc déjà sur le revenu des biens et l'industrie des habitants que . . . 1418.1.7

On leur demandait en outre de payer les 2/3 d'une somme de 10-12000 livres
pour réparer l'église, le presbytère et le cimetière.

<table>
<tr><td colspan="2" align="center">TABLEAU DE CE QUE PAYE
L'HABITANT DE FAVEROLLES AU ROY
SUR 5 ARPENS DE DIFFÉRENTES NATURES DE BIENS</td><td colspan="2" align="center">TABLEAU DE CE QUE PAYE LE CLERGÉ
SUR MÊME QUANTITÉ D'ARPENS
VOISINS DE CELUI DE L'HABITANT</td></tr>
<tr><td colspan="2" align="center">REVENUS</td><td colspan="2" align="center">REVENUS</td></tr>
<tr><td>L'arpent de terre, évalué au rôle</td><td>3.10</td><td rowspan="5">57 l.</td><td rowspan="5">57</td></tr>
<tr><td>—   prés, id.</td><td>17.10</td></tr>
<tr><td>—   vignes, id.</td><td>15</td></tr>
<tr><td>—   jardins et chennevière, id.</td><td>15</td></tr>
<tr><td>—   bois, id.</td><td>6</td></tr>
<tr><td colspan="2" align="center">CHARGES</td><td colspan="2" align="center">CHARGES</td></tr>
<tr><td>Taille de propriété et d'exploitation fixée par le rôle à 2 s. 9 1/4 pour livre</td><td>7.18</td><td rowspan="4">30 10</td><td rowspan="9">521.7</td></tr>
<tr><td>Capitation et accessoires à 32 d. 8 s. 1/4 pour livre de la taille</td><td>12.17. 6</td></tr>
<tr><td>Corvée au sixième</td><td>3. 9. 3</td></tr>
<tr><td>Vingtième et 2 s. pour livre</td><td>6. 5. 3</td></tr>
<tr><td>Droit d'aides sur 4 pièces de vins récoltées par l'habitant sur l'arpent, vendues 40.</td><td></td><td></td></tr>
<tr><td>Gros</td><td>8</td><td rowspan="5">21.17</td></tr>
<tr><td>Augmentation jauge et courtage</td><td>4.13. 8</td></tr>
<tr><td>Courtier jaugeur</td><td>1.16</td></tr>
<tr><td>Dix sols pour livre</td><td>7. 4.10</td></tr>
<tr><td>Papier timbré</td><td>0. 2. 6</td></tr>
</table>

Le clergé : Courtier jaugeur 1.16, Dix sols pour livre 18, Papier timbré 2.6 } 2.16.6

« Ainsi sur 5 arpents des mêmes héritages, situés dans le même territoire,
et le même sol l'habitant paie au roi 52.7 sols, tandis que l'ecclésiastique ne
paie que 2 l. 16 s. 6 d.; cette comparaison sensible s'étend du petit au tout:
assurément les décimes que le clergé n'accorde que comme un don gratuit, au
Roy et comme une espèce d'aumône à l'État, dont il fait cependant corps,
n'égale pas le dixième de ce que paie l'habitant ».

« *Nota*. — Faverolles paye en outre à la ville de Reims 7 s. 6 d. par pièce
de vin ». (Note du Rédacteur du Cahier.)

Aides et gabelles. — « Les aides sont gênantes, mais ce sont des fontaines
qui forment des ruisseaux d'or qu'il serait impossible de retrouver dans une
nouvelle source, surtout si le clergé, la noblesse et les villes franches payaient
le droit du gros comme le tiers État.

« A cet égard, il serait à désirer qu'un seul droit fixe dans chaque ville, bourg
ou village, pris sur les dix années antérieures déterminât la quantité du droit
de gros qui serait payé dans chaque ville, bourg ou village sans autre droit

quelconque, cela éviterait toutes discussions élevées par les commis à la perception de ce droit.

« Le gros manquant n'aurait plus lieu; nous gémissons lorsqu'ayant un nombre d'enfants, un nombre de domestiques cultivant nos champs, nos héritages et nos vignes, on ne nous laisse que le vin à peine nécessaire pour le père de famille tandis que l'on nous force à prélever le sel à raison des individus dont nos maisons sont composées.

« La consommation accordée pour le vin doit nécessairement être proportionnée au sel que l'on nous force de prendre par teste, à un prix odieux et excessif, sans oser le revendre pour avoir le pain qui nous manque.

« Il serait cependant à désirer que la perception des aides soit simplifiée, pour économiser les frais de régie. »

Fleury-la-Rivière. — « Ils demandent l'abolition et la suppression entière des tailles, des dixièmes, vingtièmes, droits d'aides don gratuit ou droits réservés, gros manquant, impositions aux boissons, porc et boucherie, et entrées qu'on exige d'eux. »

« A la vérité, le village de Fleury-la-Rivière, composé de deux cent quatre-vingt feux, jouit d'environ 450 arpents de vignes, la culture desquelles fait leur seul et unique employ, n'ayant aucun autre commerce que celui de les faire valloir, elles rapportent quelqu'années, neuf à dix mille pièces de vins, ce qu'elles ont produit les années mil sept cent quatre-vingt, 1781-1782, 1785 que l'on croirait bien avantageux pour les habitans de ce village.

« Mais cette grande quantité ne leur produit rien autre chose que des frais et dépenses excessives qui surpassent et au delà l'actif et produit effectif et annuel.

« En effet, la médiocrité de qualité des vins du terroir de ce village, le défaut même de qualité des vins des années ci-dessus citées, a mis les habitans de cet endroit dans l'impossibilité de pouvoir faire face et satisfaire aux besoins de l'État, ce de quoy il est facile de se convaincre.

« Les années qu'on vient de citer ont produit de 9 à 10 000 pièces de vin dont 6000 vendues en gros de 15 à 18 livres la pièce ce qui forme effectivement cent huit mille livres par an, cy, 108 000 livres.

« Mais n'est-il pas convenable de prélever et distraire les cultures, engrais, échalaps et façons de ces vignes sur le pied modique de cent livres l'arpent, les frais de cueillette et présurage sur le pied de quatre livres par pièce de vin, l'achapt des poinçons, sur le pied de 5 livres le poinçon, les impositions des tailles, des vingtièmes sur le pied de 6000 livres par an, les droits d'aydes sur le pied de quatre livres par pièce de vin aux prix susdits de 15 à 18 la pièce. des 6000 pièces vendues en gros, les droits de consommation des trois à quatre mille pièces restantes sur le pied de 22 sous six deniers par pièce. qu'on exige d'eux quoiqu'ils l'ayent toujours contesté et dont ils ont demandé et ne cesseront de demander la suppression par les raisons rapportées dans le préambule du présent cahier. Tout ceci non compris ceux d'entrée du peu de vignes qu'ils ont sur le terroir de Damery, ne forment-ils pas cent vingt-neuf mille trois cent livres, cy. 129,300 livres.

« Qu'il est juste et d'équité de distraire du produit annuel de la vente en gros de ces vins, outre et non compris l'acquit annuel de plusieurs ventes de biens-fonds qu'ils tiennent à titre de bail à rente.

« D'où Sa Majesté, ses Ministres et l'Assemblée des États peuvent aisément se convaincre d'un coup d'œil, combien les habitans de Fleury la Rivière se trouvent ne pouvoir faire face ni satisfaire ainsi qu'ils le désiroient au besoin de l'État, puisqu'ils n'ont pas même de reste le produit des fruits de leurs peines et travaux journaliers.

« Ces pauvres habitans de Fleury croyent devoir représenter à l'Assemblée des États qu'il leur est presque impossible d'avoir à peine la substance pour vivre et élever leurs familles, en ce sens que : 1° il y a de l'inégalité dans la perception des droits qui se perçoivent dans leur vignoble non seulement sur leurs biens-fonds, mais encore sur les fruits qu'ils produisent; 2° en ce que les droits d'aydes tels que ceux de jauge, courtage et courtier jaugeur, se perçoivent à Fleury lors de la vente en gros des vins sur une pièce qui ne se vend en cet endroit que quelquefois 6 livres comme sur une qui se vend dans les bons vignobles cent livres, ce qui les obère absolument.

« Sa Majesté a tellement reconnu ces vérités par les éclaircissements qu'elle s'est procuré par Monsieur le Commissaire de parti de Champagne, que sa bonté paternelle pour ses peuples s'est étendue jusqu'à eux, leur faisant remise de 2000 livres en 1782 sur leur imposition de taille de ladite année, et qu'elle a bien voulu leur continuer jusqu'à présent.

« En vain hazarderoit-on d'insinuer dans l'Assemblée des États, à Sa Majesté et à ses Ministres que des récoltes moins abondantes et où les vins se vendent effectivement plus haut prix que dans les années abondantes, produisent plus grand revenus aux remontrans. Cela est vray. Mais Sa Majesté, ses Ministres et l'Assemblée des États ne se laissant point éblouir s'apercevront aisément et doivent d'avance le préjuger que si cela n'arrivait pas quelques années, comment serait-il possible que les remontrans puissent couvrir le déficit qu'ils éprouvent ainsi qu'ils viennent de le démontrer.

« Cependant peut-on quelque chose de plus affligeant pour les malheureux habitans de Fleury que d'être assujettis et contraints par le receveur de la régie avec autant d'injustice, d'exaction que de vexation à payer des droits à 4000 pièces qui leur restent pour consommation, et qui malheureusement pour eux sont souvent gastés, et par là forcé de les convertir en eau-de-vie, les droits réservés ou don gratuit quoiqu'en vendant en gros l'eau-de-vie représentative conséquament du vin, ils acquittent les droits d'aydes de cette vente d'eau-de-vie.

« Ces receveurs exigent encore d'eux le droit de consommation de ces 3 à 4000 pièces par an ? Est-il donc possible qu'ils puissent y subvenir ? Et n'est-ce pas avec autant de justice que d'équité qu'ils réclament à l'Assemblée des États Généraux et lui demandent l'anéantissement, l'abolition et la suppression entière des droits d'aides et autres y joints.

Et dans le cas où l'Assemblée des États ne se déciderait pas pour la suppression entière de ces droits d'aides, les remontrans demandent et espèrent au moins que ceux de consommation, gros manquant, d'entrées, don gratuit, ou droits réservés de jauge courtage, courtiers jaugeurs, d'inspection aux boucheries, porcs et boissons, même des cuirs seront à toujours éteints et supprimés.

N'ayant jamais, le dit lieu de Fleury été assujetty aux droits d'anciens et nouveaux cinq sols, d'où le droit réservé après son assujettissement ce qui en doit décharger de droit, le dit lieu de Fleury. »

Oger. — « La communauté d'Oger n'est composée que de cultivateurs de vignes, sur environ 150 habitants, elle ne compte que 2 laboureurs. Cette culture plus chargée d'impôts qu'aucun autre genre est cependant la plus dispendieuse pour le cultivateur qui ne partage son travail avec aucune bête de somme et ne présente que des récoltes fort incertaines. Souvent la gelée, la grêle, les insectes rendent inutiles le travail et les sueurs d'une année entière, la situation du vigneron mérite donc une considération particulière dans la répartition de l'impôt, malgré qu'il soit propriétaire par les dettes presque généralement contractées et causées par les malheurs attachés à la culture des vignes il ne possède réellement rien en propre, et rentre dans la classe du serf attaché à la glèbe ; une heureuse récolte paie son travail, la rente dont il a la charge et rien de plus ; une mauvaise le prive de tout ; l'impôt forcé chez le vigneron est donc l'impôt du sang, il trouverait encore une ressource dans la vie dure et laborieuse qu'il mène, elle pourrait lui procurer les moyens de soutenir sa famille, mais l'exercice cruel et vexatoire des aides vient pour ainsi dire tourner le poignard dans la plaie qui lui fait l'impôt forcé, et la rend incurable ; enlacé par tous les filets possibles, le malheureux vigneron succombe sous le fardeau.

Souvent pour une simple formalité qu'il ignorait, souvent même tombé dans des pièges qui lui ont été tendus, il est réduit à se croire très heureux pour une composition qui lui enlève pour plus d'un an le pain nécessaire à sa famille et le réduit à des emprunts ruineux. Cet exercice attaque sa propriété; à peine son raisin est-il mûr, qu'il devient l'objet du regard avide du traitant, il ne peut plus en disposer sans formalité; lorsqu'il est cueilli, il est obligé de déclarer l'endroit où il le dépose, à quel pressoir il compte faire son vin; par malheur le pressoir casse-t-il, en transportant ailleurs les raisins, il est en contravention, sur-le-champ procès-verbal et toute la suite. Est-il donc propriétaire? Non, puisqu'il ne lui est même pas permis de consommer à sa fantaisie dans son ménage la denrée qu'il a récolté. Ce n'est plus le père de famille qui règle la boisson de sa maison, c'est monsieur le régisseur général des aides qui a l'attention de fixer à chaque particulier ce qu'il doit boire; va-t-il au delà parce que la famille est nombreuse, et qu'un travail forcé n'étant soutenu que d'une mauvaise nourriture a besoin d'une plus grande consommation, sur le champ assignation à payer le trop bu. Quel est le propriétaire, n'est-ce pas Monsieur le régisseur, puisqu'il fait payer le vin que boit le cultivateur sans ses ordres; il ne peut de même sans les avoir pris, mêler en rien le vin d'une récolte précédente avec la nouvelle; une récolte est de mauvaise qualité, la suivante est bonne. il voudrait consommer entièrement la mauvaise et vendre la bonne, Monsieur le Régisseur le lui déffend, il ne doit boire que certaine quantité chaque année. Quel despotisme! quelles vexations! quelles entraves! mais elles gènent encore plus la liberté du commerce et le rendant souvent frauduleux, elles entretiennent cette défiance et s'il faut le dire, cette friponnerie que l'esprit subtil de finance fait naître entre l'État et les citoyens, dépuis que le traitant n'a cessé d'imaginer des moyens pour s'approprier l'argent du peuple, le peuple n'a cessé de chercher des ruses pour se soustraire à l'avidité du traitant; dès qu'il n'a plus eu d'équité dans les répartitions, de douceur dans le recouvrement, il n'y a plus eu de scrupules dans la violation des lois pécuniaires, la finance poursuit le commerce et le commerce élude ou trompe la finance; elle rançonne le cultivateur, et le cultivateur lui en impose par de fausses déclarations; c'est à cette conception générale des mœurs que mène nécessairement un exercice aussi injuste. Le vœu de la communauté d'Oger est qu'il soit remplacé par un impôt déterminé sur chaque pièce de vin, dont il serait fait un rolle qui chargerait les propriétaires d'après un inventaire exact et qu'ensuite le vin ne fût plus une marchandise prohibée sur le terroir même qui l'a produit. Cette perception sans frais en produisant à l'État le même revenu, soulagerait beaucoup le peuple. »

CHAPITRE X

La Vie rurale autrefois

Nous avons vu, dans les chapitres qui précèdent, combien étaient lourdes les charges du vigneron, combien étaient onéreux et variés les droits qui frappaient le vin. De tout temps, en effet, ce produit de la terre a été l'objet de la convoitise et des exigences du fisc; il a souvent supporté une lourde partie des charges de l'Etat. Nous avons assisté aux mouvements de protestation, sinon de révolte de ces vignerons contre la taille, contre la dime surtout, contre les mesures qui entravaient la liberté de la culture de la vigne. Nous avons rappelé leurs revendications dans les cahiers de doléances de 1789.

Les éphémérides recueillies par divers auteurs ont montré que les intempéries, les fléaux de toutes sortes qui s'abattaient sur la vigne, venaient trop fréquemment compromettre en totalité ou en partie, la récolte espérée. La situation du vigneron était pleine d'aléas, et bien souvent il était réduit à la misère.

Néanmoins, il conservait une foi inébranlable dans l'avenir; il espérait, avec les récoltes futures, en des jours meilleurs et il continuait, avec un courage inlassable et une persévérance digne d'admiration, à travailler avec un soin jaloux la vigne que lui-même ou ses pères avaient plantée. On ne peut s'empêcher d'admirer cette sereine philosophie du vigneron qui, malgré tous les revers, espère encore et se trouve, malgré tout, content de son sort.

Il s'intéressait à tout ce qui touche sa plante favorite; la culture de celle-ci donnait lieu à une foule d'observations qui se transmettaient de père en fils, de génération en génération, de siècle en siècle sous forme de proverbes, d'adages ou de dictons. Nous en avons recueilli un certain nombre qui avaient cours dans la région; ils rappellent les relations entre la vigne, sa taille, sa culture, sa récolte d'une part et, d'autre part, les mois de l'année, les phases de la lune, les intempéries, pluie, vent, orage, tonnerre, les faits et gestes des animaux, etc. Les uns résument une foule d'observations, en des formules plus ou moins exactes, mais possédant toujours un semblant de vérité, qui, encore de nos jours, trouvent quelque faveur auprès des vignerons. D'autres sont empreints de superstition et d'empirisme et ce ne sont pas les moins prisés.

Dans tous les pays vignobles, la vigne et le vin ont donné lieu à des pratiques curieuses. Paul Sébillot, dans son remarquable ouvrage, le *Folklore de France*, en décrit quelques-unes. Il est vraisemblable que certaines d'entre elles devaient aussi avoir cours dans le vignoble champenois. Ainsi l'usage, lors de la plantation d'une vigne, d'arroser le dernier cep planté avec quelques gouttes de vin, dans le but d'assurer la reprise de la plantation, semble général dans tous les pays vignobles.

La *Maison Rustique* de 1574 décrit aussi des modes de culture et des pratiques bizarres. Ainsi, pour avoir beaucoup de bons vins, le vigneron doit mettre une couronne de lierre et des glands écrasés dans le trou où il plante la vigne.

On pouvait obtenir des grappes sans pépins en mettant la racine de la vigne dans un oignon lorsqu'on la plante. Pour obtenir des raisins au printemps, les autorités agricoles de l'époque conseillent de greffer sur un cerisier. Pour avoir un vin purgatif, il fallait arroser le pied de la vigne avec du purgatif. Telles étaient les recettes préconisées à cette époque. Elles témoignent du peu de progrès de la viticulture et de la crédulité des vignerons.

De même pour tailler, on observait les phases de la lune. Au xvie siècle, le *Colombier et Maison rustique*, de Philibert Hégemon (1597), donnait à ce sujet les conseils suivants :

> .... Il faut observer qu'au croissant de la lune,
> On taille celle-là qui n'a vertu aucune,
> Et celle qui trop drue, apporte force bois,
> Il la convient tailler au décours de son mois.

Parfois on fait parler la vigne ; on se livre à quelques pratiques superstitieuses pour la conjurer d'un fléau, favoriser la fécondation des grappes, la maturation du raisin. Tantôt saint Vincent, patron des vignerons, est l'objet de légendes curieuses, tantôt ce sont des oiseaux, rossignols ou linottes, ou d'autres animaux, qui sont les héros de ces légendes. Nous n'en connaissons point pour la Champagne. Il est vrai qu'elles disparaissent de plus en plus ; les vieillards, qui les détenaient comme un précieux dépôt, disparaissent tour à tour ; les vignerons modernes les ignorent. Aussi, ces vieilles coutumes, légendes et contes se perdent-ils dans la nuit des temps et ne laissent-ils qu'un souvenir confus. Les contemporains ne les considèrent plus que comme les vestiges d'un autre âge, comme les derniers témoignages de la crédulité et de la naïveté de nos aïeux. Si la disparition de quelques-unes ne doit pas être regrettée, il en est cependant de très jolies que l'on eût pu conserver. Dans la Marne, Guillemot a voulu perpétuer le souvenir de certaines d'entre elles, en publiant ses *Contes, Légendes, Vieilles Coutumes de la Marne* qui éclairent d'un jour particulier les mœurs et la vie rurale de nos aïeux.

Si le vigneron champenois vécut des heures sombres, il eut cependant au cours des siècles passés quelques jours heureux; les populations rurales, en effet, se livraient au cours de l'année, à des réjouissances variées, parfois empreintes de naïveté et de charme, parfois burlesques et grossières dont la tradition a été pendant longtemps scrupuleusement conservée, mais qui disparaissent peu à peu devant le progrès.

C'étaient les fêtes patronales, placées sous l'égide du saint de la paroisse, fêtes mi-religieuses, mi-païennes. Les habitants du village recevaient, ce jour-là, les parents et amis des villages voisins, à charge de réciprocité. On se mettait à table, après avoir entendu la messe, autour d'un menu abondant autant que savoureux et appétissant, que la ménagère avait longuement médité et savamment préparé. On y faisait honneur, on dinait bien, on buvait ferme, on dégustait les meilleures bouteilles de la cave, et lorsque les fumées du vin mousseux ou non commençaient, au bout de trois ou quatre heures de séjour à table, à monter aux cerveaux, on chantait les vieilles chansons du pays, des grivoiseries, des romances sentimentales, des chants patriotiques. Puis, les convives s'égaillaient vers la place publique où le bal longtemps attendu de la jeunesse commençait. Garçons et filles dansaient avec entrain, et souvent les vieux donnaient l'exemple. La fête continuait le lendemain; le dimanche suivant avait lieu le réchaud.

Aux approches de l'hiver, à Noël, on se réunissait pour réveillonner, pour manger entre amis, en famille, l'oie ou la dinde traditionnelle, engraissée et cuite à point, parfumée, savoureuse, farcie de marrons: on buvait le vin nouveau.

Aux Rois on faisait le partage, toujours en famille, du gâteau à la fève, en l'accompagnant de chants, de danses, de réjouissances.

Les vignerons, comme tous les corps de métiers, avaient coutume de fêter leur patron, saint Vincent, le 22 janvier. C'était pour eux, l'occasion de copieuses libations. La fête commençait par une messe à laquelle les vignerons se rendaient plutôt par habitude que par dévotion. Le curé de la paroisse bénissait, soit une pyramide formée de plusieurs couronnes de brioches, soit un immense gâteau dont la partie supérieure, le croûton ou crousson, appartenait de droit au vigneron qui, l'année suivante, devait fournir à son tour le gâteau.

Le reste de celui-ci était partagé entre les assistants. A l'issue de la cérémonie religieuse. on se rendait en corps au domicile du vigneron qui avait offert le le gâteau bénit, pour y boire en chœur à sa santé. Une seconde libation était offerte par le détenteur du croûton. Cette tradition de boire chez le héros de la fête et chez celui de la fête de l'année suivante se retrouve aussi chez les cultivateurs qui honorent saint Eloi, leur patron.

Ces fêtes étaient coûteuses: il y a une vingtaine d'années, la Saint-Vincent revenait à celui qui offrait le gâteau à plusieurs centaines de francs: certains mêmes à l'époque de la prospérité du vignoble dépensèrent jusqu'à 1000 et 1500 francs. Depuis lors, les récoltes ont diminué, des fléaux se sont abattus sur le vignoble, la prospérité d'antan a fait place chez beaucoup de vignerons à la gêne. aussi la Saint-Vincent n'est-elle plus fêtée avec autant d'éclat qu'autrefois.

Très souvent aussi, la Saint-Vincent était pour les vignerons l'occasion d'un banquet populaire par souscription. Chacun des convives, inscrit à l'avance, moyennant une cotisation de quelques francs, apportait son couvert, son morceau de pain et quelques bonnes vieilles bouteilles de sa cave. On mangeait et buvait pendant quelques heures; on comparait les mérites respectifs des vins apportés: le vieil esprit champenois pétillait comme le vin dans les verres, la plus franche gaîté se donnait libre cours. Puis quelques joyeux convives entonnaient la chanson de Saint-Vincent, la chanson des Rois et d'autres encore. Les uns achevaient la soirée dans d'interminables parties de cartes, tandis que d'autres, plus jeunes, plus alertes, se livraient aux plaisirs de la danse.

La Saint-Vincent est encore de nos jours la fête traditionnelle des vignerons, mais ainsi que la plupart des vieilles coutumes d'autrefois. elle perd de plus en plus de son antique éclat. Les pays vignobles de notre région y perdent en pittoresque et en gaîté.

Venaient ensuite, les fêtes burlesques du Mardi gras, des Cendres. celles des Brandons. Les foires de Champagne qui se tenaient dans les grandes villes et qui avaient perdu presque entièrement leur caractère de grandes manifestations commerciales qu'elles avaient aux xiie et xiiie siècles, pour ne conserver que celui de fêtes populaires. attiraient, pendant leur tenue. nombre de vignerons. Ceux-ci y venaient régulièrement par habitude, jouir des distractions nombreuses et variées qui leur étaient offertes.

Bientôt arrivait le 1er mai, le joli mois de mai. tant attendu des garçons et de leurs mies. L'usage, scrupuleusement respecté, voulait que les jeunes gens plantassent. à minuit, un bouquet, une couronne, une branche fleurie à la porte ou à la fenêtre de l'élue de leur cœur, en gage de leur amour. Puis, dès

l'aube, ils se réunissaient, allaient de porte en porte, une fleur à la boutonnière,
chanter le mois de mai et leurs amours.

Parfois, ils coupaient dans la forêt voisine, un arbre, un *mai*, ou un
bouquet de verdure qu'ils plaçaient devant la demeure d'un personnage dans le
but de l'honorer. Ailleurs, la nuit du premier mai était l'occasion de farces d'un
goût parfois douteux : ils plantaient le mai sur la place
publique, et rassemblaient autour tout ce qu'ils pouvaient
prendre dehors ou dans les cours, instruments aratoires
que les propriétaires négligents laissaient à leur porte,
outils divers, hottes, vases quelconques, voire même animaux, et le lendemain, les propriétaires venaient chercher
en maugréant, ce qui leur avait été ravi dans la nuit.

Les bachelettes de Champagne, qui ne sont pas
encore jeunes filles et ne sont déjà plus enfants, se
livraient aussi ce jour-là à des plaisirs innocents. L'une
d'elles, la plus mignonne, la plus jolie, habillée de blanc,
la tête recouverte d'un voile blanc et d'une couronne de
fleurs, portant un cierge en main, la *trimouzette*, comme
on l'appelait alors, allait en tête de ses camarades, chanter de porte en porte la chanson séculaire des Trimou-
zettes et recueillir l'offrande des maîtresses de maison.
Elles remerciaient toujours en chantant, et apportaient
parfois quelque variante maligne lorsque l'offrande était
insuffisante.

En juin, c'était les feux de la Saint-Jean, coutume
très ancienne, vraisemblablement vestige des fêtes païen-
nes antiques en l'honneur du feu et du soleil. Elles se
sont maintenues dans nombre de villages des vignobles,
mais avec quelques variantes suivant les localités. Il était

SAINT VINCENT
PATRON DES VIGNERONS.
Église d'Ay.

de tradition, que les fagots de sarments non enlevés à cette date dans les vignes,
appartinssent au feu de la Saint-Jean. Les jeunes gens les ramassaient, les
amoncelaient sur la place publique et dès que 9 heures sonnaient à l'horloge
du village, on allumait le foyer. On dansait en rond tout autour, en chantant,
puis les plus hardis et les plus lestes sautaient par-dessus le brasier aux applau-
dissements de la foule. Parfois, comme à Ludes, on tirait le canon et un feu
d'artifice.

A Cumières, la municipalité fait dresser sur le quai de la Marne une perche
de 15 à 18 mètres de hauteur, munie de nombreux crochets. On y suspend

des vieux paniers, des hottes hors d'usage et l'on dispose au sommet des
pétards et des fusées. A la base, on prépare avec des copeaux, et des bottes de
sarments, un bûcher atteignant 4 à 5 mètres de hauteur. Jusque vers 1890, un
cortège, ayant à sa tête le maire et le Conseil municipal, les pompiers et la
musique, partait de la mairie, recueillait en route le curé, et se rendait sur les
bords de la Marne. Le curé bénissait la perche, recevait ainsi que le maire, une
torche pour allumer le bûcher, et pendant que la musique exécutait un morceau,
magistrat et pasteur s'acquittaient de leur mission. Avant 1870, les sapeurs
pompiers faisaient des feux de peloton, puis défilaient devant le brasier, en déchargeant leurs armes au passage. Depuis 1891, le clergé n'assiste plus à la cérémonie, qui n'en subsiste pas moins, très populaire et très vivace chez les vignerons. Elle attire même de nombreux curieux sur la berge opposée, ou dans des barques et gondoles

LE COCHELET.
Vendangeurs apportant au propriétaire la dernière grappe.
D'après une lithographie du XIX° siècle.

vénitiennes qui augmentent le pittoresque de cette réjouissance publique.

Viennent les vendanges, les chansons recommencent. Autrefois, dit Tarbé,
dans le « Romancero de Champagne » (tome II), en Champagne autour du
pressoir d'où s'écoulait le jus du raisin, « on dansait la Vigneronne, danse
antique s'il en fût, peut-être fille du Paganisme, pendant que les vendangeurs
rentraient triomphalement toujours en chantant ». Les derniers jours étaient
égayés de festins et de rondes et se terminaient dans une agape fraternelle : la
poêlée ou *pêlée*. Parfois la fête des vendanges était rehaussée d'un cortège
pittoresque de vendangeurs et de vendangeuses, que les peintres se sont plu
à reproduire et que Saint-Lambert dans les *Saisons* a su nous décrire ainsi :

> « Le peuple se rassemble, il hâte son retour ;
> « Il arrive, ô Bacchus, en chantant les louanges.
> « Il danse autour du char qui porte les vendanges ;
> « Ce char est couronné de fleurs et de rameaux.
> « Et la grappe en festons pend au front des taureaux.

Mais les chansons locales, les chansons « des bonnes gens de Champagne », les rondes d'antan, les couplets d'us et coutumes, disparaissent peu à peu. C'est à peine si l'on rencontre encore quelques vieux vignerons qui s'en souviennent et les chantent au traditionnel banquet de Saint-Vincent, qui perd chaque année de son éclat et de son intérêt. Les jeunes ignorent presque complètement les vieilles chansons du pays, que depuis 1830, on ne chante presque plus.

Et cependant, ces chansons, ces vieilles coutumes, c'est l'âme de toute une population, c'est ce qui contribue au pittoresque de toute une région. Mais le progrès supprime les traditions et uniformise tout; or le poète l'a dit:

> L'ennui naquit un jour de l'uniformité.

On ne rit plus guère, on rit de moins en moins dans nos campagnes! surtout depuis la grande guerre.

L'hiver survient à son tour, avec son cortège morose de pluie, de neige, de gelées et de frimas. Les veillées commencent. Mais ce ne sont plus les anciennes veillées dans les antiques caves aux voûtes en berceau, creusées dans la craie et souvent peu profondes, dans les étables, dans certaines maisons aux pièces immenses où les femmes et les jeunes filles, sympathisant entre elles, se réunissaient de novembre à mars. Chacune apportait son couveau ou chaufferette garni de braise couvant sous la cendre, pour tenir lieu de feu, ou sa bûche pour alimenter le feu commun. Elles travaillaient, filaient, ravaudaient, tricotaient ou bien écossaient des haricots tout en devisant, en chantant ou en contant les nouvelles locales, des légendes ou des histoires de revenant à faire frémir les assistants. On s'amusait aux devinettes, à la main chaude, à la savate, à pigeon vole, jeux plus ou moins innocents. Parfois, la soirée se terminait par la confection de gaufres, de crêpes, de beignets, de « queugnots » sortes de galettes plates allongées et fendues aux deux bouts.

Souvent ces veillées étaient entrecoupées d'intermèdes joyeux. L'accès des cavées était interdit aux hommes et aux jeunes gens par l'Église, comme contraire à la morale et aux bonnes mœurs. L'Archevêque de Reims, en 1583, rendit une ordonnance dans ce sens. L'évêque de Châlons fit une semblable interdiction en 1661. En 1788, Talleyrand-Périgord, archevêque de Reims, crut devoir renouveler les défenses faites aux garçons jeunes et hommes, de fréquenter les veillées, mais le synode recula devant les mesures de rigueur proposées, et la coutume, plus forte que les ordonnances, subsista, tant le besoin de gaîté était puissant chez les villageois.

Dans la vallée de l'Ardre, vers Noël, toute la cavée se déguisait et sous la conduite d'une bergère de circonstance munie de sa houlette, rendait visite à la

cavée voisine ou au village voisin en chantant la ronde de la bergère et en
dansant. La cavée voisine rendait la semaine suivante la visite reçue; ainsi se
multipliaient les réjouissances, au cours de l'hiver. A la fin de chaque saison de
veillée, on faisait un dîner amical de clôture, le cochelet.

La plupart de ces fêtes et coutumes subsistèrent longtemps après la
Révolution; elles étaient encore vivaces il y a une quarantaine d'années; elles
disparaissent peu à peu. Mais aussi disparaissent les liens d'amitié qui
unissaient les membres d'une même famille, les habitants d'un même village:

IMPRESSIONS DE VENDANGES.
— Comment... c'est avec les pieds que vous allez presser les raisins?
— Eh ben!... c'est point sale... puisque j'avons eu soin d'ôter mes souliers.
(Lithographie de Daumier.)

l'individualisme domine à une époque où cependant les mots de solidarité et de
mutualité sont sur toutes les lèvres. La vie rurale perd un à un ses derniers
attraits et son pittoresque parfois charmant en sa simplicité; elle devient de
plus en plus monotone, peut-être même ennuyeuse. N'est-ce pas là une des
causes de la désertion des campagnes? Si quelques-unes de ces coutumes
peuvent nous paraître grotesques et mêmes grossières, empreintes de
mysticisme et de superstition, à tel point que leur disparition ne puisse être
regrettée de nos jours, il en est d'autres, inoffensives, simples et charmantes que
l'on eût pu conserver en les modifiant. Elles resserraient les liens de parenté et
d'amitié, entre habitants des campagnes; elles apportaient de la gaîté, dérivatif
précieux pour ces rudes pionniers de la terre qu'elles aidaient à supporter les

mauvais jours, les pénibles épreuves qu'ils ont traversées dans les siècles passés, qu'ils viennent de traverser tout récemment et qui les atteindront sans doute encore.

Aussi devons-nous souhaiter vivement de voir certaines de ces coutumes redevenir vivantes, débarrassées de leur caractère superstitieux, épurées et affinées, mieux en rapport avec les idées modernes de lumière et de progrès. Souhaitons aussi de voir les coutumes disparues remplacées par d'autres réjouissances et d'autres distractions plus saines. Elles apporteront un peu de gaîté, quelques rayons de bonheur aux habitants des campagnes, elles développeront les qualités de la race et feront aimer aux paysans la famille, le sol natal, la Patrie et l'Humanité.

TROISIÈME PARTIE

LE CHAMPAGNE ET LA GUERRE

CHAPITRE XI

I. — Pendant la Guerre

> J'aime mieux voir les Turcs en campagne
> Que de voir nos vins de Champagne
> Profanés par les Allemands
>
> (La Fontaine).

Le vignoble champenois et le commerce du champagne eurent à souffrir considérablement de la guerre 1914-1918.

Parmi les causes économiques déterminantes de cette guerre, on ne saurait nier l'attrait invincible exercé de tout temps sur les Germains par nos richesses viticoles. Si l'on examine en effet, au travers des siècles passés, les mobiles des grandes invasions et des nombreuses incursions que firent les hordes germaniques dans notre pays, on constate que l'attrait du vin n'y fut pas étranger. Les Germains connaissaient peut-être mieux que nombre de nos compatriotes quelle richesse économique, quel merveilleux élément de progrès et d'énergie nationale, quel puissant levier de civilisation et d'expansion dans le monde, représentaient pour la France la vigne et le vin. Aussi caressaient-ils depuis longtemps le rêve d'annexer nos magnifiques vignobles de Champagne et de Bourgogne.

L'emprise commerciale qu'ils mettaient sur tout, ils avaient déjà tenté de l'établir sur nos Cognacs, nos Champagnes et nos Bordeaux. La possession de nos beaux vignobles du Nord-Est eût été le couronnement de leur œuvre.

Sûrs du triomphe final, ils avaient presque respecté, lors de leur ruée sur la France, en août et septembre 1914, dans notre vignoble champenois qu'ils considéraient déjà comme leur fief, les villes et les villages, les vignobles et les celliers, non sans prélever sur les caves un lourd tribut.

Dans la *Revue des Deux Mondes*, du 15 septembre 1916, Louis MADELIN, écrivait un magistral article intitulé : *Une heure solennelle de l'Histoire de France : la victoire de la Marne*, dans lequel il stigmatisait ainsi cette ruée de l'armée allemande sur nos départements du Nord-Est :

« Ils se délassaient en remplissant de deuil et de déshonneur les lieux qu'ils traversaient, pillant, brûlant, violant, fouillant; les plus humains se contentant de vider les caves et les garde-manger, emportant dans leurs sacs le plus invraisemblable butin, répandant sur les routes le trop plein de leurs rapines et, en Champagne particulièrement, se livrant éperdument à ce soulas bachique dont l'espérance avait bercé toute leur enfance. Derrière ou au milieu de ce torrent d'hommes, roulaient les gros canons — orgueil et espérance de cette horde moderne — écrasant sous leurs lourdes roues, viandes gâchées, objets brisés, bouteilles vides. Ainsi les virent passer les habitants de nos départements du Nord-Est, vrais rouages d'une formidable machine de broiement, raides et automatiques dans le rang, déchaînés aux étapes, voulant déjà se payer de leurs peines, sur la bête — qui était la France — et criant : Nach Paris ! avec une sorte de délire de convoitise. Car ils croyaient tous courir au « Moulin Rouge » alors qu'ils devaient rencontrer — mais étrangement grandi — « le Moulin de Valmy ».

Ils se heurtèrent à la Marne contre le mur infranchissable de nos baïonnettes. Foch avec ses héroïques divisions refoulait la Garde prussienne dans les marais de Saint-Gond. Le 10 septembre, au soir, la victoire était assurée, et nos soldats poursuivant leur marche en avant, pouvaient constater, par la vue de milliers de bouteilles gisant sur le sol, et le spectacle de certaines défaillances de l'ennemi qui les faisaient sourire, qu'un auxiliaire caché les avait aidés dans la lutte. « Ce jour-là, écrit Louis Madelin, on cueillit des grappes de soldats ivres de la Garde et corps voisins, victimes du champagne. »

Et plus loin : « Partout les soldats français pouvaient se convaincre de la réalité de leur victoire, rencontrant par monceaux les cadavres allemands, les piles d'obus non tirés, çà et là les canons abandonnés, des milliers de fusils brisés. Ce qui les a tous frappés, c'était à travers l'immense champ de bataille, ces innombrables bouteilles vides, représentant tous nos crus, mais particulièrement ceux de Champagne, témoins du grand soulas par où, dans l'assurance de la victoire, des hauts États-Majors aux modestes « Feldgrauen », on avait prélude à la bataille : parfois, d'ailleurs, nos hommes découvraient dans les caves des groupes paralysés, moins encore par la terreur que par l'ivresse. »

Refoulés au delà de Reims, les Allemands ne tardaient pas à se ressaisir. Maîtres des collines qui dominent au Nord, au Nord-Est et à l'Est la ville de Reims, leur premier acte, dicté par le dépit, la rage et la vengeance, fut de bombarder Reims et d'incendier la Cathédrale, ce chef-d'œuvre de l'art français, ce pur symbole de la civilisation latine et du génie français. Aucune nécessité militaire, quoi qu'en aient dit les Allemands, ne justifiait cet acte de vandalisme ; la légende d'un observatoire installé sur les tours de la Cathédrale a été réduite à néant par la véhémente protestation du cardinal Luçon.

Dans les pages à jamais mémorables de *Reims dévastée*, Paul ADAM a décrit

UN CELLIER DE LA MAISON RUINART PÈRE ET FILS APRÈS LA GUERRE.

le long martyre subi pendant plus de quatre années par notre belle cité jadis si florissante, et stigmatisé avec des accents de haute éloquence patriotique, comme il le fallait, le crime des barbares s'acharnant à détruire la Cathédrale de Reims et la ville entière.

« L'espoir d'anéantir à jamais, dans la Cathédrale des sacres, l'esprit même de la nation encyclopédique, fut-il la cause de cet acte sauvage qui souleva la réprobation des peuples, aux Asies comme aux Amériques? » se demande l'éminent auteur.

« Toutes les idées allemandes espérèrent, en des milliers de lieutenants, de capitaines et de généraux, l'agonie de la ville où s'était tant de fois reformée la puissance des Gaulois et des Latins.

« Anéantir ce pouvoir éternel de résurrection, en détruire au moins les symboles, les monuments, la basilique des églises latines, les maisons mêmes de ce génie qui sans cesse augmente la richesse universellement célèbre de la Champagne. Unir ainsi l'obsession d'une victoire germanique à la renommée de ces vins célèbres et sur tous les points de la planète où les civilisés se veulent en joie courtoise, en gaieté polie, en fête élégante, à l'exemple des Français, fût-ce au sein des forêts américaines, au bord des fleuves africains, au cœur de la brousse australienne, dans les ports de l'équateur et ceux des patries glacées ; sur les murs que laboure l'étrave des paquebots, des croiseurs, des cargos même. Attacher la mémoire de l'empire teuton à ce vin mousseux de Reims, qui signifie, entre les pôles et lui seul, les plaisirs des Maîtres, comme si mille autres vignes n'avaient jamais pu, depuis des origines, suggérer aux différentes élites, le goût de la liesse et la vision du bonheur. Changer cela, montrer à cet univers la joie latine esclave de la force germanique, la vie latine pliée sous la poigne des Teutons. Le montrer enfin et vraiment, après les innombrables tentatives commencées deux siècles avant le Christ et déjouées par Marius dans la vallée du Rhône, par Aétius dans les champs de la Marne, par les Volontaires de 92 dans la forêt de l'Argonne, par les Poilus de 1914, dans les marais de Saint-Gond. Placer sous les ruines ce démenti de vingt-deux siècles à l'orgueil germanique et à son esprit de domination, ce fut évidemment la pensée qui détermina les chefs de canonniers prussiens. »

Ils n'avaient pas non plus oublié que Reims jouait un rôle actif dans la renaissance sportive de la France, et que c'est dans la plaine de Bétheny, que l'aviation naissante, en 1909, avait reçu sa consécration solennelle, aux yeux du monde entier.

Retranchés sur les derniers contreforts orientaux de la falaise tertiaire, du haut des monts de Brimont, de Berru et de Moronvilliers, à jamais immortalisés par les luttes épiques de nos héroïques Poilus, les Allemands, systématiquement et méthodiquement, pendant plus de quatre années, lancèrent sur Reims des avalanches de fer et de feu. A chacun de leurs échecs, à chacun de nos succès, Reims était de nouveau bombardée. Et lorsqu'en 1918, après que leur suprême offensive fut brisée et que toutes leurs espérances furent à jamais ruinées, ils décidèrent froidement, et l'exécutèrent méthodiquement, l'anéantissement de la ville.

Naguères si belle et si florissante, Reims n'était plus, en 1918, qu'une immense nécropole. Les quelques milliers d'habitants, chez qui l'amour de la petite patrie, l'espoir de la délivrance l'emportaient sur l'instinct de la conservation, durent, après un long et douloureux martyre, abandonner les ruines accumulées de leur malheureuse ville.

Mais pendant ces luttes épiques, le Champagne, comme le « pinard »,
contribuèrent à soutenir les forces physiques et morales de nos admirables
Poilus.

Le vin de France, celui de la Champagne peuvent donc revendiquer une
part légitime dans la victoire finale. Le Champagne a mérité ainsi à nouveau le
nom de « Vin de la Civilisation ».
que lui avait donné « Talleyrand ».

Non seulement Reims fut le
principal objectif des artilleurs allemands, mais ceux-ci tenaient également sous le feu de leurs canons à
longue portée, par dessus la plaine
crayeuse de la Champagne, plaine
sinistre de la Mort, nos beaux vignobles de la Montagne de Reims.
Rilly, Verzenay eurent particulièrement à souffrir des bombardements.
Leurs « Tauben » faisaient de fréquentes excursions sur Épernay et
les communes viticoles voisines.
Leurs gaz asphyxiants portèrent,
jusque dans le vignoble, l'insi-
dieuse et épouvantable mort.

Pendant quatre ans, les vignerons de la Montagne de Reims continuèrent avec une inlassable persévérance, malgré les difficultés innombrables créées par l'état de guerre
dans la zone de feu, à prodiguer
leurs soins à nos précieux cépages,

Une case a bouteilles
de la maison Vve Clicquot-Ponsardin bombardée.

attendant le jour de la délivrance. la fin de l'horrible cauchemar et le retour
aux paisibles occupations d'antan.

Lors de l'avance de 1918, sur Château-Thierry, les Allemands menaçant
Reims et Épernay bombardèrent les vignobles de la vallée de la Marne, qui
pendant les années précédentes n'avaient reçu que la visite des « Tauben ». Si
sur certains points, ce bombardement fut extrêmement violent et causa des
dégâts très importants, sa durée fut assez restreinte.

II. — Le Bilan de la Guerre

I. A Reims, capitale du Champagne.

Quiconque au lendemain de l'armistice à visité Reims, n'a pu se défendre d'une poignante émotion à la vue des ruines accumulées par la guerre et de l'immensité du désastre qui frappait notre cité. Aucune description ne saurait

Un salon de la maison Vve Clicquot-Ponsardin, après les bombardements.

remplacer cette impression qui laissera dans toutes les mémoires un impérissable souvenir et dans tous les cœurs la haine de la barbarie allemande.

Mais à défaut de cette vision directe quelques chiffres brutaux donneront une idée de l'étendue du désastre.

Sur près de 14 000 maisons que comptait Reims en 1914, 8625 ont été incendiées ou complètement détruites. Une vingtaine seulement ont été épargnées. Les 5181 restantes sont plus ou moins endommagées. Sur les bâtiments publics, 39 ont été totalement et 108 partiellement détruits. La Cathédrale, Saint-Remy, l'Hôtel de Ville, la Sous-Préfecture, le Théâtre, le Palais de Justice, le Musée, les Hôpitaux, les Lycées, les Écoles professionnelles et commerciales, les antiques maisons qui faisaient l'admiration des archéologues, ont été détruits ou fortement endommagés.

Sur les bâtiments industriels, 46 ont été anéantis et 124 à demi détruits. Combien d'hôtels particuliers, de maisons bourgeoises, de riches mobiliers, de collections artistiques, de bibliothèques privées ont été la proie des flammes! On estime à 800 millions valeur 1914, soit à près de 4 milliards au taux actuel, l'ensemble des dommages causés par la destruction criminelle et sans utilité militaire de la ville de Reims.

Reims veut revivre et revivra. Sa cathédrale symbolique, quoique affreuse ment mutilée, est toujours debout.

La population est revenue et s'est mise à l'œuvre de restauration. L'industrie de la laine, celle du Champagne et les industries annexes se réorganisent peu à peu, les services publics fonctionnent.

Et, si la France comprend le devoir de solidarité qui lui incombe et que le Parlement a solennellement proclamé dans l'article 1er de la Loi sur les dommages de guerre, si nos Alliés restent à nos côtés pour soutenir énergiquement nos légitimes revendications, Reims, martyre injustifiée, retrouvera sa prospérité d'antan et reprendra dans le pays et dans le monde la place qu'elle occupait avant la guerre.

II. Dans le vignoble.

Le Vignoble Champenois eut à souffrir des dommages directs causés par les obus, par les torpilles, les bombes d'avions qui, en éclatant, creusèrent des entonnoirs plus ou moins étendus et profonds, bouleversant le sol et le sous-sol et détruisant la vigne. Les vagues de gaz parvinrent jusque dans la Montagne de Reims, détruisant les pampres et nécrosant les souches. Les nécessités de la défense imposèrent la création de tranchées, d'abris, de batteries, l'installation de fils de fer barbelés qui ne respectèrent pas toujours les vignes existantes.

Mais à ces dommages directs déjà très importants, vinrent s'ajouter des dommages indirects considérables, conséquences de l'état de guerre et du voisinage immédiat du front.

Dès la mobilisation, le vignoble fut privé de sa main-d'œuvre la plus active et la plus habile, par le départ des vignerons en âge de porter les armes. Les femmes, les vieillards, les enfants durent se substituer avec un courage dont le paysan de France a donné un si bel exemple pendant toute la guerre, à leurs époux, à leurs fils, à leurs pères, et donner à la vigne les soins les plus urgents. Mais, malgré toute leur ardeur au travail et toute leur bonne volonté, il leur fut impossible d'assurer à la vigne tous les soins minutieux que l'on avait coutume de lui donner, et qui nécessitaient une main-d'œuvre habile et forte. Nombre de parcelles ne purent être bêchées au printemps; les difficultés de transports, la pénurie des engrais privèrent la plupart des vignes des fumures traditionnelles. Les insectes et les maladies cryptogamiques furent sommairement combattus.

Les traitements au sulfure de carbone, contre le phylloxéra, grâce auxquels le vigneron champenois défendait pied à pied son vignoble contre les ravages incessants de l'insecte, pendant qu'il préparait la reconstitution par les plants américains greffés, furent presque complètement abandonnés. Le phylloxéra fit, pendant ces quatre années de guerre, plus de progrès qu'il n'en avait fait pendant les 29 années précédentes.

De nombreuses entraves, dictées par les nécessités de la guerre, étaient apportées à la circulation des habitants d'une commune à une autre commune; des sauf-conduits étaient même nécessaires pour se rendre dans les vignes. Et, dès qu'un groupe de travailleurs se trouvait exposé à la vue de l'ennemi, celui-ci envoyait des obus qui les obligeaient à cesser le travail. Les ouvriers étaient mobilisés ou avaient émigré. De nombreux vignerons préférèrent abandonner leurs vignes plutôt que de risquer leur vie et d'engager des dépenses pour des résultats bien incertains. Enfin, en 1918, l'autorité militaire donna l'ordre d'évacuer la plupart des communes de la zone menacée.

Le phylloxéra, l'insuffisance de façons culturales, la pénurie d'engrais, l'inculture, l'abandon volontaire ou forcé, contribuèrent plus que les bombardements à rendre critique la situation du Vignoble Champenois.

Quelques chiffres montreront quelle fut l'étendue du désastre au lendemain de l'armistice.

En 1913, la dernière enquête officielle faite avant la guerre accusait les résultats suivants dans le département de la Marne.

Superficies totale du vignoble	11.750	hectares
Vignes Françaises non phylloxérées	2.000	d°
Vignes Françaises phylloxérées, mais encore en production	6.000	d°
Vignes greffées	2.150	d°
Vignes arrachées, prêtes à replanter	1.000	d°

Pour 1919, les résultats étaient les suivants :

Superficie totale du Vignoble	10.600	hectares
Vignes Françaises non phylloxérées	660	d°
Vignes Françaises phylloxérées, mais encore en production	3.009	d°
Vignes greffées	2.611	d°
Vignes arrachées ou incultes	4.284	d°

Près de 40 pour 100 de l'ensemble des vignes existant en 1914 avaient donc disparu pendant la tourmente. 6900 hectares seulement restaient encore en production dans les arrondissements de Reims, Épernay, et dans le canton de Vertus, mais cette production pouvait être considérée comme très affaiblie.

Quelques vignobles avaient particulièrement souffert. Ceux de Nogent-l'Abbesse, Cernay, Thil, Hermonville, Cormicy avaient presque entièrement disparu. Rilly était fortement éprouvé. Verzenay, le joyau de la Montagne de Reims, qui faisait jadis l'admiration des touristes, n'était plus, en 1918, qu'un immense savart: 75 hectares seulement sur 500 que comptait son vignoble en 1914 étaient encore en culture.

Il semblait que l'avenir du vignoble champenois fût à jamais compromis. Loin de se laisser aller au découragement, le propriétaire vigneron est revenu, souvent au milieu des ruines, dans sa maison déserte et vide de mobilier, et s'est résolument remis au travail, donnant ainsi un magnifique exemple de fidélité et d'attachement au sol natal, d'énergie et de persévérance.

Une première avance sur dommages de guerre de 3000 francs par hectare, avance qui fut bientôt portée à 5000 francs et récemment à 8000 francs pour les parcelles du vignoble complètement détruites, fut accordée par l'État pour la remise en culture. Dès 1919, les vignes furent taillées, défrichées et bêchées, les traitements anticryptogamiques effectués normalement et une récolte rémunératrice vint récompenser les efforts de ceux qui n'avaient pas désespéré.

En même temps qu'il cherchait à sauvegarder les vignes susceptibles d'être restaurées, le vigneron secondé par les avances de l'État, par l'action efficace du Syndicat général des Vignerons de la Champagne Délimitée, par les subventions de l'Association Viticole Champenoise, récemment reconstituée avec un programme d'action raisonné et méthodique, dont l'exécution fut confiée à M. Chappaz, inspecteur général de l'Agriculture, préparait la reconstitution, arrachait les vignes mortes, comblait les tranchées et les trous d'obus, défonçait le terrain. Les chambres chaudes, particulières ou syndicales, se réorganisaient en vue de la stratification des greffes-boutures. Les méthodes nouvelles de culture et de taille, tous les problèmes complexes que comporte la reconstitution délicate du vignoble champenois étaient mis à l'étude.

La statistique de 1920, montre les résultats de deux années d'efforts.

Superficie totale du vignoble	10.325	hectares
Vignes Françaises non phylloxérées	721	d°
Vignes Françaises phylloxérées, mais encore en production	2.635	d°
Vignes greffées	3.184	d°
Vignes arrachées ou incultes	3.785	d°

Et cependant le vigneron a rencontré des difficultés considérables. Tout d'abord, la pénurie de main-d'œuvre s'est fait sentir ; les ouvriers, attirés par l'appât de salaires élevés, ont quitté le vignoble pour se faire manœuvres, terrassiers, etc.

Les instruments, les engrais, les produits anticryptogamiques ont subi une hausse considérable. La cherté de la vie pèse aussi dans la région, plus que partout ailleurs.

Au lieu de 3 à 4000 francs par an que nécessitait l'entretien d'un hectare de vignes en 1914, c'est 9 à 10 000 francs qu'il faut compter. La reconstitution d'un hectare de vignes coûte de 25 à 30 000 francs au lieu de 7 à 8000 francs qu'elle coûtait avant la guerre. Et la reconstitution totale du vignoble devra être réalisée en un temps bien plus court que celui qu'elle eût nécessité, si la guerre n'était pas survenue.

Malgré tous ses courageux efforts, le vigneron champenois n'est pas suffisamment récompensé ; les prix pratiqués à la récolte et qui semblent élevés représentent pour les grands crus à peine le double des prix des années qui ont précédé la guerre et les récoltes sont fort inégales, suivant les crus et suivant les vignerons. La crise économique qui sévit sur le commerce du Champagne aura, dès cette année, malgré la pénurie de récolte, une fâcheuse répercussion sur les acquisitions et sur les prix de vente du raisin à la vendange. Aussi l'avenir nous apparaît-il sous des couleurs assombries.

III. L'Industrie et le Commerce du Champagne.

Si nous jetons un regard sur les établissements du commerce des Vins de Champagne, nous constatons aussi que certaines maisons, celles de Reims, surtout, ont subi les conséquences de la guerre. Quelques-unes, il est vrai, plus éloignées du front, ont trouvé pendent la guerre d'importants débouchés qui leur ont assuré une vente inespérée ; certains ont même profité de leur sécurité relative au cours des événements pour acquérir des vins de 1914 et 1915 de qualité exceptionnelle, à des prix dérisoires, au risque de jeter le découragement parmi les vignerons.

A Reims, constamment sous le feu des obus, la manutention du Champagne et les expéditions se ralentirent durant la guerre. Les caves difficilement entretenues subirent des dégâts importants. La population y trouvant des abris sûrs s'y réfugia. Des classes furent organisées pour y recevoir les enfants des écoles. Les bâtiments extérieurs, les celliers n'échappèrent pas aux bombardements. Et, si nos troupes prélevèrent sur les millions de bouteilles

en réserve dans les caves un tribut assez lourd, du moins, doit-on se consoler
en songeant que le vin de Champagne a soutenu l'énergie et le bravoure des
défenseurs de la ville, et empêché les richesses accumulées dans les caves de
tomber aux mains des Allemands.

« Tant qu'il y aura une bouteille de Champagne, disaient avec humour les
poilus à leurs chefs, vous pouvez être assurés que Reims ne sera pas prise ».

Au lendemain de la guerre, les maisons de Champagne se mirent résolument à l'œuvre et entreprirent un travail considérable de réorganisation. Les

Le travail des caves exécuté
par des femmes pendant les
bombardements de Reims. - - *Caves
Pommery.*

Clichés Rothier.

caves furent déblayées, nettoyées, assainies; la manutention et l'expédition
furent reprises avec activité; les bâtiments, les celliers furent restaurés. La vie
commerciale reprit à mesure que la sécurité augmenta.

En 1913-1914, d'avril à avril, le commerce du Champagne expédiait à
l'étranger : 18 410 426 bouteilles de vin de Champagne et 8 134 196 en France,
soit, au total, 26 544 632 bouteilles.

Pendant la période d'avril 1919 à avril 1920, les expéditions à l'étranger se
chiffrèrent par 13 581 719 bouteilles et en France par 9 683 453, soit, au total,
23 265 172 bouteilles.

Malgré la guerre, la consommation augmentait en France? mais, par contre,
nos exportations étaient sensiblement diminuées. Néanmoins, il y avait lieu
d'espérer que le commerce du Champagne reprendrait peu à peu son impor-

tance d'avant-guerre et contribuerait ainsi, en améliorant sensiblement notre change, au relèvement économique de notre pays.

IV. La Crise économique actuelle.

Mais, depuis plus d'un an, le commerce du Champagne traverse une crise économique particulièrement angoissante.

Les expéditions ont considérablement diminué. Alors qu'en 1913, on expédiait mensuellement une moyenne de 2 400 000 bouteilles. et qu'en avril 1920, on en expédiait encore 1 938 000, un fléchissement sensible se manifestait dès la fin de 1920, dont les chiffres ci-dessous montreront l'importance.

En décembre 1920, on n'expédiait déjà plus que 1 556 000 bouteilles, en janvier 1921 : 1 183 835, en février : 906 897, en mars : 844 824 et en avril : 771 144. Les expéditions représentent donc à peine le tiers de ce qu'elles étaient avant la guerre.

Celle-ci nous avait fermé le marché des Empires Centraux, et à partir de 1916, celui de la Russie.

V. La prohibition aux États-Unis.

Mais ce qui est plus grave depuis la guerre : le marché des États-Unis nous est à peu près fermé. Les ligues de tempérance, poursuivant une lutte incessante, sont parvenues à obtenir, à partir du 16 janvier 1920, la prohibition des boissons alcooliques y compris le vin de Champagne, dans toute l'étendue des États-Unis, portant ainsi un funeste coup à la viticulture française, au commerce du Champagne en particulier. L'origine de la campagne anti-alcoolique remonte à plus d'un demi-siècle. L'habitude de la plupart des Américains de boire de l'eau devait faire considérer par certains esprits l'usage des boissons alcooliques comme rentrant plus ou moins dans la catégorie des excès. De plus, le bar des hôtels, le *saloon* ou cabaret, institutions presque honteuses d'elles-mêmes puisqu'elles se dissimulaient aux yeux du dehors, avaient jeté dans l'opinion publique un discrédit, non seulement sur les boissons fortes — whisky, brandy, gin, rhum —, mais encore sur les boissons alimentaires, vin, bière, cidre.

Jusqu'à la dernière guerre, la prohibition n'avait fait l'objet d'aucune loi fédérale; il eût fallu apporter un amendement à la constitution fédérale et, pour lui donner force de loi, le faire ratifier dans un laps de temps déterminé, par trois quarts des États de l'Union.

Des Bills avaient bien été introduits à différentes reprises, devant le Congrès, mais sans résultat. L'action gouvernementale s'était bornée seulement à interdire l'usage des boissons alcooliques à bord des bâtiments de l'État, ce qui souleva d'ailleurs de véhémentes protestations.

En 1869, un parti politique s'était formé pour soutenir la cause de la prohibition, mais son action était plutôt platonique qu'effective.

La prohibition n'avait reçu véritablement d'application que dans certains États de l'Union. Le Maine, en 1851, avait, le premier, interdit la vente des boissons alcooliques par sa Constitution particulière. D'autres États suivirent et le mouvement s'accentua surtout à partir de 1908. En 1916, 22 États sont déjà prohibitionnistes à divers degrés. Très peu sont bone dry (secs comme un os), c'est-à-dire interdisent complètement toute consommation de boissons alcooliques. La plupart se bornent à demander la suppression du Cabaret ou *Saloon*, lieu souvent mal famé, laissant au consommateur la liberté de boire chez lui ce qui lui plaît, mais jusqu'à concurrence d'une quantité déterminée par mois. Chaque État jouit d'un régime spécial des boissons: la consommation, l'importation sont réglementées.

Au moment de l'entrée en guerre des États-Unis, la situation était la suivante : 23 États sur 48 avaient adopté la prohibition plus ou moins complète. Le Gouvernement fédéral n'était intervenu par le Weble Kenyan que pour assurer l'exercice du droit de législation sur la matière, par les divers États.

Une vigoureuse campagne était menée par les Sociétés de tempérance pour augmenter le nombre des États prohibitionnistes et obtenir ainsi un amendement de la Constitution fédérale.

Diverses mesures de réglementation des heures d'ouverture des cafés sont prises dès 1917. La campagne prohibitionniste s'appuie sur la nécessité de faire des économies, de conserver des cerveaux lucides pour faire la guerre, de réserver tous les grains disponibles pour l'alimentation du pays. Malgré les efforts du Commerce des Spiritueux, le 8 août 1917, le Sénat interdit par une Loi, la fabrication et l'importation des boissons distillées à partir du 8 septembre 1917 et pour la durée de la guerre. En ce qui concerne le vin et la bière. le Président jouit d'un pouvoir discrétionnaire. La lutte continue.

Le 1er août 1917, un vote du Sénat avait interdit, purement et simplement. la manufacture, la vente, le transport, l'importation et l'exportation des boissons alcooliques quelconques. Pour avoir force de Loi, la résolution devait être adoptée par la Chambre, puis ratifiée comme amendement à la Constitution fédérale avant 6 ans par les divers États de l'Union. La Loi fut votée par la Chambre. le 17 décembre 1917. mais le délai de ratification porté à 7 ans.

En 1918, une loi agricole proposa que la prohibition fédérale fût établie à partie du 1er juillet 1919, jusqu'à l'époque où la démobilisaton totale des troupes serait effectuée. Votée par le Sénat et par la Chambre, elle fut signée sans objection, le 21 novembre 1918 par le Président Wilson, quelques jours après l'armistice.

Au 14 janvier 1919, la situation était la suivante : 32 États étaient prohibitionnistes, 13 avaient ratifié l'amendement sur la prohibition fédérale, la fabrication de l'alcool avait cessé en 1917, et celle de la bière le 1er décembre 1918. L'importation des boissons alcooliques de l'étranger a cessé le 1er mai 1919 et à partir du 1er juillet 1919 jusqu'à la démobilisation des troupes, les États-Unis devinrent prohibitionnistes.

La lutte est engagée plus vive que jamais entre les Sociétés de tempérance et le parti « Sec » d'une part, et d'autre part, le parti de la « Liqueur » secondé par les brasseurs, les hôteliers, les marchands de vin. Des protestations, des meetings ont eu lieu dans les divers États pour protester contre les mesures prohibitives et contre les vexations auxquelles donne lieu leur application. Dans certains États, ne va-t-on pas jusqu'à goûter le contenu des verres des convives, dans les restaurants, au risque de provoquer de véhémentes réprobations ?

Les soldats américains qui ont, en France, pris l'habitude du « Pinard » et apprécié les vins de nos grands crus, ne sont pas les moins ardents parmi les protestataires. Tout dernièrement, un ancien ambassadeur des États-Unis en Europe n'a-t-il pas volontairement renoncé à sa qualité de citoyen américain pour devenir citoyen français, en manière de protestation contre ces mesures prohibitives.

Le Révérend Crawford Frost, pasteur dans la petite ville d'Emmertrez, Maryland, vient aussi de se déclarer nettement en faveur du vin en proclamant qu'une des meilleures façon d'honorer Dieu est de ne point se priver absolument de vin. « Suivrons-nous Christ ou Mahomet ! » demande-t-il ? « Nous suivrons Christ » répondent les libres citoyens des États-Unis. Mais les caves et celliers sont vides et la « sécheresse » continue.

Qu'il nous soit permis de conseiller à nos amis Américains de lire et de méditer les vers admirables consacrés au « Champagne » par le poète Alan Seeger tombé au champ d'honneur en 1916, dans la Somme. Nous les citons plus loin, convaincus que les compatriotes du héros dont nous conserverons pieusement la mémoire sauront en apprécier la délicatesse et la beauté, et reviendront de certaines préventions mal fondées contre le vin de nos coteaux champenois.

M. Walter Berry, président de la Chambre de Commerce américaine à

Paris, dans une intervention à la Conférence internationale de défense mondiale des produits viticoles tenue le 17 mai, à Paris, signalait qu'une réaction considérable se manifestait aux États-Unis dans tous les États, contre la prohibition complète. De nombreux groupes se forment pour lutter et essayer de mettre à bas cet amendement à la Constitution des États-Unis, le seul qui ait été apporté depuis 1864, et cela, sans que l'on se rendît compte de ce qu'allait être le résultat. Beaucoup de gens, aux États-Unis, désirent que l'alcool et les liqueurs soient prohibées; mais en ce qui concerne le vin et la bière, l'opinion unanime est qu'il faut changer cet amendement.

On consomme cependant encore du vin aux États-Unis, l'importation se fait par le Mexique et le Canada, mais il est réservé aux riches qui peuvent payer une bouteille 50 dollars. Les pharmaciens peuvent en vendre également comme médicaments.

Quoi qu'il en soit, la décision des Américains a porté un préjudice considérable à notre viticulture et à notre commerce des Vins. En 1913, d'après les Chambres françaises de Commerce de New-York, nous avons exporté aux États-Unis 246 361 douzaines de bouteilles de Champagne, représentant une valeur de 4 027 922 dollars, sur 17 409 580 dollars de vins, alcools et liqueurs divers exportés, c'est donc près de 200 000 000 de francs, au cours actuel du change, que perd la viticulture française.

Nous pouvions espérer, qu'après la guerre, notre commerce, débarrassé de la concurrence que lui faisait la fraude allemande, protégé par une reconnaissance effective de la convention de Madrid, pourrait reprendre en Amérique la place prépondérante qu'il n'aurait jamais dû perdre, y étendre même, grâce à ses traditions de loyauté et la qualité de ses produits, ses opérations.

Nous pouvions espérer compter sur nos exportations de vins, marchandise toujours prête, en attendant que nos industries ruinées du Nord puissent reprendre leur essor, pour accroître nos ressources, améliorer notre change, ramener un peu de l'or que nous avons dû exporter et réparer ainsi plus rapidement nos ruines.

La prohibition américaine porte un coup redoutable à notre commerce d'exportation de vins. Le Champagne est particulièrement atteint. Il jouit de la faveur des Américains mieux que nul autre vin; les grandes marques surtout sont appréciées; aussi représente-t-il une forte partie de nos exportations de vins. La décision de nos Alliés nous atteint donc au moment où nous aurions le plus besoin de tirer de nos produits le meilleur profit. Nous ne pouvons qu'approuver les mesures justifiées qui tendent à restreindre la consommation des produits et des alcools frelatés. Mais nous protestons contre l'assimilation

de nos vins de France à ces produits, assimilation que rien ne justifie. Notre
Gouvernement a le devoir de ne pas tolérer — bien qu'il ne puisse s'immiscer
dans les questions de politique intérieure des États-Unis — qu'une des plus
belles, des plus anciennes, des plus nobles richesses nationales, la production
viticole, soit mise à l'index.

Les Sociétés de tempérance s'efforcent en outre de conquérir à leur théorie
les Pays Scandinaves, mais sans obtenir jusqu'alors des résultats bien appré-
ciables.

Le Protectionnisme à l'Étranger. — Le Champagne subit aussi les conséquences d'une évolution générale de la plupart des Gouvernements vers le
protectionnisme. Presque toutes les Nations dont la situation financière est
difficile, désireuses de réduire leurs achats au dehors et d'accroître leurs exportations, ont élevé des barrières douanières restrictives, sinon prohibitives. Les
produits dits de luxe, le Champagne notamment, sont surtout visés, au grand
détriment des pays qui les produisent et qui en vivent. L'Angleterre avait
imposé à leur entrée le double droit, plus une taxe de 33 pour 100 « *ad
valorem* » sur les Champagnes et en sus, des taxes à la consommation. Le
Champagne est taxé sans merci; mais le Gouvernement français lui-même
n'a-t-il pas donné un exemple fâcheux que les pays étrangers se sont empressés
d'imiter?

Un groupe d'Anglais, grands amis de la France, fit campagne au début de
1921, auprès de l'opinion britannique, pour amener le gouvernement à réduire
ou à supprimer la taxe « *ad valorem* » qui frappe nos vins de Champagne. L'un
d'eux, M. N. Burgess adresse au *Times*, qui la publia le 5 mars, une lettre
invoquant des arguments puissants de fait et d'ordre moral, en faveur de cette
suppression. Il appelait l'attention du Chancelier de l'Échiquier sur la pénible
situation dans laquelle la guerre avait plongé le vignoble champenois, le
commerce du Champagne, et la population qui vit, dans notre région, de la
vigne et du vin.

« Ce ne sont pas, écrivait-il, les « Grandes Marques », les négociants ou
les consommateurs qu'affecte le plus cette taxe. Les grandes marques auront
peut-être à souffrir pour un temps, jusqu'à ce que la concurrence les ait toutes
éliminées, sauf les plus solides. Les négociants pourront vendre d'autres vins,
le consommateur aura la faculté d'arrêter la consommation du Champagne en
se contentant de mousseux inférieurs et meilleur marché qui, depuis le budget,
ont littéralement inondé le pays. Mais le petit producteur dépend chaque
année de la possibilité qui lui sera éventuellement offerte de vendre son raisin

à un prix lui permettant d'assurer sa subsistance et celle de sa famille jusqu'à la prochaine vendange. Il ne saurait recourir à d'autres moyens d'existence; il ne peut fabriquer d'autre vin que du Champagne. Il est sans recours, condamné à son pénible sort, parce que son vin est le meilleur, le plus respecté, le plus recherché sur les marchés du monde et celui dont la production est la plus difficile et la plus dispendieuse. »

Selon l'auteur, l'application intégrale de la taxe devait provoquer la ruine « de l'une des plus belles industries françaises de cette industrie fondée sur la propriété individuelle qui fut longtemps la plus grande des ressources nationales. »

Ces protestations jointes à l'action de notre Gouvernement, ont eu pour résultat de faire réduire de 15 schillings par gallon (5 bouteilles) le droit qui frappait nos Champagnes à leur entrée en Angleterre. C'est un adoucissement sensible, mais les tarifs sont encore supérieurs de 400 pour 100 à ceux d'avant-guerre. L'Angleterre, autrefois libre-échangiste, devient à son tour protectionniste et devra contracter des accords commerciaux avec les pays étrangers. Souhaitons qu'ils nous soient favorables et qu'elle se souvienne de ce que la nation alliée et amie a souffert.

VI. Dans les autres Pays.

Avec la jeune *République Tchéco-Slovaque*, la France a conclu un accord valable pour un an, mais renouvelable, qui lui permet d'entrer 60 000 hectolitres de vins français dont 40 000 en tonneaux, 10 000 en bouteilles et 10 000 en mousseux, la liberté complète d'exportation pourra être envisagée.

La Pologne nous accorde l'autorisation d'introduire chez elle 10 000 hectolitres de vins mousseux, quantité dépassant ce que les conditions économiques du pays peuvent lui permettre d'acheter.

En Yougo-Slavie, aucune limitation de quantité n'est prescrite, aucun monopole n'existe; mais nous devons chercher à obtenir les tarifs les plus réduits.

La Finlande a consenti l'entrée des vins sous réserve d'un monopole d'État, mais elle accorde un droit de préférence pour les vins français.

Des négociations sont en cours avec la *Suisse* qui aboutiront sans doute à un régime favorable pour l'entrée de nos vins.

En Belgique, le régime intérieur des boissons a été profondément modifié, mais aucun changement n'a été apporté à la situation d'avant-guerre en ce qui concerne les vins.

Il en est de même au *Danemarck*, en *Hollande*, au *Pérou*, dans l'*Amérique Centrale*, en *Chine*.

En Suède, un monopole d'État a été concédé, depuis 1918, à une Société privée avec laquelle le Gouvernement français doit traiter pour l'introduction de nos vins.

En Norvège, où existent aussi de véritables monopoles municipaux, qui peut-être se changeront en un monopole d'État, un accord nous permettra sans doute d'introduire, sans limitation de quantité, des vins ne dépassant pas 14°, avec au-dessus, un contingentement de 4000 hectolitres de grands vins français.

Un accord conclu avec le *Portugal* met comme compensation à nos exportations de vins, l'importation du vin de Porto, avec consolidation des droits existants avant la guerre.

Avec l'*Espagne*, les négociations économiques sont encore en cours, et subordonnées aux négociations d'ordre politique général; les tarifs actuels sont pour nous prohibitifs. Le Champagne subit la conséquence des mesures radicales, mais justifiées, que le Gouvernement français a dû prendre vis-à-vis de ce pays. Souhaitons que bientôt, les accords nécessaires entre les deux pays interviennent.

Au *Canada*, la prohibition des boissons alcooliques est totale, sauf dans la province de Québec qui a maintenu la liberté commerciale. Mais un monopole récemment créé a la prétention de ne s'approvisionner qu'auprès des producteurs et non des intermédiaires. Les négociants en Champagne seront-ils considérés comme des producteurs? La situation est donc peu encourageante.

Avec le *Brésil*, il y a lieu d'espérer qu'un accord nous donnera le traitement de la nation la plus favorisée et que nous pourrons y importer nos vins, sans limitation de quantité, en échange de café et de viande frigorifiée.

Nos Champagnes sont frappés au *Chili* d'un droit *ad valorem* de 5o pour 1oo; une amélioration de ce tarif est à espérer.

La République Argentine nous accordera le traitement de la nation la plus favorisée, mais les droits de 1913 seront sans doute augmentés.

Des accords intéressants pourront être conclus avec l'*Australie*, bien que ce pays soit protectionniste, en échange d'avantages relatifs aux exportations de blé et de viandes frigorifiées.

Comme on le voit, peu à peu notre situation s'améliore grâce à l'activité déployée par la diplomatie et par nos Commissions douanières du Parlement.

Espérons que le commerce des vins et celui du Champagne en particulier pourront bénéficier de ces nouveaux accords internationaux.

En Allemagne, aucune négociation n'est encore engagée au sujet des vins, elle exerce l'ostracisme le plus complet contre nos vins; le marché nous échappe donc complètement. Par contre, elle favorise l'introduction des vins italiens en Tchéco-Slovaquie, en achetant de préférence des vins de ce pays, lorsqu'ils contiennent des vins italiens.

De plus, les Allemands poursuivent contre nos vins, contre notre Champagne surtout, une campagne sournoise de dénigrement, tendant à ternir la réputation mondiale de nos grands crus, au profit de ce qu'ils appellent impudemment le « Champagne Allemand ». Eux qui prétendent n'avoir pas d'argent pour remplir les obligations du Traité de Versailles savent cependant en trouver lorsqu'il s'agit d'éditer des publications illustrées, bien alimentées de réclames et d'annonces, destinées à faire connaître leurs produits à l'étranger, en jetant sans aucune espèce de scrupule le discrédit sur les nôtres.

Dans un article de la *Revue d'Exportation et d'Importation* de 1921, réclame déguisée en faveur d'une marque allemande, écrit en un français qui n'a rien d'académique, l'auteur fait délicatement ressortir sous prétexte d'histoire que les « Vino spumante » et « Asti spumente » étaient connus en Italie bien antérieurement aux Vins de Champagne mousseux. Rappelant la découverte de Dom Pérignon, il écrit : « Les raisins de la Champagne sont rouges pour la plupart et ils sont connus comme donnant un vin petit, qui ne dit rien, dont les habitants même de cette contrée ne pourraient faire l'honneur de leurs tables, surtout pour les grandes invitations. »

Qui se douterait en présence de telles appréciations de nos vins de Champagne, que le vignoble de cette région et les caves de Reims et d'Épernay furent l'un des principaux objectifs de la ruée allemande en 1914 et en 1918? Nos raisins sont trop verts... comme dans la Fable.

Puis, l'auteur fait l'historique du « Champagne Allemand » dont l'industrie, selon lui, remonterait déjà à plus d'un siècle. Les grands fabricants allemands le baptisèrent au début — admirons leur loyauté — de noms sonnants, pour la plupart français et « phantastiques » (*sic*), à seule fin de pouvoir le vendre.... » Mais ils reconnurent bien vite que cela ne pouvait pas continuer ainsi. Ils savaient bien que les bons vins comme par exemple le « Johannisberg », le « Marcobrunner », le Schwarzberger » et bien d'autres vins encore qui avaient la renommée du monde entier et qui exigeaient de bien meilleures matières premières pour leur préparation que le vin de Champagne, ne pouvaient que très difficilement être mis au marché sous leurs noms propres. »

C'est alors qu'ils importèrent les vins français pour pouvoir vendre aux consommateurs « un produit ne différant absolument pas des vins mousseux français. »

L'auteur rend hommage en passant au goût des Anglais pour les vins mousseux allemands spécialement préparés avec des vins allemands et qu'ils baptisèrent de vins spéciaux.

Puis les industriels allemands, il y a environ quinze ans, eurent l'idée de faire à l'étranger une réclame constante, dans le but de prouver « aux consommateurs de vins français qu'ils n'avaient point à douter de la qualité et de la technique des vins allemands. » Ils insistaient particulièrement sur ce fait, que les mousseux allemands sont de qualité bien supérieure aux Champagnes français, « car les raisins employés à leur fabrication ne se vendangent qu'en Allemagne et qu'ils ne se trouvent pas à l'étranger, même en y mettant les hauts prix. »

La guerre a fait reconnaître en Allemagne les mérites du Champagne allemand ; les industriels continuèrent à en fabriquer. Mais s'ils employèrent des dulcifiants au lieu de sucre, l'auteur a soin d'avertir que ce ne fut jamais pour les vins de premier choix. Or, il laisse dédaigneusement à la France la production du Champagne bon marché, du Saumur notamment. « En Allemagne, écrit-il, la fabrication des Champagnes de qualité inférieure n'est plus avantageuse à cause de la hausse du prix des salaires et de l'emploi de toutes sortes de vins de table qu'on fit sur la fin de la guerre et pendant l'armistice. A cause de la large circulation générale d'argent, la consommation et le prix du Champagne augmentèrent, ce qui permit à cette industrie de se développer et de s'améliorer.

« On peut dire avec assurance que le Champagne allemand, en général, est meilleur de nos jours qu'avant la guerre, parce que le manque de bouteilles, etc., força les fabricants à en restreindre la vente, ce qui permit aux quantités de vins approvisionnés dans les caves d'atteindre bien des années encore, ce qui n'avait été possible jusqu'à présent. »

Puis, l'auteur donne quelques indications sur la technique de la fabrication de ce qu'il appelle le « Champagne allemand ».

Ce document reflète admirablement la manière allemande. Tout y est : mensonge éhonté, basse calomnie, vile flatterie à l'égard de nos Alliés, cynique aveu de la fraude, orgueil incommensurable. Sans nous attacher à réfuter les assertions contenues dans cet article, il est cependant utile d'y prendre garde. « Calomniez, calomniez, disait Basile, il en restera toujours quelque chose ».

Le Champagne Français, le vrai Champagne, est systématiquement dénigré, alors que l'auteur veut démontrer que rien n'est supérieur au mousseux allemand.

Il importe de neutraliser cette propagande boche dans les pays étrangers consommateurs de notre Champagne, par une propagande en faveur de celui-ci. Tôt ou tard, l'étranger, suggestionné constamment par des articles et des publitions du genre de ceux que nous venons de signaler, mal renseigné d'autre part sur l'origine, la provenance, la préparation du vrai Champagne digne de ce nom, se laissera influencer au point de délaisser notre produit.

Il semble aussi que, jusqu'alors, rien n'ait été fait pour imposer aux Allemands le respect des engagements pris lors de la signature du traité de

Cliché Loth.

RECONSTRUCTION DU CELLIER CARNOT (*Caves Pommery*) TOTALEMENT DÉTRUIT PAR LES ALLEMANDS.

Versailles, notamment par les articles 274 et 275 qui ont trait aux marques d'origines, et qu'il est utile de faire connaître.

« ART. 274. — L'Allemagne s'engage à prendre toutes les mesures législatives ou administratives nécessaires pour garantir les produits naturels ou fabriqués originaires de l'une quelconque des puissances alliées ou associées contre toute forme de concurrence déloyale dans les transactions commerciales.

L'Allemagne s'oblige à réprimer et à prohiber par la saisie et par toutes sanctions appropriées, l'importation et l'exportation, ainsi que la fabrication, la circulation, la vente et la mise en vente de tous produits ou marchandises portant sur eux-mêmes ou sur leur conditionnement immédiat ou sur leur emballage extérieur, des marques, noms, inscriptions ou signes quelconques, comportant, directement ou indirectement, de fausses indications sur l'origine, l'espèce, la nature ou les qualités spécifiques de ces produits ou marchandises.

« ART. 275. — L'Allemagne, à la condition qu'un traitement réciproque lui soit accordé en cette matière, s'engage à se conformer aux lois, ainsi qu'aux décisions administratives ou judiciaires prises conformément à ces lois, en vigueur dans un pays allié ou associé et régulièrement notifiées à l'Allemagne par les autorités compétentes, déterminant ou réglementant le droit à une appellation régionale pour les vins ou spiritueux produits dans le pays auquel appartient la région, ou les conditions dans lesquelles l'emploi d'une appellation régionale peut être autorisé : et l'importation, l'exportation, ainsi que la fabrication, la circulation, la vente ou la mise en vente des produits ou marchandises portant des appellations contrairement aux lois et décisions précitées seront interdites par l'Allemagne et réprimées par les mesures prescrites à l'article qui précède. »

Il s'agit de ne pas retomber dans l'erreur d'avant-guerre ; forts de notre supériorité, nous nous étions laissés supplanter sur des marchés étrangers par les vins italiens et les « Crus de Hambourg ». Il faut nous défendre. L'intérêt de la Viticulture française et du commerce des Vins français l'exige. Plus que jamais, notre ligne de conduite doit être dictée par ces deux mots : *Vigilance* et *Souvenir*.

VII. **Les Taxes sur le Champagne.**

Chaque fois qu'une crise politique ou financière a sévi sur notre pays, tous les gouvernements en ont fait supporter les conséquences par le vin, en établissant des taxes nouvelles sur ce produit national. L'Histoire en fournit maints exemples.

Nos Gouvernants n'ont pu échapper à ces traditions, tant sont limités les moyens d'accroître les ressources financières du pays. Non seulement, le vin de Champagne est soumis, comme les autres, aux impôts sur les boissons, mais il a été visé spécialement par la taxe de luxe qui le frappe de 15 pour 100 indépendamment de la taxe sur le chiffre d'affaires.

Une bouteille de vin qui sort de chez le négociant au prix de 18 francs paie 4 fr. 05 à l'État. Mais à ce prélèvement s'ajoutent les taxes que doivent acquitter les restaurateurs ; 10 pour 100 sur la recette brute perçue dans les établissements de luxe, 25 pour 100, si la bouteille est consommée entre 10 heures du soir et minuit et demi.

On peut considérer que le fisc prélève en moyenne 10 francs par bouteille de vin de Champagne de marque. Aussi n'y a-t-il rien d'étonnant à ce que les pays étrangers, imitant cet exemple, aient frappé particulièrement le Champagne.

Le résultat de semblables mesures ne s'est pas fait attendre. Les expéditions ont baissé considérablement, le commerce champenois et la viticulture champenoise sont menacés de ruine. Les ressources qu'escomptait le Trésor public ont fait en grande partie défaut. Il est temps de revenir en France à une politique fiscale qui ne soit pas prohibitive, pour permettre au Gouvernement d'intervenir auprès de nos alliés et amis en faveur d'une diminution de leurs droits d'entrée.

* *
*

Nous venons d'esquisser la situation créée par la guerre dans le vignoble champenois et le commerce du vin de Champagne.

Jamais, à aucun moment de notre histoire, la situation n'a été aussi critique. Le vignoble, à moitié détruit, est à reconstituer, le commerce du Champagne souffre d'un malaise économique d'une gravité exceptionnelle. Le Boche, vaincu par les armes, recommence une guerre économique avec des moyens dépourvus de tout scrupule.

Néanmoins, nous avons confiance dans l'avenir. A mesure que s'améliorera la situation financière des nations qui ont participé à la guerre, le Champagne de nos coteaux, produit inimitable, reprendra dans le monde sa place prépondérante, et nous verrons renaître dans notre région si cruellement éprouvée par la guerre la prospérité d'antan.

CHAMPAGNE 1914-1915.

Poésie d'ALAN SEEGER, poète américain, aviateur, tué le 4 juillet 1915. Traduction d'André Rivoire, publiée dans *Les Annales politiques et littéraires*, le 21 février 1915.

Vous qui rirez demain, dans les fêtes heureuses.
A ce vin pétillant, qui fait le temps vermeil
Et d'un flot si doré remplit les coupes creuses,
Qu'on a l'illusion de boire du soleil.

Buvez quelquefois, vous, les promeneurs paisibles
Dont le pas lent s'attarde aux chemins sans danger,
A ceux qui tombés là, sous des coups invisibles,
Vous ont gardé la terre où l'on peut vendanger.

Dans l'ombre ensevelis, un tertre les rappelle,
D'un peu de cendre obscure et froide recouverts.
Ils dorment au coteau sanglant de la Pompelle,
Au milieu des débris et des grands trous ouverts.

Partout, aux champs crayeux cachés d'herbe fleurie
Ils dorment à l'entour de la vieille cité
Dressant sa cathédrale insultée et meurtrie,
Par les profanateurs jaloux de la beauté.

Sous les petites croix qui gardent ceux qui meurent,
Ils dorment. Le canon gronde et tonne là-bas.
Ils dorment. Et la nuit maintenant ils demeurent
Indifférents au bruit incessant des combats.

Tous, par milliers d'un cœur volontaire et tenace
Sont tombés bravement pour que ceux qui viendront
Libres de toute honte et de toute menace
Puissent vivre leur vie et porter haut leur front.

Flotte au vent le Drapeau, le reste est périssable.
Pour que ses trois couleurs puissent se déployer
Ils ont fait de leur sang, un fleuve infranchissable.
De leur poitrine offerte un vivant bouclier.

Ils le savent : chacun la place où son corps tombe.
C'est tout. Pas même un nom sur le héros qui dort
Mais les coquelicots rougiront sur sa tombe,
L'automne y suspendra ses lourdes grappes d'or.

Et les gais vendangeurs, la cueillette venue
Légers sous le fardeau de leurs hottes d'osier,
Salueront dans le soir sa mémoire inconnue
D'un de ces vieux refrains qu'on chante à plein gosier.

Si je pouvais penser, ah! si je pouvais croire
Qu'un jour j'aurais ma part de leurs nobles destins
Que mon sang près du leur coulera. Quelle gloire!
Comme eux, après ma mort, j'aurai place aux festins.

A l'heure où l'on sourit de boire à ce qu'on aime,
Où les yeux sont si clairs qu'ils se sentent briller,
Peut-être un peu de mousse éclose de moi-même
Viendra joyeusement aux lèvres pétiller.

Qui donc s'attristerait, même quand la mort brise
Le rêve le plus tendre et l'espoir le plus cher,
S'il songe qu'une rose, un parfum dans la brise,
Naîtront de ce qui fut en passant, notre chair.

Cette ardeur de beauté qui reste inassouvie
La tombe le respecte et la mort nous permet
Le recommencement d'une nouvelle vie
Qui nous métamorphose en tout ce qu'on aimait.

Qu'ils sont nombreux pourtant, qu'ils ont coûté de larmes,
Tous ces jeunes héros si fièrement tombés.
Leur jeunesse, en sa fleur, les couronnait de charmes,
Et c'est à notre amour qu'ils furent dérobés.

Mais qu'importent les fleurs, les palmes et les gerbes.
Vous les connaissez mieux, vous les frères lointains,
Compagnons de ces jours atroces et superbes
Suprêmes confidents de tous ces yeux éteints.

Plutôt que les honneurs de la foule empressée
Ce qu'ils réclament, c'est, aux soirs insouciants
Dans le bruit des repas de fête, une pensée
Et l'hommage attendri d'un toast silencieux.

Buvez! Dans le vin d'or où passe un reflet rose
Laissez plus longuement vos lèvres se poser
En pensant qu'ils sont morts où la grappe est éclose,
Et ce sera pour eux comme un pieux baiser.

QUATRIÈME PARTIE

LE VIGNOBLE

CHAPITRE XII

La Champagne viticole

L'air, le sol et le complant sont le fondement
du vignoble : (OLIVIER DE SERRES. Théâtre d'agriculture et mesnage des champs).
Tome Ier. IIIe Partie. Chapitre Ier.

Depuis la promulgation de la loi du 1er août 1905 sur les fraudes, la question de la délimitation de la Champagne viticole, région productrice du vin de
Champagne authentique, préoccupe les vignerons et négociants en vins de la
région.

Jusqu'alors, le Syndicat du commerce des vins de Champagne avait sans
cesse cherché à faire admettre que le nom de « Champagne » désignât uniquement le lieu d'origine du vin, c'est-à-dire le vignoble du département de la
Marne, et à réprimer les usurpations du nom de Champagne.

Mais si, en France, la jurisprudence fut constamment en faveur de sa thèse,
le syndicat ne parvint pas toujours à la faire prévaloir à l'étranger. Cependant,
une convention diplomatique fut conclue, grâce à ses efforts, le 20 mars 1893,
entre la France et certains États étrangers pour constituer une Union internationale, afin d'assurer dans ces pays la protection réciproque de la propriété
individuelle.

Cette convention prépara le terrain et, les 14 et 15 avril 1891, fut conclu
entre 8 puissances l'*Arrangement de Madrid*, sur la répression des fausses
indications de provenance.

L'article 1er stipulait que : « Tout produit portant une fausse indication de provenance dans laquelle un des États contractants ou un lieu situé dans l'un d'entre eux serait directement ou indirectement indiqué comme pays ou comme lieu d'origine sera saisi à l'importation dans chacun desdits États. La saisie pourra aussi s'effectuer dans l'État où la fausse indication de provenance a été apposée, ou dans celui où aura été introduit le produit muni de la fausse indication ».

La France, la Belgique, le Brésil, l'Espagne, la Grande-Bretagne, le Por-

Cliché Rothier.

LE VIGNOBLE D'AY ET LE VENDANGEOIR POMMERY.

tugal, la Suisse, la Tunisie avaient seuls adhéré à cette convention qui fut promulguée le 13 avril 1892, et qui devait avoir force de loi dans les pays contractants. Mais des divergences d'interprétation, survenues dans certains États amoindrirent les effets que l'on pouvait en attendre.

Le syndicat persévéra néanmoins dans ses efforts pour faire prévaloir les principes de loyauté commerciale consacrés par l'arrangement de Madrid et amener les États dissidents à y adhérer. Son intervention aux Congrès internationaux de Liége et de Berlin fut assez heureuse. Il soutint, en outre, de nombreux procès contre des contrefacteurs, et parvint à faire prévaloir par des arrêts de Cours d'appel et de la Cour de Cassation que « le terme de Champagne n'indique pas un procédé de fabrication de vin mousseux en général, mais un vin spécial récolté et fabriqué dans l'ancienne province de Champagne ».

Ces arrêts manquaient cependant de précision.

***

Avant la Révolution, la province de Champagne était un vaste gouvernement militaire qui se divisait en Haute et Basse-Champagne et en Brie Champenoise. La première comprenait le Rethélois, le Rémois, la Haute-Champagne propre et le Perthois. De la Basse-Champagne faisaient partie la Basse-Champagne proprement dite, le Sénonais, le Vallage et le Bassigny. La Brie Champenoise.

Cliché Rothier.

la partie la moins étendue, comprenait la Haute et Basse-Brie et la Brie pouilleuse ou pays de Gallevesse.

L'étendue de la Champagne était de 2 500 000 hectares environ, soit un vingtième de celle de la France.

Cette province était divisée en 12 Élections, savoir : Châlons, Épernay, Sézanne, Reims, Sainte-Menehould, Vitry-le-François, Rethel, Troyes, Bar-sur-Aube, Joinville, Chaumont et Langres.

En 1790, elle constitua les départements de l'Aube, de la Haute-Marne, de la Marne, des Ardennes en totalité et elle contribua, en partie, à former les départements de l'Yonne et de l'Aisne.

Le département de la Marne fut constitué par la réunion des six premières

40

Elections qui devinrent autant de districts. Il ne représentait que le quart au plus de la Champagne. En 1800, il n'y eut plus que cinq arrondissements: celui d'Epernay s'était agrandi du district de Sézanne et même du canton de Vertus, qui, plus tard, fut réuni à l'arrondissement de Châlons.

Doit-on reconnaître aux vignerons ou négociants des divers départements formés dans l'ancienne province de Champagne, le droit d'indiquer le nom « Champagne » sur leurs vins, comme on devrait le faire, si l'on interprétait à la lettre les arrêts assez vagues de la jurisprudence ? Refusera-t-on, en vertu de la même interprétation, cette même faculté à certaines communes de l'arrondissement de Château-Thierry, qui ne faisaient pas partie de l'ancienne province de Champagne, mais qui, aux divers points de vue géographique, géologique, climatologique, agrologique, ampélographique et cultural sont le prolongement naturel des vignobles de la Rivière de Marne et peuvent revendiquer comme ces derniers le droit à l'appellation « Champagne ». Ils ont à cela d'autres titres encore, car, de longue date, certains négociants en Champagne s'approvisionnent dans ces pays.

La délimitation de la Champagne viticole n'est pas une question uniquement géographique ; elle ne peut, à notre avis, être basée, d'après les arrêts de la jurisprudence, sur l'ancienne province de Champagne. Elle doit être plus restreinte.

Le Dr Jules Guyot, dont l'opinion ne saurait être suspecte de partialité, puisqu'il est né à Gyé-sur-Seine dans l'Aube, dans sa remarquable *Etude des Vignobles de France*, parlait assez cavalièrement des vignes du pays natal, et raillait même leur système de culture. Selon lui, dans l'arrondissement de Bar-sur-Seine, où se trouvent la moitié des vignobles de l'Aube, les vins se gardent peu, et les plants n'ont aucune valeur.

A propos du Champagne, il écrit :

« Jusqu'à présent le département de la Marne est le seul en France qui produise cette merveilleuse boisson avec toutes ses perfections sensuelles et surtout hygiéniques. Tout le monde sait quels efforts ont été vraiment tentés dans tous les vignobles et même dans tous les laboratoires de chimie pour la reproduire avec tout ou partie de ses qualités.

« On peut tromper ou être trompé sur la nature et sur l'origine d'un vin blanc mousseux, mais personne n'imitera le vin de Champagne, s'il n'emprunte les fins cépages, le climat et le sol de la Marne et personne n'en ressentira tous les bienfaits, si ce vin n'est pas le produit de ces trois conditions. »

Puis, plus loin, il ajoute : « Les vignes à vins fins de la Marne, de toutes classes, sont renfermées dans les deux seuls arrondissements de Reims et d'Epernay ; elles s'étendent pourtant encore au canton de Vertus, tout à fait enclavé dans ce dernier arrondissement, quoiqu'appartenant à celui de Châlons.

« Sur une étendue territoriale de 818 000 hectares, le département de la Marne cultive environ 18 000 hectares de vigne, quarante-cinquième partie de son sol total. Sur ces 18 000 hectares, 14 000 appartiennent aux deux arrondissements de Reims et d'Epernay, le canton de Vertus étant réuni à ce dernier, et constituent la totalité des vignes qui produisent le vrai vin de Champagne. »

Lorsque, après le vote de la loi du 1ᵉʳ août 1905 sur la répression des fraudes dans la vente des marchandises et des falsifications des denrées alimentaires et des produits agricoles, loi que M. Ruau, Ministre de l'Agriculture, appelait celle de l' « *aliment pur* », il s'est agi d'élaborer un règlement d'administration publique pour en déterminer les conditions d'application, la question de la délimitation de la Champagne viticole se posa à nouveau. Une Commission fut nommée en novembre 1905, pour élaborer le projet de ce règlement en ce qui concerne les boissons.

Une vive discussion s'engagea entre la Fédération des vignerons et le Syndicat du commerce des vins de Champagne : dans une réunion tenue le 11 novembre 1905, l'accord se fit sur les bases suivantes : « La Champagne viticole comprendra le département de la Marne tout entier, plus le canton de Condé-en-Brie ». Cet accord fut ratifié par une Commission spéciale réunie le 11 mars 1907, au Ministère de l'agriculture, malgré le vœu émis par le Conseil général de la Marne, tendant à restreindre les limites proposées. Après consultation d'autres Commissions réunies à Châlons-sur-Marne, et à Paris, le décret de délimitation fut rendu le 17 décembre 1908, par le Conseil d'Etat et promulgué au *Journal officiel* du 4 janvier 1909. L'article 1ᵉʳ fixait ainsi les limites de la Champagne viticole :

L'appellation régionale *Champagne* est exclusivement réservée aux vins récoltés et manipulés entièrement sur les territoires ci-après délimités.

DÉPARTEMENT DE LA MARNE

Arrondissement de Châlons-sur-Marne : toutes les communes.

Arrondissement de Reims : toutes les communes.

Arrondissement d'Épernay : toutes les communes.

Arrondissement de Vitry-le-François : toutes les communes. Canton de Vitry : toutes les communes.

Canton de Heiltz-le-Maurupt, les communes suivantes : Bassu, Bassuet, Changy, Doucey, Outrepont, Rosay, Vanault-le-Châtel, Vanault-les-Dames, Vavray-le-Grand, Vavray-le-Petit.

DÉPARTEMENT DE L'AISNE

Arrondissement de Château-Thierry : Canton de Condé-en-Brie : les communes suivantes : Condé-en-Brie, Saint-Agnan, Barzy-sur-Marne, Baulne, Celles-les-Condé, La Chapelle-Monthodon, Chartèves, Connigis, Courboin, Courtemont-Varennes, Crézancy, Saint-Eugène, Jaulgonne, Mézy-Moulins, Monthurel, Montigny-les-Condé, Montlevon, Pargny-la-Dhuys, Passy-sur-Marne, Reuilly-Sauvigny, Tréloup.

Canton de Château-Thierry : les communes suivantes : Château-Thierry, Azy, Blesmes, Bonneil, Brasles, Chierry, Essommes, Etampes, Fossoy, Gland, Mont-Saint-Père, Nesles, Nogentel, Verdilly.

Canton de Charly : les communes suivantes : Charly, Bézule-Guéry, Chézy-sur-Marne, Crouttes, Domptin, Montreuil-aux-Lions, Nogent-l'Artaud, Pavant, Romeny, Saulchery, Villiers-sur-Marne.

Arrondissement de Soissons : Canton de Braisne : les communes suivantes : Braisne, Acy, Augy, Barbonval, Blanzy-les-Fismes, Brenelle, Chassemy, Ciry-Salsogne, Courcelles, Couvrelles, Cys-la-Commune, Dhuizel, Glennes, Longueval, Merval, Saint-Mard, Paars, Perles, Presles-et-Boves, Révillon, Sermoise, Serval, Vasseny, Vauxéré, Vauxtin, Viel-Arcy, Villers-en-Prayères.

Canton de Vailly : Vailly, Bucy-le-Long, Celles-sur-Aisne, Chavonne, Chivres, Condé-sur-Aisne, Sency, Soupir.

La superficie plantée en vignes dans la Champagne viticole ainsi délimitée, comprenait en totalité 15 631 hectares, dont 13 466 dans le département de la Marne, 1 823 hectares dans celui de l'Aisne.

Cette délimitation, qui donnait satisfaction aux vignerons de la Marne, ne tarda pas à soulever de véhémentes protestations de la part des vignerons évincés de l'Aube et de la Haute-Marne. Ils réclamèrent leur annexion à la Champagne viticole en invoquant des arguments qui pouvaient sembler fondés à des esprits non avertis. Ils oubliaient que les vins de la Marne, grâce à leurs brillantes qualités, avaient de longue date acquis une grande réputation. que les vins mousseux en héritèrent et l'accrurent considérablement et que, si cette renommée est devenue universelle, c'est uniquement parce que l'industrie et le commerce du vin de Champagne surent tirer parti des excellents vins de la Marne. Ils demandaient à bénéficier d'avantages à la création desquels ils étaient restés complètement étrangers, venant ainsi frustrer nos vignerons de la Marne d'un patrimoine à l'édification duquel de nombreuses générations avaient contribué.

La délimitation de la Champagne viticole, telle qu'elle résulte du décret du 17 décembre 1908, n'est cependant pas exempte de critiques. Elle ne tient pas compte suffisamment de la géologie et de la nature du sol, ni de celle des cépages qui constituent le fonds du vignoble et contribuent dans une large mesure à donner au vrai vin de Champagne ses qualités inimitables. Peut-on soutenir, par exemple, que les vignes du Soissonnais donnent des vins comparables à ceux des vignes établies sur la craie et sur les assises tertiaires qui la recouvrent? Doit-on mettre sur le même plan le vin de gouais ou de meslier, et celui de nos pinots fins et du blanc Chardonnay qui forment le fondement de la plupart des bons crus de la Marne?

Ce serait nier l'influence du sol et du cépage sur la qualité des vins, influence que les viticulteurs sont unanimes à reconnaître comme prépondérante. La vraie région productrice du vin de Champagne serait, à notre humble avis, *l'aire géographique des pinots* dans la Marne et l'arrondissement de Château-Thierry. Mais l'application des règlements d'administration publique serait par trop difficile.

Le 10 février 1911, fut votée une loi qui rendait exécutoire le décret de 1908.

Les Aubois, se prévalant d'usages locaux et constants, très contestables, demandèrent la révision du décret et créèrent dans les pays vignobles une agitation factice appuyée par les protestations des sociétés agricoles et viticoles, par les élus du suffrage universel, et aussi par les fraudeurs intéressés. Un vote malencontreux du Sénat leur donna satisfaction.

Les vignerons marnais plongés dans la misère par une série de mauvaises récoltes, réunis par la fraude qui s'exerçait d'une façon éhontée, entrèrent dans une violente colère. Des celliers furent saccagés à Ay et dans plusieurs communes viticoles voisines, des villas furent incendiées: le gouvernement dut envoyer des troupes pour protéger Épernay, et calmer ce commencement d'émeute.

Le Conseil d'État fit alors une nouvelle enquête et entendit les délégués de tous les pays intéressés. Les représentants autorisés de la Marne, à l'unanimité, demandèrent le maintien du décret de 1908, appuyant par des rapports documentés leur opinion.

Le 3 juin 1911, le Conseil d'État rendait un nouveau décret, paru à l'*Officiel* le 7, et ainsi conçu :

ARTICLE PREMIER. — Les territoires ci-après désignés constituent une région dénommée « Champagne deuxième zone », entièrement distincte de la région « Champagne », qui a été délimitée par le décret du 17 décembre 1908 et qui, seule, est réglée par la loi du 10 février 1911 :

DÉPARTEMENT DE LA MARNE

ARRONDISSEMENT DE VITRY-LE-FRANÇOIS : Toutes les communes, à l'exception de celles comprises dans les régions délimitées par le décret du 17 décembre 1908.

ARRONDISSEMENT DE SAINTE-MÉNEHOULD : toutes les communes.

DÉPARTEMENT DE L'AUBE

ARRONDISSEMENT D'ARCIS-SUR-AUBE : toutes les communes.
ARRONDISSEMENT DE BAR-SUR-AUBE : toutes les communes.
ARRONDISSEMENT DE BAR-SUR-SEINE : toutes les communes.
ARRONDISSEMENT DE NOGENT-SUR-SEINE : canton de Villenauxe : toutes les communes.

DÉPARTEMENT DE LA HAUTE-MARNE

ARRONDISSEMENT DE WASSY : toutes les communes.

DÉPARTEMENT DE LA SEINE-ET-MARNE

ARRONDISSEMENT DE MEAUX : Canton de la Ferté-sous-Jouarre : les communes de Nanteuil et Citry.

ART. 2. — L'appellation régionale « Champagne deuxième zone » est réservée :
1° Aux vins récoltés dans la Champagne deuxième zone et entièrement manipulés dans cette région ou dans celle de la Champagne;
2° Aux vins obtenus par mélanges de crus des deux régions. Champagne et Champagne deuxième zone et entièrement manipulés dans l'une ou l'autre de ces régions.

Aucune opération d'emmagasinement, de manipulation de vins de la Champagne deuxième zone, employés seuls ou en mélange avec ceux de la Champagne ne pourra être faite sur les territoires délimités, par le décret du 17 décembre 1908, dans les locaux que la loi du 10 février 1911 réserve exclusivement aux vins de ces territoires.

ART. 3. Sur les étiquettes, factures, papier de commerce, emballages et récipients, portent l'appellation « Champagne deuxième zone », la mention deuxième zone devra être inscrite en toutes lettres, immédiatement après le mot Champagne et en caractères identiques.

A la suite des réclamations des Aubois au sujet de cette nouvelle délimitation qui les classait dans la deuxième zone, c'est-à-dire à la place véritable que méritent leurs produits, le Sénat, dans sa séance du 15 juin 1911, demanda la suppression des délimitations et invita le gouvernement à présenter un projet de loi réprimant la fraude et protégeant l'origine des produits. MM. Klotz, ministre des Finances, et Pams, ministre de l'Agriculture, déposèrent alors un projet de loi ayant pour but de substituer aux délimitations actuelles une protection juridique. Mais il semble bien difficile de protéger les appellations d'origine sans préciser d'abord ces origines.

Un vote du Parlement décida que les mesures de délimitation seraient appliquées jusqu'en 1916. Les Aubois continuaient à s'agiter, menaçant de faire la grève administrative, exerçant un véritable chantage, pour provoquer la revision du décret qui les classait dans la seconde zone.

Le projet Pams, rapporté par M. Dariac devant la Chambre, a été définitivement voté par le Parlement, le 6 mai 1919. Alors que pendant plus de 4 ans, la Marne envahie subissait les conséquences de la guerre et avait d'autres préoccupations plus angoissantes que celle de savoir si l'Aube resterait ou non dans la 2ᵉ zone, le Parlement votait, au mépris de toute justice, une loi qui tendait à annihiler tous les résultats déjà obtenus.

La lutte entre l'Aube et la Marne a été transportée sur le domaine juridique. De nombreux récoltants de l'Aube, s'appuyant sur la loi du 6 mai 1919, ont réclamé le droit à l'appellation « Champagne ». Le Syndicat général des vignerons de la Champagne délimitée, contestant ces prétentions, a dû intenter, par application de l'article 1ᵉʳ de la loi, une action en justice pour faire interdire l'usage de cette appellation. Deux procès retentissants ont déjà été jugés par les tribunaux de Bar-sur-Seine et de Bar-sur-Aube; le syndicat des vignerons champenois, malgré les remarquables plaidoieries de son avocat, Mᵉ Marchandeau, a été débouté de sa demande et fait appel. Mais ce sont autant d'actions individuelles qu'il y a de contestations que le groupement marnais devra intenter, d'où frais considérables. Néanmoins, il est décidé à épuiser toutes les juridictions. La Cour de Cassation est, en effet, compétente pour apprécier si les usages invoqués, pour l'emploi d'une appellation d'origine, présentent tous les caractères légaux exigés par l'article 1ᵉʳ.

Souhaitons vivement que la Cour Suprême, détachée de toute contingence, jugeant en toute équité, reconnaisse définitivement, conformément aux origines, aux usages locaux, loyaux et constants, le droit incontestable aux seuls vignerons et négociants de la Champagne délimitée, le droit à l'appellation « Champagne », et mette ainsi fin à une agitation stérile, préjudiciable au bon renom de notre vin de Champagne.

Les Régions viticoles.

La plus grande partie du vignoble de la Champagne se trouve située à l'ouest du département de la Marne, sur les flancs de la falaise tertiaire qui termine brusquement vers l'Ouest la plaine champenoise et sur les coteaux tertiaires.

Tout d'abord, on peut considérer comme deux régions isolées, les vignobles, en voie de disparition, établis sur les étages inférieurs de la série crétacée, à l'Est et au Sud-Est de ce département, dans les arrondissements de Vitry-le-François et de Sainte-Menehould, et ceux du Soissonnais, cantons de

Vailly et de Braine, dans l'Aisne, prolongement des vallées de la Vesle et de l'Aisne.

Les crus de la principale région viticole peuvent être réunis en plusieurs grands groupes qui comportent eux-mêmes des subdivisions et des annexes.

1° *La Montagne de Reims*, avec les crus de Trépail, Villers-Marmery, Verzy, Verzenay, Sillery, *Mailly*, Ludes, Chigny, Rilly. Elle se prolonge au nord par les vignobles de la Basse-Montagne, Chamery, Ecueil, Sacy, Ville-dommange, Jouy, Pargny, etc., puis par ceux de la rive gauche de la Vesle. On

LE VIGNOBLE ET LE MOULIN DE VERZENAY (*Vignobles Heidsieck et Cie Monopole*).

peut y rattacher les vignobles des environs immédiats de Reims, le Mont-Ferré et Murigny.

2° *La petite Montagne de Reims*, au Nord de la Vesle, avec les principaux crus d'Hermonville, Marzilly, Villers-Franqueux, Pouillon, Thil, Saint-Thierry, qui depuis la guerre sont en voie de disparition. Elle se prolonge sur la rive droite de la Vesle par les vignobles de Merfy, Chenay, Trigny, Prouilly, Pévy, Montigny-sur-Vesle.

3° A l'Est de Reims, se détache un groupe autrefois assez important de vignobles, à peu près disparus pendant la guerre : Cernay, Nogent-l'Abbesse, sur les flancs du mont de Berru, Selles, au Nord de la Suippe.

4° Dans le Tardenois, se trouve le groupe des vignobles étagés sur les coteaux de la vallée de l'Ardre, Chaumuzy, Tramery, Treslon, Faverolles, Savigny, Serzy, Crugny.

5° Les vignobles de *Bouzy* et d'*Ambonnay* constituent le trait d'union entre la Montagne de Reims et la Vallée de la Marne.

6° *La Rivière de Marne* qui, elle-même, comprend la rive droite et la rive gauche.

Sur la rive droite, de beaucoup la plus importante, se trouvent les vignobles réputés d'Avenay, Mutigny, Ay, Mareuil-sur-Ay, Dizy, Champillon, Haut-villers, Cumières, Damery, Fleury-la-Rivière. Elle se prolonge par les vignobles de la *petite Marne* et du Châtillonnais, et par ceux de l'Aisne, jusqu'à Château-Thierry.

Sur la rive gauche, nous trouvons les vignobles d'Épernay, Mardeuil, etc.. jusqu'au delà de Dormans et dans l'Aisne.

7° La côte d'Épernay, avec les crus d'Épernay, Pierry, Moussy, Chavost, Monthelon, Vinay, Saint-Martin-d'Ablois, Chouilly, Grauves, Cuis, etc.

8° La Montagne-d'Avize, ou Côte des Blancs, qui comprend Avize, Cramant, Oger, le Mesnil, puis Vertus, Bergères-les-Vertus.

9° Les vignobles de Férebrianges, Congy, Baye qui bordent le Petit-Morin.

10° Le groupe des vignobles des environs de Sézanne.

D'après les déclarations de récoltes de 1913, les superficies plantées en vignes dans la Champagne délimitée par le décret de 1908 se répartissaient ainsi :

DÉPARTEMENT DE LA MARNE

Arrondissement de Châlons	337 hect.	75
— d'Épernay	4.253	56
— de Reims	6.157	
— de Sainte-Menehould	20	
— de Vitry-le-François	612	75
Total :	11.680 hect.	96

DÉPARTEMENT DE L'AISNE

Arrondissement de Soissons	31 hect.	85
— de Château-Thierry	709	21
Total :	734 hect.	14

Total général : 12.336 hect. 20.

La guerre a causé dans le vignoble un préjudice considérable. Ainsi que nous le verrons plus loin, la superficie totale des vignes dans la Marne, au lendemain de l'armistice, était réduite à 10 600 hectares, dont 6 900 seulement en production ; 40 % du vignoble avait disparu pendant la tourmente.

Une description complète du vignoble champenois devrait comporter un aperçu sur la situation géographique, sur le relief du sol, sur l'hydrographie et le régime des eaux souterraines. Nous nous bornerons à signaler que la direction générale des grandes rivières, dont les coteaux riverains portent les vignobles est Sud-Est. Nord-Ouest, tandis que celle de leurs principaux affluents est Sud-Ouest, Nord-Est. Ces directions déterminent l'exposition des vignes avoisinantes, qui, ainsi que nous le verrons, exerce une certaine influence sur la qualité de leurs produits.

CHAPITRE XIII

Le Climat

Le climat est la résultante d'un certain nombre de facteurs, parmi lesquels nous citerons la température, le régime des pluies et celui des vents. La latitude, l'altitude, la situation en plaine et en coteau, la proximité ou l'éloignement des mers, le voisinage des cours d'eau et des forêts sont autant de causes qui influent sur le climat. On ne saurait nier l'influence de celui-ci sur la végétation de la vigne et la qualité de ses produits.

M. Müntz, dans son remarquable ouvrage « *Les Vignes* », écrivait : « En réalité, le cépage est le reflet du climat, il est le résultat d'une acclimatation et d'une sélection à la fois naturelle et artificielle. Chaque région viticole possède quelques cépages qui donnent les meilleurs résultats comme qualité et comme production et qui, transportés ailleurs, se modifient notablement.

Les pinots de Champagne introduits en Amérique du Nord en vue d'imiter le Champagne, ont déçu toutes les espérances et les viticulteurs américains ont dû recourir à l'hybridation pour améliorer leurs cépages.

Nous voudrions dégager de ce chapitre la part qui revient, dans notre région champenoise, au climat en général et à chacun de ses facteurs en particulier, sur la qualité des produits de la vigne.

Climat de la Champagne. — Le climat de la Champagne se rapproche du climat séquanien ou parisien. Les hivers y sont généralement doux, les printemps assez incertains, les étés chauds et les automnes assez beaux.

La faible altitude, la proximité de la mer déterminent ainsi un climat moins froid que celui que semblerait devoir comporter la latitude du département. La moyenne annuelle de la température est voisine de 10°, celle de l'hiver de 3°,3 et celle de l'été de 18°,1. Parfois aussi, la température se ressent du climat vosgien, un peu plus rude que le climat parisien.

Régime des pluies. — L'abondance des pluies tient au relief, au voisinage des forêts, à l'orientation des vallées par rapport aux vents dominants. D'après une étude climatologique de la Marne, basée sur dix années d'observations météorologiques, de 1885 à 1896, M. Jules Laurent a pu diviser le département de la Marne en 3 zones correspondant, ainsi que le montre la carte pluviométrique ci-jointe, aux trois grandes divisions orographiques : A l'Est, sur la falaise crétacée, Argonne et Champagne humide, où l'altitude moyenne est supérieure à 200 mètres, la hauteur de pluie dépasse souvent 800 millimètres. La zone médiane, correspondant à la plaine crayeuse, est celle qui reçoit le moins d'eau. Reims n'en reçoit qu'un minimum de 550 millimètres; la pluie est également peu abondante dans la partie occidentale où dominent les vents du N.-O.; il en tombe davantage à mesure que l'on s'avance vers l'Est. Sur le massif tertiaire, dont l'altitude moyenne est de 180 mètres, la pluie est plus fréquente; c'est ainsi qu'à Verzy, la hauteur annuelle des pluies dépasse 750 millimètres. Il tombe en moyenne, dans la Marne, plus de 700 millimètres d'eau pour 140 jours de pluie.

La répartition des pluies est inégale dans le cours de l'année; on peut établir deux périodes :

1° Une période sèche, comprenant l'hiver et le printemps, correspondant à la saison froide;

2" Une période humide, correspondant à la saison chaude et comprenant l'été et l'automne. La zone tertiaire reçoit pendant cette dernière période les 4/7 des pluies qui tombent au cours de l'année et la plaine crayeuse les 3/5.

Le régime des sources subit la répercussion de la répartition des pluies par saison; le niveau maximum de la nappe souterraine qui les alimente est atteinte quatre ou cinq mois après la saison humide, en mars ou avril.

Influence de la température. — La vigne, comme toutes les autres plantes, a besoin d'une certaine somme de chaleur pour mûrir ses fruits. Dans un pays déterminé, elle met d'autant plus de temps à accomplir le cycle de son évolution que la quantité de chaleur reçue journellement est plus faible et inversement, car le nombre de jours de végétation d'une espèce cultivée diminue à mesure que la latitude augmente, indépendamment de la température.

La vie de la vigne ne commence à se manifester qu'à partir d'un certain minimum : la *température inférieure de la vigne*. Au-dessous de ce minimum, il existe une autre température dangereuse pour la plante, la *température minima mortelle*. A — 10 ou — 15°, surtout quand le sol est humide, la vigne qui, cependant, est assez résistante aux froids de l'hiver, peut être tuée. Les gelées d'hiver, assez fréquentes en Champagne, surtout dans les vignobles établis en sol argileux, constitueront un obstacle sérieux pour l'établissement et le maintien des souches dans les vignes reconstituées. Au printemps, lorsque la température atteint environ 10°, la vigne se réveille, elle « pleure », les bourgeons se gonflent et débourrent. Puis elle se développe normalement, les rameaux et les feuilles, puis les grappes apparaissent. Il existe une température *optima*, correspondant au maximum de croissance, comprise entre 30 et 35°, souvent atteinte en Champagne, en deçà et au delà de laquelle la végétation se ralentit.

Enfin, il existe, au-dessus de la température optima, un maximum auquel cessent toutes les manifestations vitales, et au-dessus de celui-ci un *maximum mortel*, auquel la vigne cesse de vivre. Dans notre région, ces deux températures extrêmes ne sont jamais atteintes.

La somme de chaleur nécessaire à la vigne pour mûrir ses fruits varie suivant la manière de la calculer. Risler, en totalisant les températures moyennes au-dessus de 0°, avait trouvé en Suisse, 3000°, les cépages précoces exigeant une somme moindre que les cépages tardifs.

Plus récemment, M. Angot admit que, pour obtenir les sommes de chaleur nécessaires à la vigne, il faut additionner les températures moyennes journalières, à partir du moment où se manifestent les premiers signes du débourrement jusqu'à la maturité. Or, les premières manifestations de la vie se produisent quand la température moyenne dépasse 9°.

Il obtint ainsi, pour la Champagne, en se servant des températures maxima et minima relevées sans abri, 2691° avec la 1re méthode, 1116° avec la seconde. Pour les cépages précoces de Pulliat, les sommes de température seraient de 2720° ou 1130°, de 2800° ou 1170° pour ceux de 1re époque, de 2840 ou 1250 pour ceux de 2e époque.

C'est donc seulement dans les régions où la somme de température réclamée par certains cépages peut être réalisée, que la culture de la vigne devient possible.

Si l'on observe les dates auxquelles se produisent le débourrement, la floraison, la véraison et la maturité du raisin, on constate que le nombre de jours nécessaires pour parcourir les diverses phases de la végétation varie d'une année à l'autre. D'après M. Angot, il peut varier de 162 à 200 jours.

Plus la température se rapproche de l'optimum, c'est-à-dire plus elle est élevée dans la région champenoise, plus la vigne se développe rapidement et plus tôt elle mûrit ses fruits. C'est ainsi qu'en 1904, malgré un débourrement tardif, les vendanges commencèrent vers le 20 septembre car la température se maintint supérieure aux températures moyennes habituelles.

Le vigneron peut tirer de ces données des conclusions lui permettant de déterminer approximativement l'époque des vendanges. Si, par exemple, la vigne a déjà reçu à la véraison, au 25 août, 2280° de chaleur, et qu'il lui en faille 2800 pour mûrir ses raisins, elle a donc encore à recevoir 520°. La température moyenne de septembre étant de 15°, il faudra environ 34 à 35 jours pour les réaliser, ce qui permet d'indiquer comme date approximative des vendanges le 28 ou le 29 septembre.

En général, le vigneron détermine la date des vendanges d'après une méthode plus empirique. Un vieux dicton qui a cours dans la région d'Ay :

> Pleine fleur à la Saint-Jean (22 juin),
> Pleine vendange à la Saint-Rémy (1ᵉʳ octobre)

présente quelque apparence de vérité. Si la fleur est en avance ou en retard sur la première date, la vendange sera également en avance ou en retard sur la seconde.

On admet aussi que la vendange commencera 100 jours environ après la pleine fleur, ou 90 jours après la floraison des lis, ou deux mois après que le premier blé sera coupé. Cet intervalle de 100 jours s'écoulant entre la pleine fleur et la vendange serait invariable pour un même cépage et un même lieu. Maintes fois, ce fait a été vérifié. S'il en est ainsi, les conditions climatériques qui surviennent après la floraison, auraient bien peu d'influence sur l'époque des vendanges. Par contre, elles influenceraient beaucoup la qualité; un été chaud produirait un raisin plus riche en sucre et plus pauvre en acides qu'un été pluvieux et froid. Si cette corrélation entre la date des vendanges et celle de la floraison était vérifiée et constante, elle semblerait indiquer qu'il existe entre la maturation des graines et des fruits dans les espèces végétales, et la gestation chez les espèces animales, une certaine analogie.

Influence de la latitude. — La vigne est une des plantes dont l'aire géographique est la plus étendue. Elle existe en Russie et au Japon, jusqu'au 57ᵉ degré de latitude, au Canada, dans l'hémisphère austral. Mais pour qu'elle puisse mûrir ses fruits, il importe, d'une part, que le minimum et le maximum mortels ne puissent être réalisés et, d'autre part, que la somme de chaleur soit suffisante pour que les cépages précoces, qui sont les moins exigeants sous ce rapport, puissent mûrir leurs raisins. La limite culturale de la vigne diffère donc sensiblement de sa limite botanique déterminée par l'aire géographique.

La culture de la vigne devient impossible en France à partir d'une certaine latitude. Autrefois, elle était disséminée sur la presque totalité du territoire français. On la cultivait en Bretagne, en Normandie, dans le Nord, la Flandre, les Ardennes. Il existait des vignobles à Laon, dans l'enceinte du Paris actuel.

Il y en eut même en Angleterre, dans les comtés de Glocester, dans le parc de Windsor: des fouilles exécutées dans le sud de ce pays ont mis à jour des ustensiles vinaires remontant aux xie et xiie siècles.

La culture de la vigne peut être limitée actuellement vers le Nord, par une ligne fictive qui, partant de Nantes à 47°,5 de latitude, s'élève vers le Nord-Est, coupe les départements de la Mayenne, de l'Eure, de l'Oise, en passant par les Andelys, Compiègne et Laon, remonte en Belgique pour redescendre ensuite, après avoir passé à Liége, vers le Rhin. La Marne, située entre 48°,30' et 49°,25' de latitude N, se trouve donc ainsi à la limite septentrionale de la culture de la vigne.

D'où vient ce recul de la vigne qui s'accentue encore de nos jours? Certains, Arago entre autres, y voient un effet du refroidissement du climat; d'autres, l'influence de considérations économiques.

Le refroidissement du climat ne semble pas être la seule cause de ce recul, car des documents météorologiques anciens ne permettent pas de dire que le climat soit plus froid qu'autrefois. Cependant, certains hivers terribles, celui de 1709 entre autres, ont causé à la vigne d'importants dégâts. Les gelées fréquentes du printemps épuisaient les vignes, décourageaient les vignerons. Au xviiie siècle, la culture de la vigne s'étendait dans la vallée de la Suippe, à Bétheniville, Pontfaverger, Warmeriville, etc., et même à Nauroy et à Prosnes. Les Aydes s'y percevaient pendant une ou deux années, puis la vigne disparaissait. On retrouve en maintes communes des lieux-dits dénommés : Les Vignes.

Si l'influence du climat sur le recul de la culture de la vigne est indéniable, il n'en est cependant pas l'unique cause, ni même la cause prépondérante.

En Normandie, où la viticulture était très importante aux xe, xie et xiie siècles, où des crus réputés subsistaient encore aux xviie et xviiie siècles, la majeure partie des vignes fut arrachée au xive siècle par les Anglais qui voulurent ainsi supprimer une concurrence gênante pour les vignobles de la Guyenne dont ils étaient les possesseurs.

Actuellement dans certaines régions autrefois occupées par la vigne, celle-ci ne mûrit plus facilement; le vigneron, ne vendangeant que dans les années favorables, ne trouve plus une rémunération suffisante de ses efforts et abandonne la culture de la vigne.

Dans d'autres régions, on produit des vins dits « de pays » qui trouvent un débouché facile et un prix rémunérateur dans le voisinage. C'est, en effet, dans les départements du Nord-Est que le vin se vend le plus cher. Mais la situation du vigneron n'est guère brillante, les frais culturaux sont très élevés, les aléas très grands, et les vins du Midi et d'Algérie font une concurrence préjudiciable aux produits du pays.

De plus, l'habitude qu'avaient les bourgeois d'entretenir une vigne dont ils conservaient précieusement les produits se perd de plus en plus.

Enfin, au lieu de conserver des cépages précoces, comme les Pinots qui donnent normalement un vin de qualité, le vigneron s'est trop souvent laissé tenter, pour accroître sa production, à cultiver des cépages plus fertiles et moins précoces. Le Gamay, le Meunier ont ainsi peu à peu supplanté les Pinots fins, la qualité du vin s'en est ressentie, et le malaise économique dont souffrait le vigneron s'est accru. Le recul de la culture de la vigne est dû en partie à une erreur de calcul, au manque de prévoyance et au défaut d'instruction du vigneron.

Au lieu de supplanter le pinot par des cépages inférieurs en qualité, mais plus productifs, il eût sans doute été préférable de conserver les cépages de qualité, à maturité assurée, à production normale et de perfectionner ses produits. C'est ce qu'avaient fait, aux siècles derniers, les grands propriétaires, les moines d'Hautvillers, le marquis de Sillery qui ont su porter très haut la renommée de leurs vins. C'est également ce qu'avaient fait jadis les vignerons des grands crus de la Champagne qui ne toléraient dans leurs vignes que des Pinots fins.

La guerre, en apportant des perturbations profondes dans la culture de la vigne, a considérablement augmenté le recul dans nos régions du Nord-Est, en Champagne tout particulièrement.

Influence de l'altitude. — On sait que la température diminue à mesure que la latitude augmente et que l'altitude s'élève; elle s'abaisse de $1°$ par 180 mètres. Au delà d'une certaine altitude, sous une latitude déterminée, la culture de la vigne devient donc impossible.

L'altitude des grands crus de la Champagne est comprise entre 140 et 180 mètres. Il est à remarquer que, dans les régions productrices des vins fins, des variations assez faibles d'altitude suffisent pour modifier sensiblement les qualités des vins produits dans des sols identiques. En Champagne, les vignes situées au-dessous de 130 mètres produisent des vins de qualité moindre, toutes autres conditions égales d'ailleurs. Il est vrai que l'exposition exerce aussi dans ce cas, une influence marquée.

Influence de la situation. — En général, les meilleurs crus sont établis sur des coteaux; les produits y sont peut-être moins abondants, mais ils ont plus de finesse, de bouquet et de qualité que ceux récoltés dans les plaines immédiatement voisines. La disposition en pente du sol en facilite l'assainissement, les gelées y sont moins à craindre que dans les plaines, les vignes sont mieux exposées aux rayons du soleil, le sol et les racines s'échauffent plus rapidement, l'aération est également plus facile, les maladies cryptogamiques moins redoutables, le raisin mûrit mieux, il est moins sujet à la pourriture.

Les vignobles de la Champagne sont, en grande partie, établis sur les

LE VIGNOBLE DE CRAMANT.

coteaux d'origine tertiaire qui, à l'ouest, limitent la plaine de Champagne. Aussi, cette situation est-elle essentiellement favorable à la qualité.

Influence de l'exposition. — L'exposition a une importance considérable sur la production et la qualité des vins; son influence est particulièrement sensible dans les régions septentrionales comme la Champagne. Selon Bosc (*Encyclopédie méthodique*), il faut d'abord considérer l'exposition avant d'établir une vigne dans le nord et le centre de la France. « La meilleure exposition, d'après le Docteur Jules Guyot (*Études sur les vignobles de France*), est celle du Sud-Est, puis vient celle du Sud, celle de l'Est qui, dans le Midi et même vers le Centre, est souvent meilleure que celle du Sud et enfin celle du Sud-Ouest; l'exposition Ouest est la moins bonne. Les expositions du Nord, du Nord-Est et du Nord-Ouest peuvent quelquefois être avantageuses pour corriger l'excès de chaleur, mais dans les régions du Sud, du Centre, de l'Est et de l'Ouest seulement. »

La plupart des grands crus de la Champagne, Ay, Mareuil, Bouzy, Ambonnay, etc.. sont exposés au Midi ou au Sud-Est. Cette exposition permet à la vigne de recevoir les rayons du soleil pendant tout le temps qu'il se trouve au-dessus de l'horizon et de profiter ainsi du maximum de chaleur et de lumière: elle est donc extrêmement favorable. Le raisin mûrit à Ay huit jours plus tôt que dans la Montagne de Reims.

L'exposition Est offre l'inconvénient, dans les pays où les gelées blanches sont à craindre, de les favoriser, car le soleil levant provoque trop rapidement le dégel des rameaux et accroit les effets de la gelée. Par contre, il fait évaporer, dès le matin, la rosée et l'humidité de la nuit et colore la pellicule des grains. Le soir, il disparait de bonne heure et ne flétrit, ni ne grille le raisin.

Les expositions Nord, Nord-Ouest et Nord-Est sont inférieures. Cependant deux grands crus de la Champagne, Mailly et Verzenay, sont exposés au Nord, mais leurs vignobles sont établis sur des coteaux à pente faible, ce qui atténue l'influence de la mauvaise exposition: de plus, ils sont abrités contre les vents par la Montagne de Reims. D'après le comte Odart, si la pente est inférieure à 20°, l'exposition nord n'est pas sensiblement inférieure aux autres; or, c'est précisément le cas des deux crus que nous venons de citer.

De même, dans un certain nombre de vignobles de la Champagne exposés au sud ou au sud-est existent des mamelons dont les flancs sont orientés diversement et qui donnent néanmoins des produits de grande qualité. C'est là aussi une preuve que le choix des cépages, l'âge de la vigne, la taille courte, le mode de culture, la sécheresse et l'aridité du sol peuvent atténuer dans une certaine mesure les inconvénients d'une exposition peu favorable.

Influence de l'humidité. — L'humidité a une influence marquée sur la végétation de la vigne en général. Elle est le facteur principal de la vigueur: elle favorise le développement des sarments et des feuilles, mais elle peut provoquer la chlorose comme cela se produit en Champagne après un printemps humide et occasionner la coulure au moment de la floraison. L'humidité de l'air favorise le développement des maladies cryptogamiques : mildiou, pourriture grise, surtout lorsque la température est élevée. Les lieux-dits humides sont plus sujets que les autres aux gelées d'hiver et de printemps. Cependant, une certaine humidité de l'air est nécessaire pour assurer le développement normal du fruit avant la période de maturation. Lorsque le sol et l'air sont secs, le raisin grossit difficilement, il peut être échaudé et grillé sous les rayons du soleil. Ces accidents, qui ne sont pas rares en Champagne, se produisent au moment de la journée où le soleil est le plus ardent, de 1 heure à 3 heures.

Le mode de culture en foule permet de conserver une certaine humidité dans le sol et une couche d'air assez humide qui atténuent les inconvénients d'une température trop élevée.

L'excès d'humidité au moment de la maturation peut être très nuisible : après plusieurs jours de pluie consécutifs, il n'est pas rare de voir le raisin grossir outre mesure, éclater et pourrir. Pendant les deux mois qui précèdent la vendange une douzaine de jours de pluie suffisent pour assurer une bonne maturité du raisin.

Influence des vents. — L'influence des vents se manifeste à la fois sur la température et l'humidité. Les vents du Nord et de l'Est sont secs et froids, ceux de l'Ouest et du Sud-Ouest sont, au contraire, chauds et humides. Or, en Champagne, ces derniers dominent. Au début de la végétation, les vents violents peuvent casser les sarments non encore attachés et causer des dégâts sensibles. Les vents d'orage contribuent au développement du mildiou en disséminant les spores. Les vents Nord et Est sont très appréciés dans la région champenoise au moment de la maturation, car ils dessèchent l'atmosphère et empêchent le raisin de grossir outre mesure et de pourrir.

Influence du voisinage des cours d'eau. — On a remarqué que les vignobles les plus réputés avoisinent ou surplombent des masses d'eau assez considérables. Celles-ci empêchent la trop grande dessiccation de l'atmosphère, régularisent la température, mais elles augmentent aussi l'humidité du sol, favorisent les gelées de printemps et le développement des maladies cryptogamiques. En Champagne, les grands crus de la vallée de la Marne sont situés sur les côteaux qui bordent cette rivière. Le vignoble de la Montagne de Reims est, il est vrai, assez loin d'une masse d'eau, mais la vallée de la Vesle, dont le débit, il y a seulement quelques siècles, était bien plus considérable qu'aujourd'hui, est bordée de marais. Elle s'étendait dans les temps géologiques jusqu'au pied de la falaise tertiaire.

Les vignobles de Férébrianges et de Congy sont à proximité des marais de Saint-Gond.

Influence des forêts. — En Champagne, les coteaux qui portent les grands vignobles sont surmontés par des plateaux recouverts de forêts. Par la quantité considérable d'humus qu'elles renferment, celles-ci constituent des réserves importantes d'humidité dont peuvent bénéficier les sols des pentes où végète la vigne. Elles jouent en outre un rôle protecteur contre les vents froids et humides ; mais les vignes situées dans leur voisinage immédiat sont plus sujettes aux gelées printanières.

Influence de la lumière et de la chaleur. — La lumière est indispensable à la vigne pour l'accomplissement de ses fonctions physiologiques. En Champagne, elle n'est pas très intense. Le fruit se noue facilement, sauf par les temps sombres et brumeux, la maturité du raisin est lente, les acides ne disparaissent jamais totalement, le sucre fait parfois défaut, les goûts spéciaux que développe une lumière excessive sont atténués. Aussi les raisins sont-ils placés là dans les conditions les plus favorables pour l'obtention de produits de grande qualité, remarquables par leur bouquet et leur finesse.

La vigne n'est d'ailleurs pas seule à présenter cette particularité. En Champagne, en effet, les fleurs ont généralement un parfum très agréable ; or, depuis longtemps, on a remarqué la corrélation qui existe entre la qualité des fruits et l'odeur des fleurs. Plus celles-ci exhalent un parfum agréable, plus les fruits ont d'arome et de qualité.

Mais dans notre région, l'insuffisance de lumière, résultant d'un temps brumeux, et par suite l'insuffisance de chaleur peuvent entraîner une maturation incomplète, une acidité exagérée et devenir alors l'origine de graves défauts du raisin ou du vin.

*
* *

Nous voyons donc que toutes les circonstances qui influent sur le climat viennent, en Champagne, modifier heureusement les inconvénients pouvant résulter d'un climat septentrional et créer un ensemble de conditions qui contribuent dans une large mesure à assurer l'excellence des produits de la vigne.

« C'est peut-être précisément, écrit M. Müntz (*Les Vignes*, page 224), parce que, dans la Champagne, la vigne est en quelque sorte contrariée par le milieu ambiant, que les produits qu'elle donne ont des qualités exceptionnelles de bouquet et de finesse comme on voit les plantes des hautes altitudes, avec leur végétation chétive, plus aromatiques que celles qui se développent plantureusement dans les plaines. »

Moyens d'atténuer les rigueurs du Climat.

Dans une région comme la Champagne, où le climat est parfois rigoureux pour la vigne, le viticulteur peut avoir intérêt à essayer d'en atténuer les inconvénients.

Le mode de culture plus que millénaire, connu sous le nom de *culture en foule*, permet de tirer le meilleur parti possible des conditions climatériques. Par le recouchage annuel, les racines et les vieilles tiges, situées à peu de profondeur, s'échauffent rapidement sous les premiers rayons du soleil printanier. Grâce à la taille courte, les raisins sont placés près du sol et peuvent profiter de la chaleur qu'il rayonne. Les apports de terre et de cendres sulfureuses pratiquées dans certains vignobles, les fumures abondantes contribuent aussi à favoriser l'emmagasinement de la chaleur, et à modifier les propriétés physiques du sol. La sécheresse intense y est assez rarement à craindre; la craie sur laquelle reposent une partie des vignes offre une réserve d'humidité; les travaux culturaux, les binages répétés, l'ombre projetée par les ceps qui sont très nombreux empêchent le sol de se dessécher par trop.

Cependant, dans certains vignobles établis sur la craie pure, on a pu constater parfois des accidents de végétation analogues à l'apoplexie ou folletage dont on a eu raison par des défoncements et des modifications apportées à la fumure.

Mais, dans notre région, ce sont surtout les gelées qui sont à craindre; elles ont des manifestations si étranges qu'elles déroutent les vignerons les plus attentifs et les plus expérimentés, et rendent aléatoires les efforts tentés pour en atténuer les effets.

Tantôt, ce sont des gelées d'automne qui, survenant avant la vendange, compromettent la maturité du raisin, l'aoûtement des bois et par suite la récolte suivante. Parfois, ce sont les gelées d'hiver, à — 10° ou — 15° qui, dans les bas-lieux humides, provoquent l'*échamplure* et la mort des ceps; mais leur action est généralement limitée.

Les gelées de printemps, de beaucoup les plus fréquentes, sont aussi plus dangereuses. Elles se manifestent sous forme de *gelées noires* ou gelées à glace, comme en mai 1921, ayant une allure générale, et causant de véritables désastres. Le plus fréquemment, ce sont des *gelées blanches*, localisées, contre lesquelles il est possible de lutter. Nous n'entreprendrons pas de discuter les théories relatives à l'action de la gelée, nous nous bornerons à indiquer les moyens usités en Champagne pour les prévenir. Tout d'abord. il est prudent de ne planter que dans des endroits non exposés aux gelées. Le fichage des échalas contribue en formant un écran protecteur, à rehausser la température de 3° au-dessus de ce qu'elle est dans les vignes nues ; mais l'abri produit par les échalas peut devenir dangereux lorsque la gelée succède à une pluie, l'humidité étant retenue plus facilement.

Dans les régions exposées aux gelées. on a parfois recours à des systèmes de taille particuliers : hautes vignes comme dans la montagne de Saint-Thierry, cordons mobiles, taille Guyot, taille de Royat, chaintres ou système Walfard, sur claies mobiles, grâce aux-

Clichés Moreau-Berillon.

« CHAINTRES » SYSTÈME WALFARD.

quels les bourgeons sont maintenus à $0^m,50$ ou $0^m,60$ au-dessus du sol, c'est-à-dire au-dessus de la zone dangereuse des gelées, pendant la période où celles-ci sont à craindre. Le badigeonnage d'après la méthode Rassiguier, l'emploi des engrais phosphatés et potassiques qui contribuent également à la protection de la vigne, les badigeonnages au lait de chaux, le saupoudrage avec des cendres, du plâtre, du talc, etc., la pulvérisation d'eau au moment du dégel sont rarement pratiqués.

On a surtout recours aux abris et aux nuages artificiels.

Les abris sont très anciennement utilisés. A la fin du xviiie siècle, un voyageur, parcourant la France, relatait dans ses récits de voyage que « les vignes des environs de Châlons portaient, comme les crocodiles du Muséum, des gilets de flanelle. » J. B. Moët fit, au début du xviiie siècle, de nombreux essais ; il parvint en 1817, alors que la gelée fut générale en Champagne, à

protéger ses vignes de Romont, près de Sillery, à l'aide de branches de pins.
Son exemple ne fut pas imité. Jules Guyot inventa un peu plus tard un
système de paillassons adapté à sa méthode bien connue de tailler la vigne. On
se servit ensuite de planches, de panneaux d'osier, de poignées de paille, de
capuchons de papier, de carton ou de toile à l'aide desquels on protégeait les
jeunes ceps; mais ces systèmes sont trop coûteux pour être généralisés.

La lutte contre la gelée fut l'objet de recherches de la part de M. Bonnet,
directeur du vignoble de
Murigny, près de Reims.
Il utilisa des toiles sus-
pendues verticalement,
des toiles horizontales,
montées sur fils de fer,
pouvant se déployer

ABRIS PARAGELÉE EN TOILE.

Clichés Rothier.
ABRIS PARAGELÉE EN VANNERIE (*Vignobles Pommery*).

quand il était nécessaire.
Puis il expérimenta des
planches mobiles, bientôt
remplacées par des pail-
lassons, pouvant être,
grâce à un dispositif in-
génieux, manœuvrées par
séries et disposées rapidement, horizontalement contre la gelée, obliquement
contre la pluie et la grêle, ou verticalement et jouer le rôle de murs vis-à-vis
des espaliers, tout en permettant de circuler pour effectuer les travaux. On
peut les utiliser pour les vignes en cordons comme pour les vignes en foule.
Mais la confection, le montage et le démontage de ces abris sont assez coûteux;
il fallait avant la guerre dépenser près de 4000 francs de l'hectare. De plus,
pour les remiser pendant la saison d'hiver, il fallait des locaux spacieux. Aussi,
ces divers systèmes, si ingénieux et si efficaces soient-ils, ne se sont pas
généralisés.

La pratique des nuages artificiels a pris une plus grande extension. Constitués par des fumées lourdes provenant de la combustion de certaines matières,

ils forment un écran qui agit à la fois en empêchant le rayonnement des objets vers le ciel et par suite leur refroidissement, en interceptant les rayons du soleil levant et en les empêchant d'arriver sur les pampres refroidis et d'accentuer ainsi les dégâts de la gelée.

On utilise à cet effet des herbes fraîches, de la sciure, du goudron, des foyers Lestout ou Mortier, des tourteaux de créosote. M. Bonnet, à Murigny, se servait d'un mélange de goudron et d'huile lourde de pétrole. Actuellement on emploie aussi les appareils fumigènes de l'armée non utilisés pendant la guerre.

Cliché Rothier.

PAILLASSONS VERTICAUX ET HORIZONTAUX CONTRE LA GELÉE
(*Vignobles Pommery*).

Les vignerons de la région champenoise ont compris que la défense des vignes contre la gelée ne doit pas être pratiquée individuellement, ni même s'appliquer à une seule commune, mais à un ensemble de communes voisines. Ils se sont groupés en syndicats. Les vignerons intéressés se répartissent en équipes chargées de préparer les foyers, de les allumer et de les alimenter. Dès que le thermomètre avertisseur indique 1 degré au-dessus de o, une sonnerie fonctionne, les vignerons, à un signal donné, sonnerie de clairon ou éclatement d'une fusée, gagnent leurs postes et remplissent leur mission. Avant la guerre, la lutte ainsi organisée pouvait coûter de 25 à 3o francs de l'hectare.

Cliché Moreau-Berillon.

NUAGES ARTIFICIELS CONTRE LA GELÉE (*Vignoble de Murigny*).

On considère généralement que les fumées artificielles peuvent être effi-

caces, quand la température ne descend pas au-dessous de — 3° à — 4°: au delà,
elles sont impuissantes à assurer une protection suffisante. Dans le vignoble
champenois, où la pièce de vin s'est vendue, dans les grands crus, 1800 francs,
en 1920, le vigneron manquerait de prévoyance s'il ne faisait pas tous les sacrifices voulus pour protéger sa récolte contre les intempéries.

De tous les fléaux qui menacent le vigneron, la grêle est sans contredit
l'un des plus terribles par la soudaineté et l'imprévu de ses manifestations, par
la violence de certaines chutes, par les conséquences ultérieures des lésions
produites par les grêlons sur les sarments. Aussi, de tout temps s'est-on préoccupé de lutter contre ce fléau. Malheureusement, il n'existe pas de moyen de
lutte vraiment pratique et efficace; nous sommes encore dans la période des
recherches et des essais. Nous n'entrerons pas dans le détail des théories de la
formation de la grêle, ni dans la description des moyens préconisés pour
la prévenir. Les canons, les niagaras électriques semblent tombés dans l'oubli; seules, les fusées paragrêles trouvent encore crédit chez les vignerons,
bien que les résultats en soient fort controversés. Avant la guerre, il s'était
constitué dans la plupart des communes viticoles de la Champagne des syndicats de lutte contre la grêle: les postes de tir se multiplièrent: en 1914, on en
comptait plus de 1200 dans tout le vignoble. Les tirs étaient effectués par des
équipes spéciales, d'après une technique que la pratique avait perfectionnée.
Nombre de vignerons ont confiance dans les fusées, alléguant que pendant
5 années de guerre, aucun orage à grêle ne s'est abattu sur le vignoble champenois; aussi souhaitent-ils la reprise de la lutte collective abandonnée
depuis 1914. La dépense s'élevait avant la guerre à une dizaine de francs par
hectare; aussi, n'y eût-il qu'une chance de succès, qu'elle suffirait pour légitimer cette dépense. Le vigneron aurait ainsi, du moins, la satisfaction d'avoir
fait ce qu'il a pu pour protéger sa récolte.

CHAPITRE XIV

Le Sol

Aperçu géologique.

Le sol de la Champagne est constitué entièrement par des terrains sédimentaires. Il fait partie du bassin parisien, qui s'étend sur trois zones successives, déterminant le relief et correspondant précisément aux trois zones orographiques : le crétacé inférieur à l'Est, le crétacé supérieur au Centre, les assises tertiaires à l'Ouest.

La limite entre le crétacé supérieur et le crétacé inférieur est constituée par la vallée de l'Aisne. Au Sud, aux environs de Vitry-le-François, se trouve un bassin formé par les alluvions de la Marne, de la Saulx, de l'Ornain. A l'est de ce bassin alluvial, le Perthois, la craie forme le massif de la forêt des Trois-Fontaines et réapparaît aussi au sud de la Marne.

A l'Ouest, la limite de la craie est constituée par une ligne qui passerait par Cormicy, Saint-Thierry, Muizon, Rilly, Verzy, Trépail, Louvois, Ay, Épernay, Avize, Vertus, Étoges, Saint-Prix, Sézanne, Barbonne-Fayel et Montgenost. Cette immense plaine est interrompue par des vallées alluviales, la Somme, la Soude, la Marne, la Vesle, la Suippe et leurs affluents. Un second bassin d'alluvions est formé par l'Aube et par la Seine au sud du département.

La zone tertiaire comprend des assises appartenant à l'Éocène et à l'Oligocène. Le fond des vallées, la vallée de l'Aisne sont d'origine éocène ; les plateaux et les collines, d'origine oligocène.

Les limites de cet ouvrage ne nous permettent pas d'entrer dans l'étude des assises géologiques qui constituent la région champenoise. Nous nous bornerons donc à renvoyer le lecteur aux études géologiques qui en ont été faites, et en particulier à celle que M. J. Laurent, docteur ès sciences, professeur au Lycée de Reims, a fait paraître dans *Reims en 1907*, ouvrage publié à l'occasion du Congrès de l'Association française pour l'avancement des Sciences.

Le tableau ci-joint, qu'il a dressé, donnera une idée de la succession des terrains et de leur situation.

TABLEAU GÉNÉRAL DES TERRAINS DE LA RÉGION.
(D'après J. LAURENT.)

III. — QUATERNAIRE :

Dépôts meubles des pentes. Alluvions modernes.
Limon des Plateaux. Alluvions anciennes.

II. — TERTIAIRE :

Oligocène
- Stampien . . . Sables de Fontainebleau. Lambeaux isolés.
- Tongrien . . . Meulières et calcaires de Brie. Sud et Sud-Est de la Montagne de Reims, Mont de Berru, Épernay.
  Glaises vertes du Tardenois et de la Brie champenoise.

Eocène
- Bartonien . . . Calcaire de Ludes, à Pholadomya ludensis. Mont de Berru, Tardenois, Plateau et la Mont. de Reims, Sud de la Marne, Etoges.
  Calcaire de St.-Ouen, Berru, Tardenois, Verzenay à Chamery, Mesnil-s-Oger.
  Sables du Mont St-Martin.
  Argiles vertes et caillasses : Nord de la Vesle, Tardenois. Montagne de Reims.
- Lutétien . . . Calcaire grossier . — supérieur à Cerithium serratum. — moyen à Cerithium giganteum. — inférieur à Cardita planicosta. Nummulites lævigata.
- Yprésien . . . Sables nummulitiques ou sables supérieurs du Soissonnais.
  Sables à Unios. Térédines de Cuis et Ay.

Landenien
- Sparnacien . . . Faluns de Pourcy.
  Sables et argiles à lignites . Berru, Montagne de Reims, Bouzy, Ambonnay, etc.
  Marnes de Dormans et Chenay.
- Thanétien . . . Conglomérat de Cernay.
  Calcaires de Rilly et Sézanne.
  Sables blancs de Rilly.
  Sables de Châlons-sur-Vesle.
  Grès et sables argileux.

I. — SECONDAIRE :

Supracrétacé :

Moutien . . . . Calcaire pisolithique de Faloise et du Mont Aimé.

Danien . . . . Manque.

I — Sénonien.
- Aturien . . .
  - Maestrichtien. Manque.
  - Companien . Craie d'Épernay à Magus pumilus.
    Craie de *Reims* à Belemites quadrata.
- Emochérien.
  - Santonien . . Craie de Châlons-sur-Marne à Micraster cor anguinum.
  - Coniacien . . . Craie à Micraster cor testudinarium.
    Craie à Micraster breviporus.

II. — Turonien.
- Angoumien . . Marnes à térébratulina gracilis.
- Ligurien . . . Craie marneuse à Inoceramus labiatus.
  Marne à Actinocarnax plenus.

<table>
<tr><td></td><td>Environs de Vitry-le-François.</td><td>En Argonne.</td></tr>
<tr><td>III. — Cénomanien.</td><td>Craie à Scaphites . . . .
Craie à Holaster subglobosus . .
Craie à Ammonites et Holaster medulosus . . . .
Marnes crayeuses à Ostracées . .</td><td>Craie marneuse à Holaster subglobosus à Asteroseris coronula.
Sables glauconieux à Pecten asper.
Gaize calcaire à Hamites armatus.
Gaize marneuse à Amyloceras arduennensis.</td></tr>
</table>

Infracrétacé :

<table>
<tr><td>Albien . . .</td><td>Gaulte . . . .</td><td>Argiles phosphatifères à Inoceramus sulcatus.
Argiles Tégulines.
Sables glauconieux à phosphates.</td></tr>
<tr><td>Aptien. . . . .</td><td></td><td>Minerai du bois des Loges près de Grandpré.
Argiles à plicatules de Sermaize</td></tr>
</table>

Barremien.
Néocomien.

Cependant il nous apparaît utile de signaler tout particulièrement quelques assises géologiques présentant un intérêt pour la culture de la vigne et la manutention du Champagne.

Sur le Cénomanien existent quelques vignobles dans les environs de Vitry-le-François et de Sainte-Menehould dont l'importance diminue chaque jour.

Le Sénonien, ou craie blanche, constitue toute la plaine champenoise. C'est dans la craie, à *Belemnita quadrata*, ou craie de Reims, que sont creusées les caves à vins de Champagne. La température qui y règne contribue incontestablement au maintien de la qualité des vins.

« Non seulement, écrit notre regretté maître, M. Risler, dans sa *Géologie agricole* (tome II, page 139), la craie joue un rôle important dans la production du vin de Champagne, en fournissant aux vignes un sous-sol qui leur convient parfaitement, mais elle en remplit un autre qui me paraît tout aussi important dans la fabrication de ce vin. On sait que, pour faire du vin mousseux, il faut le mettre en bouteilles avant que sa fermentation soit complètement achevée, dès le mois d'avril, jusqu'au mois d'août qui suivent le pressurage. La fermentation continue dans les bouteilles, mais pour qu'elle ne produise pas trop de casse ou de perte et pour qu'elle fasse un vin de bonne qualité, il faut mettre ces bouteilles dans les caves, dont la température reste très régulière. Or, ces caves sont très faciles à creuser dans la craie, et il n'est pas nécessaire de les voûter, en sorte qu'elles ne coûtent pas cher.

« Cela permet de faire le vin mousseux à un prix relativement moins élevé. Les grands fabricants ont plusieurs kilomètres de caves, ordinairement en étages superposés.

« La fabrication du vin de Champagne est donc une conséquence directe de la géologie de cette contrée. »

C'est, en effet, sur la craie que sont établis la plupart des grands crus de la Champagne.

Le tertiaire est représenté par des assises de composition très variée. C'est ainsi que dans l'éocène, le *Thanétien* forme les sables de Châlons-sur-Vesle sur lesquels reposent quelques vignobles de la Montagne de Saint-Thierry, le calcaire de Rilly, le calcaire de Sézanne dans lequel le D\ Lemoine découvrit des empreintes de vigne qu'il appela *vitis Sezannensis* ou *vitis éocenica*, puis, au-dessus, le conglomérat de Cernay, qui portait aussi des vignes et que l'on retrouve sous forme de glaise bleuàtre, à Marzilly, cru réputé, voisin d'Hermonville.

Les argiles à lignites du Sparnacien offrent un intérêt tout particulier, car elles étaient exploitées de longue date, à Berru, comme amendement pour les terres et les vignes, et elles le sont encore à Rilly, Mailly, Verzenay, Bouzy, Ambonnay, etc, comme amendement pour le vignoble. Leur allure est assez variable, leur épaisseur atteint 10 à 12 mètres à Mailly. Nous reviendrons plus loin sur cette utilisation.

Le Lutétien forme les plateaux du Soissonnais et du Tardenois. Le calcaire grossier inférieur qui se trouve à la base constitue des bancs de pierre que l'on exploitait à Hermonville, Prouilly, Trigny, et qui ont servi à la construction de la cathédrale de Reims. On les exploite encore à Pévy, Courville pour les constructions.

Au-dessus de ces assises de l'Éocène, apparaît l'oligocène, représenté par des glaises, des argiles à meulières, le limon des plateaux qui forme également des îlots dans la plaine crayeuse. Enfin, les vallées sont occupées par des alluvions anciennes et des alluvions modernes ; ces dernières ont souvent une allure tourbeuse. On utilisait autrefois, comme litières, dans le vignoble de la montagne de Reims, les roseaux poussant sur ces alluvions tourbeuses de la Vesle.

Les dépôts meubles des pentes sont distribués irrégulièrement dans la région ; ils sont constitués par un limon grossier mélangé à la craie, à l'argile, à des fragments de meulière, à des galets provenant des lignites. Ils sont surtout bien développés sur le talus qui relie la plaine champenoise à la Brie.

L'étude géologique de la région a permis de reconnaître la situation des nappes d'eau. Les sables verts, la partie supérieure de la glaise, la craie marneuse à la base de la craie blanche, constituent autant de nappes aquifères intéressantes. L'argile plastique forme un niveau important d'où sortent de

nombreuses sources qui alimentent les villages et permettent aux vignerons de
trouver l'eau nécessaire aux traitements contre le mildiou Certaines assises
constituent aussi des nappes irrégulières utilisables.

Les sols du vignoble.

Dans les régions à grands vins, les vignes sont établies sur les flancs de la
falaise tertiaire : le sous-sol est généralement formé par la craie qui se trouve à
une profondeur variable, la terre végétale est constituée par les dépôts meubles
des pentes, dont l'épaisseur varie et dont la nature est aussi essentiellement
variable. En général, ces dépôts sont argilo-siliceux, et leur épaisseur varie
depuis 20 centimètres jusqu'à 1 mètre et même davantage. Cette terre végétale
a souvent été modifiée par des apports considérables d'amendements sous
forme soit de sables mélangés avec du fumier pour constituer des « magasins »
ou composts, soit de terres ou cendres sulfureuses que l'on extrait des flancs de
la montagne, au-dessus de la zone des vignobles, de l'argile à lignites. A la base
des coteaux, la terre végétale est assez épaisse, de nature silico-calcaire. Un peu
plus haut, le sous-sol est encore constitué par la craie : le sol est de même
nature, mais ces vignes situées à une altitude plus élevée sont moins exposées à
la gelée. Enfin, au sommet des coteaux, la craie a disparu, les vignes sont établies directement sur des assises tertiaires, le sous-sol est argileux, souvent
froid ; la terre végétale, assez épaisse, est encore argilo-siliceuse. Le rendement
de ces vignes est assuré, assez abondant, mais la qualité du vin est inférieure à
celle du vin produit par les vignes à sous-sol de craie situées plus bas.

Dans d'autres régions, dans la vallée de l'Ardre, dans la petite montagne
de Reims, dans la région de Sézanne et de Vitry-le-François, la vigne est fréquemment établie sur le sol dérivé des formations géologiques, sans qu'il ait
subi des modifications profondes par suite d'apports d'amendements. Les
marnes crayeuses à Ostracées, du Cénomanien, qui forment la base de la
falaise crétacée, à Vanault-les-Dames, s'élèvent à mi-côte, à partir de Vavray-
le-Grand jusqu'à Vitry-en-Perthois, et supportent des vignobles parmi lesquels
sont les crus jadis réputés de Changy et de Merlaut. Le sol formé par ces
marnes est argilo-calcaire, peu perméable, difficile à travailler.

Au-dessus, sont des calcaires marneux du Cénomanien et du Turonien qui
donnent naissance à des sols plus légers, parfois recouverts de limons rouges
en couches assez épaisses. Ces limons rappellent ceux des environs de Reims :
la décalcification n'y est pas complète ; aussi sont-ils assez riches en acide phos-

phorique. Sur les sols argilo-calcaires du Turonien sont établies, à flanc de coteau, quelques vignes alternant avec des terres en culture.

Dans la montagne de Saint-Thierry et le Soissonnais, on rencontre une assez grande variété de sols, conséquence de la diversité des caractères pétrographiques des couches géologiques. L'Ypresien forme, au-dessous des terres généralement incultes provenant du calcaire grossier, des sols sablonneux, légèrement calcaires par suite des éboulis du calcaire grossier, pauvres, caillouteuses, manquant d'acide phosphorique et d'azote sur lesquels sont plantées des vignes.

Il est intéressant d'examiner l'influence de la constitution physique et de la composition chimique des sols sur la végétation de la vigne et sur la qualité de ses produits.

Constitution physique.

Au point de vue physique, les sols sont composés par trois éléments principaux : la silice, l'argile, le calcaire, auxquels il faut ajouter l'humus et l'oxyde de fer. En Champagne, les sols sont calcaires, argilo-calcaires. argilo-siliceux, argileux et sablonneux. Le sol exerce une très grande influence sur la vigne : il modifie profondément, suivant sa nature, les rendements et la qualité des cépages. Si les vignes européennes peuvent vivre dans presque tous les sols. elles donnent des produits différents, suivant la nature de ceux-ci. Le Pinot, par exemple, donne des vins remarquables dans les terrains calcaires seulement. Le Blanc Chardonnay ne donne pas les mêmes vins en Champagne et en Bourgogne où les sols sont différents. Le Meunier réussit mieux que le Pinot noir dans les sables de la vallée de la Vesle. L'influence du sol est encore plus marquée sur les vignes américaines, car celles-ci ont des exigences bien déterminées et la question de l'adaptation doit être envisagée très sérieusement pour que la reconstitution soit faite avec quelque chance de succès et de durée.

Sols argileux. — L'argile n'existe jamais à l'état pur. même dans les sols argileux les plus compacts. Ils sont difficiles à travailler, forment pâte par la pluie, se fendillent par la sécheresse. Les apports de sable les modifient avantageusement. Les sols argileux exposent la vigne aux inconvénients d'une humidité excessive, à la pourriture des racines. Les cépages à vins fins n'y sont pas à leur place ; cependant, les cépages noirs y donnent encore des produits de qualité, à bouquet et à saveur particuliers. Ces sols sont assez rares dans notre région champenoise ; ils ne se rencontrent qu'au sommet de la zone vignoble.

Sols silico-argileux, ou argilo-siliceux. — Suivant la quantité d'argile qu'ils renferment, ces sols sont plus ou moins forts et plus ou moins perméables. On les rencontre fréquemment en Champagne, souvent mélangés à des cailloux. Ils sont très favorables à la culture de la vigne.

Sols calcaires. — Les sols calcaires ne sont pas constitués par de la craie pure ; le limon, les dépôts meubles des pentes, les amendements ont modifié la composition de la terre végétale, dont l'épaisseur est d'ailleurs plus ou moins grande. Mélangé aux autres éléments, le calcaire forme les sols les plus fertiles, les meilleurs, les plus faciles à travailler ; les cailloux y sont parfois abondants. La nitrification y est active. Les produits de la vigne y acquièrent une grande qualité, un parfum accentué, une finesse remarquable. Les raisins y sont rarement très gros, mais sucrés, et donnent des vins légers, très bouquetés, riches en alcool, manquant de corps. Les vins de la Champagne, comme les eaux-de-vie de Cognac, doivent en partie au calcaire leurs brillantes qualités.

Oxyde de fer et humus. — L'oxyde de fer donne aux sols la coloration rouge dont nous examinerons plus loin le rôle. Le fer combat la chlorose dans les sols calcaires ; ce fait était bien connu des vignerons qui, de longue date, faisaient usage des cendres sulfureuses ou ferrugineuses.

Le rôle physique et chimique de l'humus est important ; il s'exerce sur la cohésion et la coloration du sol. L'humus sert d'aliment à la vigne et de véhicule aux éléments nutritifs. Mais lorsqu'il se trouve en excès, il donne des vins grossiers, légers, de conservation difficile. Dans les vignobles champenois, malgré les apports considérables de fumier ou de magasins, un excès d'humus n'est pas à craindre, la nitrification étant très active.

Rôle des cailloux. — Il est reconnu que la présence des cailloux dans le sol est un facteur de la qualité du vin. Quelle que soit leur origine, siliceuse ou calcaire, ils modifient la constitution physique du sol, facilitent la pénétration des racines, favorisent l'assainissement et l'aération, entravent l'évaporation de l'eau et la dessiccation, et jouent ainsi le rôle de régulateurs de l'humidité ; ils retiennent et emmagasinent la chaleur ; mais la pénétration des instruments est rendue plus difficile. La vigne y est généralement saine ; elle se développe peu, mais dure longtemps ; les produits sont peu abondants, mûrissent de bonne heure et sont de qualité supérieure.

Les cailloux calcaires se désagrègent peu à peu, augmentent la couche végétale et modifient avantageusement sa composition chimique.

Influence de l'humidité. — La vigne est plutôt une plante des terrains secs. L'humidité excessive provoque la pourriture des racines, retarde l'échauffement du sol et, par suite, le départ de la végétation et la maturité. Dans les sols humides, la végétation s'emporte à bois, souvent au détriment de la production. le bois s'aoûte mal, les maladies cryptogamiques y sont plus fréquentes. Le vin est moins alcoolique, moins bouqueté, de conservation plus difficile, de moindre qualité que dans les sols secs. Souvent on est obligé de modifier le système de taille, aussi quelques auteurs ont-ils pu dire que le choix de la taille est une question d'eau.

En Champagne, l'excès d'humidité n'est guère à craindre, car les vignes sont établies généralement sur des coteaux. La sécheresse s'y fait peu sentir. Les forêts qui surplombent le vignoble constituent une réserve d'humidité qui gagne peu à peu la craie. Les racines, constamment renouvelées par le recouchage annuel, vont y chercher la fraîcheur nécessaire. Enfin, le nombre considérable des ceps dans les vignes en pente constitue un écran protecteur contre l'évaporation de l'eau.

Influence de la chaleur du sol. — Le sol emmagasine une certaine partie de la chaleur solaire et la cède aux plantes qu'elle est chargée de nourrir. La vigne commence à végéter lorsque la température du sol atteint 9°. La chaleur s'y propage plus ou moins rapidement, suivant la structure et la nature des éléments qui le constituent. La terre végétale peut aussi en rayonner avec plus ou moins d'intensité. Les sols humides s'échauffent moins facilement que les sols secs.

Influence de la coloration. — La coloration exerce une grande influence sur les propriétés physiques du sol. Celui-ci s'échauffe d'autant plus facilement qu'il est plus foncé : par contre, les sols à coloration foncée émettent une quantité de chaleur assez faible. La coloration brune ou rouge du sol est donc favorable à la culture de la vigne. En Champagne, la plus grande partie des sols des grands crus provenant du tertiaire ont une couleur foncée qui favorise le développement de la vigne et la maturation du raisin. Les vignerons connaissent bien ces propriétés du sol : de longue date ils utilisent les cendres sulfureuses, ils ont planté les cépages noirs dans les sols foncés de préférence, réservant pour les terrains calcaires. peu foncés, les cépages blancs. moins exigeants que les premiers sous le rapport de la maturation.

Dans les terres blanches, l'échauffement est lent au printemps et la végétation moins rapide, les gelées y sont plus à craindre par suite du rayonnement intense: la réverbération du sol peut provoquer le grillage au moment de la maturation du fruit. Les raisins sont peu volumineux, mais riches en sucre.

Composition chimique.

Les différents éléments du sol agissent sur la végétation de la vigne, d'abord, puis sur le vin lui-même, non seulement par leurs caractères physiques que les anciens auteurs avaient surtout en vue, mais aussi par leurs propriétés chimiques sur lesquelles la science moderne a porté toute son attention. Les éléments chimiques agissent sur la composition, le bouquet, la couleur, la conservation des vins, et constituent ainsi des facteurs importants de la qualité. Cependant, selon M. Müntz, « la nature du sol intervient dans une large mesure non pas tant pour modifier la nature des vins que pour les classer suivant une hiérarchie, en vins de finesse plus ou moins grande. En général, les sols pauvres et caillouteux produisent les crus les plus estimés. L'influence du sol s'exerce surtout sur le cépage, non pas en modifiant la nature fondamentale du vin, mais en établissant certaines nuances qui sont pour beaucoup dans sa valeur vénale. La teneur du sol en principes fertilisants ne semble pas avoir une influence sensible sur les rendements, ni sur la qualité des vins. Par contre, la constitution physique du sol, surtout au point de vue des éléments grossiers qu'il contient parait exercer sur la qualité des vins une action très sensible. Ils rendent le sol meuble, perméable, aride dans une certaine mesure, autant par suite de la pénurie de terre végétale que de la faible proportion d'humidité retenue. Il semble qu'il y ait corrélation entre l'humidité du sol et la qualité des vins ; la vigne donne des vins de qualité surtout dans les sols secs.... »

« C'est donc en somme, conclut-il, l'aptitude à se dessécher qui semble être un des principaux facteurs de la qualité des vins. L'influence de la terre sur la qualité des vins ne dépend donc pas de sa nature chimique, ni de l'abondance ou de la pénurie des éléments fertilisants qu'elle renferme, elle réside surtout dans la perméabilité ou plutôt encore dans l'aridité du sol et dans son faible pouvoir absorbant pour l'eau. »

Ces conclusions peuvent paraître trop absolues, le rôle des éléments chimiques du sol ne saurait être négligé complètement.

L'Argile. — Les terrains argileux, dont nous avons examiné les propriétés, sont surtout favorables à la quantité, souvent au détriment de la qualité. Les terrains argileux mélangés de craie, de sable, d'oxyde de fer, constituant ainsi des sols perméables comme en Champagne, reposant sur un sous-sol de craie, donnent des vins de qualité remarquable. Certains auteurs attribuent à l'argile les goûts de terroir qui caractérisent certains vins.

La Silice. — La silice, selon Petit Laffite, « agit sur la légèreté, l'arome et les qualités brillantes du vin. » Plus la silice abonde dans le sol, plus le vin renferme, d'après le chimiste Fauré, de ce principe appelé « œnanthine » qui constitue le bouquet. Le goût de pierre à fusil, si apprécié de certains vins réputés, serait dû à la silice. Rendu a montré également que les meilleurs crus sont ceux dont le sol est le plus riche en silice soluble.

D'après Portes et Ruyssen, les éléments de perfection du vin sont : l'alcool dû à la chaux, la coloration, fille du fer, le moelleux qui vient à la fois de l'alumine et du cépage, le bouquet donné par la silice. Jules Guyot attribue aussi à la silice une mise à fruit plus rapide et la finesse du vin. Dans des expériences commencées il y a 35 ans environ, Oberlin, le grand viticulteur alsacien, opérant sur le pinot blanc, a montré l'influence favorable exercée par le silicate de soude sur la qualité du vin. Ces expériences justifient la pratique des vignerons champenois d'apporter dans leurs vignes des amendements contenant en général une forte proportion de silice.

Le Calcaire — Nous avons vu qu'il existe une corrélation très nette entre le degré alcoolique du vin et sa qualité et la teneur du calcaire du sol. Chaptal disait : « en général les vins récoltés sur les calcaires sont spiritueux ». Cette corrélation a été maintes fois constatée dans divers crus. La présence du calcaire est donc un bienfait dans les régions septentrionales où les vins ne sont jamais assez spiritueux. D'après Joulie, le rôle de la chaux serait prédominant dans la formation des bois et des feuilles.

L'Humus. — Le rôle de l'humus est intimement lié à celui de l'azote et de l'humidité; il favorise le grand développement foliacé de la vigne, mais aussi le peu de fécondité. Il donnerait au vin de la rudesse, de l'âpreté, une coloration plus intense, et lui assurerait une plus longue conservation, en agissant sur la production du tanin.

L'Azote. — L'azote est, parmi les éléments fertilisants, celui qui exerce la plus grande influence sur la végétation de la vigne. Les recherches de M. Müntz sur les vignes de Champagne ont montré que la plus grande partie de l'azote absorbé par la vigne est fixée par les feuilles et les sarments: le vin en prélève très peu. Il semble bien difficile de se prononcer sur l'influence de l'azote sur

la qualité des vins, car les divers éléments agissent en collaboration, les uns
avec les autres. Cependant, lorsque la quantité d'azote dépasse certaines limites,
la vigne produit surtout des feuilles et du bois; les sarments ont des mérithalles
allongés, une moelle abondante, s'aoûtent mal et tardivement, les maladies
cryptogamiques s'y développent facilement. L'excès d'azote nuit à la fructification, favorise la coulure; les grappes sont énormes, mais mûrissent mal; la
pourriture s'y met facilement; le vin se conserve mal. La vigne est « folle ».

La Potasse. — Georges Ville considérait la potasse comme la « dominante »
de la vigne; c'est en effet l'élément minéral le plus abondant dans le vin.
Le premier rôle dans la production du fruit appartiendrait à la potasse; le
second à l'acide phosphorique; en troisième lieu interviendraient l'azote, la
chaux, la magnésie. Mais on ne connaît pas bien le rôle de la potasse dans la
qualité du vin. Elle intéresse la santé et l'existence même de la vigne, et jouerait
le rôle d'aliment et de médicament.

L'Acide phosphorique. — Bien qu'indispensable à la vigne, l'acide phosphorique est cependant demandé en moins grande quantité que les autres éléments.
Il tempère les défauts de l'excès d'azote, en favorisant l'aoûtement des sarments;
ceux-ci sont plus consistants, à mérithalles plus courts, à moelle moins abondante. La vigne résiste mieux aux gelées d'automne et d'hiver, à la coulure,
aux maladies. La fructification et la maturation sont mieux assurées. Un excès
d'acide phosphorique ne nuit jamais. Il exerce sur la qualité du vin une heureuse influence, les vins les plus réputés sont les plus riches en acide phosphorique. M. Müntz conclut en effet de ses Recherches expérimentales que « la
qualité supérieure coïncide avec une plus grande teneur en matières azotées et
phosphatées et que celles-ci ne sont peut-être pas sans influence sur quelques-
unes des qualités organoleptiques qui établissent de si grandes différences de
prix entre les vins. » M. Paturel constata la même corrélation. Plus le vin
renferme d'acide phosphorique, plus les éthers essentiels qui constituent son
bouquet sont abondants et de conservation assurée.

Le Fer. — Certains éléments, le fer, le manganèse, l'acide sulfurique ont
une influence décisive sur les propriétés du vin. Selon Seletti, « un vin, en leur
absence, ne pourrait être considéré comme chimiquement formé. »

Le fer agit sur la végétation de la vigne et sur la matière colorante des
raisins. Il est plus abondant dans les vins rouges que dans les vins blancs, ce
qui expliquerait la supériorité des qualités toniques et digestives des premiers.
Il constitue un excellent médicament contre la chlorose.

Le Manganèse. — Des travaux récents ont montré que le manganèse est un des stimulants les plus actifs de la végétation; il agit somme engrais « cataly- tique ». A dose modérée, il favorise le développement des levûres, il jouerait un rôle important dans le vieillissement des vins et constituerait un des facteurs du bouquet.

La Magnésie. — Son rôle n'est pas très bien connu. On suppose qu'en se combinant à l'acide phosphorique. elle contribue à la formation des noyaux des cellules et de la chlorophylle. Des recherches récentes semblent établir que la chlorose serait due à l'insuffisance de la magnésie.

Le Soufre. — Le soufre est également un des éléments constitutifs du noyau cellulaire. Le sol en contient généralement une quantité suffisante: cependant. il peut paraître intéressant d'attirer l'attention des viticulteurs sur le rôle, récemment mis en évidence. du soufre comme matière fertilisante.

Comment on modifie la constitution physique et la composition chimique des sols du vignoble champenois.

Les vignerons champenois ont. de tout temps. cherché à améliorer la con- stitution physique de leurs sols par des apports d'amendements. L'auteur champenois. Bidet, qui, dans son *Traité sur la nature et sur la culture de la vigne, sur le vin, la façon de le faire et la manière de le gouverner*, nous donne sur la culture de la vigne en Champagne, au xviii° siècle, des documents inté- ressants, écrit :

« L'usage en Champagne est de terrer les vignes tous les vingt ans et la nouvelle terrure est de 10000 hottées par arpent. La règle doit être de mettre un pié de distance entre chaque hottée. Une terrure plus forte échangerait la nature de la vigne, ôterait au vin la finesse et formerait sur le pié, une épaisseur capable de le priver des influences de l'air qui y porte le feu et les sucs les plus parfaits. Il est beaucoup mieux de ne terrer la vigne que tous les dix ans en mettant deux piés de distance entre chaque hottée. »

Les amendements actuellement encore utilisés sont les cendres pyriteuses. et les terres ou sables que fournissent les assises tertiaires surmontant la craie. Mais, depuis la guerre, la pénurie de main-d'œuvre et les salaires élevés ont restreint considérablement ces anciennes pratiques.

Les Cendres noires. — Les cendres noires sont tirées de l'argile à lignites du sparnacien. Elles étaient exploitées au xve siècle pour la fabrication de la couperose verte et de l'alun, mais leur utilisation comme amendement ne remonte que vers 1770, époque où l'extraction fut commencée dans le Mont-de-Berru. Elle y prit bientôt une grande importance ; il y eut jusqu'à 7 sociétés syndiquées et pendant 70 ans, cette industrie fut assez prospère ; les cultivateurs des Ardennes et de la Champagne utilisaient ces cendres en les répandant sur leurs prairies. Un avis publié en 1772 précise les conditions de leur emploi en agriculture. L'extraction des cendres rapportait annuellement 6000 livres au Chapitre de Notre-Dame de Reims, qui prélevait le tiers de la production. Berru en retira plus de 1 200 000 livres pendant la durée de l'exploitation, mais les cultivateurs négligèrent par trop leurs vignes et leurs terres, attirés par les salaires qu'ils touchèrent dans les cendrières.

Cliché Moreau-Berillon.

UNE CENDRIÈRE A VERZENAY.

L'une d'elles, la grande cendrière de Perseuil, fut vendue comme bien national, 32 000 livres, en 1791.

Le chimiste rémois Boulet, en messidor, An II, songea à les utiliser pour en extraire le soufre, le vitriol vert et l'alun. Plus tard, en 1825, le Conseil municipal de Berru, inquiet au sujet des sources qui alimentent le village, interdit de faire de nouvelles fouilles à moins de 500 mètres des sources de la commune. Vers 1830, on extrayait 40 000 hectolitres par an ; de nos jours, cette exploitation n'existe plus.

Au début du xixe siècle, J.-B. Moët signala la découverte des cendrières de Vinay et de la montagne de Saran, près de Chouilly, et vers 1811 on commença à exploiter celle de Bouleuse, dont les cendres, comme celles de Berru, s'enflammaient à l'air. Plus tard, en 1822, la cendrière de Bouzy était connue. On en trouva à Hautvillers, à Belval, à Verzenay, à Rilly, à Écueil.

La composition des cendres est très variable, non seulement d'une cendrière à une autre, mais aussi, dans la même cendrière, d'une profondeur à une autre, d'un lit au lit voisin. A Verzenay, les argiles à lignites sont constituées par des couches successives d'argile et de sable, mélangés de résine fossile, de débris charbonneux portant des empreintes végétales, de troncs d'arbres. On y trouve de la pyrite de fer, qui, s'oxydant à l'air, se transforme en sulfate de fer, des cristaux de gypse. D'après les nombreuses analyses qui ont été faites, elles renferment, en général, des matières organiques provenant de débris végétaux, et riches en azote, du gypse en notable quantité, de la pyrite de fer, du soufre, tous éléments dont le rôle a été mis en évidence. On les utilise, soit directement après l'extraction, soit après les avoir exposées à l'air pendant un certain temps, pour permettre aux pyrites de s'oxyder, et aux cendres de subir une combustion spontanée qui les transforme en cendres rouges ou cendres brûlées, mais fait disparaître une partie importante de la matière organique et par suite de l'azote et de la potasse. Au point de vue fertilisant, il semble préférable de ne pas laisser brûler les cendres avant de les employer.

Les cendres noires sont utilisées seules, ou bien, elles entrent dans la confection des magasins. Elles jouent un rôle chimique en apportant du soufre, du sulfate de fer, du sulfate de chaux, de l'azote et de la potasse; elles sont extrêmement pauvres en acide phosphorique. Mais leur composition étant très variable, on peut conclure que leur rôle fertilisant est secondaire.

Leur rôle physique semble plus important; par leur couleur noire, elles emmagasinent la chaleur solaire; elles facilitent le travail de certains sols, et par là sont très appréciées des vignerons qui n'hésitent pas à s'imposer des sacrifices considérables pour faire des apports importants et réguliers de ces cendres. Avant la guerre, le mètre cube répandu revenait à 5 ou 6 francs et l'on employait de 80 à 100 mètres cubes à l'hectare tous les 4 ou 5 ans.

Les Terres siliceuses ou argileuses. — Les amendements autres que les cendres, extraits également des assises tertiaires, sont aussi très anciennement employés. On extrayait au début du XIXe siècle, d'un « terrier » d'Ay, une terre entremêlée de coquillages que l'on associait au fumier. Leur composition physique varie suivant leur provenance. Tantôt, ce sont, comme à Verzenay, des sables nummulitiques que l'on utilise pour les magasins, pour les pépinières et pour les jeunes plantations. Tantôt, ce sont des terres silico-argileuses, ou argileuses. En général, ces amendements sont très pauvres en matières fertilisantes, en azote et en acide phosphorique surtout; la potasse s'y rencontre en plus ou moins grande quantité suivant la proportion d'argile qu'ils renferment, la chaux s'y trouve aussi en quantité variable. Ces terres sont assez riches en oxyde de fer, qui exerce, par sa coloration, une heureuse influence dans les terres calcaires blanches.

Leur rôle est surtout physique. Les éléments très fins qu'elles renferment donnent du corps, de la compacité aux terres calcaires naturellement meubles et perméables, ils contribuent à retenir les éléments fertilisants, et à conserver l'humidité si précieuse dans les sols légers. Les expériences d'Oberlin, dont nous avons déjà parlé, sur le rôle de la silice, donnent un argument de plus en faveur de la pratique séculaire des terrages.

Utilisés dans les pépinières, au moment des plantations, les sables constituent autour des jeunes racines un milieu essentiellement meuble dans lequel elles peuvent aisément se développer; la reprise est ainsi mieux assurée.

Les apports considérables de terres et de cendres sulfureuses que les vignerons avaient coutume de faire avant la guerre n'enrichissent guère le sol en éléments fertilisants, bien que certaines des substances qu'elles renferment jouent un rôle favorable pour la végétation de la vigne.

Cliché Moreau-Berillon.

LE TERRIER D'AŸ.

Ils agissent surtout physiquement, en modifiant la constitution du sol primitif et en augmentant la couche de terre meuble dans laquelle se développent les racines de la vigne. Les avantages qu'ils procurent ne peuvent se chiffrer pécuniairement, mais dans l'esprit du vigneron guidé par une longue expérience, ils justifient les sacrifices que celui-ci s'imposait.

Les Fumures, Magasins et Composts. — L'usage du fumier, si l'on en croit Bidet, se serait généralisé au xviiie siècle, en Champagne. « L'usage, écrit-il, est de donner aux vignes tous les 7 ou 8 ans un amendement complet qui consiste en 1000 hottées par arpent. » Cet auteur donne de judicieux conseils sur la manière d'employer le fumier; on ne doit pas en mettre de trop grandes quantités, car il « rend le vin mol et fade et facile à graisser ». Il faut éviter de le mettre directement sur les racines et de l'enclore par la neige ou la gelée.

Le collaborateur de l'abbé Rozier, rédacteur de l'article « Vignes », dans le *Dictionnaire de l'Agriculture*, combat cette pratique de fumer la vigne, appliquée par les vignerons du Nord. « Par ce moyen, dit-il, ils obtiennent, à la vérité, une récolte plus abondante, plus de vin, mais un vin sans qualité, jamais de garde et qui rappelle souvent l'odeur des substances dégoûtantes qu'ils ont employées. »

Telle fut, pendant longtemps, l'opinion accréditée que fumer la vigne en augmente le rendement, mais au détriment de la qualité. Cependant, la pratique des fumures s'est généralisée.

On utilise les fumiers de cheval, de vache ou de mouton, mais surtout ceux de cheval, que les vignerons se procurent chez des cultivateurs de la Champagne. La vente de ces substances faisait, avant la guerre, l'objet d'un commerce très important : le mètre cube vendu à pied d'œuvre revenait à 10 ou 12 francs, prix hors de proportion avec la valeur fertilisante et le cours des principes actifs.

Rarement, le fumier est employé seul; dans ce cas, le vigneron ne prend pas toujours les précau-

Cliché Moreau-Bérillon.

Un magasin.

tions nécessaires pour qu'il soit bien fait avant de l'épandre ; il est souvent mal conservé, trop pailleux, de médiocre qualité.

Parfois, dans certains vignobles, on le répand en juillet dans les vignes, il joue le rôle de paillis, conserve l'humidité du sol, empêche la réverbération et le grillage des raisins, mais favorise le développement des mauvaises herbes et augmente le rendement au détriment de la qualité. Généralement, le fumier employé seul est enfoui par la bêcherie ou le provignage. Le plus souvent, on en fait des magasins ou composts avec les terres et les sables que l'on dispose dans des endroits spécialement réservés à la « culée » ou au « chevet » des vignes. On les confectionne pendant l'été, à l'époque où les travaux de la vigne sont le moins absorbants et laissent au vigneron quelques loisirs. Le fumier et les terres sont disposés par couches alternatives de 15 à 20 centimètres d'épaisseur chacune. La masse subit un tassement : 2 m³ de terre et 2 m³ de fumier, entrant dans la confection du magasin ne représentent plus que 3 m³ au moment de l'emploi. Pour les plantations, on met davantage de terre que de fumier.

La composition des magasins varie, cela va sans dire, suivant la proportion de terre et de fumier : la terre étant généralement très pauvre en matières ferti-

lisantes, le magasin lui-même est pauvre. Mais cette pratique permet de conserver la plus grande partie des principes fertilisants du fumier, l'azote s'y
conserve à l'état organique, la nitrification étant très lente. Malgré les frais de
main-d'œuvre, on ne saurait condamner cette pratique ; elle atténue les inconvénients de l'emploi du fumier seul. Par suite des apports de terre, le sol
acquiert une constitution qui favorise le développement des racines de la vigne,
qui, trouvant à se nourrir dans la couche superficielle, s'échauffent rapidement
au printemps et profitent des rayons du soleil.

Les composts sont portés à dos d'homme pendant l'hiver, avant la bêcherie

Cliché Rothier.

La bêcherie (*Vignobles Pommery*).

ou la plantation, ou avant l'hiver, si l'on plante en novembre. On coupe le
magasin par tranches verticales, et l'on a bien soin de mélanger le mieux possible la terre et le fumier.

Les quantités de magasins employées sont considérables. Il n'est pas rare,
au moment de la plantation, d'apporter 3 ou 400 m³ à l'hectare ; puis, tous les
5 ans, on emploie 300 m³ de fumier et de terre mélangés par moitié. La fré-
quence des fumures et leur importance varient d'ailleurs suivant les crus.

L'apport de ces quantités énormes de magasins représente une quantité
considérable de matières fertilisantes.

D'après M. Müntz, « les quantités de principes fertilisants ainsi accumulés
dans la vigne, au début de son établissement, atteignent donc, par hectare, pour
l'azote, de 2 à 3000 kilogrammes, pour l'acide phosphorique 1000 à 1500 kilo-

grammes, et pour la potasse jusqu'à 3oo et 3700 kilogrammes. Cette accumulation énorme est de nature à transformer le sol d'une manière complète et à faire de la culture de la vigne en Champagne une véritable culture maraîchère dans laquelle il y a une exagération de l'emploi de matières fertilisantes pouvant pousser à la production la plus intensive que permettent les conditions climatériques et météorologiques.

« Dès le début de la plantation, les vignes se trouvent donc dans un terrain artificiellement enrichi à tel point que les récoltes les plus fortes et la végétation la plus puissante pourraient se développer. Mais ces engrais, distribués avec

PORTAGE DU MAGASIN DANS LES VIGNES EN HIVER (*Vignobles Pommery*.

tant de profusion, ne sont pas les seuls facteurs qui interviennent : la nature du cépage, qui est à faible rendement, comme le sont généralement les cépages fins, le climat, avec les gelées d'hiver et de printemps, la coulure et les intempéries combattent l'effet des fumures et entravent ainsi la production du raisin.

« On croit communément que les vins de Champagne doivent leur finesse et leur bouquet si délicats à l'aridité du sol; il faut faire justice de cette légende: il n'est pas de vigne, quelque productive qu'elle fût, on peut même dire qu'il n'y a pas de plante de grande culture qui vive au sein d'une pareille abondance; les chiffres que nous venons de donner font assez ressortir ces faits qui paraissent avoir passé inaperçus.

« Les vignobles du Midi, même ceux qui ont une production moyenne décuple de celle des vignes de la Champagne, n'ont jamais à leur disposition une aussi grande réserve de principes fertilisants. Ceux-ci sont donnés aux vignes de la Champagne non seulement à discrétion, mais en quantités qu'on pourrait appeler excessives si elles n'étaient justifiées par l'observation des faits culturaux.

« Mais il ne faudrait pas croire que les énormes quantités d'azote et de potasse donnés au début de la plantation restent en entier accumulées dans le sol ; celui-ci est essentiellement perméable et calcaire, la nitrification s'y produit avec la plus grande intensité et les pluies qui les traversent entraînent au loin les nitrates formés aux dépens de la matière azotée. De même, la potasse est éliminée partiellement parce qu'elle se trouve donnée en quantité plus considérable que ce qui peut rester absorbé par les éléments humiques et argileux du sol. »

M. Müntz a cherché à déterminer les exigences de la vigne dans divers crus de la Champagne et les a comparées aux quantités d'éléments fertilisants apportés par les fumures d'entretien. Les organes végétatifs sont particulièrement exigeants, la quantité de vendange modifie peu la quantité totale des éléments enlevés par la vigne. Il est apporté, selon les crus, une quantité supérieure d'azote, beaucoup plus d'acide phosphorique et de potasse que la vigne n'en exige. Mais une partie de ces éléments retourne au sol par les sarments et par les marcs. En 1893, à Ay, les exigences de la vigne se chiffraient ainsi, par hectare : 50 kilogrammes d'azote, 10 kilogrammes d'acide phosphorique, 50 kilogrammes de potasse, 110 kilogrammes de chaux, 5 kilogrammes de magnésie. La quantité de matières fertilisantes mises en jeu pour la production d'un hectolitre de vin en Champagne serait donc de 1 k. 690 d'azote, 0 k. 410 d'acide phosphorique, 1 k. 810 de potasse. Elle est un peu inférieure dans les vignobles à vins fins de la Bourgogne et du Bordelais, et beaucoup moindre dans les vignobles à vins ordinaires du Midi.

M. Chappaz, professeur départemental de la Marne, tenant compte des rognages qui avaient été négligés dans les recherches de M. Müntz, a trouvé en 1905, comme exigences en matières fertilisantes d'un hectare de vignes : 80 kilogrammes d'azote, 20 d'acide phosphorique, 82 de potasse et 139 de chaux.

La quantité de feuilles à l'hectare est à peu près équivalente dans tous les vignobles ; mais, d'après M. Müntz, il faut, pour obtenir une même quantité de vin, une surface foliaire quatre fois plus considérable en Champagne que dans le Midi. Peut-être, ce fait est-il dû à une moins grande activité des feuilles dans les climats septentrionaux ?

« La raison d'être de ces fumures si élevées, écrit M. Müntz, se trouve dans la constitution de ce sol qui est grand consommateur d'engrais, bien plus que dans les exigences de la plante qui sont relativement faibles. Peut-être aussi, doit-on considérer que la vigne vit là dans un climat qui lui est peu favorable et qu'elle a à traverser des périodes difficiles dues aux intempéries; la vigne reçoit souvent de fortes atteintes des gelées printanières comme cela a été le cas en 1892. Si elle ne se trouvait pas en présence d'une alimentation suffisante ou même surabondante, résisterait-elle comme elle le fait, à ces causes d'affaiblissement et reprendrait-elle, aussi rapidement sa vigueur qui lui permet dès l'année suivante de produire de si abondantes récoltes comme en 1893? »

Ces fumures intensives ont, en outre, contribué pour une large part, en stimulant l'énergie de la vigne contre le phylloxera, à la conservation du vignoble champenois et permis ainsi au vigneron de préparer la reconstitution que la guerre a précipitée.

De l'influence des fumures intensives sur la quantité et la qualité des vins. — On ne saurait nier l'influence, toutes choses égales d'ailleurs, de la fumure sur la quantité. De deux vignes de même âge et de même plant, établies côte à côte dans le même sol, l'une fumée régulièrement, l'autre négligée, la première donne une récolte bien supérieure à la seconde, parfois même double. Ce surcroît de récolte obtenu suffit largement, dans les grands crus, à couvrir les frais de la fumure, si élevés soient-ils.

Il semble aussi, et c'est une opinion qui trouve quelque crédit, que la vigne en Champagne, vivant au sein de l'abondance, doive donner des produits inférieurs. Et cependant, les vins de la Champagne ont conservé ces brillantes qualités de finesse et de bouquet qui lui ont valu une renommée universelle. A la suite de ses recherches remarquables sur les vignes des principaux vignobles de France, M. Müntz dans une communication faite le 6 mai 1895, à l'Académie des Sciences, s'exprimait ainsi, au sujet de l'influence de la fumure, sur la qualité des vins.

« Le Médoc et la Champagne, dont les vins ont une si grande finesse, emploient de très fortes fumures dépassant celles que l'on donne aux cultures les plus intensives de céréales, de racines ou de fourrages. Ce n'est donc pas l'abondance des matières fertilisantes qui exerce une action déprimante sur la qualité des vins. Mais il convient d'ajouter que dans ces crus si renommés, dont les sols offrent peu de ressources pour eux-mêmes, ce sont presque toujours les engrais naturels que l'on emploie après les avoir souvent transformés en terreau. Si l'on donnait des engrais chimiques à action rapide, tels que le nitrate de soude, peut-être n'auraient-ils pas la même innocuité : c'est un point qui n'est pas résolu.

« En réalité, ces fumures ont plutôt pour effet de donner de la vigueur à la vigne que de pousser à une augmentation de récolte ; le rendement est subordonné aux influences climatériques, beaucoup plus qu'à l'abondance des matières fertilisantes, et quand il n'est pas artificiellement poussé par le mode de taille au delà d'une certaine limite, la qualité des vins ne se ressent pas de l'exagération des fumures. Mais, lorsqu'en même temps on taille à longs bois laissant ainsi beaucoup plus de bourgeons à fruits, ces influences réunies agissent sur la production qu'on peut alors arriver à doubler, mais au détriment manifeste de la finesse des vins et de leur vinosité. En demandant à la vigne de plus fortes récoltes, par l'effet combiné de la fumure et de la taille, on n'obtient que des vins inférieurs. Mais quand la surproduction est due uniquement à des circonstances météorologiques favorables, il n'en est pas de même et les années de grands rendements sont généralement aussi des années de bonne qualité comme cela a eu lieu en 1893 où le Médoc et la Champagne ont récolté le double des années normales.... »

« Dans les vignes de la Champagne, la production est subordonnée aux influences climatériques, la fumure étant là le facteur constant, c'est-à-dire toujours suffisante pour la végétation et la fructification de la vigne. »

Si l'on envisage le côté économique de la question, on peut se demander s'il ne serait pas possible de modifier sans inconvénients, la pratique usitée en Champagne.

En 1893, à l'époque où M. Müntz fit ses recherches expérimentales, les récoltes étaient abondantes, le kilogramme de raisin se vendait des prix jusqu'alors inconnus, le produit brut à l'hectare atteignait 8 à 10 000 francs, la culture était rémunératrice. Aussi pouvait-il conclure : « Les considérations économiques qui seraient à leur place s'il s'agissait de la production d'autres cultures, telles que les céréales, les racines, les fourrages, dont la valeur marchande est maintenue entre des limites très rapprochées, ne s'appliquent plus ici, où le produit de la récolte atteint des chiffres énormes. Peu importe le gaspillage des fumiers, s'il offre la certitude d'une alimentation copieuse, excessive même, donnée à une récolte d'aussi grand rapport, dont la moindre augmentation paie largement les avances faites avec prodigalité.

« D'ailleurs, les pratiques que nous examinons ici remontent à de longues années, c'est-à-dire qu'elles n'ont aucune influence sur la qualité des vins qui s'est affermie et maintenue dans les conditions de culture en usage actuellement. »

Les conditions économiques ont changé depuis cette époque. Les vignerons ont eu à subir la dépréciation des prix, la mévente, et certaines,années. 1908, 1910, 1913 ont laissé un bien triste souvenir. Les prix s'étaient relevés à la veille de la guerre, pour s'abaisser ensuite. Une hausse sensible eut lieu pour les récoltes 1919-1920. Mais la crise intense que subit actuellement le commerce du Champagne, crise sans précédent, laisse prévoir un avilissement des prix et le retour de jours sombres pour le vigneron, malgré la réduction des superficies productives et l'anéantissement presque total de la récolte 1921 par la gelée. Les salaires des ouvriers ont considérablement augmenté, les matières premières ont subi une hausse énorme, les frais d'entretien d'un hectare de vigne, qui, avant la guerre, coûtaient déjà de 3 à 4000 francs s'élèvent actuellement à 8 ou 10 000 francs. On est donc en droit de se demander s'il ne serait pas possible d'assurer le maximum de production tout en conservant la qualité.

La transformation qui s'opère actuellement dans les méthodes de culture, conséquence de la reconstitution, vise surtout la réduction des frais culturaux. Mais ne serait-il pas possible d'envisager aussi une modification des systèmes de fumure ?

« Étant donné, écrit M. Müntz, que les vignes de la Champagne sont artificiellement enrichies par des fumures abondantes, une augmentation ou une diminution de celles-ci n'a qu'une influence secondaire sur les récoltes, puisque, de toute manière, les vignes trouvent un aliment suffisant à leurs besoins. »

Le vigneron peut donc diminuer la quantité de fumier qu'il emploie, sans compromettre la récolte. Il y sera d'ailleurs fatalement obligé, car du fait de la guerre, la région dans laquelle il s'approvisionnait, n'en produit pas suffisamment, faute de bétail. Les besoins de la vigne en potasse et en acide phosphorique seront faciles à satisfaire; mais il n'en est pas de même de l'azote, car la nitrification est active et les pertes sensibles. Le vigneron aurait pu recourir, comme engrais économiques à décomposition lente, aux déchets de laine que fournissait avant la guerre l'industrie de Reims; mais celle-ci renaît à peine de de ses ruines. Il pourrait utiliser la tourbe que l'on trouve dans les vallées de la Vesle et de l'Aisne, ou encore recourir, comme on le faisait autrefois, aux plantes des marais, aux ressources de la forêt et confectionner des composts avec ces substances végétales.

Les engrais chimiques. -- Les recherches de M. Müntz ont été faites dans le vignoble d'une grande maison de Champagne où rien n'était négligé. Les vignoble des grands propriétaires aisés sont également bien tenus, mais il s'en

faut que les lots de petits vignerons peu fortunés reçoivent les fumures abondantes dont nous venons de parler.

Il en est de même dans les crus secondaires et inférieurs qui ne vendaient
pas toujours leur récolte au commerce du Champagne. Aussi les chiffres donnés
par M. Müntz peuvent-ils être considérés comme des maxima.

Avant 1914 et surtout depuis la guerre, bon nombre de vignerons n'hési-
tèrent plus à réduire les quantités de fumier employées, à en espacer les apports
et à utiliser les engrais chimiques. Bien employés, ceux-ci exercent une heureuse influence sur la qualité du vin, ils augmentent les rendements sans diminuer la qualité. La vigne est plus résistante aux gelées, aux invasions de mildiou,
elle s'aoûte mieux. Le rôle de ces engrais deviendra prépondérant dans la culture de la vigne en Champagne.

CHAPITRE XV

Les Cépages

Nous avons examiné successivement le climat et le sol de la Champagne viticole. Il nous reste à étudier le troisième terme de la formule toujours exacte d'Olivier de Serres ; le complant ou, en termes plus modernes : les cépages et l'encépagement.

« L'influence du cépage sur la nature du vin est presque prédominante, écrit M. Müntz (*Les Vignes*, page 488), car chaque cépage a ses qualités propres, non pas tant au point de vue de l'abondance du fruit, de l'élaboration du sucre, qu'à celui des substances subtiles et indéfinissables qui échappent à l'examen chimique, mais qui établissent entre les vins des diverses provenances des différences de prix énormes. La finesse, le bouquet, le moelleux constituent ces propriétés organoleptiques qui font tant apprécier les vins qui les possèdent. Aussi, à l'heure actuelle, l'analyse chimique est-elle impuissante à distinguer un vin fin d'un vin commun, la dégustation seule permet d'établir cette classification qui est, d'ailleurs, devenue un véritable art chez ceux qui en font état et même chez les connaisseurs. »

Aussi, nous semble-t-il intéressant de consacrer quelques pages à l'étude succincte des cépages fondamentaux du vignoble champenois ; nous laisserons de côté celle des cépages secondaires que l'on pourrait y rencontrer, leur importance étant généralement bien faible ; souvent, ce ne sont que des vestiges d'un ancien encépagement ou de simples curiosités.

Les anciens cépages

De tout temps, les vignerons champenois ont eu le souci constant de cultiver des variétés renommées pour la grande qualité de leurs produits.

Columelle citait, parmi les vignes cultivées en Gaule, une petite variété, la *meilleure de toutes*, dont la description correspond assez bien à celle de nos Pinots. Allemane, au ix⁰ siècle, appelant l'attention sur le monastère d'Haut-villers qu'il habitait, fait mention des *raisins brillants et dorés comme ceux de Falerne* et semble indiquer l'existence du Chardonnay. Plus tard, Eustache

Deschamps, au xive siècle, nous parle des *divins pynos* et des *gouaïs* qu'il n'estime guère.

Les documents ampélographiques sur la Champagne sont rares dans les siècles suivants. Charles Estienne et Jean Liébault dans la « Maison Rustique » citent, parmi les meilleurs plants, le *morillon* appelé *Pinot*, le meilleur complant, le *pinot aigret*, le *fromenteau* ou *pinot gris ;* il cite aussi les *gouais* ou *gouest* et le *meslier*, cépages encore cultivés en Champagne.

Il faut venir jusqu'à Jean Merlet, en 1667, pour retrouver une liste assez complète des cépages de la Champagne. Il indique, en effet, le *morillon hâtif* ou *raisin de la Madeleine*, le *morillon taconné* ou *meunier*, le *morillon noir ordinaire*, le *morillon blanc*, le *fromenteau*, les *méliers*, les *gouais*, etc. Pluche, Léger, Bidet, qui, au xviiie siècle, écrivirent sur la vigne, s'inspirèrent de cette liste de Merlet.

Jullien, dans sa *Topographie des vignobles connus* de 1816, énumère parmi les plants de la Marne, les *Morillons*, les *Pineaux*, les *Meuniers* et les *Fromentés* comme cépages rouges, et parmi les cépages blancs, les *Plants dorés* les *Epinettes*, puis le *gouais* qu'il n'apprécie guère.

Bosc (1820) cite, pour la Marne, parmi les variétés qui donnent le meilleur vin, le *petit plant doré*, le *gros plant doré, noir*, qui constitue le fonds du vignoble, le *gros plant gris*, le *petit blanc*, le *chasselas blanc*, le *muscat blanc*, le *muscat noir*, le *gros plant vert*. Le gouais, le meunier, le teinturier donnent des vins bien inférieurs.

Nous retrouvons aussi quelques notes ampélographiques intéressantes dans les Almanachs et Annuaires du département de la Marne, parus au commencement du xixe siècle.

Mais, il faut arriver jusqu'en 1845, pour trouver un travail ampélographique vraiment digne de ce nom. A cette époque, en effet, parut l'*Ampélographie Universelle*, ou *Traité des cépages les plus estimés dans les vignobles de quelque renom*, du Comte Odart. Nous y trouvons la description des Pinots, « l'honneur de la Bourgogne et de la Champagne » et en particulier celles du *gros plant doré d'Ay*, du *meunier* ou *morillon taconné*, du *pinot gris*, du *pinot blanc Chardonnay*, du *morillon blanc* ou *Epinette*, etc.

Quelques années plus tard, Rendu, dans son *Ampélographie française*, faisait une description assez détaillée du vignoble champenois en même temps qu'une monographie des principaux cépages. Cette œuvre est bien supérieure à celle du Comte Odart.

Jules Guyot, dans son *Etude des vignobles de France*, ne s'est pas précisément révélé un ampélographe indiscutable ; malgré les erreurs et les imperfections que l'on rencontre dans son ouvrage, nous ne résistons pas au désir de citer le passage suivant, relatif aux cépages de la Marne. « Néanmoins, écrit-il, sans le choix attentif que les habitants de la Marne ont su faire des cépages les plus perfectibles sous leur climat et dans leurs sols, ils n'auraient produit et ne produiraient que des vins très communs. Ce sont, principalement, trois variétés de pineaux noirs, le *plant vert*, le *plant doré* et le *plant vert doré*, puis l'*épinette blanche* qui n'est autre que le petit arnoison blanc de Chablis, qui fournissent tous les bons vins de la Champagne. Le vert doré et l'épinette blanche sont d'une grande fertilité, mais les trois variétés de noirs mûrissent plus tôt et mieux que les raisins blancs. Aussitôt qu'un vignoble adjoint le meunier et le gamay à ces fines races, et surtout le gouais, la valeur du vin descend en proportion de ces grossiers cépages, au point que les vins de pur gouais étaient donnés en boisson aux ouvriers ou vendus 3o ou 4o francs la barrique, alors que, dans le même pays, dans le même terrain, les vins fins ne valaient pas moins de 2oo à 3oo fr. la même barrique. J'ai commencé à étudier les arrondissements de Châlons, Epernay et Reims, en 1845, et j'ai vu, à cette époque, des vignes de gouais fournissant du vin de boisson à 3o fr. la barrique, là où sont aujourd'hui plantés des cépages fins, noirs ou blancs, qui donnent un vin de 2oo fr. Il est impossible de trouver une preuve plus incontestable de l'énorme influence du cépage sur la qualité et la valeur des vins, mais cette preuve est faite dans tous les vignobles de France, ce qui n'empêche pas le sol et le climat d'influer très heureusement ou très malheureusement sur la qualité des produits de la vigne.

Trouver les meilleurs cépages qui profitent le mieux d'un sol et d'un climat, tel est le grand problème à résoudre par les différents crus. Ce problème, le Département de la Marne semble l'avoir parfaitement résolu. »

Au commencement de ce siècle parut l'*Ampélographie*, de Viala et Vermorel, œuvre magistrale qui laisse bien loin derrière elle, non seulement par l'illustration, mais aussi par la documentation, les tentatives ampélographiques antérieures. Nous y renvoyons le lecteur, s'il désire y consulter la monographie des cépages qui nous intéressent en Champagne.

Cépages cultivés dans la Champagne en 1914

Nous résumerons dans le tableau ci-joint la liste par région des cépages cultivés dominants.

1" *Montagne de Reims et Basse-Montagne*. — Le Pinot noir domine, puis le Meunier et le Chardonnay ou Blanc de Cramant.

2° *Petite montagne de Reims et rives de la Vesle*. — Le Meunier domine, puis le Pinot noir et le Chardonnay. Dans les meilleurs crus, le Meunier et le Pinot noir se partagent le territoire. A Saint-Thierry, le Pinot noir domine.

3° *Vallée de l'Ardre*. — Le Meunier, le Pinot noir, le Chardonnay forment le fonds du vignoble ; l'un ou l'autre domine suivant les vignobles.

4° *Mont de Berru et vallée de la Suippe*. — Le Blanc de Cramant domine, le Pinot noir y est également représenté.

5° *Bouzy et Ambonnay*. — Le Pinot noir y est presque exclusivement cultivé.

6° *Rivière de Marne*. — A. *Grands crus*. Le Pinot noir domine ; on y rencontre un peu de Chardonnay et quelques meuniers.

B. *Crus secondaires et Petite Marne*. — Le Meunier domine, mais le Pinot noir y est encore bien représenté, puis le Chardonnay et le Meslier.

C. *Rive gauche de la Marne*. — Le Meunier domine, puis le Pinot noir, le Chardonnay, le Meslier et quelques Gamays.

D. *Arrondissement de Château-Thierry*. — Le Meunier domine, puis le Meslier, quelques Pinots noirs et le Chardonnay.

7° *Côte d'Epernay*. — Le Pinot noir domine. A Chouilly, le vignoble est presque entièrement constitué par le Blanc de Cramant. Le Meunier est bien représenté dans certains crus.

8° *Montagne d'Avize*. — Le Chardonnay domine, d'où le nom de Côte des Blancs ; on y rencontre un peu de Pinot noir et de Meunier.

9° *Vignobles de Férebrianges*. — Le Meunier domine, puis le Pinot noir et le Chardonnay.

10° *Vignobles des environs de Sézanne*. — Le Gouais, le Pinot noir, le Meunier, le Gamay, le Chardonnay y sont représentés.

11° *Vignobles des environs de Vitry-le-François*. — Les Gouais noir et blanc dominent. Le Pinot noir, le Chardonnay et le Gamay viennent ensuite, les deux premiers dominant dans certains crus.

12° *Vignobles du Soissonnais*. — Le Meunier domine, et parfois le Pinot noir dans certains crus.

Nous passerons en revue, sans toutefois entrer dans beaucoup de détails, les principaux de ces cépages : le Pinot noir et ses diverses variétés, le blanc de Cramant et le Meunier, laissant de côté les autres cépages secondaires, peu intéressants pour la production du vin de Champagne.

Les Pinots

Les Pinots constituent une véritable famille dont les différentes branches se distinguent par leur qualités vinifères, l'époque de leur maturation, la forme, la grosseur et la coloration de leurs grappes, la résistance à la pourriture, la forme des feuilles, la présence ou l'absence de tomentum, etc. Durand, dans l'Ampélographie Viala et Vermorel, les classe en quatre groupes :

1° Le Pinot noir fin, type original de la famille.

2° Les Pinots présentant des modifications de couleur : Pinot blanc vrai. pinot violet, pinot gris, pinot tête de nègre, pinot teinturier.

3° Les variétés sélectionnées par les vignerons : vert doré, plant d'Hervelon pour la Champagne.

4° Les pinots précoces, tels que le Pinot Saint-Laurent, le pinot noir hâtif. ou raisin de juillet, ou encore Madeleine noire, pinot précoce, etc.

Pendant longtemps l'orthographe du nom a été « Pineau », mais nous pensons avec Adrien Berget, Durand et Guichard que l'orthographe : pinot, la plus ancienne, doit prévaloir. Pinot rappelle, en effet, par la forme de son raisin, la pomme du pin.

Pinot noir

Le pinot noir, dont les principaux synonymes sont : *Pinot fin, noir fin, noirien, vert doré, plant doré, petit plant doré, morillon noir, Bourguignon noir, aurernal noir, pinot d'Ay, plant de Cumières, de Verzy, de Bouzy, de S. Thierry, d'Hervelon,* etc.. est très anciennement connu en Champagne. Eustache Deschamps, Liébault en ont parlé dans leurs ouvrages. Les moines d'Hautvillers, de S.-Basle, de S.-Thierry, d'Avenay, les Seigneurs et les Princes le plantèrent sur les coteaux bien exposés. Philippe le Hardi le protégea en proscrivant « l'infâme gamay ». L'aire géographique du Pinot est très étendue, mais il n'occupe en réalité que des faibles superficies. En Champagne, avant la guerre, les Pinots étaient cultivés sur plus de 10.000 hectares.

Il était généralement cultivé en foule et soumis à l'assisclage ; on le taillait à 3 ou 4 yeux francs, les yeux de la base étant peu fructifères. Les yeux nés sur le vieux bois sont infertiles.

Le Pinot présente une assez grande affinité avec les divers porte-greffes américains, et surtout avec les Riparia × Rupestris, le Riparia Gloire l'Aramon $\times$ Rupestris Ganzin n° 1, le 41 B. Sur Mourvèdre $\times$ Ruspestris 1202, il devient presque infertile, par excès de vigueur. La terre d'origine calcaire lui convient particulièrement : par contre, les terrains argileux, froids, humides, ne lui conviennent pas. Le Pinot débourre de bonne heure, aussi est-il sujet aux gelées printanières ; il coule facilement par un temps humide et froid ; il est sujet au « *Millerandage*. Il chlorose parfois pendant les printemps humides. La pyrale, la cochylis et l'écrivain ont une prédilection marquée et lui causent d'importants dégâts. Il est sujet au mildiou, à l'oïdium, et dans les endroits humides, au pourridié. C'est un cépage à maturité de première époque.

Cliché Philipponat

PINOT NOIR.

En Champagne, la récolte est presque totalement affectée à la préparation du vin de Champagne et subit à cet effet une vinification spéciale. Mais il donne aussi des vins blancs secs ou des vins rouges remarquables, autrefois très renommés et très appréciés encore de nos jours. Le moût est riche en sucre et donne des vins dosant jusqu'à 12° d'alcool, avec 5 ou 6 grammes d'acidité par litre. Le vin de Pinot acquiert son maximum de qualité vers 5 ou 6 ans, et la conserve parfois au delà de 12 ans.

Variétés. — Les variations du pinot noir sont assez nombreuses en Champagne, elles résultent de la nature physique et de la composition chimique des sols, ou bien elles ont été créées par la sélection. Les moines des abbayes de la région l'ont pratiquée, et certains vignerons observateurs, car il y en eut de tout temps, ont aussi sélectionné quelques variétés qui se distinguaient surtout par leur vigueur et leur fructification. C'est ainsi qu'étaient connus, au début du XIXᵉ siècle, les plants Béthouzet, Colas André, Michaut, aux environs de Châtillon-sur-Marne.

Parmi ces variétés, nous citerons : 1° le *plant vert doré d'Ay* ou *Morillon*, ou *gros plant vert doré* qui, importé il y a plus d'un siècle, domine actuellement dans la région. De moyenne vigueur sur les côtes d'Ay, il est très vigoureux dans la Montagne de Reims. Les sarments sont roux doré, à port érigé, à nœuds très rapprochés, les vrilles courtes et rameuses ; les bourgeons sont vert doré, carminés sur les bords, à leur débourrement. Les feuilles sont petites, presque entières, quelquefois à trois lobes seulement, peu profondes ; elles sont fortement gaufrées, la face supérieure est d'un vert foncé, la face inférieure dépourvue de duvet, les nervures fines et peu saillantes, le pétiole court, le limbe contourné en hélice. La grappe est courte, en forme de pyramide assez allongée, pourvue d'une aile bien détachée. Le pédoncule est court, de la couleur des sarments : les grains sont serrés, de forme ovalaire, à peau très fine, sensibles à la pourriture ; mûrs, ils sont revêtus d'une pruine violacée.

2° *Le petit plant doré d'Ay* a été supplanté dans le vignoble d'Ay par le vert doré, qui est plus fructifère et moins vigoureux. Les sarments sont cannelés, à entre-nœuds plus grands que ceux du vert doré. Les feuilles sont petites, presque aussi larges que longues, fines, presque entières ou très peu lobées, non duveteuses à la face inférieure. Le pétiole est allongé, violacé à la maturité. La grappe est petite, ramassée, ailée ou non, le pédoncule gros et court, les grains peu serrés, ronds, noir bleuâtre, pruinés, à peau plus épaisse que le vert doré. Il coule facilement, mûrit plus tôt que le vert doré et résiste mieux à la pourriture. Il est moins exigeant sur la qualité du sol. Son vin est de qualité exceptionnelle.

3° Le *plant Geoffroy* semble une sélection du vert doré. il est moins vigoureux, moins sujet à la coulure, plus productif. La grappe n'est pas ailée. les grains sont serrés et mûrissent moins facilement. Le vin un peu plus abondant, mais moins fin que celui du vert doré.

4° Le *Plant d'Hervelon*. originaire d'un hameau de la commune de Pévy, forme le fonds du vignoble d'Écueil et de Sacy. Il fut importé. vers 1816, par un vigneron de Sacy qui le propagea. Il est assez vigoureux, à port érigé. Sur chaque bois de taille pousse un maître brin vigoureux, et un ou deux autres chétifs qui s'aoûtent mal. Les yeux sont serrés, le bourgeonnement vert. La feuille est petite, plus large que longue, souvent entière ou à peine lobée, à face supérieure très lisse. La nervure principale médiane divise la feuille en deux parties inégales, dont la plus grande est déformée. Il est fertile. La grappe est simple. cylindrique ou cylindro-conique peu ailée. peu serrée sur les ceps adultes, les grains sont ovales. Le raisin mûrit bien, quoique un peu tardivement : la maturité se fait rapidement : le pédoncule des raisins reste longtemps vert et brunit vite. Il craint la pourriture. Le raisin reste un peu rougeâtre et dans les années d'abondance, il renferme 3 ou 4 pépins.

5° Le *Plant de Trépail* présente avec le plan d'Hervelon une certaine analogie : les mérithalles sont plus longs, les feuilles moins lisses, les grappes plus fortes. Il dégénère rapidement, présente un feuillage découpé, persillé, avec le lobe inférieur de la feuille très allongé.

6° Le *Plant de Bouzy* est intermédiaire avec les deux précédents en ce qui concerne le feuillage. Il donne des grappes moyennes à peau très fine, dégénère moins facilement et semble peu sujet aux variations. A l'automne, les feuilles rougissent fréquemment.

7° Le *plant de S.-Thierry* jouissait autrefois d'une réputation très méritée. Il constituait le vignoble des moines de l'Abbaye de S.-Thierry, devenu celui de l'Archevêque de Reims qui subsistait encore avant la guerre. Le cépage possède tous les caractères du Pinot noir, il est assez vigoureux, assez précoce. Les feuilles prennent à l'automne une teinte caractéristique, jaune rosée sur les bords.

On peut citer encore le *Pinot de Vertus*, le *Plant vert*, le *Pinot de Verzy*, variations du Pinot noir n'en différant que par des caractères secondaires dus au sol, et disparaissant lorsque les plants sont changés de milieu.

Pinot gris.

Le Pinot gris a comme synonymes, le *fromentot*, *fromentais*, *petit gris*, *auvernat gris*, *enfumé*, *beurot*, *pinot ambré*, *Auxerrois*, *Malvoisie*.

C'est une variété de Pinot noir dont la grappe devient gris rosé; qui autrefois fut assez répandue en Champagne. Bidet lui attribue la qualité exquise des vins de Sillery et de Verzenay. Vers le milieu du XIX° siècle, les acheteurs de raisins les confondant avec les *mau mûrs* ou *non mûrs*, commencèrent à tort à les bannir et peu à peu les vignerons de la Montagne de Reims les éliminèrent de leurs vignes. Actuellement, on n'en rencontre plus que des ceps isolés, alors qu'autrefois, il en existait des vignes entières.

On le cultive comme le pinot noir, on le taille à 3 yeux. Il est très vigoureux, plus fertile que le Pinot noir dans les sols silico-calcaires et argilo-calcaires, mais plus sensible à la chlorose, et plus sujet à la coulure et au millerandage. Il donne un raisin très sucré, très agréable à manger; son vin est plus doux et plus fin que celui du Pinot noir. Il mériterait ainsi d'être cultivé plus en grand, dans les régions à vins fins.

Meunier.

Les synonymes du Meunier sont : *Pinot Meunier*, *Plant Meunier*, *Blanc Meunier*, *Gris Meunier*, *Farineux*, *Morillon laconné*, *Auvernat gris*, etc.

Ce plant semble originaire de la Champagne et issu du Pinot noir dont il possède les caractères essentiels. Charles Etienne le signale dans son « Vinetum ». Merlet considère le « Morillon taconné ou Meunier » parce qu'il a des feuilles blanches et farineuses, comme meilleur que le plus hâtif et très fructifère ». Au xviiie siècle, il était déjà très répandu dans notre région. Bidet écrivait en 1752, « il charge beaucoup, fait de bon vin et convient le mieux en Champagne ». Il constitue le fond des vignobles du Nord et de l'Ouest de la Marne, des arrondissements de Château-Thierry et de Soissons et sa culture semble s'étendre. Il débourre quelques jours après le chasselas et sa maturité est du commencement de la première époque.

Le Meunier ne diffère des pinots que par le débourrement cotonneux, légèrement rosé des jeunes feuilles qui restent très blanches pendant plusieurs semaines. Plus tard, elles prennent une couleur grisâtre, les sarments sont également grisâtres; violacés, tomenteux, les bourgeons duveteux. La grappe est, en général, plus ramassée, moins allongée que celle du Pinot, mûrit huit à dix jours plus tôt et produit davantage. Les feuilles, à l'automne, rougissent sur les bords. Il réussit bien dans les terres argilo-calcaires et les sables du tertiaire et y donne un vin moins coloré, mais plus fin et plus bouqueté que dans les terres calcaires.

Il s'accommode fort bien des tailles longues : Gobelet, Guyot, Cordons horizontaux. Dans les sols fertiles, bien défoncés et bien fumés, il donne une production soutenue, pouvant atteindre 5o hectolitres à l'hectare. Il est peu sujet à la coulure. Grâce à son tomentum, il résiste assez bien aux gelées du printemps, mais lorsqu'il en est atteint, il se refait assez mal. Il résiste au mildiou, à l'oïdium, mais il est sensible à la pourriture, et la pyrale lui cause des dégâts importants. Il se greffe bien sur tous les porte-greffes américains, en particulier sur le 1202. Il donne un vin assez riche en alcool, assez bien composé, mais la vinification demande quelques précautions.

Le Chardonnay.

Le Chardonnay a de nombreux synonymes. On l'appelle suivant les régions : *Arnoison blanc, Auvernas, Auvernat blanc, Auxerrois blanc, Beaunois, Chablis, Blanc de Champagne, Chardenet, Chardenay, Chaudenay, Chardonnel, Epinette, Epinette blanche, Epinette de Champagne, Pinot blanc de Cramant, Plant doré blanc* ou *Pinot blanc de Champagne, Morillon blanc, Valesanne, Valériane, Melon, Melon à queue de goret, Moribart, Romeray, Pinot blanc Chardonnay, Rousseau.*

Le Chardonnay, souvent désigné sous le nom de Pinot blanc Chardonnay, n'est pas le Pinot blanc vrai. probablement variété blanche du Pinot noir, cultivée par ceps isolés en Champagne, et connue aussi sous le nom de Pinot de Fleury-la-Rivière.

Mais il présente avec la famille des Pinots, par la forme des feuilles, le volume des raisins. l'époque de la maturité, la finesse des produits, la communaté d'habitat, une certaine analogie avec les Pinots, qui a contribué à le faire classer dans cette famille. Il diffère cependant du Pinot blanc vrai par la texture des feuilles, l'emplacement de la nervure supérieure qui borde le limbe jusqu'à la première ramification. son port étalé, l'alternance des ailerons de la grappe qui sont opposés dans le premier.

CHARDONNAY.

De plus, la partie du grain exposée au soleil. rougit et présente quatre points roux carminés disposés en croix, mais seulement à belle exposition. Jamais le Pinot noir n'a montré de variations ayant les « caractères du Chardonnay, mais par contre, le Chardonnay présente des variations propres, Chardonnay musqué, Chardonnay rose, où le caractère des feuilles est conservé. Il doit donc être considéré comme un type indépendant des Pinots.

Ce cépage semble très anciennement connu en Champagne. Allemanc, au ix⁰ siècle, parle en effet. « de vignes dont le jus fait briller la coupe de l'éclat des perles » et plus loin « des raisins brillants et dorés », allusions qui semblent pouvoir être attribuées au Chardonnay. Cependant Guichard le considère comme originaire du petit village de Chardonnay, près de Chalon-sur-Saône. Les noms de Beaunois, Bourguignon blanc qui lui sont donnés, indiquent aussi sa provenance bourguignonne.

Le Chardonnay est très répandu dans les vignobles de craie pure, à Cramant, Avize, Le Mesnil, Grauves. Chouilly, Trépail, etc. Il existe également, mais moins répandu, dans le reste du vignoble de la Champagne déli-

mitée. Soumis à la culture en foule. on le taille à 2, 3 ou 4 yeux. Il débourre
assez tôt et, par suite. il est sujet aux gelées printanières ; ses racines traçantes,
superficielles, s'échauffent rapidement. Sa maturité est précoce, de première
époque ; il mûrit cependant huit jours après le Pinot noir. Sur les sols de craie,
sa végétation est bonne, sa fructification régulière, et il jouit d'une longévité
dépassant 50 et parfois 100 ans.

Il est assez résistant au mildiou, très sensible à l'oïdium et à la pourriture
grise ; la peau du raisin est très mince, éclate facilement, ce qui favorise le
développement du Botrytis. Le Chardonnay est sujet à la coulure, dans les
vignes vieilles surtout, et présente souvent du millerandage. La pyrale, la
cochylis, le gribouri, les noctuelles lui causent des dégâts parfois considérables.

Ce cépage présente une affinité assez grande avec les porte-greffes américains ; mais les greffes restent peu vigoureuses pendant la première année de
pépinière. La taille en gobelet. la taille Guyot, celle de Chablis. les arçons
peuvent lui être appliqués.

Le vin de Chardonnay présente une finesse remarquable qui, avec sa blancheur, sa fraîcheur et sa disposition naturelle à prendre la mousse. le font
rechercher pour la préparation du Champagne.

Les raisins blancs obtiennent des prix égaux ou supérieurs à ceux des
raisins noirs, sauf dans la Montagne de Reims, où on leur reproche de provoquer la graisse des vins. C'est incontestablement un des meilleurs cépages à
raisins blancs cultivés en France.

Un des viticulteurs émérites de la Champagne, M. Couvreur-Périn à Rilly-
la-Montagne. avait réuni, avant la guerre. à force de patientes recherches, une
collection remarquable de tous les cépages cultivés en Champagne. La collection des Pinots comprenait plus de 100 types ou variations représentés par
12 exemplaires chacun, classés méthodiquement. Chaque année. M. Couvreur-
Périn y faisait très attentivement des observations minutieuses sur le débourrement. la floraison, la maturité, la qualité du moût. etc. La pénurie de main-
d'œuvre pendant la guerre, la proximité du front ont malheureusement
compromis l'entretien de cette remarquable collection et interrompu des observations qui eussent été du plus haut intérêt pour les viticulteurs champenois et
l'avenir de la reconstitution du vignoble. Néanmoins, nous avons cru devoir
mentionner ici. cette tentative unique en Champagne et des plus intéressantes,
et nous espérons qu'elle pourra être bientôt continuée.

Ce court aperçu ampélographique suffira. nous l'espérons. pour montrer le
souci que de tout temps. les vignerons champenois ont eu de choisir, de
conserver. de multiplier les cépages susceptibles de leur donner des vins de

qualité, et l'importance que ces plants fins ont pris dans la Champagne viticole. Ils ont ainsi contribué à assurer au cours des siècles, la grande renommée du Champagne.

Lors de la reconstitution du vignoble, qui s'impose plus impérieusement que jamais, les vignerons champenois, soucieux de la qualité qui a fait le succès du vin de Champagne, conserveront jalousement et en les sélectionnant : dans les grands crus, *le Pinot noir*, ses variations, et *le Chardonnay*; dans des crus secondaires ou dans des terrains spécialement favorables, *le Meunier*. Ces cépages sont admirablement adaptés au sol et au climat de la Champagne, une expérience plus que millénaire en a consacré la supériorité sur les autres plants.

CINQUIÈME PARTIE

LA VIGNE

CHAPITRE XVI
La Culture de la Vigne en Champagne

La culture de la vigne en Champagne est toute différente de celle des autres régions viticoles de la France. La rigueur du climat, la constitution géologique du sol rendent les récoltes aléatoires et peu abondantes, mais la finesse des produits vient compenser ces inconvénients. Le vigneron doit lutter sans cesse contre ces conditions de milieu défectueuses, par des soins assidus, par un surcroit de travail, par des apports abondants de terre et de fumier, par une méthode de culture toute spéciale.

Tout doit concourir à placer la vigne et ses fruits dans des conditions telles qu'elle puisse profiter le mieux possible des rayons solaires. La valeur relativement élevée des produits, conséquence de leurs qualités exceptionnelles de bouquet et de finesse, de l'exiguïté des rendements, de l'étendue restreinte de la région de production, permet dans une certaine mesure aux vignerons champenois, tout au moins à ceux des grands crus, de faire les sacrifices considérables nécessités par l'entretien de leurs vignobles.

La méthode de culture généralement en usage avant la guerre dans les grands crus, est connue sous le nom de *culture en foule*. Sur 12 000 hectares que comportait le vignoble avant la guerre, plus des 4/5 étaient soumis à ce mode de culture.

Dans le nord de l'arrondissement de Reims, dans celui de Vitry-le-François, aux environs de Sézanne, la vigne est cultivée en lignes.

Les documents historiques relatifs à la culture de la vigne en Champagne sont peu nombreux. Cependant, d'après le Polyptyque de l'Abbaye de Saint-Remy, les vignes, à cette époque, étaient déjà en rangs serrés, soutenues par des échalas et maintenues basses. La culture en foule serait donc plus que millénaire. Olivier de Serres, Liébault, ont peu parlé de la culture de la vigne en Champagne. Il faut venir jusqu'au xviiie siècle, pour trouver des documents précis et intéressants, la concernant.

Le Mémoire de 1718, attribué à l'abbé Godinot, donne déjà des détails précieux. L'abbé Pluche y a fait de larges emprunts dans l'Entretien XIII du *Spectacle de la Nature*. Mais le travail le plus complet sur la matière a été publié, en 1752, par Nicolas Bidet, que nous avons cité déjà. L'auteur, simple viticulteur, né à Reims, souvent confondu avec son frère Louis Bidet, maître des Eaux et Forêts, eut l'honneur d'être traduit par les Italiens et les Allemands. Duhamel de Monceau, en 1759, publia une seconde édition de son *Traité*, revue et corrigée par l'auteur lui-même.

Roy Chevrier dans son *Ampélographie rétrospective*, reproche à Bidet, avec l'abbé Tainturier, d'avoir fait de nombreux emprunts à Estienne et à Louis Liger, et même d'avoir pillé Pluche.

Si, dans le chapitre XXIII intitulé : *De l'espèce de vignes propres à l'espalier des jardins*, et dans le suivant : *De l'espèce de vignes propres au vignoble*, Bidet s'est borné à transcrire Liger, tout en coordonnant ce qu'avait écrit cet auteur, il nous donne néanmoins sur la culture de la vigne en Champagne qu'il connaissait à fond puisqu'il lui consacra toute son existence, des détails originaux, inédits et personnels. Son ouvrage comprend deux volumes, le premier spécial à la culture de la vigne, le second traitant de la vendange, de la vinification et des soins à donner aux vins.

Bien des pratiques culturales encore en usage actuellement, étaient déjà connues de longue date à l'époque où Bidet écrivait. La culture en foule apparait comme le résultat d'une longue expérience basée sur de nombreuses observations, comme la mieux adaptée au climat rigoureux de la Champagne, à l'aridité du sol, au cépage, et comme donnant à la fois les produits de meilleure qualité et les plus abondants.

Elle a perdu pendant la guerre, sous les ravages du phylloxéra, par suite des faits de guerre, de manque de soins ou de l'inculture, l'importance qu'elle avait auparavant. La reconstitution du vignoble la fera disparaitre, aussi ne présentera-t-elle plus bientôt qu'un intérêt purement rétrospectif. Néanmoins, sans entrer dans trop de détails, croyons-nous devoir consacrer quelques pages à une méthode qui a contribué à établir la renommée des grands crus de la Champagne et qui est sur le point d'entrer dans le domaine du passé.

I. La culture en foule.

Elle est ainsi nommée parce que la vigne, au bout de quelques années de plantations, est composée de ceps nombreux, en ordre dispersé, au lieu d'être plantée en lignes comme dans d'autres régions de la France.

Elle joint aux avantages considérables que nous venons d'indiquer, celui de durer plus longtemps que la vigne en souche; son existence est prolongée, parfois au delà d'un siècle, par le recouchage annuel. Le vigneron renouvelle donc sa vigne moins fréquemment, il économise ainsi les frais d'une nouvelle plantation et la perte de trois années de récoltes; l'amortissement s'échelonne sur une période bien plus considérable.

Les tiges souterraines et les racines placées à faible profondeur s'échauffent facilement aux premiers rayons du soleil printanier: la taille maintient les pampres près du sol: le raisin profitant ainsi, à la fois, de la chaleur directe des rayons solaires et de la chaleur rayonnée par le sol, mûrit facilement et acquiert de la qualité. Les vignes en foule étaient connues sous le nom de *vignes basses*. par opposition aux *vignes moyennes* de la Montagne de Saint-Thierry.

1. — Création d'un vignoble.

Préparation des plants. — Autrefois, on plantait des marcottes entourées d'une motte de terre grasse, mais cette méthode nécessitait une grande habileté de la part de l'ouvrier et un temps considérable.

Depuis de longues années déjà, on utilisait presque toujours des plants racinés, provenant de pépinières et âgés de deux ou trois ans. Au temps de l'abbé Godinot et de Bidet, l'emploi des boutures racinées prévalait déjà dans la Montagne de Reims; les vignerons de la rivière de Marne avaient conservé la plantation en marcottes. Selon Bidet, les vignerons de la Montagne de Reims délaissaient le marcottage, car ils n'auraient pu en tirer le profit qu'ils faisaient en revendant aux forains le superflu du plant de bouture.

Les pépinières étaient établies dans un endroit assez frais. à proximité d'un ruisseau ou d'une mare pour faciliter les arrosages, dans un sol bien défoncé et bien ameubli.

Les plants. choisis dans les vignes de bon plant, étaient mis en bottes au moment de la taille, et celles-ci plongées dans l'eau par leur base, en attendant la mise en pépinière, fin mars ou avril. Les boutures étaient sectionnées au-dessous d'un œil: elles avaient o m. 40 à o m. 50 de long. On les disposait dans des rigoles espacées de o m. 3o à o m. 5o, de manière à laisser dépasser trois yeux hors de terre. La pépinière était binée, arrosée, sulfatée.

Au mois de mai suivant, on épluchait les plants, en ayant soin de réserver la plus belle pousse ; on pinçait au mois d'août et à l'automne ; si le plant était vigoureux, on pouvait le *lever* pour le planter à demeure.

On utilisait aussi les *crosselles*, ou sarments, portant à leur base une portion de bois de l'année précédente, ou des *languettes* que l'on provignait à la bêcherie et qu'on *levait* avec les racines pour la plantation.

Sélection des plants. — Quel que soit le plant employé, il importait de bien sélectionner les ceps sur lesquels on le prélevait, de manière à conserver les caractères fondamentaux des cépages. Olivier de Serres, il y a trois cents ans, conseillait déjà la sélection des boutures. Depuis, le vigneron champenois, dans les grands crus surtout, s'était attaché à éliminer les ceps défectueux, dégénérés, peu productifs, coulards, et à ne reproduire que des plants vigoureux et fructifères. Cette sélection n'a pas été sans contribuer à la renommée des crus ; il sera également indispensable de la pratiquer pour les greffons destinés aux nouvelles plantations de vignes greffées.

Du changement de plant. — La plupart du temps, le vigneron avait tout intérêt à prendre ses boutures dans le pays même, mais en les sélectionnant, plutôt que d'aller chercher du plant raciné ailleurs, quand même il serait assuré de sa qualité et de son authenticité. Tel plant, excellent dans un sol donné, se modifie et dégénère très rapidement ailleurs. Tel était aussi l'avis de Bidet, basé sur l'expérience.

Préparation du sol. — La plantation d'une vigne nouvelle se faisait, soit sur l'emplacement d'une ancienne vigne, soit sur un terrain vierge. Le premier cas était le plus fréquent. Après avoir arraché l'ancienne vigne, on y semait une avoine et une prairie artificielle que l'on retournait au bout de trois ans, pour planter. Parfois on plantait dès l'arrachage. Dans tous les cas, on avait soin de défoncer le terrain à une profondeur variable, suivant la nature des sols, soit à la bêche, soit à la pioche, et avant l'hiver, ou, si le temps n'était pas favorable, en janvier ou février. On constituait, par des apports de terre, une *tête* de vigne, à l'extrémité haute de la parcelle, on nivelait le terrain, on apportait les échalas, on dressait les « sentes » à l'aide de bornes en pierre ou de simples piquets de bois. Pendant l'été qui précédait la plantation, le vigneron avait eu soin de préparer un magasin avec du sable mélangé par parties égales avec du fumier.

Plantation. — La plantation était effectuée par un beau temps ; on évitait la gelée, la pluie ou le brouillard. Tantôt on établissait des *fossés*, *boriaux* ou *hottiaux*, espacés de o m. 60, ayant de o m. 15 à o m. 20 de largeur, o m. 40 de longueur, et de o m. 25 à o m. 40 de profondeur. La longueur était dans le sens de la montée ou de l'exposition de la vigne. La plantation était commencée par le haut de la pièce, à 1 m. 20 de l'extrémité, en lignes disposées dans le sens de la largeur. On mettait dans chaque fossé un plant que l'on coudait, on remplissait avec une pannerée de magasin, puis avec de la terre. Les rangées de plant étaient espacées de o m. 90 à 1 mètre et les plants disposés en quinconce d'une ligne à l'autre. C'était la méthode adoptée dans la rivière de Marne.

Dans la Montagne de Reims, la plantation était plus serrée, faite à la route et à demeure, par tranchées successives, espacées de o m. 80 ; on l'achevait comme précédemment. Le sable des magasins constituait un milieu très meuble, favorable à la reprise

Cliché Rothier.

ARRACHAGE D'UNE VIEILLE VIGNE (*Vignobles Pommery*).

et au développement des racines ; le fumier mettait à leur disposition une réserve d'humidité et de matières fertilisantes ; la reprise était ainsi mieux assurée.

Soins aux jeunes plantations. — Pendant les premières années, on maintenait le sol très propre par des binages répétés, on ébourgeonnait soigneusement. En février, on taillait les ceps les plus vigoureux, à 2 ou 3 yeux, et l'on préparait ainsi l'avenir du cep.

L'assiselage. — La plantation conservait jusqu'alors un aspect régulier, les plants restant en lignes aux distances primitives. Elle comprenait de 16 000 à 20 000 pieds à l'hectare. Mais bientôt, dès la 3e ou 4e année, dans la rivière de

Marne, on procédait à l'*assiselage*. Pendant l'été, on préparait un magasin; puis, à partir de novembre, on émondait les ceps en leur laissant deux brins vigoureux. Au printemps, on *déculait le chai* au hoyau, on le maintenait en arrière à l'aide d'un crochet, on le recouchait en l'avançant de 15 à 20 centimètres dans un fossé ouvert au hoyau, et que l'on remplissait avec le magasin. On avait soin d'écarter les deux brins : chaque *broche* ainsi mise en place et fixée était taillée à 3 ou 4 yeux. De cette manière, le nombre des ceps était presque doublé. On fichait ensuite les échalas.

La vigne conservait, pendant plusieurs années encore, une disposition en lignes à peu près régulières, mais, vers la 7ᵉ feuille, on procédait à un recouchage général en avançant un cep sur deux ou sur trois; la régularité primitive était ainsi rompue et faisait place à la mise en foule : il existait désormais de 30 000 à 50 000 pieds à l'hectare. Dès lors, les opérations culturales suivantes se succédaient régulièrement chaque année.

II. — Entretien d'une vigne en foule.

Tous les travaux de la culture en foule sont exécutés à la main; la situation, généralement en coteau, des vignes, le morcellement excessif, l'ordre dispersé des ceps l'exigent. Les principales opérations culturales portent le nom de *roies* et se succèdent dans l'ordre suivant, à partir de la vendange.

Dès que les feuilles sont tombées, le vigneron procède au *défichage des échalas, acherie* ou *dépiquage*, c'est-à-dire à l'arrachage et à la mise en tas, ou *moyères* des échalas. Rarement on le fait avant la chute des feuilles, pour ne pas priver les sarments de leur soutien et pour éviter les accidents causés par le vent. Parfois, des arrêtés municipaux retardent ce travail pour permettre aux oiseaux de se livrer à la chasse des larves de cochylis et de pyrale.

Les *moyères* ou *chevalets* sont disposées sur des emplacements spéciaux et alignées dans le sens de la longueur de la parcelle. Tantôt, on leur donne la forme d'un tronc de cône, les échalas étant dressés; tantôt, le plus souvent, ils sont disposés presque horizontalement, sur des porte-moyères, en forme de prismes triangulaires, l'une des arêtes en bas, de manière à offrir la moindre surface possible à la pluie. Chacune de ces dernières moyères contient les échalas de 1 are de vigne. Les premières ou *loups* réunissent ceux de 2 ou 3 ares.

Pendant le défichage, on élimine les bâtons hors d'usage, ou *bâtonneaux, bûchettes, blancmériaux*, qui servent à faire du feu. On aiguisera les autres pendant l'hiver.

Cette méthode, spéciale à la Champagne, assure une plus grande conservation des échalas, qui représentent un capital considérable. L'ébouillantage et le clochage des échalas contre la pyrale, les traitements au sulfure de carbone, la taille et la bêcherie sont rendus ainsi plus faciles.

Les travaux d'hiver, qui ne rentrent pas dans le cycle des roies, consistent dans le port des magasins et des fumiers, le redressement des tentes, la réfection des chevets, le dégagement des culées, l'aiguisage des échalas. Par les gelées, dans la Montagne de Reims, on balaie les vignes et l'on enlève les feuilles mortes et les mauvaises herbes, le mouron surtout. Dans la rivière de

Marne, le balayage est remplacé par un labour léger, ou râclage, donné avec le *rouale*, sorte de binette légère. Depuis 1913, on emploie fréquemment, pour détruire le mouron, d'après une méthode que nous avons préconisée. le sulfate de

Clichés Moreau-Bérillon.

CONFECTION DES « MOYÈRES ».

fer déshydraté, à la dose de 500 kilogrammes à l'hectare, répandu le matin, à la rosée.

C'est également en hiver que l'on arrache les vieilles vignes et que l'on défonce le sol pour les plantations nouvelles.

La seconde roie, la *taille* ou *taillerie*, ou encore *taillage*, est une des plus importantes. Elle commence dès le mois de janvier, sur la rivière de Marne, un peu plus tard dans la Montagne de Reims. Parfois, on émonde, pour gagner du temps, avant les fortes gelées. Autrefois, ce travail était réservé aux hommes : un préjugé très ancien ne reconnaissait pas à la femme l'intelligence suffisante pour tailler la vigne. La guerre a fait justice à jamais de ce préjugé. Le cep est émondé à la serpette, ou mieux au sécateur ; on ne lui conserve, suivant sa vigueur, qu'un ou deux bras, appelés *broches*, choisis dans la partie haute du cep, à l'*avant-vin*. Ces broches seront rognées à 3 ou 4 yeux ; le Chardonnay l'est généralement à 4 ou même 5 yeux. Plus le bois s'aoûte facilement, plus on peut tailler court ; ainsi, dans le vignoble d'Ay, exposé au Midi, on taille à 3 yeux, tandis qu'à Rilly, on rogne à 4 ou 5 yeux. On a soin, au moment de la taille, de réserver les provins destinés à combler les vides.

Cette taille courte, résultat d'une longue expérience, parfaitement adaptée au cépage, à la vigueur de la vigne, au sol et au climat de la Champagne, assure une production modérée, il est vrai, mais une maturité parfaite des raisins et,

Cliché Rothier.

LA TAILLE DE LA VIGNE EST FAITE HABITUELLEMENT PAR DES FEMMES (Vignobles Pommery).

par suite, la qualité du vin. Une taille plus longue, à 6 ou 7 yeux, *chargerait* davantage la vigne, mais les raisins mûriraient beaucoup plus difficilement et donneraient un vin inférieur.

D'après M. Müntz, « ce n'est pas à la taille qu'il faut demander l'abondance de récolte ; celle-ci doit résulter de la disposition naturelle du cépage à la fructification, disposition qui varie suivant les années et qui, souvent, est la conséquence des fumures antérieures. Chaque fois que l'augmentation de récolte est due à des causes naturelles qui favorisent la mise à fruit et la maturité, la qualité n'est pas diminuée, mais si le viticulteur demande l'abondance de récolte à des tailles longues, elle influe défavorablement sur la qualité des vins, tant au point de vue de la richesse alcoolique que de leur finesse et de leur bouquet. »

Les viticulteurs agiront sagement, en s'inspirant de ces judicieux principes, pour le choix des systèmes de taille à adopter lors de la reconstitution du vignoble.

La *bécherie, houerie* ou *piochage*, succède à la taille, de mars à fin avril, rarement plus tôt, sauf lorsque le temps est extrêmement favorable.

Lorsque la vendange est précoce, on commence parfois la bécherie à l'automne, mais elle favorise le débourrement de la vigne, ce qui, pour les cépages blancs, les rend plus sensibles aux gelées printanières.

On l'effectue à la main, avec le *hoyau* ou le *croc,* avec

Clichés Moreau-Bérillon.

LA BÉCHERIE.

le *sarcle* ou *moine,* dans la Montagne de Reims. Le vigneron dégage le cep, puis le recouche en avant, pour enterrer le vieux bois jusqu'au collet et ne laisser sortir que le bois de l'année. Généralement, on enterre aussi le premier œil qui, en cas de gelée, se trouve protégé et peut parfois donner du fruit. Ce travail, confié exclusivement aux hommes, nécessite des ouvriers habiles et consciencieux : ils doivent éviter de casser les ceps, de les couper, et prendre soin de les répartir uniformément.

Le recouchage annuel est très anciennement pratiqué. Bidet l'a décrit minutieusement. Il permet à la vigne de développer ses radicelles dans un sol renouvelé et, par suite, de mieux s'alimenter. Les tiges souterraines et leurs racines forment, à peu de distance de la surface du sol, un véritable lacis : les premiers rayons du soleil printanier les échauffent rapidement, hâtant le développement de la végétation, la fructification et la maturation. La longévité de la vigne est accrue, car on a soin de faire des apports d'amendements et de fumures, et de ne la labourer que superficiellement pour éviter la mutilation des souches souterraines.

En s'allongeant de 15 à 20 centimètres chaque année, vers la tête de la vigne, les souches arrivent bientôt à garnir l'espace vide laissé au moment de la plantation. Il est d'usage de livrer ces souches au propriétaire de la parcelle aboutissante, lorsque celle-ci n'est séparée de la précédente que par une sente.

Si la culée reste vide, on la replante tous les quatre ou cinq ans.

Aussitôt après la taille, les femmes ramassent les sarments en forment des *bourrées*, dans la Montagne de Reims, des *foies*, sur la Marne, qu'elles lient avec des harts d'osier ou de fil de fer. Avant le rognage, on a sélectionné et prélevé les sarments destinés à faire des boutures ou à donner des greffons ; on les réunit en bottes que l'on conserve dans un endroit frais.

Jules Guyot n'approuve pas la pratique champenoise du recouchage annuel, qu'une longue expérience a cependant consacrée. Selon lui, la taille ou le cordon sur terre vaut mieux que le cordon sous terre. Le système de taille bien connu, qu'il a préconisé, n'a pas toujours donné entière satisfaction aux vignerons qui l'ont adopté dans les plantations nouvelles. Le système en foule est encore celui qui assure la plus grande longévité de la vigne et le maximum de qualité ; nous ajouterons même le maximum de production.

La bêcherie est très coûteuse ; avant la guerre, elle revenait à 250 francs l'hectare, un ouvrier pouvait faire 2 à 3 ares par jour, et il était payé 6 et 7 francs par jour, nourri et logé. Ces prix sont triplés actuellement.

Le provignage a pour but de regarnir les places vides, d'augmenter la densité de la plantation, de remplacer les ceps dégénérés et improductifs. Il était pratiqué de longue date ; Bidet l'a décrit dans un chapitre spécial. Le vigneron l'effectue, soit au moment de la bêcherie, soit un peu plus tard, fin avril ou commencement de mai : les sarments destinés au provignage sont réservés parmi les plus vigoureux, lors de la taille, et simplement émondés. Pour l'exécuter, l'ouvrier creuse une fosse assez profonde, étale les sarments au fond et en relève les extrémités aux emplacements que doivent occuper les nouveaux ceps. Il les maintient à l'aide d'un peu de terre, verse dans la fosse une ou deux pannerées de magasin, suivant qu'il y a un ou deux bras, achève de remplir celle-ci avec la terre avoisinante et rogne à 3 yeux hors de terre.

Généralement, le provin est à deux bras, rarement à trois ; l'un d'eux remplace le cep ancien, l'autre constitue un nouveau cep ; s'il n'y a qu'un seul bras, on lui donne le nom d'*avance*. Le provin, sous l'influence de la fumure apportée, donne du fruit dans l'année.

C'est la seule méthode pratique pour regarnir une vigne adulte. Un ouvrier

peut faire de 60 à 80 provins par jour: l'opération revenait à 140 ou 150 francs
par hectare, avant la guerre, engrais non compris.

En avril, aussitôt après la bêcherie, on procède au fichage des échalas, par
le beau temps et non par la pluie. On évite ainsi de salir les bourgeons et de
piétiner le sol. Un ouvrier robuste reçoit les échalas qu'une femme ou un enfant
lui passent, les enfonce en terre, à quelques centimètres en avant du cep, à l'aide
du *planchot*, porté sur la poitrine, du *maillet* ou simplement du pied muni d'un

LE PROVIGNAGE.
Chaque souche provignée reçoit un panier de magasin (*Vignobles Pommery*).

appareil spécial, sorte d'étrier fixé au pied par une courroie et pourvu d'un
crochet.

Chaque cep ayant son échalas propre, le nombre de ceux-ci à l'hectare est
considérable. Nous avons vu le rôle protecteur qu'exerce cette forêt d'échalas
contre les gelées de printemps.

Il y a un choix à faire parmi les essences forestières qui fournissent les
échalas. Ceux de châtaignier, provenant du Limousin, sont les plus prisés et les
plus coûteux: on les payait de 4 fr. 50 à 5 francs la botte de 50. Les échalas en
cœur de chêne restent droits, ne se *tourmentent* pas au soleil et durent longtemps: on les faisait venir de Champagne ou de Lorraine; les échalas lorrains,
d'un tiers plus petits, duraient moins. Les échalas provenant de la fente de
billes de chêne sont de qualité inférieure. L'acacia fournit de bons échalas, mais
lourds, difficiles à manier, se tourmentant au soleil. On a recours aussi au sapin,

mais il fournit des échalas très fragiles ; ils ne valaient guère que 1 fr. 50 à 1 fr. 75 la botte de 50. On assure la conservation des échalas en les injectant de sulfate de cuivre.

On a essayé aussi des échalas en fer, en forme de gouttière, mais ils sont coûteux et rouillent rapidement ; ils offrent cependant l'avantage de ne pas servir, comme les échalas de bois, de réceptacles pour les larves de pyrale et les chrysalides de cochylis ; mais ces parasites se réfugient sur les ceps où il est difficile de les atteindre. L'usage des échalas de fer ne s'est pas répandu.

FICHAGE DES ÉCHALAS.

« L'usage, écrivait Bidet, est de donner à la vigne, chaque année, trois labours, auxquels on donne en Champagne, le nom de *hourie* au premier, de *sarclures* aux autres ». Quelques modifications ont été apportées à ces habitudes. Après le fichage des échalas, en mai, on donne un premier binage, appelé *sarclesson*, *première raclerie*, ou *labourage au bourgeon*, à l'aide de la *binette*, ou *raclette*, ou *rouale*. Cette façon ameublit le sol piétiné par les ouvriers lors du fichage, le nettoie des mauvaises herbes et favorise la sortie des bourgeons du collet. Elle ne doit jamais être faite par la pluie, ni par la rosée.

LE BINAGE (*Vignobles Pommery*).

C'est aussitôt après le fichage que l'on pose, dans certains vignobles, les abris contre les gelées, paillassons, planches, etc.

La vigne se développe alors rapidement: il est nécessaire d'accoler les sarments. La *lierie*, *liage* ou *liure* se fait après le premier binage, souvent après le premier rognage. On utilise la paille de seigle, apprêtée, vendue en bottes appelées *gluis* ou *glus*. On divise ces bottes en peignées ou *torchettes* de o m. 60 de long et pesant o kgr. 500 environ, que l'on plonge dans l'eau et que l'on maintient humectées en les enveloppant d'une toile, ou *pailleron*. C'est une opération facile, quoique minutieuse, que l'on confie souvent aux femmes.

La vigne traverse bientôt une phase physiologique très importante, la *floraison*, de laquelle dépend la fructification. Par un temps beau et chaud, elle réussit très bien et s'opère rapidement, en 4 ou 5 jours pour le Pinot. Mais si le temps est froid, pluvieux et humide, le ciel couvert, l'épanouissement des fleurs est retardé et ne se produit que si la température convenable, 17 à 18°, est atteinte. La fécondation est lente, irrégu-

Cliché Rothier.

lière, incomplète: la coulure se produit, le millerandage l'accompagne souvent.

Pendant cette délicate période de la floraison, on conçoit aisément les appréhensions du vigneron, qui ne cessent que lorsque la défloraison s'opère par la chute des capuchons floraux. La pluie survenant à ce moment n'est pas dangereuse, elle hâte le nettoyage des grappes. Au moment de la floraison, le vigneron doit s'abstenir de tout travail dans les vignes, les traitements anticryptogamiques, parfois nécessaires, nuisent à la fécondation; le soufrage préalable la favoriserait cependant.

C'est à cette époque que l'on effectue le 1ᵉʳ rognage; on casse les pampres à o m. 70 ou o m. 80 du sol, à hauteur d'un nœud, quelquefois à hauteur du genou d'un homme, ou au nœud placé au-dessus du 2ᵉ œil qui surmonte la dernière grappe, parfois plus haut encore. Ce pincement fait refluer la sève dans le fruit et en favorise le développement: il devrait être effectué avant la floraison, car il serait alors plus efficace, plus rapide et moins coûteux.

Les brous sont soigneusement recueillis, mis en bottes et ramenés à la maison. Une sage précaution serait de les détruire lorsque les larves de la pyrale sévissent, et de ne pas les laisser séjourner dans les places à magasins.

La 2ᵉ raclerie ou 2ᵉ binage est donnée après la floraison, ordinairement dans le courant de juillet; parfois il est précédé d'un désherbage préalable; certaines plantes, liseron, chardon, l'ail des loups, difficiles à détruire doivent être extirpées à la main.

Cliché Rothier.

LE SEVRAGE (*Vignobles Pommery*).

On dégage la base des souches et coupe les jeunes racines émises
par le greffon au détriment de celles du porte-greffe.

Puis on exécute le second rognage, au début d'août. La végétation de la vigne se ralentit, le bois commence à s'aoûter, le raisin *canicule* ou *bléchit*. On rogne l'aileron développé sur l'œil supérieur laissé, lors du premier pincement sur la pousse de printemps, à un œil au-dessus du premier rognage.

Cet aileron porte parfois un fruit tardif, *raisin bâtard*, *bourreux* ou *verjus* qui ne mûrit que dans les années très précoces. Si la sécheresse a arrêté la végétation, on se contente de rogner les pousses supérieures. On enlève aussi toutes les pousses inutiles développées à l'aisselle des feuilles. On a généralement tendance à rogner trop bas, à o m. 70 et moins de hauteur ou à o m. 10 au-dessous de l'extrémité de l'échalas, et à sacrifier ainsi,

Cliché Moreau-Berillon.

RACLERIE D'AUTOMNE.

dans un but esthétique, pour donner à l'ensemble de la vigne un aspect uniforme et agréable, des feuilles bien conformées qui contribueraient utilement à l'élaboration des principes contenus dans le raisin.

A la fin d'août ou au commencement de septembre on donne la 3ᵉ *raclerie*, *raclage* ou *recouchage*, pour nettoyer le sol : on creuse alors sous le raisin de petites fosses, *gorges* ou *gorgères* qui l'empêchent de se salir et de pourrir.

Si la maturité est avancée, on ajourne parfois ce troisième binage après la vendange, on se contente alors de dégager le raisin à la binette, à la truelle, ou au plantoir de jardinier, et de désherber à la main.

Dès lors, il faut éviter de pénétrer inutilement dans les vignes pendant que la maturité du raisin s'achève. C'est pendant cette période que le vigneron effectue les transports de terres, de fumiers, prépare les magasins et apprête le matériel de vendange : paniers-mannequins, petits paniers, clayettes, pressoirs, cuves, barlons et tonneaux.

II. Les vignes en lignes.

Dans le Nord de l'arrondissement de Reims, dans celui de Vitry-le-François la culture diffère sensiblement de celle que nous venons de décrire. Bidet, au xviiiᵉ siècle, signale déjà les méthodes adoptées dans ces régions et indique les moyens de les perfectionner.

Dans la Montagne de Saint-Thierry et sur la rive gauche de la Vesle, où existent cependant encore de belles vignes en foule, la majeure partie des vignes est conduite de la manière suivante. Les ceps sont plantés en lignes espacées de o m. 60 ou o m. 80, et à o m. 40 ou o m. 60 sur la ligne. On plantait au début deux plants, dont on supprimait le moins vigoureux quand la reprise était assurée. Les ceps ainsi établis constituent des souches qui restent à demeure : jamais on ne fait de recouchage annuel, ni de provignage ; le remplacement des manquants se fait par plants rapportés. Tous reçoivent un échalas de 1 m. 50 de hauteur.

Suivant les localités et les expositions, les vignes sont dites *basses* ou *hautes*. Les premières sont toujours taillées à deux coursons portant chacun deux ou trois yeux. Les vignes hautes ont l'extrémité de la souche fixée à l'échalas ; elles portent non loin du sol un courson à 2 yeux qui permet, le cas échéant, de rabattre la souche lorsqu'elle s'allonge outre mesure. A l'extrémité se trouve un courson à 2 yeux, et un sarment ou *ploye*, portant de 9 à 12 yeux que l'on recouche vers le sol ; on l'attache à l'échalas, vers le haut de la courbure, et en bas au pied de la souche ou à l'échalas. Ce ployon porte du fruit dans l'année; on le supprime à la taille suivante et on le remplace par un des sarments du courson supérieur. Parfois, sur le bord des parcelles, on maintient ces ployons horizontalement, et l'on attache leur extrémité libre à l'échalas du cep voisin.

Les vignes basses sont ébourgeonnées, relevées, liées et rognées comme les vignes en foules. Les vignes hautes sont également ébourgeonnées et rognées, mais les sarments supérieurs sont relevés et liés à l'échalas.

Les façons culturales sont les mêmes pour les deux systèmes, la culture se fait à plat, la bêcherie est supprimée. Quelquefois, pour éviter la coulure et favoriser la maturation du raisin, les vignerons font à la base du ployon un trou de vrille ou une incision annulaire partielle. Grâce à ce dispositif, qui maintient les bourgeons entre o m. 5o et o m. 70 au-dessus du sol, les inconvénients des gelées de printemps sont atténués.

Dans l'arrondissement de Vitry-le-François, les vignes sont aussi conduites en vignes basses et en vignes hautes suivant le cépage. Les vignes plantées en Bourguignon ou Troyen sont à souches basses, à deux membres, quelquefois à trois portant chacun un courson à deux ou trois yeux francs. Lorsqu'il s'agit du Gouais blanc de l'Enfariné ou des Pinots, la souche a o m. 3o de hauteur et porte un ou deux bras; dans ce dernier cas, l'un des deux bras porte un courson à 2 ou 3 yeux, l'autre un ployon. Quelquefois, tous deux sont terminés par un ployon. Lorsque le cep n'a qu'un seul bras, il se termine par un ployon, mais il porte au bas de celui-ci un courson qui sert lorsque l'on veut rabattre la souche, et non à remplacer le ployon. Les vignes ainsi conduites sont plus fertiles que les vignes à courson et résistent mieux aux gelées, elles durent plus longtemps, jusqu'à 60 et 80 ans. On les plante en carré, à un mètre en tous sens, puis à partir de la 4ᵉ année on les provigne de manière à doubler le nombre des ceps de la ligne et le nombre des lignes; on obtient ainsi une plantation serrée, régulière de 40 000 pieds à l'hectare. Les soins culturaux sont les mêmes que pour les autres vignes.

III. Autres systèmes de culture.

De tout temps, le vigneron fut enclin à rechercher surtout la quantité, et à modifier, dans ce but, le système de culture généralement employé; en même temps, l'esprit d'initiative et de recherche qui a toujours existé chez certains vignerons, recevait satisfaction. Bidet signale que l'on faisait déjà dans la rivière de Marne, de véritables versadis, mais en les condamnant. Jules Guyot

mentionne aussi que l'on fait des tailles longues sur certains cépages, gouais,
gamays qu'il qualifie d'espèces boissonnières « destinées à subvenir à la boisson
des ouvriers ». Ces pratiques se sont encore conservées dans les crus inférieurs,
mais elles constituent l'exception.

Par suite de l'essor prodigieux pris par le commerce du vin de Champagne
à la fin du siècle dernier, la culture de la vigne attira l'attention de capitalistes
qui entrevoyaient là une entreprise industrielle très productive. Mais la diffi-
culté de réunir à flanc de coteau, comme le sont généralement les vignes des
crus réputés, un nombre de parcelles suffisant pour réaliser une étendue assez
importante d'un seul tenant, étant donné l'extrême morcellement de la propriété et la résistance des vignerons aux échanges et à la vente, les ont engagés
à créer de grands vignobles dans des régions où la vigne n'existait pas ou
n'existait plus, sur des ondulations de terrains plus ou moins bien exposées, à
des altitudes inférieures à celles des crus renommés de la Champagne.

Le mode de plantation, la situation, la nature du sol, l'exposition, le désir
de réaliser une culture aussi économique que possible, tout en obtenant le
maximum de rendement, ont incité les propriétaires à modifier le mode de culture et de taille généralement adopté.

Nous regrettons de ne pouvoir les décrire, même succinctement. Ils présentent des caractères communs. Les cépages sont ordinairement des plants
fins : Pinots noirs ou Chardonnay; ils sont plantés en lignes plus ou moins
espacées, permettant la culture à la charrue. Les ceps plantés à demeure sont
soutenus par des échalas, des fils de fer ou palissés sur des claies.

Ils sont conduits en Guyot, en Royat, en Chablis, ou en Chaintres. Il
appartient au vigneron, qui poursuit activement la reconstitution, de les appliquer, de les adapter au sol, au climat, au cépage, de les modifier et de les perfectionner, de manière à conserver la qualité des produits. L'avenir dira la
valeur de ces divers systèmes de taille sous le climat de la Champagne. Le
vignoble champenois entre, avec la reconstitution, dans une ère nouvelle, et ce
n'est pas sans regret que nous voyons disparaître peu à peu ces vignes en foule,
consacrées par une expérience plus que millénaire et qui ont fait l'admiration
des visiteurs, l'orgueil et la fortune de la Champagne.

CHAPITRE XVII

Les ennemis de la Vigne en Champagne

La vigne en Champagne a, de tout temps, été envahie par des parasites animaux ou végétaux et par des maladies contre lesquels, la plupart du temps, les vignerons restaient impuissants. Nous avons rappelé plus haut les mesures prises contre certains de ces ennemis. L'auteur champenois Bidet nous donne une longue liste des maladies qui s'attaquaient à la vigne, les attribuant à des causes soit internes, soit externes. Il cite parmi les causes internes :

« *Faut espérer que grâce à ces précautions ce diable* « *d'Oïdium ne pénétrera pas dans mes vignes....* « *Il n'osera pas !...* »
Lithographie de Daumier.

1° La vermiculation, ou développement des vers, que Columelle appelait « *vers coquins,* la cochylis actuelle ; 2° la trop grande effusion de la matière dans le bois ; 3" la trop abondante effusion de la sève hors du bois, vers le printemps ; 4" la phtisie, qui dessèche et consume la vigne ; 5" la rougeur de la feuille ; 6" l'antipathie de la vigne pour différentes plantes (choux) ; 7° la stérilité ; 8" la pourriture du fruit dès sa naissance ; 9° les blessures de la vigne ; 10" la jaunisse ; 11° la galle ; 12" la gomme ; 13" les pluies occasionnant la champelure d'été : 14° la gelée, occasionnant la champelure d'hiver, gelée d'hiver, de printemps et d'automne : 15° les vents du Sud-Est ou vents salés ; 16" la grêle ; 17° les mauvaises herbes qui puisent le suc nourricier du sol et donnent souvent un mauvais goût au vin.

Parmi les causes externes, Bidet énumère les suivantes : 1" accidents de la

part des hommes, travail en temps de pluie, de gelée, de givre, de verglas, de
rosée qui font souffrir la vigne, voyageurs, guerres, malveillance des voisins.

2° Accidents de la part des bêtes grandes et petites, et des insectes. Il cite
parmi les grandes bêtes : les bestiaux ravageant et mangeant le bois vert, les
renards, lièvres, sangliers qui mangent les raisins, les chèvres qui aiment beaucoup les brouts de la vigne, les boucs, les moutons et les chevaux. Parmi les
petites espèces figurent les souris et le hérisson. Au nombre des insectes sont :
les chenilles, sauterelles, fourmis, abeilles, guêpes, gribouris, limaçons ou
escargots, la bêche ou urbec, la lisette ou coupe-bourgeon, le hanneton.

La pathologie végétale, à cette époque, était une science bien rudimentaire;
aussi Bidet ne parle-t-il pas des maladies cryptogamiques dont le rôle est si
important de nos jours. Néanmoins dans l'énumération ci-dessus, il est facile
de reconnaître nombre d'altérations physiologiques et de parasites mieux
connus actuellement. L'organisation de la lutte en commun rendue même obligatoire lui apparaissait alors comme nécessaire. Cette opinion est toujours
vraie.

Nous passerons rapidement en revue les principales maladies cryptogamiques et les insectes qui s'attaquent à la vigne en Champagne, en nous bor-
nant à indiquer les particularités les concernant dans notre région, et nous
renverrons le lecteur, pour plus amples détails, aux ouvrages publiés sur la
matière, en particulier au remarquable travail du D' Jolicœur : *Les Ravageurs
de la vigne*, spécialement écrit pour la Champagne.

I. Les maladies cryptogamiques.

Parmi les maladies cryptogamiques qui sévissent en Champagne sur la
vigne nous citerons : le mildiou, l'oïdium, le pourridié, la pourriture grise ou
Botrylis Cinerea.

Le Mildiou. — Le mildiou a fait son apparition dans la Marne en 1882,
mais ce n'est qu'en 1885, qu'une invasion sérieuse se produisit et que les vignerons se décidèrent à lutter. Le Syndicat du Commerce des vins de Champagne,
en 1887, préoccupé à juste titre de la situation inquiétante causée par le mildiou, insista sur « l'absolue nécessité de procéder à l'époque, sans hésitation,
sans parti pris d'économie, et surtout sans exception, au traitement des vignes ».
L'année suivante, les principaux négociants déclarèrent qu'ils n'achèteraient
pas les raisins des vignes non traitées. Les traitements furent bientôt généralisés.

Mais, depuis quelques années, les invasions de mildiou ont pris une forme inquiétante ; la maladie apparaît de bonne heure, au commencement de juin, s'attaque aux jeunes fruits qui viennent de nouer, et cause des dégâts très importants. Il en fut ainsi en 1908, où, dès le 15 juin, feuilles et grappes furent en grande partie détruites malgré les traitements pratiqués en hâte. Le débourrement s'était fait tardivement, la vigne végéta au début dans une atmosphère humide et chaude, favorable au mildiou, dont les spores disséminées par les perturbations atmosphériques survenues alors provoquèrent une éclosion violente de la maladie ; les jeunes pousses, les grappes ne purent y résister. C'est à peine si quelques vignobles abrités contre les orages furent épargnés et si quelques viticulteurs ayant traité préventivement ou fait des poudrages parvinrent à conserver les feuilles de la vigne : le désastre fut général.

Cliché Rothier.

Le sulfatage contre le mildiou (*Vignobles Pommery*).

Les bois de taille mal nourris, mal aoûtés, subirent l'action des gelées d'hiver et la récolte 1909 fut gravement compromise.

Les années 1910 et 1916 furent également désastreuses. Le vigneron doit donc apporter beaucoup de vigilance contre cette maladie ; il sait préparer actuellement les bouillies, un service départemental d'avertissements météorologiques lui signale le danger en lui conseillant d'exécuter en temps utile les sulfatages. Aussi peut-on espérer que les désastres comme ceux que nous avons signalés ne se reproduiront plus.

L'oïdium. — L'oïdium est moins à craindre que le mildiou ; cependant il fait parfois des apparitions inquiétantes : Le Chardonnay y est plus sensible que le Pinot noir ; rarement l'attaque se généralise dans les vignobles à raisins noirs comme dans ceux plantés en blanc. Le vigneron doit toujours se tenir en éveil, prêt à intervenir pour empêcher le développement de la maladie.

Il y est parfois aidé par la température elle-même qui, dans les vignobles bien exposés s'élève à 40° et plus et entrave le développement de l'oïdium, ce qui expliquerait les arrêts brusques qui se manifestent fréquemment après une apparition violente. Les soufrages sont généralement appliqués, et certains viticulteurs, dans le but de restreindre les frais de main-d'œuvre, utilisent les traitements combinés contre le mildiou et l'oïdium en même temps.

Le Pourridié. — Le Pourridié ou Morille est assez fréquent en Champagne.

Le soufrage contre l'oïdium (*Vignobles Louis Rœderer*).

sur le Meunier principalement; le pinot noir y résiste mieux. Le champignon qui le provoque se développe surtout dans les endroits humides, aux affleurements de couches argileuses; il vit tantôt en parasite, tantôt en saprophyte.

En général, on ne fait aucun traitement, on se borne à arracher les souches malades et à les remplacer quelques années après. Il y a cependant mieux à faire : l'assainissement du sol par le drainage ou le défoncement, l'apport d'amendements pour diminuer sa compacité, l'isolement des taches par un fossé et leur désinfection par des injections de sulfure de carbone, la désinfection des plants et les échalas sont des mesures à mettre en application pour empêcher le développement de la maladie.

La pourriture grise. — La pourriture grise due à un champignon, le Botrytis cinerea, cause parfois, dans les années humides, au moment de la maturation du raisin, un préjudice considérable. Les cépages blancs y sont plus sensibles que les noirs, mais les vins provenant de ces derniers s'altèrent rapidement, tandis que les vins de raisins blancs peuvent encore donner du vin utilisable, dont la couleur cependant, n'est pas stable. La contamination se fait rapidement lorsqu'au moment de la maturité, des pluies surviennent qui font gonfler et éclater les grains ou que les vers de vendange ont ouvert la porte aux germes du champignon. Lorsque l'invasion se produit, le vigneron hâte la vendange : c'est le parti le plus sage, car il peut sauvegarder ainsi une partie de sa récolte et grâce à un épluchage sérieux, faire un vin d'assez bonne qualité. Il n'y a d'ailleurs pas de remède efficace contre la maladie et l'application tardive sur le raisin, de poudres ou de liquides, risquerait d'introduire dans le vin des éléments étrangers nuisibles.

II. — Les Insectes nuisibles.

Les principaux insectes nuisibles contre lesquels le vigneron ait à lutter, sont : la pyrale, la cochylis, l'écrivain ou gribouri, l'urbec ou cigarier, la noctuelle ou ver gris.

La Pyrale. — La pyrale ou ver à tête noire est très anciennement connue en Champagne ; elle semble même y avoir existé de tout temps. Bosc, le premier, en 1786, étudia les mœurs de cet insecte et son travail servit de point de départ aux observations faites ultérieurement.

La Champagne est une des régions de prédilection de la pyrale, qui affectionne en effet, tout particulièrement, les plants fins et les situations à mi-côte. Les invasions durent parfois cinq ou six années consécutives et sont marquées par une période de dégâts intensifs suivie d'une brusque disparition. Les vignobles de Verzenay et de Mailly ont eu particulièrement à en souffrir, mais elle a tendance à se multiplier dans tous les vignobles à vins fins de la région.

Le papillon apparaît du 15 juillet au 10 août ; sa vie est très courte, le mâle meurt aussitôt après l'accouplement, la femelle pond et meurt à son tour. Elle dépose ses œufs en plaques de 50 environ à la face supérieure des feuilles. Ceux-ci, sont d'un vert clair au début, puis jaunes et bruns. Ils éclosent au bout d'une dizaine de jours. Les jeunes chenilles hivernent dans un petit cocon sous les écorces des souches, dans les parties coudées, dans les onglets de taille, dans les fissures et anfractuosités des échalas. Au printemps, elles sortent de leur cocon et commettent sur la vigne des déprédations considérables jusqu'à leur complet développement. Elles rongent les jeunes pousses et les feuilles, et s'attaquent parfois aux jeunes grappes et aux fruits noués. L'aspect du vignoble est alors lamentable et la récolte compromise.

Les froids rigoureux de l'hiver ne portent pas préjudice aux larves de pyrale, mais elles sont très sensibles au moindre froid, lorsqu'elles ont quitté leur refuge hivernal. Le papillon qui vient d'éclore est sensible aux pluies d'orage. La pyrale a, en outre, de nombreux ennemis : oiseaux, carabe doré, certaines araignées, et surtout des Hyménoptères de la famille des Ichneumonides qui leur font une guerre acharnée. Néanmoins, le vigneron est obligé d'intervenir pour défendre sa vigne contre les invasions de pyrale.

Contre la chenille, le procédé le plus simple et non l'un des moins efficaces est l'échenillage soit à la main, soit à l'aide de pinces spéciales. Lorsqu'elle a acquis un certain développement, la chenille est très agile et échappe facilement aux recherches. Par l'ébourgeonnage et les pincements, on peut également en détruire une certaine quantité, surtout si l'on a soin de recueillir les brous et de les brûler au lieu de les déposer dans les places à magasins d'où les larves gagnent les ceps voisins. L'étuvage, l'ébouillantage des souches, les insecticides gazeux, liquides ou solides sont peu employés en Champagne.

Contre le papillon, on a expérimenté les pièges lumineux dès 1842. Dans les années qui ont précédé la guerre, le vigneron fit usage de pièges lumineux, lampes à acétylène ou lumière électrique; des syndicats de lutte s'organisèrent à Avize et à Verzenay notamment. L'efficacité de ces procédés est encore à démontrer. Il ne suffit pas, en effet, de capturer des papillons, il faut le faire avant la ponte et annihiler à l'avance leurs effets nuisibles : de plus, les pièges capturent aussi des parasites de la pyrale. Ils sont d'ailleurs, surtout utilisés contre la cochylis.

L'épontage ou destruction des œufs donne des résultats certains, mais c'est une opération qui doit être renouvelée deux ou trois fois pendant les 30 ou 40 jours de ponte. On écrase les œufs à la main ou on les enlève avec une sorte d'emporte-pièce pour les détruire ensuite. Deux ouvriers habiles peuvent éponter un hectare en 8 ou 10 jours.

C'est surtout pendant l'hiver que le vigneron peut lutter efficacement contre la pyrale. La désinfection des souches, leur badigeonnage, l'emploi

d'insecticides sont peu pratiqués : le vigneron recule devant le nombre considérable de ceps à l'hectare.

Il se contente généralement de demi-mesures, l'ébouillantage ou le clochage
des échalas, sur lesquels nous reviendrons, car ils sont appliqués à la fois contre
la cochylis et contre la pyrale.

La Cochylis ou *ver coquin, ver rouge, ver de vendange*, est aussi très
anciennement connu en Champagne ; des invasions sérieuses se produisirent
de 1779 à 1784 ; le Dr Dagonet, de Châlons-sur-Marne, l'étudia en 1838 et
en 1842. Actuellement, elle existe dans tous les vignobles de la Champagne.

On sait qu'elle produit deux générations par an. Les papillons de la première
apparaissent en avril et mai et s'accouplent aussitôt ; les femelles pondent sur
les bourgeons à fleurs ; les chenilles naissent, se nourrissent des jeunes grappes
et se chrysalident au bout de quatre à cinq semaines. La seconde génération de
papillons se montre du 15 juillet au 15 août, et les femelles déposent sur chaque
grappe 3 à 4 œufs, contaminant ainsi plusieurs grappes. Les chenilles ravagent
les grains de raisin, les quittent fin septembre pour se fixer sur les écorces des
souches, dans les fissures des échalas, dans les onglets de taille, où elles tissent
un cocon dans lequel elles se transforment en chrysalides à l'arrière-saison
et passent ainsi l'hiver, pour se réveiller au printemps sous forme de papillons.

La Cochylis est donc essentiellement et uniquement mangeuse de fruits :
la première génération détruit la fleur, trois ou quatre chenilles suffisent pour
ravager une grappe ; la génération d'été s'attaque au reste de la récolte, il suffit
alors de quatre ou cinq chenilles pour détruire un raisin. La larve pénètre la
tête la première à l'intérieur du grain, ses déjections restent accrochées aux fils
qu'elle a tissés, fermentent et communiquent au vin une saveur aigre. Les
grains altérés sont facilement envahis par la pourriture. C'est un des plus
redoutables ennemis de la vigne en Champagne.

Comme pour la pyrale, les gelées du printemps, les animaux, certains
insectes, la sécheresse persistante détruisent nombre de larves, mais leur
protection est insuffisante.

Le vigneron peut agir contre le papillon et contre la chenille : la situation
des œufs, leurs dimensions microscopiques rendent vains les efforts tentés pour
les détruire

Contre le papillon dont l'existence est éphémère, le seul moyen de destruction ayant quelqu'efficacité, consiste dans l'emploi de lanternes-pièges. De
nombreux essais ont permis de préciser la méthode à employer.

Pendant les années 1907 à 1910, les dégâts de la pyrale et de la cochylis furent tels que dans certaines communes on organisa la lutte contre les papillons, en la généralisant à tout un vignoble. Un arrêté préfectoral du 1er juin 1911. approuvé par le Ministère de l'agriculture le 26 juin de la même année. édictant que les dispositions de l'arrêté prescrivant l'échenillage seraient applicables à la destruction de la pyrale et de la cochylis. rendit le traitement obligatoire. « Dans le but. disait-il, d'assurer l'uniformité et la cohésion des efforts, tous les vignerons devront obligatoirement se conformer à l'arrêté municipal fixant le traitement collectif pour la commune et assurer l'application dans leurs vignes, du procédé prescrit. »

Des syndicats se formèrent pour l'utilisation en commun des pièges lumineux. A Avize notamment, où furent traités 222 hectares, on eut recours aux lampes à acétylène reposant sur un plateau garni d'un mélange d'eau et de pétrole. On plaçait 16 pièges à l'hectare dans les endroits fortement atteints et 10 seulement ailleurs. Le traitement commencé le 6 juillet et terminé le 1er août a coûté en 1911, 75 fr. 60

UN PIÈGE A COCHYLIS.

par hectare. et l'amortissement du matériel 107 fr. 10. Le Syndicat du Mesnil-sur-Oger employa les mêmes pièges ; à Janvry, Germigny, Vrigny. on utilisa de simples lampes Pigeon. Enfin. à Verzenay. on eut recours à la lumière électrique. La sécheresse 1911, qui détruisit pyrale et cochylis, a empêché les vignerons d'autres communes de suivre cet exemple.

A l'état de chenille, la cochylis est très difficile à atteindre. elle se dissimule aisément au milieu des soies qui lui servent d'abri, grâce à sa petitesse et à son agilité. On peut l'écraser dans la grappe soit à la main. soit avec des pinces. mais cette opération demande un temps considérable. On a proposé l'emploi de corps gras, d'insecticides liquides, mais le vigneron soucieux avant tout de la qualité de sa récolte a toujours reculé devant l'emploi de ces procédés. Malgré les frais considérables de main-d'œuvre qu'ils nécessitent. il y aurait cependant intérêt à les appliquer, tout au moins contre les larves de la première génération.

Contre les larves de la seconde génération, le seul procédé efficace, mais coûteux, consiste dans l'enlèvement des grains atteints en les piquant avec un fil de fer pointu et recourbé à angle droit à son extrémité, on les détruit ensuite. Au moment de l'épluchage, à la vendange, la destruction des grains atteints est une excellente précaution. Et même, si la récolte est fortement compromise, la cueillette prématurée du raisin permettrait, en détruisant la plus grande partie des larves avant qu'elles n'aient gagné leur refuge d'hiver, de protéger la vigne, dans une certaine mesure, pour les années suivantes.

La destruction des chrysalides de la première génération est impossible, mais celles de la seconde peuvent être efficacement combattues. Les seules méthodes adoptées en Champagne sont l'ébouillantage et le clochage des échalas.

Les vignerons ont compris que seule, la défense collective avait quelque chance de succès. Ceux de Mailly, Verzenay, Verzy, crus dans lesquels il existe des contrées à pyrale, se sont groupés il y a environ 25 ans, pour acquérir le matériel nécessaire à l'ébouillantage et effectuer en commun ce travail.

Les ébouillanteuses, dont il existe divers modèles, sont construites sur le même principe. La vapeur produite par un générateur est envoyée alternativement dans deux récipients formant autoclave et pouvant contenir chacun 800 échalas. Tantôt la chaudière est placée en dehors des deux autoclaves, tantôt elle est disposée entre eux. Chacun de ces récipients peut basculer autour d'un axe, ce qui en facilite le remplissage et la vidange.

Les ébouillanteuses sont amenées à proximité des vignes, et les vignerons apportent eux-mêmes, à tour de rôle, leurs échalas à pied d'œuvre, aident au chargement et au déchargement des autoclaves, et ramènent les échalas traités à leur vigne.

Lorsque l'une des autoclaves est remplie, on la ferme et l'on y fait arriver la vapeur, sous pression, à 120° environ. Elle agit pendant 20 minutes, et pendant ce temps, on vide et on remplit la seconde chaudière. Aucune larve ou chrysalide ne résiste à cette température.

Pendant une journée d'hiver on peut faire une vingtaine de fournées et traiter 16.000 échalas environ. Trois hommes, dont un mécanicien, sont constamment affectés au service de l'ébouillanteuse.

Le matériel avait été acheté soit par les maisons de Champagne, soit par les communes, soit par les syndicats de vignerons.

Bien que son efficacité soit parfaitement reconnue, l'ébouillantage présente quelques inconvénients qui empêchent d'en généraliser l'emploi. Il faut d'abord disposer d'une quantité considérable d'eau, et dans certains vignobles établis sur des coteaux secs, l'approvisionnement en eau est particulièrement difficile. L'accès des machines n'est pas toujours facile dans tout le vignoble ; il faut alors parfois aller chercher très loin les échalas, d'où travail considérable. Les échalas traités se conservent moins longtemps. Enfin, le prix de revient du traitement est très élevé ; avant la guerre, on l'estimait de 3oo à 4oo fr. de l'hectare.

En 1903 cependant, à Mailly, les propriétaires qui, l'hiver précédent, avaient ébouillanté leurs échalas, ont récolté de 2.5oo à 3.ooo kg. de raisins de plus à l'hectare que ceux qui n'avaient rien fait ; ce surcroît de récolte paya donc largement les frais d'ébouillantage.

Ces divers inconvénients ont incité les vignerons à recourir à un procédé nécessitant un matériel plus simple, et moins de main-d'œuvre, partant plus économique et plus pratique : la désinfection des échalas par l'acide sulfureux dégagé par du soufre en combustion. La disposition des échalas en moyères facilite ce traitement. Chaque

Cliché Moreau-Berillon.

ÉBOUILLANTAGE DES ÉCHALAS.

moyère est recouverte d'une grande cloche prismatique en tôle galvanisée sous laquelle on brûle une mèche de soufre, de 5 à 6oo grammes. On a soin de recouvrir les bords de terre. Une petite tubulure disposée à la partie supérieure de la cloche permet de surveiller la combustion du soufre. Chaque cloche est munie de poignées permettant de la manipuler et de la déplacer d'une moyère à l'autre. On évite ainsi le transport si onéreux des échalas.

L'opération dure 40 minutes, pendant lesquelles on dispose d'autres cloches. Cinq hommes avec huit cloches peuvent traiter de 28 à 3o ares par jour. Le prix de revient du traitement s'élevait à 100 ou 120 fr. de l'hectare avant la guerre. A Bouzy, en 1906-1907, cette opération fut exécutée par les soins du Syndicat antiphylloxérique. Chaque équipe comprenait 6 hommes et 10 cloches : le syndicat demandait o fr. 20 par moyère traitée.

Le clochage est donc plus économique que l'ébouillantage, il nécessite un matériel bien moins coûteux. Chaque cloche revenait à 125 fr., alors que les ébouillanteuses coûtaient de 3.5oo à 4.5oo fr., suivant le modèle. Les résultats du clochage sont concluants pour la pyrale, mais ils semblent insuffisants en ce qui concerne la cochylis.

On a songé à utiliser les gaz toxiques, cette arme déloyale dont les Allemands ont fait usage au cours de la guerre, pour détruire les insectes. La chloropicrine se serait montrée très efficace, mais l'emploi en est particulièrement dangereux.

Des recherches intéressantes étaient poursuivies avant la guerre dans un tout autre ordre d'idées, par le service entomologique. Il cherchait à isoler les insectes parasites de la pyrale et de la Cochylis, notamment les Ichneumonides, à en favoriser la multiplication, espérant par ce moyen, amener la destruction des parasites de la vigne. Cette méthode avait donné de bons résultats vis-à-vis d'autres insectes parasites des plantes cultivées, et l'on fondait sur elle de sérieuses espérances. Une mission spéciale avait été confiée à M. Chatanay Docteur ès sciences, tombé au champ d'honneur en 1914. La guerre, malheureusement, est ainsi venue interrompre des recherches, qui, il faut l'espérer, seront reprises.

Quoi qu'il en soit, on ne saurait trop louer les vignerons de la Champagne d'avoir compris le rôle de l'association dans la lutte contre les ennemis de la vigne.

La lutte individuelle serait trop onéreuse et vouée à un insuccès certain. L'association bien comprise permet d'acquérir le matériel nécessaire, d'appliquer les traitements sur des superficies considérables, de lutter plus économiquement et par suite d'obtenir des résultats plus certains.

Les nombreux syndicats viticoles communaux constituent un organisme puissant et souple qui permet de mettre en application la lutte collective.

L'Eudémis. — L'Eudémis, cousine germaine de la Cochylis, se dispute souvent avec celle-ci, le soin de détruire la récolte dans les vignobles du Bordelais et des Charentes ; jusqu'alors, elle n'avait pas été signalée en Champagne. Cependant, en 1914, une larve suspecte avait été soupçonnée d'être celle de l'Eudémis. Le doute ne serait malheureusement plus permis sur l'existence de l'Eudémis dans notre région ; sa présence a été constatée, tout récemment, dans les vignes d'essai du Laboratoire départemental à Châlons-sur-Marne. L'Eudémis a trois générations au cours de l'année, au lieu de deux, que présente la Cochylis, elle est aussi beaucoup plus vorace. Alors que la seconde préfère les années humides, la première se propage surtout pendant les années de sécheresse. Souhaitons que le climat limite sa propagation et ses déprédations.

L'Eumolpe ou gribouri. — Mieux connu sous le nom d'*écrivain*, de *diablotin*, le gribouri est un des plus anciens ennemis de la vigne en Champagne : l'abbé Pluche l'aurait baptisé de ce nom qui proviendrait de grippe-bourre. Celui de diablotin rappelle l'agilité de l'insecte qui disparaît très rapidement au moindre bruit, au moindre choc ou même simplement au changement d'intensité de la lumière. Le mâle n'est pas connu. Le Dr Jolicœur n'a jamais pu disséquer que des femelles. Y a-t-il dimorphisme sexuel ou parthénogénèse ? C'est là un point qu'il serait intéressant d'éclaircir.

Les dégâts causés par l'insecte adulte sur la feuille et sur les grains pendant les mois de juin et de juillet, sont bien connus des vignerons : la végétation et la récolte en souffrent. C'est surtout la larve qui est redoutable. Elle éclôt environ 13 jours après la ponte de l'œuf, s'enfonce en terre, ronge les racines et les prédispose à la pourriture ; la végétation languit, la fructification est nulle et les dégâts se font encore sentir plusieurs années après la disparition des larves. Un petit acarien, qui vit en parasite sur l'insecte adulte et le rend stérile, est le principal ennemi du gribouri.

Bidet, au XVIIIe siècle, conseillait de semer des fèves, pour attirer le gribouri qui les préférait à la vigne, et que l'on détruisait en même temps que la plante-piège. L'usage de planter des fèves ou cosses s'était conservé, d'où le nom de « Cossiers » que se donnent parfois les vignerons, mais ce n'est plus dans le but de les utiliser comme pièges à gribouri.

Contre l'insecte parfait, le ramassage seul est pratique, peu coûteux et donne des résultats. On se sert d'une sorte d'entonnoir aplati que l'on introduit sous les ceps et dans lequel l'insecte tombe aussitôt. On recueille les gribouris dans un petit sac attaché à la douille et l'on plonge celui-ci dans l'eau bouillante. L'opération doit être répétée à plusieurs reprises, de juin à septembre, de très bon matin, alors que les insectes sont encore engourdis : la chasse devient impossible pendant la journée, sauf par un temps sombre.

A Murigny, on leur faisait la chasse avec des poulets, de race Leghorn, que l'on promenait dans la vigne après un dressage spécial et facile.

Contre la larve, les meilleurs résultats sont obtenus avec les injections de sulfure de carbone, à la dose de 200 kg. à l'hectare, à huit ou dix jours d'intervalle.

Le Gribouri s'attaque rarement aux racines américaines, sans doute à cause de leur dureté. La reconstitution amènera-t-elle ainsi la disparition de ce parasite ?

Le Cigarier, ou Rhynchites Betuleti, plus connu sous les noms de *bêche*, *cunche*, de *liselte*, ou sous ceux d'*urbec* et d'*allelabe,* est, comme l'*écrivain*, une vieille connaissance des vignerons. Nous avons rappelé plus haut les mesures prises pour le combattre au cours du xviiie siècle. Il existe en permanence dans le vignoble, mais sans y causer de dégâts sensibles : parfois, cependant comme en 1907 et 1920, on constate une recrudescence de ce parasite, et il n'est pas rare de voir, un quart ou même un tiers des feuilles roulées en cornets. Le préjudice causé à la vigne est alors considérable. La forme de ces cornets, la

LA CHASSE AUX CIGARIERS (*Vignobles Louis-Roederer*).

manière dont ils sont enroulés pour abriter les œufs sont bien connus ; il n'est donc pas nécessaire de nous attarder à les décrire. Le meilleur moyen de lutte contre la *bêche* consiste à ramasser les cornets et à les brûler. Le ramassage devrait être rendu obligatoire, comme sous l'ancien régime.

Les Noctuelles ou vers gris. — On désigne sous le nom de Noctuelles un certain nombre de Lépidoptères nuisibles aux plantes et s'attaquant aussi à la vigne. L'une d'elles, la Noctuelle exclamation, est particulièrement dangereuse. Sa larve possède des pattes locomotrices développées qui lui permettent de grimper sur la vigne et de dévorer à son aise les bourgeons et les jeunes pousses pendant la nuit. Elle est extrêmement vorace et cause des déprédations considérables. En 1911, les vignobles de la vallée de l'Ardre eurent à subir une invasion sérieuse de ces parasites. Le meilleur moyen de les combattre consiste à ramasser les larves ou vers et à les détruire : on les trouve aisément le matin, cachées superficiellement sous le sol, au pied des ceps qu'elles ont ravagés la nuit précédente. Les oiseaux, les corbeaux, les crapauds surtout, leur font une une chasse acharnée. Par des labours de printemps, on ramène les vers à la surface où on peut les détruire : parfois aussi on dispose dans la vigne des amas d'herbe sous lesquels les larves se réfugient et où l'on peut, le matin, les capturer.

— En dehors de ces insectes, les plus redoutables pour la vigne, il existe un grand nombre d'autres ennemis dont les dégâts sont plus ou moins importants et plus ou moins fréquents. Citons encore, parmi eux : les *Charançons nocturnes* ou *Coupe-Bourgeons*, parmi lesquels le *Péritelus griseus*, l'*Othiorhynque de la Livèche*, ou *Cul-crotté*, ou encore *Bèche culasse*, l'*Othiorhynque sillonné* ou *grande Bèche-Culasse*, les *Cétoines*, les *Hannetons*, *hanneton commun* et *hanneton de la Saint-Jean*, les *Limaces* et les *Colimaçons*, l'*Ephippigère de la Vigne*, la *Cécidomye*, la *Cochenille*, etc. Les décrire serait trop long et trop fastidieux, aussi bornerons-nous là notre étude sur les ennemis de la vigne en Champagne. Nous avons laissé volontairement de côté le principal d'entre eux, le *phylloxéra* ; ses dégâts et ses mœurs sont trop connus pour que nous nous attardions à les décrire : nous verrons, dans le chapitre suivant, les conséquences de son apparition et de son développement dans le vignoble champenois.

CHAPITRE XVIII

La Crise phylloxérique et la Reconstitution

C'est en 1890, que, pour la première fois, le phylloxéra fut signalé dans le vignoble champenois. Depuis son apparition en France, en 1863, il n'avait cessé de progresser à travers les vignobles français du Midi, du Bordelais, des Charentes, de la Bourgogne, semant partout la dévastation et la ruine.

La Champagne, située à la limite septentrionale de la culture de la vigne, semblait devoir jouir pendant longtemps d'une certaine immunité. Son isolement, son climat plus froid, les soins culturaux donnés à la vigne, les abondantes fumures apportées, devaient, semblait-il, retarder l'invasion et prolonger la résistance.

Cependant, les vignerons n'étaient pas sans inquiétude. Un comité central d'études et de vigilance avait été institué par arrêté du 25 novembre 1879: mais son rôle fut purement platonique: il se borna à enregistrer les lois et règlements concernant le phylloxéra, et à veiller à l'application des mesures de protection.

Dès 1886, il réclama avec instance que la loi du 21 mai 1883, qui permettait, en Algérie seulement, la création d'associations syndicales autorisées pour la défense du vignoble contre le phylloxera, fût applicable à la Champagne. Appuyée par les vœux du Conseil général, la loi ne fut votée que le 15 décembre 1888. Le règlement d'administration publique du 15 février 1890 la rendit applicable.

La première tache phylloxérique fut découverte sur ces entrefaites, à Tréloup, dans l'Aisne, à quelques mètres seulement de la Marne. La Maison Moët et Chandon fit immédiatement l'acquisition de la parcelle atteinte et détruire la vigne, espérant ainsi enrayer l'invasion dès le début. Mais d'autres taches furent bientôt reconnues au voisinage de la première. Le Syndicat du Commerce des vins de Champagne avança une somme de 20 000 francs qui permit de détruire environ 2 hectares de vignes contaminées. A la suite d'une enquête ordonnée par la Préfecture, aucune nouvelle tache ne fut découverte dans le département.

Cependant, la création d'une association syndicale autorisée était en voie de réalisation. Le Conseil général élevait alors de 1000 à 6000 francs le montant de la subvention destinée à lutter contre le phylloxéra.

Le Grand Syndicat Antiphylloxérique de la Marne.

A la suite d'une campagne de conférences, faite par M. Doutté, professeur départemental d'agriculture, une Assemblée générale des vignerons eut lieu à Epernay, le 17 juillet 1891, en vue de constituer l'Association syndicale projetée. 17 370 propriétaires possédant 9772 hectares sur 25 729 propriétaires vignerons existant dans le département et possédant 12 821 hectares ayant donné leur adhésion, l'Association fut créée. Un décret l'autorisa aussitôt.

Mais à peine constituée, un vent d'hostilité souffla parmi les vignerons champenois ; lors de la nomination du Comité Directeur, la liste préparée par l'administration subit un échec contre la liste protestataire. Le phylloxéra ayant été découvert à Vincelles, la Commission chargée d'appliquer les mesures d'extinction du foyer rencontra une opposition violente.

Des subventions nouvelles votées par le Conseil général, par la Chambre de Commerce de Reims, par les villes de Reims et d'Epernay, permirent de porter à 83 au lieu de 25 le nombre des délégués du Comité Directeur. La lutte prit un caractère aigu, attisée par un journal *La Révolution champenoise* qui excitait, contre leur intérêt, les vignerons à la résistance. Des protestations s'élevèrent contre la perception des taxes ; la légalité de l'Association elle-même était contestée par une pétition adressée au Ministre de l'Agriculture. Malgré les sages paroles de conciliation du Préfet de la Marne, les vignerons persistèrent dans leur aveugle hostilité. La plupart d'entre eux ne croyaient pas au phylloxéra : ils accusaient le commerce du Champagne de provoquer la baisse des vins et l'avilissement de la propriété ; ils n'admettaient pas le principe de l'obligation des taxes, ni celle du traitement qu'ils considéraient comme une atteinte au droit de propriété. Nombre de syndiqués refusèrent de payer la taxe et furent poursuivis ; des troubles se produisirent à Vertus, lorsque l'on voulut effectuer des saisies et des ventes. Le Comité directeur devint impuissant à calmer les esprits.

Des mesures d'apaisement furent prises, le Comité directeur réduit à 35 membres : les protestataires furent déboutés devant le Conseil d'État. Le Comité put se mettre au travail, il disposait de 354 000 fr. de recettes et n'avait dépensé que 45 425 fr. en 1914 : mais il restait encore 256 000 fr. de cotisations à recouvrer.

En 1895, 86 taches d'une contenance totale de 7 ha 80 ares 4 centiares,

appartenant à 346 propriétaires furent traitées. Le Comité remboursait inté-
gralement la récolte de l'année et payait la moitié de la valeur de la vigne. en
deux annuités, aux propriétaires de vignes traitées extinctivement.

Mais les cinq années de l'existence du Syndicat allaient bientôt être
écoulées; à la suite d'une assemblée tumultueuse tenue à Epernay, il ne put
être reconstitué et prit fin le 17 juillet 1896, laissant plus de 180 000 fr. inuti-
lisés. Le Comité décida de rembourser les cotisations versées; les sommes non
réclamées dans un certain délai devant recevoir ultérieurement une destination.
Une somme de 40 000 fr. fut mise à la disposition de la Chambre de Commerce pour subventionner les Syndicats antiphylloxériques qui se constitue-
raient, et une partie des fonds fut affectée à la création d'une pépinière
départementale de plants américains.

Telle fut l'existence mouvementée du Grand Syndicat Antiphylloxérique
qu'une opposition aveugle rendit impuissant.

Le Grand Syndicat fut le premier et le dernier essai d'application de la
loi de 1888: nous venons de voir que cette tentative ne fut pas encourageante.
Cependant, il faut reconnaître que les organisateurs avaient vu juste: ils
voulaient enrayer le mal, dès son apparition, par des mesures rigoureusement
appliquées, tout en indemnisant largement les propriétaires. Mais ils se
heurtèrent à l'incrédulité, à l'ignorance et à l'hostilité des vignerons qui ne
les comprirent point et qui voulurent conserver la liberté de défendre leurs
vignes à leur guise au lieu de se solidariser pour la lutte en commun. Les efforts
du Syndicat furent ainsi paralysés, et pendant que l'on agitait des questions de
clocher, de personnes ou de politique, le phylloxéra faisait des ravages,
s'implantait un peu partout et gagnait du terrain. Il est probable que, si les
mesures édictées par le Grand Syndicat eussent pu être appliquées, le mal eût
été retardé considérablement et la situation du vignoble complètement changée.

Mission officielle du Ministère de l'Agriculture.

Entre temps, en 1893, M. Viger, ministre de l'Agriculture avait chargé
une commission de savants présidée par M. Risler, Directeur de l'Institut
national agronomique, d'étudier la situation du vignoble champenois. Le
rapport de M. Ravaz concluait : « En résumé, il résulte de l'examen que vient
de faire la Commission, que l'état actuel du vignoble champenois est très satis-
faisant; que les quelques taches phylloxérées qu'il présente n'en compromettent nullement la durée, si les vignerons savent unir leurs efforts pour lutter
en temps opportun contre le mal. Les traitements d'extinction d'une part et,

d'autre part, les traitements culturaux au sulfocarbonate de potassium, au sulfure de carbone dissous ou au sulfure de carbone pur, les seuls reconnus efficaces, aidés par une bonne culture, par des fumures abondantes, des apports de terres et de cendres pyriteuses, ainsi que par le mode de culture et par le climat, mettront sûrement les vignes champenoises à même de résister long-temps au phylloxéra. »

L'Association Viticole Champenoise.

Lorsque le Grand Syndicat Antiphylloxérique eut disparu, le vigneron livré à ses propres moyens resta désarmé contre l'invasion phylloxérique, et le regretta, mais un peu tard. Cependant, des esprits éclairés résolurent de grouper dans chaque commune les bonnes volontés dans le but de reprendre, sur de nouvelles bases, l'œuvre commencée et d'organiser la lutte collective contre le phylloxéra. Ils espérèrent que les causes d'hostilité contre le Syndicat — principe de l'obligation, intervention de l'administration et des grands négo-ciants — ayant disparu, les vignerons se grouperaient plus volontiers en vue d'une action commune.

Déjà des tentatives isolées avaient été faites; en 1884, une association nettement antiphylloxérique s'était constituée à Vertus; une autre fonctionnait à Pringy depuis 1889.

Le 24 septembre 1896, la Société Vigneronne d'Avize était créée pour les deux vignobles d'Avize et de Cramant, dans le but de lutter contre les insectes et les maladies de la vigne, de développer l'enseignement professionnel, de rechercher l'économie et la sécurité dans les achats d'instruments, d'engrais, de produits anticryptogamiques, etc. Elle créa une pépinière de vignes améri-caines, des cours et des concours de greffage.

Jusqu'en 1898, très peu de syndicats se fondèrent, et cependant le fléau progressait, il était nécessaire d'agir.

C'est alors qu'un groupe de négociants en vins de Champagne, au nombre de 24, fondèrent à Reims, le 1er mars 1898, pour une durée de 10 ans, l'*Associa-tion Viticole Champenoise* dont le but était « de lutter contre le phylloxéra par l'emploi du sulfure de carbone ou tout autre moyen, afin de conserver le plus longtemps possible les plants champenois, d'aider, le moment venu, à la recons-titution du vignoble et de faire des études, des expériences qui s'imposent dès maintenant. »

Elle devait encourager la constitution de syndicats antiphylloxériques locaux, indépendants les uns des autres, indépendants de l'Association viticole elle-même. Elle prévoyait, à cet effet, des subventions en nature, produits anti-phylloxériques, porte-greffes ou plants greffés stérilisés, pals pour le sulfurage, calcimètres, etc.

Une certaine somme devait être destinée à l'organisation d'un laboratoire et d'une pépinière.

Plus tard, les statuts furent modifiés en vue de permettre à l'Association de distribuer, sous certaines conditions, des subventions en argent aux syndicats antiphylloxériques régulièrement constitués. La prime fut fixée au début à 5o fr. par hectare, puis ramenée à 35 fr. et versée en trois fois, 20 fr. la première année, 10 fr. la seconde, 5 fr. la troisième.

Les ressources de l'Association se composaient des dons des membres bienfaiteurs, des cotisations des membres étrangers au Commerce, et de celles des maisons adhérentes ; ces dernières, basées sur le chiffre des exporta-tions. Sa durée fut prorogée une première fois en 1908, puis à nouveau en 1918 ; les cotisations furent alors doublées.

Grâce aux encouragements de l'Association Viticole Champenoise, de nombreux syndicats se fondèrent ; on en comptait 10 en 1898, et 36 en 1919. Le mouvement se ralentit, 3 syndicats seulement furent créés en 1900, et un seul, en 1901. L'annonce de plus larges encouragements eut de bons résultats.

A la veille de la guerre, il existait dans les seuls arrondissements de Reims, Epernay et Châlons, 130 syndicats groupant 11954 propriétaires possédant 7987 hectares de vignes. L'Association avait distribué pour 231816 fr. 45 de subventions en argent, et 541526 fr. 36 de subventions en nature, auxquelles venaient s'ajouter 112777 fr. 35 de greffes ou bois à greffer, et 69287 fr. de primes aux lauréats du Concours de greffage, soit au total 955407 fr. 15 de subventions diverses, c'est-à-dire près d'un million de francs. En outre, elle avait livré gratuitement ou à prix réduits plus de 900 pals, encouragé la création de chambres chaudes pour la stratification des greffes boutures, et fait dresser 74 cartes calcimétriques communales.

La Commission technique qu'elle s'est adjointe lui prête son concours pour l'organisation des concours de greffage et pour l'étude des diverses ques-tions intéressant la viticulture champenoise et spécialement la reconstitution.

Réorganisée depuis la guerre, sous la direction éclairée de M. Chappaz, inspecteur général de l'Agriculture en service détaché, l'Association Viticole Champenoise a entrepris la réorganisation des syndicats antiphylloxériques que la guerre avait plus ou moins désorganisés, et elle continue sur des bases nouvelles l'œuvre d'avant-guerre.

Par son organe *Le Vigneron Champenois*, elle se tient en contact permanent avec les viticulteurs et ses réunions semestrielles sont des plus fréquentées. L'Association Viticole Champenoise a ainsi montré qu'elle comprend la solidarité qui lie producteurs et négociants pour la sauvegarde de notre beau vignoble champenois.

La Maison Moët et Chandon.

En dehors de l'Association Viticole Champenoise d'autres initiatives privées intervinrent également pour encourager le vigneron, le plus souvent

CHAMP D'EXPÉRIENCES ET LABORATOIRE DE LA MAISON MOËT ET CHANDON.

pécuniairement, mais aussi par des conseils, des renseignements et par l'exemple. Nombreux sont les donateurs qui, s'intéressant à la viticulture, encouragent discrètement tel ou tel syndicat par des libéralités. Ainsi en 1913, 150 500 fr. furent distribués entre onze des principaux crus, par les soins du Syndicat du Commerce des vins de Champagne, ce qui porta à plus de 540 000 fr. le montant des subventions ainsi distribuées. Nombreux aussi sont les expérimentateurs qui poursuivent la solution de telle ou telle question viticole.

Aussi, en toute justice, devrons-nous rappeler ici l'œuvre de la Maison Moët et Chandon d'Epernay. Sa brillante situation dans le commerce et la viticulture champenoises, ses traditions, son ancienneté lui faisaient un devoir de prendre l'initiative de recherches longues et coûteuses pour aider le vigneron à sortir victorieux de la crise phylloxérique.

Dès le début de l'invasion, elle acheta les parcelles phylloxérées à Tréloup et à Vincelles, espérant détruire le mal dès ses débuts et enrayer l'invasion. Elle apporta au Grand Syndicat, le concours de son matériel et de ses équipes pour l'exécution des traitements au sulfure de carbone, et continua même après la dissolution de cette Association, à effectuer des traitements pour les propriétaires. De 1890 à 1898, elle a ainsi traité extinctivement, 3 ha 09 ares appartenant à 258 propriétaires, et culturalement, 33 ha 70 ares, appartenant à 146 vignerons. A partir de 1898, elle se borna à subventionner largement les syndicats qui commençaient à se créer. Plus de 60 syndicats ont ainsi bénéficié des libéralités distribuées de 1898 à 1906 par M. Raoul Chandon de Briailles, chef de la Maison, et reçu en argent ou en nature près de 200 000 fr.

Mais ce n'est là qu'une partie de son œuvre. La nécessité inéluctable de la reconstitution soulevait un certain nombre de graves problèmes viticoles et œnologiques que M. Raoul Chandon de Briailles, entouré de savants collaborateurs entreprit de résoudre. Il organisa dans son École pratique de viticulture d'Epernay un aménagement modèle pour le greffage et la mise en stratification des greffes, d'après une méthode nouvelle, un laboratoire de recherches viticoles avec salle de micrographie et bibliothèque, un laboratoire d'œnologie où M. Émile Manceau poursuivit ses remarquables recherches sur l'œnologie champenoise, une collection de vignes américaines et une pépinière expérimentale.

Un bulletin périodique, luxueusement édité, faisait connaître les résultats des travaux poursuivis. Malheureusement, la mort inexorable, en frappant à 58 ans le comte Chandon de Briailles, a ravi à ses collaborateurs un guide sûr et éclairé, un conseiller affectueux et dévoué, à la Champagne une de ses personnalités les plus remarquables, et à la viticulture champenoise et française toute entière un de ses amis les plus passionnés et les plus dévoués. Aussi considérons-nous comme un devoir de rendre ici hommage à sa mémoire.

La Chambre de Commerce de Reims.

Dès le début de l'invasion phylloxérique, en Champagne, la Chambre de Commerce de Reims ouvrit une souscription qui produisit plus de 250 000 francs pour combattre l'insecte menaçant. 100 000 francs furent immédiatement versés au grand Syndicat départemental. Lors de la dissolution de celui-ci, il restait un reliquat de 171 991 fr. 50 que la plupart des souscripteurs abandonnèrent généreusement au profit de l'Association viticole champenoise, du Syndicat du Commerce des vins de Champagne et de certaines sociétés vigneronnes récemment fondées ; 40 000 francs seulement furent remboursés. Il restait en 1905 plus de 68 000 francs qui furent employés à subventionner les Syndicats antiphylloxériques et la Foire aux vins d'Épernay.

Encouragement de l'État et du Département.

L'État encouragea aussi de ses subventions les syndicats antiphylloxériques communaux. En vertu de la loi du 2 août 1879, le montant de ces subventions pouvait atteindre celles des départements, des communes ou des associations viticoles.

La loi de 1908 réduisit cette participation au tiers, sauf lorsqu'il s'agissait de régions comme la Champagne où la reconstitution était à ses débuts. En 1912, les Syndicats antiphylloxériques ont reçu ainsi de l'État 120 000 francs et, en 1913, 128 000 francs.

La loi des finances du 14 août 1919 a supprimé « les allocations, les dépenses administratives et les subventions pour le traitement, la défense et la reconstitution du vignoble de France ». Mais les offices agricoles départementaux et régionaux ont été largement dotés pour reprendre à leur charge les encouragements aux Syndicats.

Le département de la Marne ne s'est pas désintéressé de l'avenir du vignoble. Le crédit voté par le Conseil général pour aider à la défense du vignoble, qui primitivement était de 1000 francs, fut porté en 1890 à 6000, puis à 9000 et à 15 000. Les subventions étaient au début accordées aux Syndicats, sous forme de sulfure de carbone ; à partir de 1906 elles furent données en argent. Le département participe, en outre, aux frais d'entretien des cours et concours de greffages à la suite desquels sont décernés des diplômes de maître-greffeur.

Les Syndicats antiphylloxériques communaux.

Nous avons vu qu'à la fin de 1913 il existait 130 syndicats antiphylloxériques communaux en Champagne. Presque tous sont constitués conformément à la loi du 21 août 1884 et d'après un type uniforme. Leur but est double :

lutter contre le phylloxera par le traitement cultural des vignes atteintes, favoriser la reconstitution en plants américains greffés.

La plupart se proposent, en outre, de favoriser la viticulture par tous les
moyens possibles, de s'occuper de toutes les questions qui se rattachent à la
vigne et à ses produits.

Toute commune réellement viticole possède actuellement son syndicat
antiphylloxérique.

Il suffira d'examiner le fonctionnement de l'une de ces institutions pour
donner une idée des services qu'ils peuvent rendre. Nous choisirons comme exemple l'Association viticole d'Ay.

Elle comptait, à la fin de 1913, 359 adhérents possédant 370 hectares de vignes. La cotisation fixée primitivement à 20 francs de l'hectare fut réduite ensuite à 10. Ses ressources furent considérablement augmentées par des subventions de l'État, de l'Association viticole champenoise et du Syndicat du Commerce des vins de Champagne. Au début, les traitements antiphylloxériques culturaux par le sulfure de carbone étaient effectués par ses soins, à l'aide d'équipes spéciales; mais la superficie à traiter devenant trop considérable, elle se borna bientôt à prêter le matériel et à donner le sulfure que le vigneron utilisait lui-même. Plus tard, elle alloua gratuitement une

Cl. Moreau-Berillon

INSTRUMENTS POUR LE SULFURAGE.

quantité fixe de 150 kilogrammes de sulfure par hectare et livra le surplus à
moitié prix. Dès 1901, elle organisa des cours et un concours de greffage, créa
une pépinière de bois américains qui fut bientôt arrachée. Elle fit construire
une chambre chaude commune qui permit aux vignerons de réduire, avant
1914, les frais de stratification à 2 fr. 50 le 1000. Elle subventionne le Syndicat
de défense contre la grêle et contre la gelée.

Les sacrifices que doivent actuellement s'imposer les Syndicats sont considérablement augmentés, aussi les cotisations sont-elles actuellement de 30, 40
et même 50 francs par hectare.

Les résultats obtenus sont considérables. S'ils eussent été organisés dès le
début de l'invasion phylloxérique, la marche du phylloxera eût été facilement
enrayée, la reconstitution eût pu se faire lentement et méthodiquement. La
guerre a entravé pendant 5 ans leur fonctionnement, les traitements au sulfure

ont été abandonnés, la pénurie de main-d'œuvre, l'inculture, les faits de guerre ont laissé le champ libre aux ravages de l'insecte. Il faut restaurer le vignoble et le reconstituer, la tâche est immense, mais les Syndicats antiphylloxériques permettront par leur organisation de la mener à bien. Aussi ne saurait-on trop féliciter les vignerons champenois d'avoir compris les services que peut leur rendre la pratique de la solidarité et que leur avenir est dans l'association.

Les Progrès du Phylloxera.

Malgré les efforts coordonnés des Syndicats antiphylloxériques, malgré des traitements soigneusement exécutés d'après une technique réfléchie, le phylloxera n'a cessé de progresser. En 1892, un peu plus de 2 hectares étaient atteints; en 1899, 90 hectares seulement étaient déclarés phylloxérés. Les recherches méthodiques poursuivies chaque année, depuis lors, par les Syndicats révélèrent l'existence de nombreux foyers; les superficies atteintes augmentèrent considérablement. Jusqu'alors les vignerons se souciaient peu de déclarer leur vigne phylloxérée, tant ils craignaient que le discrédit ne fût jeté sur leur lot et que leur vigne et leur vin ne fussent dépréciés.

En 1900, les territoires déclarés phylloxérés comprenaient :

L'arrondissement d'Epernay ;

Dans l'arrondissement de Châlons, le canton de Vertus;

Dans l'arrondissement de Reims : les cantons d'Ay, de Beine, de Châtillon-sur-Marne, de Verzy, de Ville-en-Tardenois, la commune de Montigny, dans le canton de Fismes, et celle de Taissy, dans le 3ᵉ canton de Reims ;

Dans l'arrondissement de Vitry-le-François, les cantons de Saint-Remy-en-Bouzemont et de Sompuis.

La libre introduction des plants de toute provenance n'était encore autorisée nulle part.

Les progrès furent surtout rapides pendant les années sèches et chaudes : 1898, 1900, 1904, 1911, et surtout pendant la guerre où la lutte fut interrompue. Actuellement, le vignoble est entièrement envahi.

Sur 10600 hectares de vignes que comprenait encore le vignoble de la Marne après l'armistice, il n'existait plus que 666 hectares de vignes françaises indemnes et 3009 hectares phylloxérés, mais encore en production: 4284 hectares étaient détruits ou incultes.

Cependant les vignerons champenois défendaient pied à pied leurs vignobles contre l'envahisseur, soit isolément, soit collectivement. Aussitôt la vendange terminée, avant même parfois que les échalas ne fussent enlevés, des équipes

de sulfureurs effectuaient méthodiquement, dans les vignes atteintes ou simplement suspectes, un traitement cultural à la dose de 200 à 300 kilogrammes par
hectare. Parfois même un léger sulfurage était pratiqué pendant l'été. En 1912,
6611 hectares, soit la moitié du vignoble, ont été ainsi traités culturalement et
48 hect. 77 extinctivement; on a utilisé 925 000 kilogrammes de sulfure de carbone.

La nature du sol, la méthode rationnelle employée pour exécuter les traitements, leur assurent une réelle efficacité: mais l'insecte ne disparait pas entiè-

Cliché Rothier.

SULFURAGE CONTRE LE PHYLLOXERA (*Vignobles Pommery*).
Le sulfure de carbone est injecté au moyen d'un pal, puis on bouche le trou fait dans le sol
avec un tampon fixé au bout d'un long bâton pour que le sulfure ne s'évapore pas.

rement, il suffit d'une année favorable, sèche et chaude pour qu'il réapparaisse
avec une brusque intensité. Aussi les vignerons avisés, tout en prolongeant
l'existence de leurs vignes par tous les moyens possibles, préparaient-ils la
reconstitution par les vignes américaines greffées, espérant, en échelonnant
ainsi les sacrifices qu'elle nécessiterait, les rendre moins lourds, et maintenir
une production normale. En 1912, 268 hectares avaient été reconstitués, mais
plus de 1000 hectares avaient été arrachés, soit à cause du phylloxera, soit à la
suite des grandes invasions de mildiou de 1908 et 1910, et qui n'ont pas été
replantés.

A la fin de 1913, on comptait déjà 2150 hectares reconstitués en vignes
greffées; 2651 hectares, noyau de notre futur vignoble existaient encore après
l'armistice, et en 1920, 3184 hectares étaient reconstitués.

La loi de 1878 et celle du 2 août 1879, relatives à l'introduction des vignes américaines, furent longtemps un obstacle à la reconstitution. La loi du 3 août 1891 déclara que la libre introduction des plants de toute provenance pouvait être autorisée dans le département par décision du Conseil général.

Dix ans après, le 29 octobre 1901, le département de la Marne en entier était déclaré phylloxéré, mais la libre introduction ne fut autorisée que dans 63 communes seulement, le 11 décembre 1901. Cette liste fut augmentée par des arrêtés ultérieurs. Actuellement, elle s'étend à tout le département; aucun obstacle légal ne s'oppose donc à la reconstitution.

La Reconstitution du vignoble.

La culture de la vigne en Champagne est entrée depuis le début du siècle dans une phase nouvelle; la reconstitution commencée déjà avant la guerre est activement poursuivie. Les questions d'adaptation et d'affinité sont à peu près résolues, la stratification a été poussée dans notre région à un degré de perfection qui, jusqu'alors, n'avait jamais été atteint. Restent à résoudre les questions de taille qui ont, en Champagne, où l'on doit conserver avant tout la qualité des vins, une importance toute particulière; mais de nombreuses expériences poursuivies méthodiquement permettront de les résoudre à brève échéance.

Nous n'entreprendrons pas ici d'examiner les divers problèmes que soulève la reconstitution, mais des modifications profondes vont être apportées aux méthodes jusqu'alors en usage dans notre vignoble; souhaitons qu'elles concourent toutes à la conservation des brillantes et inimitables qualités auxquelles le vin de Champagne doit son universelle renommée. « L'aer, le sol, et le complant sont le fondement du vignoble », écrivait, il y a près de quatre siècles, Olivier de Serres. Si l'encépagement est modifié dans sa base, si les méthodes de culture et de taille sont changées, du moins, nous conserverons nos plants fins, et le sol et le climat exerceront encore sur la production, une influence considérable.

Mais la pénible situation, dont souffre actuellement le commerce du vin de Champagne, inquiète à juste titre vignerons et négociants. Il est à craindre que par suite de la mévente, la reconstitution ne se ralentisse. Espérons cependant que jamais nous ne verrons en Champagne, comme dans d'autres régions viticoles, nos coteaux réputés, jadis couverts de pampres qui faisaient l'orgueil de nos vignerons, rester complètement dénudés.

SIXIÈME PARTIE

LE VIN

CHAPITRE XIX

La Vendange et la Vinification

La vendange et la vinification en Champagne sont l'objet de soins d'une minutie extrême, grâce auxquels sont conservées et accrues les remarquables qualités du vin de nos coteaux; nulle part, une semblable perfection est apportée à la manutention des vins mousseux.

Avant de commencer l'étude de la vendange et de la vinification, il nous semble utile de passer en revue, rapidement, les phénomènes qui se produisent dans le raisin.

Le Raisin.

Le raisin, dont la forme, la grosseur, la couleur varient suivant les cépages est le siège de phénomènes internes et externes des plus intéressants, depuis le moment où la fécondation s'est opérée et le grain formé, jusqu'à la cueillette.

Phénomènes internes. — Tout d'abord, le grain de raisin pourvu de chlorophylle ne diffère pas des autres organes verts de la vigne, il fonctionne comme les feuilles, fabrique de l'amidon et grossit rapidement.

Il atteint ainsi la seconde période de son existence, constitue des réserves, du sucre surtout, grossit, devient mou et transparent.

La matière verte disparaît peu à peu et dans les cépages colorés la couleur apparaît, le raisin « *bléchit* » ou commence à « *mêler* », c'est l'époque de la *véraison*.

La végétation de la vigne semble alors s'arrêter ; le raisin a acquis sa grosseur normale ; il pourra s'accroître encore ultérieurement sous l'influence des pluies, mais dans une faible proportion.

Pendant ce temps, le sucre s'accumule rapidement dans le grain sous l'influence de la chaleur et de la lumière, mais il arrive que la quantité de sucre ne s'accroît plus sensiblement, bien que sous l'influence de la dessiccation, sa proportion augmente encore. On peut alors vendanger.

Au commencement de la véraison, les acides sont abondants dans le grain : ils diminuent à mesure que le sucre augmente, brûlés à l'intérieur du grain ou transformés en sels de potasse, ou encore en lévulose.

La matière colorante apparaît bientôt également dans les raisins colorés. D'après Armand Gautier, elle se forme dans les feuilles d'où elle émigre dans le grain, devient rouge, puis violette sous l'influence de l'oxydation, et s'accumule à la partie périphérique du grain.

Le pépin cesse aussi de s'accroître et mûrit à son tour, il constitue les réserves qui serviront de nourriture à l'embryon, se lignifie et s'organise. La *maturité physiologique* est alors atteinte. Elle ne coïncide pas toujours avec la *maturité* industrielle qui correspond au maximum d'accumulation du sucre.

Le bouquet caractéristique des vins de grands crus semble avoir son origine dans les feuilles. On a extrait de ces organes des produits qui, introduits dans un moût, lui communiquent le parfum du cru. Ce bouquet serait constitué par des éthers qui souvent, dans les contrées ensoleillées, peuvent disparaître par oxydation.

Aussi est-ce dans les régions septentrionales comme la Champagne, ou peu ensoleillées, à climat brumeux, comme le Bordelais et les Charentes, que l'on produit les vins les plus finement bouquetés. Le bouquet des vins de Bourgogne serait dû également à la présence du manganèse.

On a donc pu dire, avec juste raison, que le climat de notre région a pour conséquence l'arome, la finesse et le parfum des produits de la vigne.

Phénomènes externes. — Depuis les mémorables expériences de Pasteur, on sait que la fermentation du vin est un phénomène biologique dont l'agent principal est la *levure*. La plupart du temps la fermentation s'établit spontanément dans le moût du raisin. D'où provient donc la levure? Est-ce de l'air ou du raisin lui-même?

Pasteur, en 1875, montra que la levure provient du raisin, et que l'air n'apporte pas de germes. Les germes de la levure existent à l'extérieur du grain, non à l'intérieur, ils apparaissent au moment de la maturation et sont retenus par la « *pruine* » qui recouvre le grain ; leur origine est en dehors de la vigne elle-même, car Pasteur a démontré que lorsqu'on maintient une souche de vigne sous un abri vitré, les levures n'arrivent pas par le raisin. Quoique assez résistantes au froid, les levures semblent disparaître avec l'hiver et avec les raisins ; elles deviennent rares après la vendange et ne réapparaissent qu'au mois d'août ; mais, ainsi que l'ont montré des travaux récents, elles peuvent hiverner dans l'intestin de petits animaux, lérots, loirs, abeilles même.

M. Cordier, professeur à l'Ecole de médecine de Reims et directeur du Laboratoire bactériologique, a constaté, en effet, dans l'intestin d'un loir, grand consommateur de raisins à la vendange, la présence de la levure non modifiée de Champagne, qui, au printemps, peut se multiplier, et dont le pouvoir ferment est exalté. De même, les guêpes et les abeilles en butinant sur les raisins mûrs emportent des levures qui peuvent hiverner à l'intérieur des nids ou des ruches où existe une température assez élevée. Dès le printemps, ces insectes sortent, vont butiner sur les fleurs, ils y disséminent les levures qui trouvent dans le liquide sucré des nectaires un milieu favorable à leur développement. De là, ces levures passent sur les fruits et sont alors dispersées par les vents et par les animaux jusque sur le raisin, au moment de la vendange.

Les levures se retrouvent aussi sur les groseilliers : elles sont abondantes dans les celliers et dans les caves. Les marcs non distillés, les lies que l'on jette souvent sur le fumier en renferment également ; ramenées à la vigne, ces substances y apportent les levures qu'elles ont conservées et qui, de là, passent sur le raisin. Le sol lui-même est pour elles un milieu de culture et de conservation pendant l'hiver.

L'invasion du raisin, à la maturité, peut donc se faire par diverses voies.

M. Cordier a montré que le raisin est successivement envahi par divers micro-organismes. Tout d'abord de la floraison à la véraison, le fruit ne porte que les germes d'un champignon, le Dematium pullulans. Puis, apparaissent les levures sauvages et quelques levures vraies. Enfin, les vraies levures ou saccharomyces se développent à leur tour, se multiplient et se propagent, au moment de la vendange et jusqu'à l'arrêt de la végétation.

Dans une thèse soutenue en 1904, devant la Faculté de Bordeaux, M. Descoffres a établi le mode de développement, de multiplication et de propagation des levures et montré le rôle des divers agents de ces phénomènes. Les raisins et les autres parties de la vigne constituent le foyer de développement des levures pendant l'été ; la terre est leur principal habitat pendant l'hiver ; l'air, les insectes les ramènent et les disséminent en été.

Répartition des substances qui composent le raisin. — Le sucre de raisin, formé surtout de glucose, est inégalement réparti dans le grain ; il est plus abondant vers la périphérie où il émigre pendant la maturité, que vers la partie centrale. Les acides, au contraire, ont émigré de la périphérie vers le centre où ils sont plus abondants à la maturité. Ces faits présentent un intérêt particulier pour la préparation du Champagne, car on a coutume de recueillir à part le vin de la première presse qui est incolore, plus sucré et souvent plus acide que les vins recueillis ensuite, et qui forme la « cuvée » de Champagne.

Les matières azotées et minérales s'accumulent dans la peau à partir de la véraison, le jus est pauvre en ces éléments. La matière colorante et le bouquet y sont également développés. La première est d'abord violette, puis devient rouge au contact des acides de la pellicule ; elle se combine probablement avec le tanin qui la rend plus foncée et plus solide. Aussi, a-t-on soin de séparer le moût de la première presse qui est incolore ou à peine rosé, des vins suivants plus chargés de matière colorante, souvent « tachés » et impropres à la fabrication du Champagne.

Lorsqu'on laisse le raisin mûr sur la souche ou qu'on le cueille, il se dessèche et se ride. La concentration du sucre vers la périphérie augmente, les acides diminuent, les matières colorantes deviennent insolubles. Il est alors souvent envahi par un champignon, le Botrytis cinerea, la « *pourriture noble* » qui en achève la destruction. Par les temps humides, cette invasion se produit parfois avant la maturation complète ; la destruction du raisin est alors rapide, la récolte compromise.

Maturité du raisin. — L'époque de la vendange offre en Champagne un intérêt tout particulier. Chaptal, dans le *Cours d'Agriculture* de l'abbé Rozier, avait précisé les signes de la maturité du raisin, qui indiquent le moment de la vendange. Ces signes, qui correspondent à la maturité physiologique, sont les suivants : les grappes sont pendantes ; la queue et les pédicelles prennent une couleur brune ; le grain se détache facilement et laisse un pinceau plus ou moins allongé ; la pellicule devient fine et translucide ; le jus est très sucré, très savoureux, visqueux ; les pépins sont mûrs.

Mais, pour la Champagne, on recherche surtout une maturité telle que le vin soit frais, léger et délicat ; aussi la maturité économique diffère-t-elle de la maturité physiologique. Il y a lieu de considérer surtout la richesse en sucre et la teneur en acides du raisin.

Autrefois, la maturité industrielle ou l'époque des vendanges était indiquée par le début du flétrissement des feuilles ; ce caractère pratique n'existe plus, car les traitements cupriques retardent ce flétrissement. Aussi doit-on suivre pas à pas la marche de la maturation du raisin vers l'époque de la vendange. On prélève à cet effet, tous les deux ou trois jours, un échantillon de 2 kilogrammes environ de raisin, sur des ceps pris au hasard, dont on cueille entièrement la récolte, plutôt que de prélever au hasard une grappe sur chaque cep. On dose le sucre et l'acidité par des moyens sommaires; on a ainsi une idée exacte des progrès de la maturité et l'on peut préciser le moment le plus favorable pour la vendange.

Maturité des principaux cépages de la Champagne. — Pulliat avait classé les cépages, d'après l'époque de leur maturité, en cinq groupes. Le premier groupe comprenait les cépages *précoces* mûrissant avant le chasselas; aucun des cépages de la Champagne n'appartient à cette catégorie. Mais tous sont classés parmi les cépages de 1re *époque*. Le Chardonnay est un peu plus tardif que le Pinot noir. Seuls, les cépages de 1re et de 2e époque peuvent mûrir leurs fruits dans notre région. Lors de la reconstitution du vignoble, c'est donc à eux exclusivement que le vigneron devra recourir plutôt que de se laisser tenter par l'introduction de plants plus tardifs, plus productifs, de qualité inférieure et dont la réussite serait d'ailleurs aléatoire.

Composition du raisin. — Une foule de circonstances exercent une influence sur la composition du raisin, qui est très variable. D'après Émile Manceau, qui a fait de très nombreuses analyses portant sur le Pinot noir et le Chardonnay, provenant de divers crus et de diverses années, les caractéristiques de ces deux cépages seraient les suivantes :

Pour le Pinot noir : le poids de la grappe varie de 70 à 80 grammes, la proportion de pulpe de 84 à 88 pour 100, le jus tiré par 100 kilogrammes de raisins de 75 à 80 litres, le degré Beaumé de 10 à 12°,2.

Pour le Chardonnay : le poids de la grappe varie de 70 à 110 grammes, la proportion de pulpe de 84 à 88 pour 100, le jus tiré par 100 kilogrammes de raisins de 78 à 82 litres, le degré Beaumé de 9,50 à 11,50.

La Vendange.

Sous l'ancien régime, dans la plupart des vignobles, nul ne pouvait vendanger avant que le Ban de vendange ne soit publié. Chaptal, auteur de l'article *Vin*, dans le *Cours d'Agriculture* de l'abbé Rozier, écrivait à ce sujet :

« Les temps ne sont pas éloignés où nous avons vu que dans presque tous

les pays de vignobles, l'époque des vendanges était annoncée par des fêtes
publiques célébrées avec solennité. Les magistrats accompagnés d'agriculteurs
intelligents et expérimentés se transportaient dans les divers cantons du vignoble
pour juger de la maturité du raisin et nul n'avait le droit de le couper, avant
que la permission n'en fût solennellement proclamée. Ces usages antiques
étaient consacrés dans les pays renommés par leurs vins; leur réputation était
regardée comme une propriété commune. Et malgré qu'un tel usage entraînât quelque inconvénient, c'est peut-être à sa religieuse observation que nous devons d'avoir conservé, dans toute son intégrité, la réputation des vins de Bordeaux, de Bourgogne et autres pays de la France.

« *Ah saprelotte !! décidément le raisin*
« *n'est pas trop bon cette année!*
LITHOGRAPHIE DE DAUMIER.

Ces usages, qui à un moment donné répondaient à une nécessité, ont souvent été considérés comme des servitudes attentatoires à la liberté et au droit sacré de la propriété. Parmi les causes, sinon de leur établissement, du moins de leur maintien, figurent le souci de l'intérêt général, la nécessité de règlements facilitant la perception des divers droits d'aides et d'octrois et des dîmes perçus sur la vendange, et empêchant les fraudes.

Leur abolition, a-t-on dit, a mis la fortune publique à la merci de quelques
particuliers, car l'individu qui coupe prématurément ses raisins force ses voisins
à faire une vendange précoce, ou à subir une spoliation assurée; l'étranger
n'ayant plus de garantie pour ses achats retire ses ordres parce qu'il ne sait plus
où reposer sa confiance. L'individu ne voit jamais que le moment; il appartient
à la Société de prévoir l'avenir.

Les vendanges ont lieu généralement en Champagne, depuis la mi-sep-
tembre jusqu'à la mi-octobre. Le vigneron devrait se guider sur la maturité du
raisin et choisir un temps sec et beau. Mais certaines circonstances indépen-
dantes de sa volonté influent sur l'époque de la vendange.

Tout d'abord, interviennent les conditions climatériques. Les pluies d'arrière-saison, favorisant le développement de la pourriture obligent à une cueillette hâtive; les gelées prématurées sont à craindre, car le raisin gelé perd toutes ses qualités.

En second lieu, viennent les considérations économiques. L'usage qui s'est établi dans la plupart des grands crus de la Marne de vendre le raisin au

Hordon de vendangeurs sur le coteau d'Ay (*Vignobles Moët et Chandon*).

kilogramme a séduit le vigneron qui n'a plus besoin d'entretenir un matériel vinaire important pour loger sa cuvée, et n'a pas la responsabilité de l'entretien de celle-ci jusqu'à la livraison du vin. La vente de ses produits est assurée dès la récolte et il en perçoit presque immédiatement la valeur. Mais cette méthode entraîne quelques inconvénients. Le vigneron a perdu l'habitude de faire son vin et de le soigner, il s'est démuni de son matériel vinaire; que la mévente survienne, il est obligé, pour loger son vin, d'acheter précipitamment à des conditions très onéreuses les tonneaux nécessaires, heureux encore lorsqu'il en peut trouver. Il est souvent à la merci de commerçants peu scrupuleux qui profitent sans vergogne de cette pénible situation.

Généralement, il attend que les prix soient fixés par les Maisons de Commerce et que l'ordre de vendanger soit donné, mais il arrive qu'ils sont établis tardivement et que le temps presse de cueillir le raisin. Depuis quelques années, l'usage s'est établi de discuter les prix du raisin avant la vendange, entre négociants et représentants de la Fédération des vignerons de la Champagne. Le prix de base est celui des grands crus et une échelle de prix est dressée pour les autres crus.

La vendange a, de tout'temps, inspiré les poètes et les artistes. Pouguet l'a décrite dans les *Quatre Ages*, et S¹ Lambert dans les *Saisons*. Quelques-uns de ses vers semblent avoir servi de thème à l'artiste qui créa l'œuvre reproduite ici.

Le personnel. — Dès l'approche des vendanges une animation extraordinaire règne dans le vignoble. De tous côtés, on prépare les tonneaux, les cuves, les barlons, on abreuve les pressoirs, on apprête les paniers, les caques, les voitures, on s'assure des vendangeurs. En dehors des ouvriers vignerons et de leurs familles, on a recours à des vendangeurs venant du Sud des Ardennes, du pays de Reims, de la Meuse. Les Lorrains arrivent par bandes dans de grandes charrettes. Chaque propriétaire vigneron s'assure le concours du personnel nécessaire qui est généralement attitré et composé de travailleurs paisibles attirés par l'appât d'un gain momentané. Mais à cette population se mêlent parfois des éléments peu recommandables qui nécessitent une surveillance de tous les instants et souvent l'intervention de l'autorité chargée de la police.

Dans la vallée de la Marne et la côte d'Avize a lieu tous les matins, sur la place publique du village, la louée des vendangeurs. Les propriétaires viennent y engager le personnel dont ils ont besoin. Le prix de la journée est débattu à l'avance; il varie suivant l'offre et la demande et d'après le temps qu'il fait.

Il est assez rare que l'on fasse appel à la main-d'œuvre militaire ;cependant, en 1913, il fallut y recourir, faute de vendangeurs en nombre suffisant et devant la nécessité d'effectuer rapidement la récolte menacée de pourriture.

Les vendangeurs sont réunis par escouades désignées sous le nom significatif de *hordes* ou de *hordons* qui rappelle l'hétérogénéité des éléments dont elles sont composées.

Au réveil, chaque vendangeur, après avoir mangé la soupe fumante, et bu sa « goutte d'eau-de-vie d'aines », savouré un morceau de pain, rejoint son hordon. Celui-ci se compose : 1° des *cueilleurs*, femmes ou enfants qui coupent le raisin et le déposent, après un rapide épluchage, dans un panier.

2° des *porteurs* de petits paniers qui vident le contenu de ceux-ci dans de grands paniers dits *mannequins* ou *débardeurs* ou sur les clayettes des éplucheuses.

3° des *collineurs* chargés de porter les mannequins hors de la vigne et de les disposer sur les voitures qui les ramèneront au pressoir.

Tous sont logés et nourris.

L'aspect du vignoble pendant cette période des vendanges est des plus pittoresques. A peine les premières lueurs du jour commencent-elles à poindre, les dernières dispositions sont-elles prises et les instructions données, que les hordons se mettent en route pour la vigne, les porteurs munis de leurs grands bâtons ouvrant la marche, suivis des vendangeurs portant leurs paniers. De temps en temps, on rencontre un autre hordon que l'on salue au passage. A ces heures matinales, le brouillard tombe, il fait froid et humide, aussi les mains et les visages sont-ils protégés du mieux possible. Cependant, cela n'exclut pas la gaieté et les chants accompagnent fréquemment la marche.

Dès que les premiers rayons du soleil levant ont dissipé le brouillard, la cueillette commence; tout en travaillant, on devise, on lance des quolibets, on chante. De temps en temps, les vendangeurs jouissent d'un moment de repos pendant lequel on leur distribue un verre de vin. Lorsque le travail est terminé dans une parcelle, le hordon se dirige vers une autre, le long des sentes, en file indienne. Vers midi, une voiture apporte les vivres et le dîner commence. Chaque vendangeur est pourvu d'une assiette de fer battu, d'une fourchette et d'une timbale, et va à tour de rôle recevoir sa portion de légumes et de viande, un pain d'une livre, puis s'installe à son gré. Le vin est versé à l'aide d'un petit quartaut et le repas se poursuit au milieu de la gaieté générale, avec un appétit que la matinée au grand air a puissamment aiguisé. Au bout d'une heure on reprend le travail pour ne le quitter qu'à la nuit. Chaque hordon regagne alors son logis, les chants reprennent, une soupe appétissante et chaude attend les vendangeurs qui vont bientôt goûter un repos mérité. L'ombre et le calme succèdent à l'agitation et au bruit des premières heures de la nuit; les vendangoirs seuls où le travail des pressureurs se poursuit nuit et jour restent animés; le silence n'est plus troublé que par le roulement des véhicules qui emmènent vers la ville le jus du raisin.

La cueillette. — La cueillette se fait, soit à la serpette, soit au couteau, soit de préférence à l'aide de ciseaux spéciaux qui offrent l'avantage de faire une coupe plus nette et, en évitant de secouer le raisin, de ne pas l'égrener. On délie les ceps et on coupe les grappes une à une, on enlève rapidement avec la pointe

des ciseaux les grains verts ou pourris qui sont recueillis dans un panier spécial et l'on met le raisin sain dans le second panier. Chaque panier peut contenir
5 kilogrammes de raisin. Au fur et à mesure du remplissage, un porteur l'enlève
après l'avoir remplacé et le verse dans un mannequin. Un porteur suffit pour
10 cueilleurs. Les paniers mannequins qui contiennent de 80 à 100 kilogrammes
de raisin sont alors enlevés par deux coltineurs à l'aide d'un bâton muni de
deux crochets et conduits aux voitures.

Si un épluchage plus minutieux est nécessaire, on dépose à l'une des extrémités de la vigne des claies d'osier, sur lesquelles on verse les raisins avec précaution ; les éplucheuses les examinent un à un, enlèvent les grains verts ou

ÉPLUCHAGE DES RAISINS A LA CLAYETTE (*Vignobles Louis-Rœderer*).

pourris, qui sont recueillis dans un panier spécial et serviront à faire des vins de
détours, et les raisins sains, déposés dans des paniers mannequins, que l'on a
soin de parer, sont conduits au pressoir. Les frais de triage et d'épluchage sont
parfois considérables, lorsque beaucoup de raisins sont avariés ; mais cette opération est indispensable si l'on veut obtenir des produits de qualité irréprochable.

Le transport des raisins. — Les raisins sont transportés au pressoir avec
d'infinies précautions pour qu'ils n'arrivent pas meurtris, écrasés ou simplement
froissés. On évite l'emploi de récipients en bois, les paniers d'osier, plus souples,
plus maniables sont préférés ; l'aération s'y fait mieux et l'on évite l'échauffement
des raisins. Ordinairement, on les place sur des voitures munies de ressorts ;
autrefois, on les suspendait, dans les vignobles montueux, aux côtés du bât d'un
cheval, d'un mulet ou d'un âne. L'âne et le mulet ne sont plus guère utilisés
ainsi, les vendanges y perdent en pittoresque.

Le Presurage.

Le pressoir est installé dans un local appelé vendangeoir. Lorsque la quantité de raisins suffisante pour faire un *marc* est arrivée, on pèse ceux-ci sur une bascule, ce qui permet d'établir la quantité apportée par chaque vigneron. Dans la Montagne de Reims le contenu des paniers est transvasé dans une « caque » réglée à 60 kilogs, cette caque est ensuite vidée sur l'aire du pressoir.

Cliché Rothier.

PESÉE DU RAISIN A LA CAQUE ET CHARGEMENT DU PRESSOIR (*Vendangeoir Pommery*).

La quantité de raisins nécessaire pour faire un moût ne varie guère : elle est généralement de 70 caques, soit 4 200 kilogs dans la Montagne, et plus fréquemment de 4 000 kilogs dans les vignobles de la rivière de Marne et de la *côte blanche*.

Les pressoirs. — Le pressurage du raisin doit être exécuté le plus rapidement possible après la cueillette, afin que le moût de raisins rouges soit incolore ou légèrement rosé ; un vin coloré ou « taché » devient impropre à la préparation des grands vins. Pour arriver à ce résultat, le pressoir doit présenter une aire assez vaste, une hauteur minimum pour permettre au moût de traverser rapidement la masse. Moins il reste au contact du marc, moins il acquiert de couleur, plus il a de finesse et de délicatesse.

On utilisait autrefois divers modèles de pressoirs : pressoirs à tesson ou à pierre, pressoirs à baguette, pressoirs à coffre et l'étiquet. Ce dernier domine actuellement en Champagne, car il peut être installé partout, tandis que les pressoirs à corde étaient encombrants, à système de serrage rudimentaire, à travail lent. L'étiquet nécessite moins de personnel, mais il presse une moins grande quantité de raisins à la fois.

Ce système est arrivé à un degré de perfection qu'on ne saurait guère dépasser. Il se compose d'une plate-forme carrée, solide, portant de chaque côté deux colonnes simples ou doubles qui supportent le *mouton* et le mécanisme.

Cliché Rothier.

PRESSUREURS A LA CALANDRE (*Vendangeoir Pommery*).

Une claie démontable limite le marc latéralement. La pression produite par des ouvriers à l'aide d'une grande roue ou *calandre* fixée au mur est transmise par des engrenages au mouton et au plancher qu'il porte. Ce plancher peut se relever latéralement pour faciliter le remplissage et les diverses manipulations. Des tiges rigides relient le mouton aux volets du plancher lorsqu'ils sont rabattus, de sorte que la pression est uniforme sur toute la surface du marc. Grâce à un mécanisme perfectionné, on peut relever ou abaisser rapidement le mouton et le plancher et économiser ainsi un temps précieux.

La pression obtenue est rapide, régulière et progressive sans exagération; elle atteint 40 000 kilogrammes par mètre carré.

La rapidité du pressurage contribue à conserver au vin la fraîcheur, la finesse, la délicatesse et l'élégance. Toutes les opérations sont conduites avec la plus extrême propreté.

Certains pressoirs modernes sont pourvus d'appareils de serrage électrique qui perfectionnent encore le travail.

Conduite du pressurage. — Lorsque le nombre de caques voulu a été déposé sur l'aire du pressoir, on égalise la surface du marc avec une pelle de bois, on place les madriers, on abaisse les volets, on met les arcs-boutants et l'on descend le mouton. On presse régulièrement, avec précaution, et, dès que l'écoulement du jus se ralentit, on *retrousse* le marc. A cet effet, on desserre, on remonte le mouton, on retire les claies et on recoupe, sur une largeur de o m. 25,

Cliche Rothier.

« Retroussé » du marc entre deux serres a l'aide de pelles en bois (*Vendangeoir Pommery*).

les bords du marc qui renferment les raisins les moins écrasés, et on les rejette sur le milieu. Puis, on serre à nouveau pendant un quart d'heure et l'on effectue une seconde retrousse. Après la 3ᵉ serre, on retrousse une troisième fois. Généralement, il suffit de trois ou quatre serres pour obtenir le vin de cuvée qui représente 5o pour cent environ du poids du raisin, ce qui demande de 1 heure à 1 h. 20. Plus on opère rapidement, plus le vin sort incolore ; le vin de raisins rouges n'est jamais taché, celui de raisins blancs, jamais jaune, la matière colorante n'ayant pas eu le temps de s'oxyder.

La cuvée. — On admet ordinairement que 400 kilogrammes de raisin doivent donner 200 litres, ou une pièce de cuvée. Dans la Montagne de Reims, 7 caques, ou 420 kilogrammes doivent donner une pièce de vin. Un marc donne en général 10 pièces de cuvée.

Ce vin de cuvée, de 1re qualité, sert à faire les grands vins de Champagne. Au sortir du pressoir, il s'écoule dans deux cuves graduées, ou *barlons*, ou encore *bèlons*, de 5 pièces chacune, d'où il est pompé dans la cuve de débourbage.

Pendant la 3e serre, on vérifie le volume du moût et, dès que les 50 pour cent sont atteints, on cesse de pomper. En aucun cas, on ne doit dépasser cette pro-

UN GRAND VENDANGEOIR. — LA SALLE DES PRESSOIRS PENDANT LA VENDANGE (MAISON MOËT ET CHANDON).

portion si l'on veut obtenir un vin ayant de la fraîcheur et de la blancheur et exempt de goût de taille.

Les vins de suite. — Lorsque le vin de cuvée est séparé, le raisin contient encore une forte proportion de moût. On retrousse le marc et on le serre à deux nouvelles reprises; on obtient ainsi de une pièce et demie à deux pièces de vin de *première taille*. On renouvelle ces opérations et l'on extrait une quantité égale de vin de *seconde taille*.

Puis on desserre, on pioche le marc à l'aide d'un croc, on le reforme et on serre énergiquement; on retire encore une pièce et demie de vin dit de *rebêche*.

Le marc. — Il reste alors le marc *sec* qui représente environ 650 kilogrammes pour un poids primitif de 3360 kilogrammes, et 850 kilogrammes pour un marc de 4800 kilogrammes. On le met dans des tonneaux en le tassant, on le recouvre de feuilles de vignes ou de paille, puis d'une couche de terre. La masse fermente et, dans le cours de l'hiver, on en extraiera, par distillation, l'eau-de-vie de marc ou d'aînes.

Quelquefois, on ne retire pas la rebêche ; le marc *gras* est additionné de vin de rebêche ; on y joint le chapeau des cuves de débourbage ; la masse fermente, le vin se colore et l'on obtient ainsi une boisson assez agréable. Souvent, on le donne ou on le vend aux ouvriers qui en font leur boisson.

Valeur des différents moûts. — Les vins obtenus n'ont pas tous la même valeur. Le vin de cuvée sert à la fabrication des champagnes de qualité supérieure. Le vin de 1re taille, qui, commercialement, vaut moitié de la cuvée, sera utilisé pour la préparation des secondes marques, ou pour le remplissage des fûts de cuvée. La seconde taille vaut moitié moins que la première et sert à faire les champagnes inférieurs ; la rebêche, qui vaut moitié moins que la seconde taille, sert à la consommation locale.

Les moûts de cuvée et de taille ont à peu près la même richesse saccharine ; celle-ci baisse considérablement dans la rebêche. L'acidité est plus faible dans les vins de taille que dans la cuvée, et plus faible encore dans la rebêche. Par contre, les moûts de taille et de rebêche fermentent plus rapidement, ils ont entraîné davantage de débris de raisin que la cuvée, sont mieux ensemencés, plus riches en matières azotées, en phosphates et sels de potasse. Mais des bactéries étrangères s'y développent fréquemment, car le milieu est moins acide ; les rebêches sont sujettes à la graisse et renferment souvent un excès d'acidité volatile due à ces bactéries.

Les vins de 2e taille et de rebêche ont parfois un goût de rafle prononcé.

Le débourbage. — Le moût de cuvée, extrait dans la proportion maximum de 50 pour cent, est généralement incolore. Mais, si les raisins sont restés assez longtemps avant d'être pressurés, ou si l'on a voulu allonger la cuvée, il peut sortir du débourbage, rosé et taché, et, malgré les sulfitages, la couleur réapparaîtra.

Le moût subit dans la cuve de débourbage une première épuration très importante qui le débarrasse des débris de terre, de rafle, de peaux, de pépins entraînés par lui. Le méchage préalable de la cuve paralyse l'activité des ferments, bons ou mauvais. Au bout de quelques heures, les impuretés se déposent et, dès que la *cotte* monte, c'est-à-dire lorsque apparaît à la surface une mousse grisâtre, indiquant un commencement de fermentation, on fait cesser le débourbage. Parfois, on laisse reposer le moût pendant un temps déterminé, d'où résultats inégaux. Tantôt le moût n'est pas suffisamment épuré, tantôt il l'est trop, ne contient pas assez de levures et fermente lentement. Le débourbage, utile pour la vendange saine, est indispensable lorsqu'il s'agit de raisins altérés.

L'entonnage. — Le moût est soutiré dans des tonneaux de 200 litres, appelés *pièces*, marqués aux initiales de la maison et étiquetés avec des lettres

Cliché Rothier.

ENTONNAGE DES MOÛTS APRÈS LE DÉBOURBAGE. (*Vendangeoir Pommery.*)

et des chiffres qui permettent de reconnaître la provenance du vin, le numéro du marc, celui de la pièce de cuvée ou de taille. Si les fûts doivent rester sur place, on ne les mèche pas, la fermentation peut s'établir. Mais s'ils doivent être transportés, on les mèche plus ou moins fortement, suivant la durée du voyage, à moins que la température ne soit très basse. Les pièces de moût sont alors transportées à destination, soit par voie ferrée, soit par voitures ou par camions automobiles, et la nuit, par la fraîcheur, de préférence.

La fermentation.

Correction des moûts. — Le vin destiné à faire du champagne doit contenir
de 10 à 12° d'alcool et une certaine dose d'acidité, environ 10 à 12 grammes
d'acide tartrique par litre, afin qu'il puisse se conserver, avoir du corps et développer tout son bouquet. Il est donc souvent nécessaire, après avoir dosé le sucre

Un cellier de fermentation à la maison Moët et Chandon.

et l'acidité, de corriger le moût avant la fermentation, aussitôt son arrivée au
cellier. Les moûts de pinot noir renferment ordinairement une quantité de sucre
correspondant à 11° d'alcool; mais, dans certaines années, ils sont moins riches.
On les ramènera donc à la richesse voulue en les additionnant de 1 kgr. 700 de
sucre par hectolitre, pour un relèvement de 1° d'alcool. On utilise à cet effet du
sucre de canne que l'on fait dissoudre dans du vin contenu dans un fût bien
jaugé, de manière à obtenir une *liqueur* contenant 500 grammes de sucre par
litre. Un simple calcul permet de déterminer la quantité de liqueur nécessaire
pour opérer le relèvement voulu.

L'opération doit se faire avec précaution. Lorsque la fermentation tumultueuse est établie, on retire 8 à 10 litres de moût dans un bassin, on y ajoute

un litre de liqueur, on mélange le tout et l'on verse ce liquide par la bonde, sans qu'il soit nécessaire de remuer le contenu du tonneau avec un bâton. On répète la même opération autant de fois qu'il est nécessaire. Si l'on versait la totalité de la liqueur concentrée en une seule fois, elle tomberait au fond du tonneau et ne pourrait être mélangée entièrement au moût, la fermentation serait troublée et pourrait même être arrêtée complètement.

Pour corriger l'acidité qui doit correspondre à 10 ou 12 grammes d'acide

Cliché Rothier.

tartrique, ou 6 à 7 grammes d'acide sulfurique par litre, on emploie soit l'acide tartrique, soit l'acide citrique. Certains ajoutent régulièrement 0 gr. 25 à 0 gr. 50 d'acide citrique, suivant les années, quantité suffisante pour assurer une bonne tenue des vins.

Fermentation tumultueuse. — La fermentation tumultueuse ou *bouillage* ne tarde pas à s'établir dans le moût, si la température est favorable. Ordinairement, celle des celliers est maintenue entre 18 à 20°, on y évite les courants d'air froid et le refroidissement de la nuit. On a retiré au préalable de 5 à 6 litres de moût par pièce, afin que, pendant la fermentation, le moût ne puisse s'échapper hors du tonneau. On ferme la bonde avec un morceau de carton recouvert d'un tuileau ; l'acide carbonique peut ainsi se dégager.

La fermentation dure environ 8 jours, un peu plus longtemps si la température n'est que de 14 à 15°. Pour assurer un bon départ, on peut restituer des levures que le débourbage a enlevées en excès, ou bien ajouter 5 litres par pièce de moût en fermentation, ou encore faire un pied de cuvée avec des raisins de choix. Si le retard dépasse quelques jours par une température convenable, le moût a été trop méché, il faut alors le soutirer, ou faire passer un courant d'air avec une pompe à vin pendant quelques minutes.

Premier soutirage. — Aussitôt que la fermentation tumultueuse est achevée. on soutire le liquide pour le séparer des impuretés ou lies ; cette opération doit être faite avec la propreté la plus minutieuse.

Fermentation lente. — Le vin ainsi aéré entre à nouveau en fermentation. mais celle-ci est calme et lente, car l'activité des ferments se ralentit à mesure que la richesse en alcool augmente. Elle est d'autant plus active que la température se rapproche davantage de 20°. Lorsque le froid apparait, il la ralentit, la paralyse même, de sorte qu'il reste dans le vin une certaine quantité de sucre.

Le vin est alors blanc laiteux : on le laisse pendant 20 à 30 jours, puis on remplit les tonneaux, on les bondonne, on fait sur la douve supérieure un trou de vrille dans lequel on place quelques brins de paille munis de leurs épis pour faciliter l'échappement de l'acide carbonique. En décembre ou janvier. on ouvre les celliers, le froid précipite les impuretés, et on peut soutirer le vin clair.

Dès lors commencent les opérations de la manutention du champagne, connue sous le nom de *méthode champenoise.*

CHAPITRE XX

La Manutention du Champagne

La Cuvée.

La préparation de la cuvée est le premier acte de la fabrication des vins de Champagne, et la plus importante des opérations que comporte la manutention. Elle demande de la part des négociants ou des chefs de cave une très grande habitude de la dégustation et une très grande habileté. Cette opération comporte d'abord l'assemblage des vins d'un même cru, puis celui des vins de crus différents, en vue d'obtenir un vin aussi parfait que possible. L'idée première de ces mélanges revient à Dom Pérignon.

Les vins de chaque cru ont, en effet, des caractères particuliers; l'un apporte de la finesse, de la délicatesse, l'autre de la légèreté, de l'élégance, un autre de la vinosité, etc. Mariés ensemble, ils se complètent et s'améliorent mutuellement. D'ailleurs il faut, avant tout, satisfaire aux goûts des consommateurs, et ces goûts varient suivant les peuples et les régions. L'expérience a appris à les connaître, peut-être même à les guider. Aussi cherche-t-on à créer, dans ce but, par des assemblages et des coupages savamment combinés, des types de vins que l'on peut réaliser chaque année, conserver d'une année à l'autre, malgré les variations de qualité des récoltes successives. C'est là que s'exerce la grande expérience des chefs de cave, leur grande habileté à la dégustation. C'est un art véritable, dans lequel ont excellé les fondateurs des grandes marques.

Assemblages. — L'assemblage est la première opération de la composition de la cuvée. Les vins d'un même cru sont recoupés ensemble pour constituer une cuvée homogène. Là où la vente du raisin est d'usage, un premier assemblage a été fait lors de la préparation du marc, en mélangeant les raisins de plusieurs vignerons, il ne reste plus qu'à assembler les cuvées provenant des différents marcs. Les assemblages peuvent se faire au moment des soutirages pendant la fermentation lente.

Coupages. — On procède ensuite aux coupages, ou mélanges des cuvées de différents crus, Ay, Bouzy, Verzenay, Avize, etc. Pour déterminer la proportion dans laquelle doivent entrer ces différents crus. dans le mélange, on se base surtout sur la dégustation. On cherche à réaliser les qualités que doit présenter le Champagne : délicatesse, fraîcheur, vinosité, arome, finesse, sève, fruité, velouté, etc. Plus tard, ce fond de cuvée pourra être modifié. Les vins qui le composent sont jeunes, ils renferment encore des levures actives; on peut, dans le but de corriger l'acidité, modifier la saveur, compléter le bouquet et les amener ainsi à réaliser le type préféré des consommateurs, les mélanger ou les recouper avec des vins de réserve. On désigne sous ce nom des vins provenant de récoltes d'années antérieures, remarquables par leurs qualités, comme celles de 1893, 1898, 1904 et dont les maisons ont eu soin de s'approvisionner. Ces vins sont l'objet de soins minutieux et logés dans des caves spéciales, dans des foudres, dans des pièces, même en bouteilles, en « non mousseux » ou en « crèmant », Ils permettent d'améliorer la qualité des récoltes ultérieures, lorsque celle-ci laisse à désirer.

Les recoupages se font dans de grands foudres, munis d'agitateurs puissants actionnés mécaniquement.

Tanisage. — Les moûts, n'étant maintenus que fort peu de temps au contact de la pulpe, des pépins et des rafles sont, en général, pauvres en tanin naturel. Or, ce corps est nécessaire pour précipiter complètement la colle de poisson que l'on ajoutera ultérieurement, et dont un excès pourrait entraîner des complications : graisse, masques, barres, etc. Il faut laisser un léger excès de tanin dans le vin de manière à précipiter toutes ces matières, mais il ne faut pas conclure que des quantités considérables soient nécessaires; d'après Salleron, 1 gramme à 1 gr. 5 de tanin en excès, peut gâter une pièce de champagne en communiquant au vin une âpreté, une dureté nuisibles au moelleux et à la finesse. Une dose de 5 à 10 grammes par pièce suffit généralement.

Les fûts, après tanisage sont bondonnés, amenés à proximité des foudres dont certains contiennent jusqu'à 150 pièces de vin, et où l'on effectue le mélange qui donnera le vin de tirage. Parfois, on ajoute un peu d'alcool pour amener le vin à titrer 10 ou 12° et on tire en pièces pour le collage.

Collage. — Le Collage doit précéder la mise en bouteilles qui a lieu pendant la première sève en avril, mai, et même jusqu'en juillet et août. Il a pour but de précipiter dans le vin les matières étrangères laissées par les soutirages précédents et la plus grande partie des ferments. On utilise le blanc d'œuf, la gélatine, la caséine, le sang, mais généralement on préfère l'ichtyocolle ou colle de poisson.

La colle, choisie aussi blanche et pure que possible, est nettoyée à l'eau froide. On en met 1000 grammes dans un baquet, réduite en petits fragments que l'on couvre d'eau ou de vin, la colle se gonfle; on y ajoute du vin et on l'agite avec un petit balai de bois dur jusqu'à ce qu'elle forme une pâte que l'on passe sur une passoire à tamis de crin. Le résidu est broyé et additionné de vin.

Cliché Rothier.

COLLAGE DE LA CUVÉE.

A droite, un ouvrier verse la mesure de solution de colle, qui est étendue avec du vin dans un bassin; au centre, un autre verse la colle ainsi préparée dans un tonneau, deux autres armés de bâton la mélangent intimement au vin; à gauche, on range à la gerbeuse le vin collé.

Lorsque les 1000 grammes sont ainsi passés, on verse le tout dans un tonneau que l'on complète à 200 litres avec du vin. Un litre de ce liquide contient 5 grammes de colle et peut servir à coller une pièce.

On verse cette quantité dans chaque pièce de vin en agitant fortement avec un bâton, puis on remplit complètement.

Parfois, on met le liquide collant avant de remplir le fût, et on roule celui-ci pour le mettre en place.

Les pièces remplies sont immédiatement descendues en cave froide, à l'abri de tout changement de température et de toute trépidation; le vin est vite

clair et limpide. Si on le laissait à une température élevée et variable, il y aurait
à craindre ultérieurement dans la bouteille, la formation d'une couche grisâtre,
visqueuse, ponctuée, à laquelle on donne le nom de *masque* et qu'il est difficile
de détacher du verre.

Soutirage. — Dès que le vin est clair, on le soutire avec toutes les précautions voulues, en y laissant toutefois des ferments en quantité suffisante pour

LE SOUTIRAGE DE LA CUVÉE SUR COLLE (*Caves Pommery*).

assurer une bonne prise de mousse. A cet effet, il vaut mieux le soutirer un peu
trouble. On peut aussi le soutirer clair, mais réensemencer avec le contenu de
bouteilles que l'on a préalablement tirées et mises à l'étuve à 18 ou 20°, pour
qu'elles soient en pleine prise de mousse au moment du tirage général. Une
proportion de 1 °/₀ suffit pour assurer une bonne prise de mousse.

Le Tirage.

La mise en bouteilles du vin destiné à devenir mousseux se fait au printemps, à l'époque où tout renaît dans la nature, où les globules de ferment
sortent également de leur torpeur générale. C'est dans la bouteille « l'ermitage
du vin, la cellule du cénobite » selon Jules Guyot, que désormais le vin conti-

nuera son existence et que s'accompliront des phénomènes biologiques et chimiques grâce auxquels il atteindra un haut degré de perfection.

Mais avant de le mettre en bouteilles, il est nécessaire de régler la quantité de sucre qu'il doit contenir pour qu'il acquière une bonne mousse, sans que la casse soit à craindre. Nous avons vu que la casse a été longtemps un grand obstacle au développement de l'industrie du Champagne. Jusqu'en 1836, les tirages donnaient des résultats irréguliers.

A cette époque, François, pharmacien à Châlons, fit connaître la méthode qui porte son nom, dite de la *réduction*, qui « consiste dans une nouvelle application du gleuco-œnomètre imaginé par Cadet de Vaux, construit et perfectionné par l'ingénieur Chevallier. On fait réduire au bain-marie une bouteille de vin à 4 onces et au bout de 24 heures on prend le degré gleuco-œnométrique de cette réduction, de laquelle l'alcool est chassé, et dont il ne reste que le sucre et les sels. Plus ces matières sont abondantes, plus la densité est grande. François avait conclu que, lorsqu'une bouteille ainsi réduite marque 5° au-dessous de zéro, le vin ne mousse pas en bouteilles, même à 20 ou 25°. D'après ses observations, il établit un tableau indiquant les quantités de sucre à ajouter par pièce, soit 225 bouteilles, suivant les indications du gleucomètre et le degré de mousse que l'on désire obtenir. Selon lui, il fallait 7 livres, o3 par pièce, soit 900 gros de sucre ou 4 gros par bouteille pour obtenir une bonne mousse.

Le procédé François manque de précision ; mais néanmoins, il constituait un grand progrès, car il permit de faire de forts tirages sans avoir à craindre la casse. Il est encore en usage, mais après avoir subi quelques perfectionnements, chaque opérateur l'adaptant au type de vin qu'il emploie. D'autres méthodes furent préconisées depuis, mais actuellement on dose directement le sucre restant dans le vin par la liqueur de Fehling, ce qui permet de déterminer la quantité que l'on doit ajouter pour obtenir une bonne prise de mousse. L'expérience a démontré que les grands vins mousseux doivent contenir une pression de 5 à 6 atmosphères à 10° ; au delà, on s'expose à la casse. D'autre part, on sait qu'un gramme de sucre cristallisé donne par fermentation o l. 247 d'acide carbonique et o cm³, 643 d'alcool.

Supposons qu'un vin tiré contienne encore 2 gr. 5o de sucre par litre ; pour obtenir une pression de 5 atmosphères, le coefficient d'absorption de l'acide carbonique étant 0,820 à 10°, il faudra donc $5 \times 0,820 = 4$ l. 10 de ce gaz par litre. Cette quantité est produite par $\dfrac{4 \text{ l. 10}}{0,247} = 16$ gr. 6o de sucre. On devra donc ajouter au vin 16 gr. 6o — 2 gr. 5o = 14 gr. 10.

Souvent on se base sur ce que le vin doit contenir 26 grammes de sucre et on ajoute ce qui lui manque.

L'addition de sucre aura pour résultat d'augmenter la richesse alcoolique du vin : une addition de 16 grammes par litre l'accroît de près de 1°.

Rarement on ajoute le sucre directement; le plus souvent, on prépare une « *liqueur de tirage* » en procédant ainsi : Dans un tonneau exactement jaugé à 200 litres, on met 100 kilogs de sucre de canne, on achève de remplir avec du vin et par un mécanisme spécial on met ces tonneaux en mouvement jusqu'à ce que la dissolution du sucre soit complète. On filtre sur une chausse de flanelle, on remplit le tonneau à nouveau, on l'agite fortement. Un litre de liqueur contient 0 gr. 500 de sucre.

Il n'est pas nécessaire d'ajouter quoi que ce soit, car, fait curieux découvert par le P⁰ Lajoux, l'inversion totale du sucre se produit dans le vin; il est inutile de le faire préalablement. Parfois cependant, on ajoute de l'acide tartrique dans la proportion de 1 à 2 % du sucre, ou mieux de l'acide citrique, qui agit plus rapidement et dont il faut moitié moins.

Avant le tirage, le vin est versé dans un grand foudre, on ajoute au fur et à mesure du remplissage la quantité de liqueur de tirage nécessaire. Un agitateur très puissant rend le liquide homogène, l'aère et favorise ainsi l'action du ferment. Tout est alors prêt pour la mise en bouteilles.

Les Bouteilles. — Les bouteilles, qui doivent supporter une pression de 5 à 6 atmosphères, doivent être choisies en conséquence. L'industrie s'est perfectionnée et livre actuellement des bouteilles pesant de 950 à 1050 grammes, résistantes, d'une perfection irréprochable, d'une forme voisine du paraboloïde de révolution auquel aboutissent les calculs mathématiques. On n'utilise pour les grandes marques que les bouteilles de premier choix, celles qui peuvent résister pendant plus d'un an à une pression qui dépasse toutes les limites atteintes par les tirages les plus désavantageux. Le verre doit être inaltérable, afin de ne pas communiquer au vin de mauvais goûts, soit par suite d'une composition chimique défectueuse, soit de la présence de traces de goudron, combustible utilisé pour recuire le verre. Il doit être homogène, parfaitement recuit, d'égale épaisseur sur tous les points, sans malformations physiques, ni défaut de fabrication.

Des machines spéciales, appareil Roger, élasticimètre Salleron, permettent d'étudier la résistance des bouteilles avant leur emploi; on peut également vérifier l'inaltérabilité du verre par un procédé chimique très simple.

TYPES DE BOUTEILLES CHAMPENOISES ACCEPTÉES PAR LA CHAMBRE SYNDICALE
DU COMMERCE DES VINS DE CHAMPAGNE.

TYPES	CONTENANCE NORMALE EN CENTILITRES	POIDS EN KILOGRAMMES	HAUTEUR EN MILLIMÈTRES
Magnum.	145 à 150	1,718 à 1.812	364
Champenoise. . . . . ˙	80	0,970 à 1,030	305
Impériales Pint	56 à 60	0,810 à 0.875	277
1/2 Champenoise	40	0,560 à 0,625	250
1/4 Champenoise	20	0,3 5 à 0,375	205

Les Bouchons. — Le choix des Bouchons a une très grande importance
dans la fabrication du Champagne : c'est à eux, en effet, qu'incombe le rôle
de conserver à l'intérieur de la bouteille cette mousse qui contribue au succès
du vin de Champagne. C'est à dom Pérignon que revient le mérite d'avoir eu
l'idée d'utiliser le liège qu'il substitua au bouchon d'étoupe de chanvre imbibé
d'huile, jusqu'alors en usage.

On utilise pour le Champagne des lièges épais, ayant plus de 31 millimètres
d'épaisseur, surfins, d'une imperméabilité absolue constituant un choix désigné
sous le nom de « *lièges à Champagne* ». Ils doivent en même temps présenter
un certain degré d'élasticité, de résistance, d'inaltérabilité.

Les bouchons ont de 33 à 36 millimètres de diamètre, de 58 à 60 millimètres
de longueur pour les bouteilles et 28 à 30 millimètres de diamètre pour les
demi-bouteilles ; or, ils doivent entrer dans des cols de 18 et 16 millimètres de
diamètre. Introduits dans le goulot, comprimés par le col latéralement, soumis
intérieurement pendant plusieurs années à une pression continue de 5 à 6 atmosphères, à l'action dissolvante de l'alcool, les bons bouchons présenteront lors du
débouchage une tête ou « *Champignon* », mais la face inférieure ou « *miroir* »
doit reprendre son diamètre primitif.

Les bouchons ne doivent pas présenter de zébrures ou sillons brunâtres
sur le miroir. Ceux qui présentent des cannelures donneront à la longue des
« *recouleuses* ». Les bouchons formant « *cheville* », secs, cassants, manquant
d'élasticité, sont mauvais.

Un négociant champenois, M. Bouché, de Mareuil-sur-Ay, avait remarqué
que lorsque les bouchons de liège restent pendant un certain temps dans l'eau,
ils se recouvrent à la longue de taches brunes, analogues à celles que l'on constate sur les bouchons des recouleuses. De là, une méthode de sélection des bou-

chons qui permet de n'utiliser que les bouchons restant blancs et immaculés après l'épreuve.

La méthode du bain, telle que les bouchonniers la pratiquèrent avec une eau qui devenait croupissante à la longue, ne fut pas exempte d'inconvénients ; les bouchons contractaient un goût qui les rendait inutilisables.

M. Salleron perfectionna cette méthode et la rendit pratique et rapide. Les bouchons sont placés dans un récipient pouvant en contenir 1.000 à 10.000, que l'on remplit d'eau et dans lequel on établit une pression de 4 à 5 atmosphères. Au bout de quelques heures, les mauvais bouchons sortent tachés et cannelés, tandis que les bons restent intacts et blancs. On a constaté que sur 1.000 bouchons, une centaine seulement sont irréprochables, 100 autres sont un peu inférieurs, mais peuvent encore fournir un bon bouchage, le reste est de qualité inférieure.

Les négociants propriétaires de grandes marques prennent les précautions les plus minutieuses dans le choix des bouchons, et n'hésitent pas à les payer un prix très élevé. Les bouchons peuvent être l'origine de mauvais goûts, occasionnés par des substances odorantes contenues dans le liège, par des moisissures, par des substances étrangères au voisinage desquelles les bouchons ont été en contact. Les bouchons soumis à une préparation chimique spéciale ne peuvent pas être utilisés.

Parfois, on fait subir au liège une stérilisation préalable, à la vapeur ou à l'eau bouillante : cette pratique est peu recommandable, car sous l'influence de la chaleur, la cire ou cérine fond, et l'imperméabilité du liège est diminuée.

Il est préférable de soumettre les bouchons à l'action de l'eau froide ou tempérée, ou à celle de la vapeur à basse température. A cet effet, on les place dans des corbeilles spéciales et on les arrose trois fois par jour, pendant cinq ou six jours avec de l'eau froide, en ayant soin de les secouer ; puis, les corbeilles sont placées dans un endroit humide et obscur en attendant leur utilisation.

Bouchons de tirage. — Pour les grandes marques, les bouchons de tirage sont toujours neufs et choisis rigoureusement. Pour les vins de qualité inférieure qui doivent séjourner peu de temps en caves, on utilise parfois des bouchons neufs de qualité inférieure, ou des bouchons ayant déjà servi, mais auxquels on fait subir une préparation spéciale.

Nettoyage des bouteilles. — Plusieurs jours avant le tirage on fait tremper les bouteilles dans de l'eau contenant du carbonate de soude, dans des appareils spéciaux. Puis on les rince, soit à la main, s'il s'agit de faibles quantités, soit à l'aide de machines perfectionnées, actionnées par un moteur s'il s'agit de tirages importants. Quel que soit le procédé employé, il est nécessaire que le bord de la bouteille ne soit pas ébréché, la pénétration du bouchon serait rendue difficile et la résistance de la bouteille diminuée.

Les bouteilles rincées sont placées dans les corbeilles, le col en bas, elles s'égouttent ainsi, puis on les met en casier, après avoir vérifié le rinçage. Cette

Le tirage a la maison Moët et Chandon.

opération qu'on appelle le « *mirage* » est renouvelée lorsqu'on reprend les bouteilles pour le tirage.

Tirage. — Le vin de cuvée, additionné de la liqueur de tirage, versé dans un grand foudre où un agitateur puissant le rend homogène, passe ensuite dans une série de petits foudres d'où il est déversé dans les tireuses, puis dans les bouteilles. Le contenu des foudres de tirage doit être tel qu'il puisse alimenter les tireurs pendant une demi ou une journée. Pendant que ces foudres se vident, on remplit le grand, de sorte que le travail n'est jamais interrompu.

Toutes les machines à tirer sont basées sur le principe du siphon. Le vin arrive des foudres dans des conduits de cuivre argenté, dans une cuvette également en cuivre argenté ; l'argent, en effet, n'est pas attaqué par le vin. Il passe par des siphons argentés, dans la bouteille qui se trouve remplie à un niveau constant, laissant un vide ou « *chambre à air* ». Les machines permettent le remplissage de 6, 8, 10, 12 bouteilles, rarement davantage. Les siphons sont disposés sur la même ligne, ou en cercle, suivant les modèles de tireuses. Le remplissage des bouteilles se fait avec précision et sans perte de liquide ; celui-ci n'est exposé à l'air que le moins de temps possible.

Bouchage. — Au fur et à mesure du remplissage, les bouteilles sont passées

ASPECT DU CHANTIER DE TIRAGE A LA MAISON POMMERY AVANT LA GUERRE.
On voit de droite à gauche les foudres dans lesquels la liqueur est mélangée au vin, les tireuses qui remplissent les bouteilles par siphonage, les machines à boucher automatiques, les machines à agrafer, puis le transporteur monorail qui descend les bouteilles en cave.

à l'ouvrier chargé du bouchage. Celui-ci s'effectue à l'aide de machines qui compriment d'abord le bouchon latéralement entre deux mâchoires mobiles, puis l'enfoncent avec une broche ou mouton, dans le goulot de la bouteille, de manière à ce que la partie inférieure du bouchon pénètre à un centimètre au-dessous de la bague. Le bouchon mis en place ne doit présenter ni plis sur les côtés, ni pincements qui provoqueraient la formation de couleuses.

Agrafage. — La bouteille ainsi bouchée est munie d'une agrafe simple, pratique et résistante, formée d'un fil de fer méplat en forme d'U qui s'appuie par deux crochets sur le bord inférieur de la bague et maintient le bouchon en place. Cette opération est effectuée par une machine spéciale qui permet d'agrafer 5 à 600 bouteilles à l'heure.

Descente en cave. — Le tirage s'effectue soit en caves, soit en celliers à une température de 18 à 20°. Les bouteilles sont alors descendues en premières caves, ou bas celliers, dont la tempétature est encore de 13 à 15°, et où la prise de mousse commence. Au bout d'un mois, avant que la prise de mousse ne soit complète, on les descend en caves froides, à 10°, afin de régler l'énergie de la fermentation.

Il est essentiel de ne pas faire subir au vin des changements trop brusques de température. Un vin ayant pris mousse à 18 ou 20°, descendu sans transition en cave à 8 ou 10°, peut cesser brusquement de fermenter ; le ferment peut même devenir malade, former des barres, masques, etc., le vin peut contracter un fond bleu et ne jamais s'éclaircir. La descente en caves froides, s'impose aussi, quand la casse se manifeste dans les celliers ou les bas celliers, on l'opère alors avec beaucoup de précautions, car toute secousse brusque augmente la pression.

La descente en cave se fait à la main, avec des paniers de 6 bouteilles, mais plus fréquemment par des chaînes sans fin munies de crochets destinés à recevoir les paniers.

A chaque manipulation des bouteilles, on en profite pour les examiner soigneusement une à une, ainsi que les bouchons. Les bouteilles pleines, à bouchons irréprochables sont mises en cave ; les bouteilles pleines dont les bouchons marquent, celles qui menacent de couler, les petites couleuses n'ayant pas perdu plus de 3 ou 4 pour 100 de liquide, sont descendues en caves froides ; les grandes couleuses sont remises en cercles.

Mise en tas ou entreillage. — Les bouteilles sont mises en tas ou « *entreillées* » horizontalement, de manière que la partie intérieure du bouchon soit constamment en contact avec le liquide. A cet effet, on se sert de lattes de 1^m53 de long sur 3 centimètres de large : On commence par établir vers le fond une ou deux lattes, et vers le col 4 ou 5 ; on couche les bouteilles à plat sur le ventre perpendiculairement aux lattes, le col se trouvant ainsi de 4 centimètres à $4^{cm}1/2$ plus élevé que la latte du fond de la bouteille. Les bouteilles sont espacées de 2 à 3 centimètres ; on cale celles des deux extrémités et on pose une latte sur le fond. Puis on dispose un second lit, le fond du côté des cols du premier lit, le col reposant sur la latte opposée. On continue ainsi en posant toujours une latte sur le fond des dernières bouteilles placées. Le tas doit être monté bien droit.

On superpose ainsi ordinairement de 14 à 15 bouteilles, parfois jusqu'à 20. Parfois, on monte côte à côte deux tas, constituant un « *jumeau* », puis de chaque côté, deux à trois nouveaux tas. La masse entière se soutient, les fonds sont exactement en contact, pour éviter lorsque la casse se produit, la projection de morceaux de verre contre les bouteilles voisines.

La longueur des tas varie de 11 à 200 bouteilles. Parfois on fait, lors la

RANGEAGE DU VIN APRÈS LE TIRAGE POUR LA PRISE DE MOUSSE.
(*Caves Louis-Roederer.*)

mise en tas, une marque spéciale sur le ventre de la bouteille, marque qui permet de distinguer les cuvées.

Cette méthode d'entreillage permet de retirer du tas et de la remettre, une bouteille quelconque, sans toucher aux autres.

La prise de mousse.

Sous l'influence de la température du cellier et de l'aération du vin lors du tirage, les levures conservées dans le vin entrent en activité, la fermentation s'établit à l'intérieur de la bouteille.

La prise de mousse, ou fermentation secondaire, est un phénomène de première importance dans la manutention du champagne. La production de la

mousse, c'est-à-dire le volume d'acide carbonique dégagé, dépend de circonstances encore peu connues. La quantité de sucre contenue dans le vin influe
sur le volume d'acide carbonique dégagé : s'il est en excès, on peut avoir une
mousse folle et de la casse : mais, très souvent, on constate une insuffisance de
mousse qui n'est pas toujours due à l'insuffisance de sucre. Ces phénomènes
ont toujours intrigué les chercheurs et les fabricants du champagne.

En 1858, Maumené avait essayé d'établir une théorie de la prise de mousse
basée sur l'hypothèse ingénieuse de la variation des pouvoirs absorbants ou dis-
solvants des vins par l'acide carbonique, mais, de nos jours, cette théorie a été
reconnue inexacte.

Le professeur Cordier, de Reims, et surtout Ém. Manceau, d'Épernay, ont
étudié les phénomènes qui accompagnent la prise de mousse. Ce dernier
rechercha les modifications qui surviennent dans la composition du vin par la
prise de mousse, et les résultats de ses travaux, dans le détail desquels nous
regrettons de ne pouvoir entrer ici, lui ont permis d'établir une théorie fort
intéressante de la prise de mousse, qui permet d'expliquer certains faits observés
dans la pratique.

Surveillance de la prise de mousse. — Le liquide aussitôt entré en fermentation se trouble. Dans les celliers, d'ailleurs, où la température n'est pas toujours constante, mais sujette aux variations du jour et de la nuit, aux coups de
chaleur comme aux refroidissements, la fermentation est rapide ; mais, vers la
fin, la pression augmentant avec la température peut devenir excessive et provoquer la casse. La mousse produite est abondante, mais elle tombe et disparaît
rapidement dans les bouteilles débouchées.

Aussi est-il préférable que la prise de mousse se fasse à une température
plus basse et plus régulière. Plus sa durée est prolongée et la température
basse, plus la mousse est fine, tenace, persistante. Le gaz carbonique se dissout
progressivement sans entraîner une pression trop brusque.

Tantôt, les bouteilles sont descendues, après le tirage, dans les bas celliers,
où la température est de 13 à 15°, avec variations diurnes de 1° ; la mousse s'y
développe assez lentement, en 40 à 50 jours, et sans accidents.

Tantôt, on descend immédiatement les bouteilles dans les caves froides où,
hiver comme été, la température se maintient à 10° ; le vin fermente lentement,
insensiblement ; il conserve sa fraîcheur et sa finesse, et présentera une mousse
très fine, très légère et très persistante.

Pendant la prise de mousse, une surveillance attentive doit être exercée.
Il est bon de remuer les bouteilles, de les changer de tas, de façon, en rendant

le liquide plus homogène, à réveiller l'activité du ferment, à égaliser la pression gazeuse. On enlève en même temps les verres cassés, on vérifie les bouteilles et les bouchons, on nettoie l'emplacement des tas. En reformant les nouveaux tas, on a soin de remettre en dessus les bouteilles qui se trouvaient en dessous et réciproquement.

Il est utile de pouvoir se rendre compte, de temps à autre, des progrès de la prise de mousse. L'apparition d'un dépôt sur la partie inférieure de la bouteille est un indice certain que la prise de mousse commence. Le dépôt de marc va en augmentant. Léger et à peine perceptible au début, il présente bientôt des points noirs plus ou moins gros, de forme ronde ou allongée, disposés en stries rayonnantes et constituant le *soleil*, ou *griffe*. Parfois, une bouteille saute sous l'influence d'une pression excessive. La première bouteille qui casse, en produisant une détonation claire et nette, en se réduisant en miettes, réjouit tout le monde, car elle indique, en même temps que l'apparition de la griffe, la réussite du tirage et une prise de mousse normale.

De temps en temps, on peut se rendre compte des progrès du moussage, en débouchant une bouteille prise au hasard et placée verticalement : on voit avec quelle force jaillissent de la bouteille la mousse et le vin.

D'autres méthodes, plus scientifiques et plus précises, peuvent aussi être employées dans le même but. Salleron conseillait de munir quelques bouteilles d'un petit manomètre de verre, à air comprimé. « Une bouteille munie d'un tel manomètre, intercalé au milieu de chaque tas, peut être consultée tous les jours et donner des indications précises sur l'état d'avancement de la fermentation. »

On peut vérifier directement l'état du vin avec l'*aphromètre*, inventé en 1858, par Maumené et Jauney, et perfectionné depuis par Salleron. Cet instrument se compose d'une sonde très fine : tige creuse en acier, munie d'un robinet, dans laquelle on introduit une petite pointe d'acier qui facilite sa pénétration dans le bouchon et l'empêche d'être obstruée. On introduit la sonde à l'aide d'une poignée que l'on visse à son extrémité opposée à la pointe. La pointe de la sonde, après avoir traversé le bouchon, arrive dans la chambre à air ; n'étant plus soutenue, elle tombe. On substitue alors le manomètre à la poignée et l'on ouvre le robinet pour établir la communication entre le manomètre et la chambre qui est pleine de gaz carbonique. L'aiguille indique immédiatement la pression intérieure. Il faut faire subir à la lecture des corrections d'après la température et tenir compte aussi de la saturation. MM. Salleron et Mathieu ont dressé, à cet effet, une table de correction de la température.

Pour prendre celle-ci, il suffit, à l'aide du robinet de l'aphromètre, de verser du vin de la bouteille dans un verre et de mesurer immédiatement la température.

La pression, le degré alcoolique. le dosage du sucre restant indiquent également à quel point la fermentation secondaire est parvenue.

Séjour en caves. — Lorsque la mousse est complète, on laisse le vin séjourner en caves pendant quelques années, au minimum trois ans pour les grands vins ; il vieillit ainsi, à l'abri des maladies, grâce à l'acide carbonique qu'il renferme.

Cliché Rothier.

ANCIENNE CRAYÈRE GALLO-ROMAINE AMÉNAGÉE EN CAVES A CHAMPAGNE.
(*Caves Pommery.*)

Selon le professeur Cordier, l'acide carbonique contribue au développement du bouquet ; il n'agit pas simplement comme véhicule ou comme agent disposant agréablement la muqueuse olfactive, mais aussi parce qu'il fait partie intégrante du bouquet définitif par sa propre fonction éthérifiante.

En décembre ou janvier, alors que, par suite des froids, les expéditions sont ralenties, on *retient* le vin, c'est-à-dire qu'on change les tas, en opérant comme il a été dit plus haut.

En même temps, on fait subir un *coup de poignet* aux bouteilles.

Lorsque le froid se fait sentir avec vivacité, on remonte les bouteilles du dernier tirage et on les soumet à l'action du froid. Sous l'influence de celui-ci, le dépôt devient moins léger ; les sels en excès, les matières azotées. les ferments se déposent dans le marc. Une exposition de 15 jours à une température inférieure à 0° suffit. Les coups de poignet et le froid se complètent pour hâter la maturité des vins jeunes.

Mise sur pointe. — Lorsque le vin a séjourné en caves le temps voulu, on met les bouteilles sur pointe en vue de l'expédition. La pression intérieure du gaz a atteint son maximum, le vin ne doit plus fermenter, il doit être clair et limpide. Il existe sur le ventre de la bouteille un dépôt grisâtre, formé de cellules de levure auxquelles se joignent des matières albumineuses du vin et de la colle immobilisées par le tanin, des sels, entre autres du bitartrate de potasse et un peu de matière colorante. Normalement, ce dépôt doit être sec et pulvérulent, non adhérent au verre ; si l'on remue la bouteille, il se mélange au vin, mais se dépose rapidement, sans troubler celui-ci qui conserve sa parfaite limpidité. Il en est ainsi lorsque la race type de levure de champagne s'est développée. Mais, si

ANCIENNE CRAYÈRE GALLO-ROMAINE AMÉNAGÉE EN CAVES A CHAMPAGNE. PUPITRES POUR LA MISE SUR POINTE. (*Caves Ruinart père et fils.*)

ce sont des races accidentelles qui, trop souvent, coexistent avec la principale, le dépôt est gras, visqueux, plus ou moins adhérent à la partie interne des bouteilles.

Les praticiens ont donné des noms divers, suivant leur forme et leur apparence, aux dépôts ainsi formés. Parfois, le dépôt est de couleur rougeâtre, disposé en bande épaisse parallèlement à l'axe de la bouteille; il constitue la *barre*. Parfois, il forme une pellicule d'épaisseur variable, plus ou moins adhérente, unie (*masque*), ou présentant des stries divergentes à partir du goulot (*griffe*). Parfois aussi, il forme des flocons qui restent en suspension dans le liquide. Ces barres, masques et griffes, sont attribuées à un défaut dans le tanisage et le collage; la colle en excès, se combinant avec la matière colorante, provoquerait la formation de ces dépôts anormaux. .

Il est nécessaire de débarrasser le vin de ces impuretés avant de le livrer à la consommation. C'est le but des opérations connues sous les noms de *mise sur pointe*, de *remuage* et de *dégorgement*.

Les bouteilles dont le dépôt est normal sont placées, le goulot en bas dans les trous ovales de pupitres, tables de chêne épaisses assemblées deux par deux et inclinées. Le diamètre de ces trous est plus grand que celui du col; ils sont façonnés de telle sorte que l'inclinaison de la bouteille puisse varier avec le degré d'avancement du remuage et que le dépôt puisse ainsi être amené sur le bouchon.

Remuage. — Cette opération est confiée à des ouvriers exercés, ayant un tour de main dont ils gardent jalousement le secret. Chaque jour la bouteille est soumise à un mouvement alternatif très vif de rotation, en même temps qu'à une trépidation. L'ouvrier la repose, mais en lui faisant subir une rotation de 1/8 de tour à droite ou à gauche; chaque bouteille porte sur le fond une marque blanche, qui sert de repère à l'ouvrier.

Le marc se détache peu à peu et se rassemble progressivement sur le bouchon, car l'ouvrier a soin, à mesure que le remuage avance, de redresser la bouteille. L'opération est terminée au bout de six semaines environ; on procède alors au dégorgement.

Lorsque le dépôt est anormal, on éprouve quelques difficultés pour le détacher et le rassembler; il faut recourir à des moyens plus énergiques. Tantôt on frappe la bouteille sur une barre de bois revêtue de paille; ce travail est effectué par une équipe de jeunes ouvriers munis de masques; chacun d'eux prend, par le col, une bouteille dans chaque main, et sous le commandement du chef d'équipe, les frappe tour à tour, en cadence, puis leur imprime en terminant un mouvement d'agitation.

Quelquefois on *électrise* les bouteilles en les plaçant dans une boîte à laquelle l'ouvrier imprime d'une main, un mouvement de bascule, tandis que de l'autre, il tourne une manivelle qui actionne trois petits marteaux, lesquels viennent alternativement et d'un mouvement rapide frapper le ventre de la bouteille, tandis que celle-ci tourne sur elle-même. Sous ces chocs répétés, le masque se détache et la bouteille peut alors être soumise au remuage.

Depuis quelques années, on a construit des machines spéciales, actionnées par l'électricité, qui frappent de 800 coups par minute, les bouteilles masquées, et peuvent en traiter plusieurs à la fois.

Pendant l'hiver, on profite de la gelée pour soumettre les bouteilles à dépôt adhérent, à l'action du froid, à une température de — 10 à — 15°, en ayant soin de les secouer énergiquement tous les huit jours. Le froid diminue l'adhérence et la viscosité du dépôt. On utilise aussi actuellement, dans le même but, des chambres frigorifiques dont la température est maintenue entre — 5 et — 10°. D'après Ém. Manceau, l'action du froid prévient, en outre, les chances de *gelée du vin*, accident qui se produit sur les bouteilles prêtes pour l'expédition lorsqu'elles subissent un froid intense ; le vin se trouble alors et le précipité formé ne disparaît pas entièrement lorsque la température se relève.

Cliché Rothier.

LE REMUAGE. (*Caves Pommery.*)

Si malgré tous ces efforts, le dépôt reste adhérent, on devra se résoudre à remettre le vin en cercles.

Après le remuage, les bouteilles sont mises dans des caves froides, à l'abri des courants d'air et des variations de température, dans une position presque verticale, le col en bas, en attendant le dégorgement.

Cliché Rothier.

UN OUVRIER REMUEUR AU TRAVAIL.

Dégorgement. — Cette opération a pour but de chasser de la bouteille le dépôt rassemblé sur le bouchon. Elle est confiée à des ouvriers habiles car, pour être parfaite, elle ne doit laisser dans le vin aucune substance solide et ne laisser perdre que le minimum de vin et de mousse.

L'ouvrier fait lui-même le choix des bouteilles à dégorger. Muni d'un masque protecteur, le bras gauche revêtu d'une manchette grillagée pour éviter les accidents résultant de la rupture du verre, il saisit la bouteille, le bouchon en bas, l'applique contre le bras gauche. puis. de la main droite, armée d'un crochet, il enlève l'agrafe, tout en maintenant avec l'index le bouchon que la pression commence à chasser, et en relevant peu à peu le col de la bouteille, à l'aide d'une pince à mors dentelés, appelée *pince de homard*, il retire brusquement le bouchon, lorsque la bulle de gaz est arrivée à un ou deux centimètres du marc. Le dépôt est chassé au dehors avec le bouchon; l'ouvrier redresse aussitôt la bouteille de manière à ne laisser échapper que 5 à 6 centilitres

Cliché Rothier.

CHANTIER D'OPÉRATION. — LE DÉGORGEMENT. (*Caves Pommery.*)
Le dégorgeur fait sauter avec un crochet l'agrafe qui retient le bouchon de tirage.

de vin qui sortent en mousse et entraînent les dernières particules de dépôt. L'ouvrier passe le doigt dans le goulot et sur le bord, examine soigneusement à la lumière le contenu de la bouteille pour s'assurer de sa limpidité, la flaire pour déceler le goût de bouchon, met un bouchon provisoire et passe la bouteille à l'ouvrier suivant, *l'égaliseur*.

Le plus souvent, la bouteille est placée sur un support muni d'un obturateur de caoutchouc de forme conique qui, grâce à un ressort puissant, empêche toute perte de gaz en attendant le remplissage et le dosage. Si le bouchon se brise sous la pince, on l'extrait à l'aide d'un tire-bouchon spécial.

Le dégorgement se fait dans une *guérite*, sorte de tonneau défoncé sur l'un des côtés, et dont le fond communique par une douille avec un autre tonneau, dans lequel tombe le *vin de dégorgement*. Celui-ci sert à préparer une boisson fort appréciée, ou à la fabrication du vinaigre. Le dégorgeur doit prendre soin de ne pas y mélanger les débris d'agrafes et les bouchons et de vider fréquemment le dégorgeoir.

Dans la plupart des maisons, on pratique actuellement le dégorgement à la glace, inventé vers 1884. Le col des bouteilles à dégorger est plongé dans un liquide réfrigérant, incongelable, formé d'eau glycérinée et de chlorure de calcium à 16 ou 18° au-dessous de zéro. Le marc forme bientôt un bouchon de glace qui, lors du dégorgement, est entraîné avec le bouchon. Sous l'influence du froid qui se propage dans la masse, le pouvoir absorbant du vin pour l'acide carbonique se trouve augmenté, la pression est diminuée et les pertes de gaz et de vin sont réduites au minimum.

CHANTIER D'OPÉRATION. — DOSAGE ET BOUCHAGE.
A droite, le doseur ajoute la liqueur; au centre, un tourniquet à remplir les bouteilles; à gauche, le bouchage définitif.

Dosage. — Le vin dégorgé est dit *brut*. Il possède une saveur parfois désagréable due à l'acide carbonique dissous. Avant de le livrer à la consommation, on doit *l'opérer*, c'est-à-dire l'additionner d'une liqueur sucrée dite *d'expédition*, en quantité variable avec la destination et le goût des consommateurs.

Le dégorgement a fait perdre 5 à 6 centilitres de vin, mais cette perte ne laisse pas toujours un vide suffisant pour que l'on puisse ajouter la quantité de liqueur nécessaire. Il faut tantôt extraire du vin de la bouteille, tantôt en ajouter. Ces opérations se font mécaniquement, à l'aide de machines perfectionnées, réglables à volonté.

Autrefois, on effectuait le dosage et le remplissage à la main. L'emploi des machines offre, entre autres avantages, celui de ne plus laisser le vin en contact avec l'air quand la bouteille est une fois placée sur le tourniquet et d'éviter les déperditions de gaz et de bouquet, en attendant le bouchage définitif. La liqueur d'expédition et le vin de remplissage sont constamment en contact avec du cristal ou des pièces argentées qui ne peuvent communiquer au vin aucun goût désagréable.

Liqueur de dosage ou d'expédition. — Cette liqueur est faite en principe avec du vin vieux, ne pouvant plus fermenter et du sucre candi. On choisit du vin de très grande qualité, susceptible d'améliorer le vin de la bouteille. Le sucre de canne est préféré au sucre de betteraves, car il est plus pur, plus blanc, plus franc de goût, et ne communique au vin aucun mauvais goût.

Autrefois, on faisait entrer dans la liqueur, de la fine champagne, ou l'on employait des liqueurs faites à chaud ; chaque maison avait sa formule spéciale.

Actuellement, on emploie de 125 à 150 kg de sucre de canne par pièce de 200 litres ; chaque litre de liqueur renferme ainsi de 625 à 750 gr. de sucre. La préparation est faite dans des fûts destinés uniquement à cet usage, contenant 20 hl, montés sur des tourillons et pouvant être mis en mouvement par un mécanisme spécial. On introduit par une porte latérale le sucre, puis le vin dans les proportions voulues, on ferme hermétiquement, et l'on met le fût en mouvement, soit à la main, soit en utilisant une force motrice quelconque.

Lorsque le sucre est bien dissous, on filtre la liqueur sur une chausse en flanelle renfermant de la pâte à papier. On prend, pour préparer celle-ci, du papier à filtrer blanc, qu'on lave à l'eau chaude à plusieurs reprises, afin de le débarrasser des impuretés et des mauvaises odeurs ; on le réduit en pâte qu'on jette dans des bassins auxquels on ajoute de la liqueur à filtrer et on verse le tout dans la chausse. Celle-ci est placée dans un tonneau défoncé à l'un des bouts, fixée sur ses bords à l'aide d'un cercle mobile ou de crochets. Au-dessus est disposé un réservoir contenant le liquide à filtrer. La pâte à papier se colle sur les parois de la chausse et forme filtre. La liqueur doit être d'une limpidité parfaite. Ce système primitif offre l'inconvénient de laisser le liquide au contact de l'air. Actuellement, on emploie des systèmes plus perfectionnés, dans lesquels la filtration se fait automatiquement et entièrement à l'abri de l'air.

La liqueur est conservée en pièces, en petits fûts ou même en bouteilles ; plus elle est vieille, plus elle acquiert de velouté, de moelleux, de fondu, qualités qu'elle transmettra au vin.

La quantité à introduire dans le vin varie suivant le goût du consommateur. Les vins destinés à l'Angleterre sont très peu dosés ; ils sont désignés sous le nom d'*extra-dry ;* parfois même ils sont expédiés *bruts,* car les Anglais les consomment avec des viandes rôties qui en font ressortir la qualité. En France, on préfère le vin plus sucré, *sec* ou *demi-sec*, car il est bu au dessert. En Russie, en Allemagne, on le consomme encore plus sucré. La quantité de liqueur introduite varie de un demi-centilitre à 16 centilitres par bouteille.

Bouchage. — La bouteille dosée et remplie est placée provisoirement sur un panier porte-bouteilles ou sur un tourniquet. Un bouchon de caoutchouc maintenu en place par un ressort, la ferme hermétiquement, en attendant que le boucheur la prenne à son tour.

Les bouchons d'expédition doivent être de toute première qualité, aussi sont-ils d'un prix très élevé. On les choisit très soigneusement avant le marquage : on élimine ceux qui sont suspects ou défectueux, trop gros ou trop petits, trop durs ou trop mous, qui pourraient former cheville ou donner des couleuses. Ils sont marqués en bout et en roule, au nom de la maison, généralement au feu, et depuis peu avec une encre indélébile. On se sert de machines spéciales chauffées au gaz ou à l'essence minérale, plus ou moins compliquées ; les plus perfectionnées permettant toutes les combinaisons possibles de marquage. Cette marque est une garantie d'authenticité. On leur fait subir la même préparation qu'aux bouchons de tirage ; quelques jours avant de les utiliser, on les arrose à deux ou trois reprises chaque jour, et on les maintient à l'ombre dans un bas cellier. Ils s'assouplissent et deviennent très élastiques. Le boucheur en vérifie la qualité et la marque au moment de l'emploi.

Les machines à boucher sont les mêmes que celles destinées au tirage, mais elles sont plus précises. Le bouchon doit être enfoncé bien verticalement,

CHANTIER D'OPÉRATION. — UNE MACHINE A MUSELER.
A gauche, le « poignettage » des bouteilles pour mélanger intimement la liqueur au vin.

à une profondeur telle que sa partie inférieure arrive à 4 ou 5 millimètres
au-dessous de la base de la bague, en évitant soigneusement les pinçures.

Ficelage. — La bouteille passe alors entre les mains de l'ouvrier suivant
qui procède au ficelage. Pendant longtemps on se servit de la ficelle, qu'on
nouait d'une façon spéciale, et dont on assurait la solidité en lui adjoignant un
fil de fer. Le travail exécuté à la main était pénible. Actuellement, on se sert
presque exclusivement de *muselets* ou capuchons de fil de fer étamé, très résis-
tants à la pression et à l'humidité des caves. Ils sont fabriqués par des femmes
à l'aide de machines spéciales.

Les bouchons, dont la tête est serrée par des machines, sont d'abord
coiffés d'une *capsule*, petite rondelle de fer étamé, portant le nom de la maison;
l'ouvrier pose ensuite le muselet, comprime à nouveau la tête du bouchon,
assure la fixité du muselet, dès que le fil inférieur est engagé sous la bague, en
tordant les extrémités de ce fil. Le ficelage est ainsi plus propre, plus élégant et
plus solide.

Les modèles de muselets varient suivant les maisons, ils sont à 3 ou
4 branches, et souvent le fil inférieur forme une boucle qu'il suffit de redresser
et de desserrer pour déboucher la bouteille; l'emploi du crochet ou de la pince
est alors inutile.

Secouage des bouteilles. — Les bouteilles sont ensuite secouées énergiquement afin de mélanger intimement la liqueur au vin, car celle-ci, plus dense que
le vin, aurait tendance à rester au fond de la bouteille. Le liquide devient ainsi
plus moelleux, plus velouté, plus fondu. Plus il vieillit, plus ces qualités augmentent. Aussi a-t-on coutume de n'expédier les vins que quelque temps après
le dosage; on les laisse en caves en leur donnant tous les huit jours un *coup de
poignet* qui contribue à augmenter la maturation et le vieillissement du vin. On
surveille, en même temps, la manière dont se comporte le bouchon. Le coup de
poignet, en augmentant brusquement la pression, active le marquage des bouchons défectueux, permet de les déceler et de retirer les bouteilles ainsi bou-
chées. Au bout de quelques mois, on procède à l'expédition.

L'expédition.

Au moment de l'expédition, on examine, une dernière fois, très attentivement, les bouteilles ; les bouchons sont contrôlés, la limpidité du vin doit être

Cliché Rothier.

HABILLAGE ET EMBALLAGE DES BOUTEILLES.
(Caves Pommery.)

parfaite, le ficelage solide. On n'expédie que des bouteilles irréprochables sous tous les rapports.

L'expédition se fait dans un cellier spécial, dont la température se maintient

EMBALLAGE ET MISE EN CAISSE DES BOUTEILLES.
(Caves Louis-Roederer.)

à 15 ou 16°, assez constante pour que l'augmentation de pression, résultant de l'accroissement de température, ne soit pas trop brusque.

Un ouvrier surveille le chantier et surtout le marquage des colis, afin d'éviter toute erreur possible.

Les bouteilles sont remontées, par une chaîne élévatrice, dans des paniers que des manœuvres apportent et que d'autres reçoivent. Un ouvrier les passe encore en revue très attentivement, les met en carré par files égales. Il est alors procédé au lavage, puis à l'essuyage des bouteilles. Si le vin est à destination des pays lointains et doit traverser les mers, on recouvre le bouchon de cire.

La bouteille passe ensuite successivement entre les mains d'ouvrières qui garnissent le col de feuilles de papier d'étain, argenté ou doré, ou même diversement coloré, ou encore d'un collier et d'une capsule d'étain, collent les étiquettes, collerettes, médaillons, contre-étiquettes, etc. Toutes ces opérations doivent être effectuées avec beaucoup de soin et de propreté.

LES BOUTEILLES MISES EN CAISSES SORTENT DES CAVES POUR ÊTRE EXPÉDIÉES A TRAVERS LE MONDE (*Caves Louis-Roederer.*)

Les étiquettes portent le nom de la maison et l'indication de la qualité ; elles sont de dimensions, de couleur et d'aspect très variables, suivant les marques. Chaque créateur de marque, chaque négociant s'ingénie à varier la décoration de la bouteille. Mais ce ne sont pas toujours les bouteilles les plus joliment habillées et les plus fleuries qui renferment le meilleur vin. Telle bouteille, d'aspect sévère, à étiquette blanche, ne portant que le nom universellement connu de la maison, sera beaucoup mieux appréciée que telle autre, dont le bariolage attire les yeux.

La bouteille est alors enveloppée d'un papier assez résistant qui protège les étiquettes et la coiffure contre la paille des enveloppes dont on la revêt. Actuellement, on utilise des capuchons très bien confectionnés qui permettent un emballage rapide et parfait. On se sert aussi de capuchons de carton ondulé.

L'expédition se fait dans des paniers d'osier ou dans des caisses de bois blanc. Il faut une certaine habileté de la part de l'ouvrier pour ne mettre que le nombre de cols voulu et pour les disposer de telle sorte qu'aucune casse ne se produise en cours de route. Les parois des caisses ou des paniers sont revêtues de cartons spéciaux destinés à abriter le contenu contre les variations de température ; l'ouvrier dépose au fond une couche de paille, puis il place les bouteilles une à une, tête bêche, c'est-à-dire le col de l'une dirigé vers le fond de l'autre, et dispose de la paille sur le dernier lit. Puis un autre ouvrier ferme le panier, ou cloue le couvercle de la caisse. Parfois, le clouage du couvercle se fait par une machine spéciale actionnée par l'électricité.

Les caisses sont marquées au feu avant l'emballage ; elles portent le nom de la maison, les marques et numéros de la série, l'indication de la qualité, le nombre et la contenance des flacons. Toutes ces indications sont souvent en anglais lorsque le vin est destiné aux pays où l'anglais est la langue dominante. Les paniers sont également marqués. Il va sans dire que, dans les maisons de Champagne, toutes les précautions sont prises pour éviter toute erreur ou toute confusion possible dans les expéditions.

Les maladies des vins de Champagne.

L'évolution, si l'on peut s'exprimer ainsi, du vin de Champagne, ne s'effectue pas toujours normalement, depuis le pressurage du raisin jusqu'à l'expédition. Le vin, milieu essentiellement vivant, déjà bien étudié et, cependant, encore insuffisamment connu, est sujet à des altérations pathologiques de nature variable.

Il vaut mieux, en œnologie, *prévenir que guérir*. Or, dans l'industrie du Champagne, tout concourt à ce but. Le choix minutieux des raisins, les précautions prises au moment de la vendange et du pressurage, les soins infinis avec lesquels il est procédé aux diverses manutentions qui se succèdent depuis le pressoir jusqu'à l'expédition, constituent les meilleurs moyens d'éviter les altérations possibles. Ces précautions hygiéniques sont le résultat de longues observations, d'une pratique plus que séculaire, empirique peut-être par certains côtés. Néanmoins, il y a encore des aléas et des imprévus, et si le vin de Champagne est un de ceux qui ont le moins à souffrir des maladies, on ne saurait en conclure qu'il en est complètement exempt.

Jullien, en 1813, dans son *Manuel du Sommelier*, parlait de la maladie des vins jaunes. François avait publié, en 1829, un mémoire sur la graisse des vins. Mais, avant Pasteur, on ne possédait, sur les maladies du vin, que des notions confuses et souvent erronées. Ce grand savant attribua la source de ces maladies à la présence de végétations microscopiques. Depuis lui, de nombreux travaux ont été faits, et l'on admet que les altérations pathologiques du vin sont de deux sortes : les unes proviennent du développement d'organismes microbiens qui, par leurs sécrétions, provoquent des fermentations anormales ; les autres sont dues à la présence, dans le vin, de certaines substances très actives, sécrétées d'une manière normale par les cellules du végétal, ou par des organismes placés à sa surface.

Le vin de Champagne qui, à son acidité naturelle, joint celle de l'acide carbonique dissous, est rarement atteint par les maladies. L'amertume, spéciale aux vins rouges, la tourne, la fleur, l'acétification sont excessivement rares dans les vins de cuvées bien soignées. Seule, la graisse est à craindre.

Elle est très anciennement connue en Champagne. François, le premier, l'étudia sérieusement. Pasteur l'attribua à une bactérie ; Cordier, Kayser et Manceau l'étudièrent récemment. Ces deux derniers publièrent, en 1909, les résultats de leurs recherches. Ils ont montré la complexité de cette altération et la variété des germes associés au ferment de la graisse, ce qui explique les variations de composition des vins filants, et ils ont tiré des conclusions pratiques du plus haut intérêt.

Ils estiment que le choix judicieux de l'époque de la vendange, les soins nécessaires pour assurer une fermentation alcoolique complète, les manipulations ordinaires (soutirage, collage, etc.), constituent des mesures préventives contre cette altération.

Les vins de Champagne sont aussi, mais heureusement très rarement atteints par le *Bleu* qui, d'après Mazé et Pacottet, serait occasionné par un microbe.

Il n'y a que l'hygiène pour prévenir ces diverses altérations ; l'utilisation d'antiseptiques n'est pas à conseiller, la pasteurisation semble trop brutale pour des vins aussi délicats que le Champagne.

Le professeur Cordier et M. Raymond de la Morinerie ont établi une méthode élégante et scientifique qui consiste à priver les bactéries des éléments essentiels à leur développement et à leur vitalité, mais qui n'a pas encore d'application industrielle en raison des réactifs employés.

L'étude des maladies des vins mousseux offre donc encore un vaste champ d'études à tous ceux qui s'intéressent à l'œnologie.

Soins à donner aux vins de Champagne.

Le consommateur, aussitôt la réception du vin, doit déballer les bouteilles et les mettre dans une cave saine, ni trop froide, ni trop humide. Il importe de les tenir couchées afin que le vin soit constamment en contact avec le bouchon, sinon celui-ci se dessécherait, perdrait de son élasticité et laisserait échapper le gaz. On le laissera reposer pendant au moins quinze jours avant de le servir.

Manière de le servir.

Le Champagne doit être servi aussi frais que possible. A cet effet, on ne le montera de la cave qu'au moment de le déboucher, à moins, ce qui est préférable, que l'on puisse le mettre à la glace pendant une heure avant de le servir. L'usage de verser le Champagne dans une carafe d'eau frappée et d'y ajouter un morceau de glace n'est pas à conseiller; l'addition de glace équivaut à une addition d'eau; elle abime le vin et détruit ses brillantes qualités et son parfum.

Pour en apprécier toute la finesse et l'arome, il est préférable de servir le Champagne peu dosé avant le dessert, au rôti par exemple, comme le font les Anglais, grands connaisseurs en bons vins, plutôt que de l'apporter, comme on le fait en France, au dessert. Il s'assimile mal aux fruits et aux sucreries.

Conclusion.

Nous venons de voir, dans cette dernière partie de notre travail, combien sont minutieux et délicats les soins apportés à la manutention du vin de Champagne, depuis la cueillette du raisin jusqu'à l'apparition de la bouteille habillée et parée sur le lieu de la fête.

La vinification se fait d'après une méthode toute spéciale à la Champagne, dans le but d'assurer la préparation d'un vin aussi blanc que possible, exempt de germes pathogènes; la fermentation en est dirigée et réglée avec précision. La confection des cuvées demande une grande habileté, une longue expérience de la part des chefs des maisons; c'est un art véritable qui ne s'improvise pas. Nous avons vu que le tirage, la prise de mousse, la mise sur pointe, le remuage et le dégorgement sont des opérations particulièrement délicates que l'on ne réussit pas toujours et qui n'atteignent pas toujours leur but : donner une mousse abondante, légère, fine et persistante, un vin d'une limpidité parfaite. Nous avons vu aussi que, malgré toutes les précautions prises, le vin peut devenir le siège de maladies difficiles à prévenir, à combattre et à guérir. La manutention du Champagne est donc hérissée de difficultés; c'est à la fois une science et un art. Il n'est donc pas aussi facile, qu'on le croirait de prime abord, de faire du Champagne digne de ce nom, c'est-à-dire de réaliser, avec des vins de provenances diverses, de qualités variables suivant les années, l'ensemble des brillantes qualités qui lui ont valu la faveur des gourmets et des connaisseurs, et acquis une réputation mondiale. sans cesse croissante, justement méritée et indiscutable.

Le vin de Champagne est inimitable.

Le grand foudre des Caves Pommery
sculpté par É. Gallé.

TABLE DES GRAVURES

FÊTE DE BACCHUS.
Bas-relief sculpté dans la craie (*Caves Pommery*).

TABLE DES MATIÈRES

Première Partie

HISTORIQUE DE LA VIGNE ET DU VIN DE CHAMPAGNE

Deuxième Partie

LE VIGNERON

Troisième Partie

LE CHAMPAGNE ET LA GUERRE

Quatrième Partie

LE VIGNOBLE

Cinquième Partie

LA VIGNE

Sixième Partie

LE VIN

ACHEVÉ D'IMPRIMER
LE 30 SEPTEMBRE 1924
SUR LES PRESSES DE A. LAHURE,
A PARIS